老向讲工控

西门子 SINAMICS V90 伺服驱动系统从入门到精通

向晓汉　主编

化学工业出版社

·北京·

内容简介

本书采用双色图解的方式，系统地介绍了西门子 SINAMICS V90 伺服驱动系统的应用技术及工程案例，内容主要包括：伺服驱动器的工作原理；西门子 SINAMICS V90 伺服驱动系统及其接线；V90 伺服驱动系统的参数设置；V90 伺服驱动系统速度控制；V90 伺服驱动系统位置控制；V90 伺服驱动系统扭矩控制；V90 伺服驱动系统的工程应用；等等。

本书知识体系完整、内容丰富、技术先进、重点突出、案例丰富，理论与实践相结合。为方便读者理解并提高学习效率，本书在关键知识点配有丰富的微课视频来辅助读者学习。

本书可供工控技术人员学习使用，也可作为大中专院校机电类、信息类专业的教材。

图书在版编目（CIP）数据

西门子SINAMICS V90伺服驱动系统从入门到精通 / 向晓汉主编. —北京：化学工业出版社，2021.10（2024.2 重印）
（老向讲工控）
ISBN 978-7-122-39619-8

Ⅰ. ①西…　Ⅱ. ①向…　Ⅲ. ①伺服系统　Ⅳ. ① TP275

中国版本图书馆 CIP 数据核字（2021）第 149406 号

责任编辑：李军亮　徐卿华　　文字编辑：李亚楠　陈小滔
责任校对：田睿涵　　装帧设计：关　飞

出版发行：化学工业出版社（北京市东城区青年湖南街 13 号　邮政编码 100011）
印　　装：北京盛通数码印刷有限公司
787mm×1092mm　1/16　印张 18　字数 445 千字　2024 年 2 月北京第 1 版第 2 次印刷

购书咨询：010-64518888　　售后服务：010-64518899
网　　址：http://www.cip.com.cn
凡购买本书，如有缺损质量问题，本社销售中心负责调换。

定　　价：78.00 元

前言

随着计算机技术的发展，以可编程控制器（PLC）、变频器、伺服驱动系统和计算机通信等技术为主体的新型电气控制系统已经逐渐取代传统的继电器控制系统，并广泛应用于各个行业。其中，西门子、三菱 PLC、变频器、触摸屏及伺服驱动系统具有卓越的性能，且有很高的性价比，因此在工控市场占有非常大的份额，应用十分广泛。笔者之前出过一系列西门子及三菱 PLC 方面的图书，内容全面实用，深受读者欢迎，并被很多学校选为教材。近年来，由于工控技术不断发展，产品更新换代，性能得到了进一步提升，为了更好地满足读者学习新技术的需求，我们组织编写了这套全新的“老向讲工控”丛书。

本套丛书主要包括三菱 FX3U PLC、FX5U PLC、iQ-R PLC、MR-J4/JE 伺服系统，西门子 S7-1200/1500 PLC、SINAMICS V90 伺服系统等内容，总结了笔者十余年的教学经验及工程实践经验，将更丰富、更实用的内容呈现给大家，希望能帮助读者全面掌握工控技术。

丛书具有以下特点。

① 内容全面，知识系统。既适合初学者全面掌握工控技术，也适合有一定基础的读者结合实例深入学习工控技术。

② 实例引导学习。大部分知识点采用实例讲解，便于读者举一反三，快速掌握工控技术及应用。

③ 案例丰富，实用性强。精选大量工程实用案例，便于读者模仿应用，重点实例都包含软硬件配置清单、原理图和程序，且程序已经在 PLC 上运行通过。

④ 对于重点及复杂内容，配有大量微课视频。读者扫描书中二维码即可观看，配合文字讲解，学习效果更好。

本书为《西门子 SINAMICS V90 伺服驱动系统从入门到精通》。

变频器和伺服驱动是 20 世纪 70 年代随着电力电子技术、PWM 控制技术的发展而产生的驱动技术，此应用技术在有的文献上也称为“运动控制”。由于其通用性强、可靠性好、使用方便，目前已在工业自动控制的很多领域得到了广泛的应用。随着科技的进一步发展，变频器和伺服驱动产品性能日益提高以及价格不断下降，变频器和伺服驱动产品应用将更加广泛。

西门子伺服系统是欧系的杰出代表，其功能强大，产品覆盖高中低三个层次，其中 SINAMICS V90 伺服系统是精简型伺服变频器，特别是在使用 PROFINET 通信的场合，市场占有率更高。本书在编写时，用较多的小例子引领读者入门，让读者读完入门部分后，能完成简单的工程。应用部分精选工程实际案例，供读者模仿学习，提高读者解决实际问题的能力。

我们在总结长期的教学经验和工程实践的基础上，联合相关企业人员共同编写了本书。

本书由向晓汉主编，全书共分 9 章。第 1、2、6、7 章由无锡职业技术学院的向晓汉编写；第 3、5 章由龙丽编写；第 8 章由无锡雪浪环境科技股份有限公司的刘摇摇编写；第 4、9 章由桂林电子科技大学的向定汉编写。本书由无锡职业技术学院的奚茂龙教授任主审。

由于编者水平有限，不妥之处在所难免，敬请读者批评指正，编者将万分感激！

申明：本书的程序、原理图和实例，版权所有，未经许可，不得非法使用，违者必究。

编　者

目录

第1章　伺服驱动系统的结构及其系统原理　/1

第 2 章 SINAMICS V90 伺服驱动系统及其接线 /31

第 3 章 SINAMICS V90 伺服驱动系统参数及设置 /57

第 4 章 S7-1200/1500 控制 SINAMICS V90 伺服驱动系统基础 /93

第 7 章 SINAMICS V90 伺服驱动系统的扭矩控制及参数读写 /222

第 8 章 SINAMICS V90 伺服驱动系统调试与故障诊断 /242

第 9 章 SINAMICS V90 伺服驱动系统工程应用 /259

参考文献 /278

微课视频目录

第1章 伺服驱动系统的结构及其系统原理

伺服系统的产品主要包含伺服驱动器（伺服放大器）、伺服电动机和相关检测传感器（如光电编码器、旋转编码器、光栅等）。伺服产品在我国是高科技产品，得到了广泛的应用，其主要应用领域有：机床、包装、纺织和电子设备。其使用量超过了整个市场的一半，特别是在机床行业，伺服产品应用量最多。

1.1 伺服系统概述

1.1.1 伺服系统的概念

（1）伺服系统的构成

“伺服系统”源于英文“servomechanism system”，指以物体的位置、速度和方向为控制量，以跟踪输入给定值的任意变化为目标的闭环系统。伺服的概念可以从控制层面去理解，伺服的任务就是要求执行机构快速平滑、精确地执行上位控制装置的指令要求。

一个伺服系统的构成通常包括被控对象（plant）、执行器（actuator）和控制器（controller）等几部分，机械手臂、机械平台通常作为被控对象。执行器的主要功能在于提供被控对象的动力，执行器主要包括电动机和伺服放大器，特别设计应用于伺服系统的电动机称为伺服电动机（servo motor）。通常伺服电动机包括反馈装置（检测器），如光电编码器（optical encoder）、旋转变压器（resolver）。目前，伺服电动机主要包括直流伺服电动机、永磁交流伺服电动机、感应交流伺服电动机，其中永磁交流伺服电动机是市场主流。控制器的功能在于提供整个伺服系统的闭路控制，如转矩控制、速度控制、位置控制等。目前一般工业用伺服驱动器（servo driver），也称为伺服放大器。如图 1-1 所示是一般工业用伺服系统的组成框图。

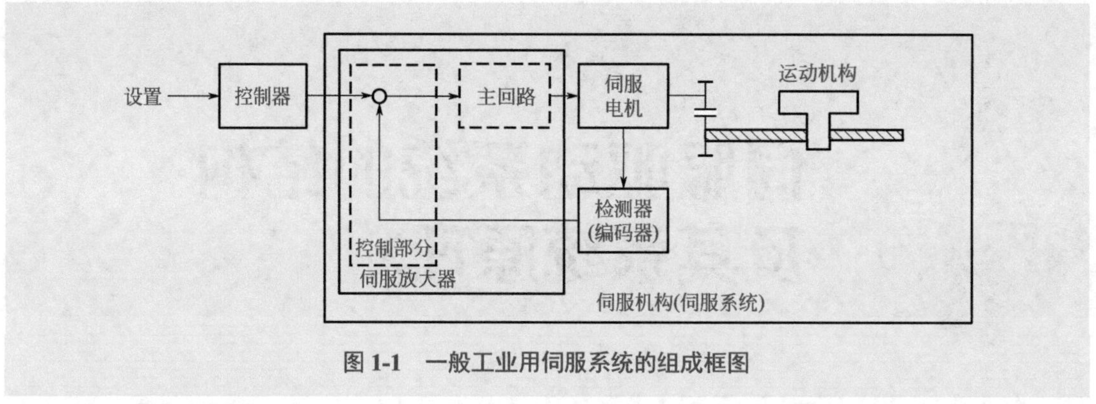

图 1-1　一般工业用伺服系统的组成框图

（2）伺服系统的性能

伺服系统具有优越的性能，以下通过伺服驱动器与变频器的对比以及伺服电动机与感应电动机的对比进行说明。

1）伺服驱动器与变频器的对比　伺服驱动器与变频器的对比见表 1-1。

表 1-1　伺服驱动器与变频器的对比

序号	比较项目	变频器	伺服驱动器
1	应用场合	控制比较缓和的调速系统，调速范围一般在 1 ： 10 以内	频繁启停、高速高精度场合，其调速比高达 1 ： 5000
2	控制方式	一般用于速度控制方式的开环系统	具有位置控制、速度控制和转矩控制方式的闭环系统
3	性能表现	低速转矩性能差、控制精度低（相对伺服系统）	低速转矩性能好、控制精度高（相对变频器）
4	电动机类型	一般使用异步电动机，可以不使用编码器，电动机体积大	通常使用交流同步电动机，需要编码器，电动机体积小

2）伺服电动机与感应电动机的对比　伺服电动机与变频器驱动的感应电动机的对比如图 1-2 所示。伺服电动机的对比特点如下。

① 伺服电动机结构紧凑，体积小。

② 同步伺服电动机的转子表面是永磁铁贴片，因此转子磁场是自身产生的。

③ 伺服电动机在很宽的范围内具有连续转矩或者有效转矩。

④ 伺服电动机转动惯量低，动态响应水平高。以下的公式可以说明这个结论，其中，ε 是角加速度，T 是电动机的转矩，I_Z 是转子的转动惯量。不难看出，当转矩一定时，转动惯量越小，则角加速度越大，所以动态响应水平高。

$$\varepsilon=\frac{T}{I_Z}$$

⑤ 伺服电动机适用于快速精确的定位和同步任务，其在 10ms 内能从 0 加速到额定

转速。

⑥ 转矩脉动低。

⑦ 短时间内具有高的过载能力，变频器驱动的异步电动机的过载能力为 150%，而伺服电动机的过载能力高达 300%。

⑧ 高效率。

⑨ 防护等级高。

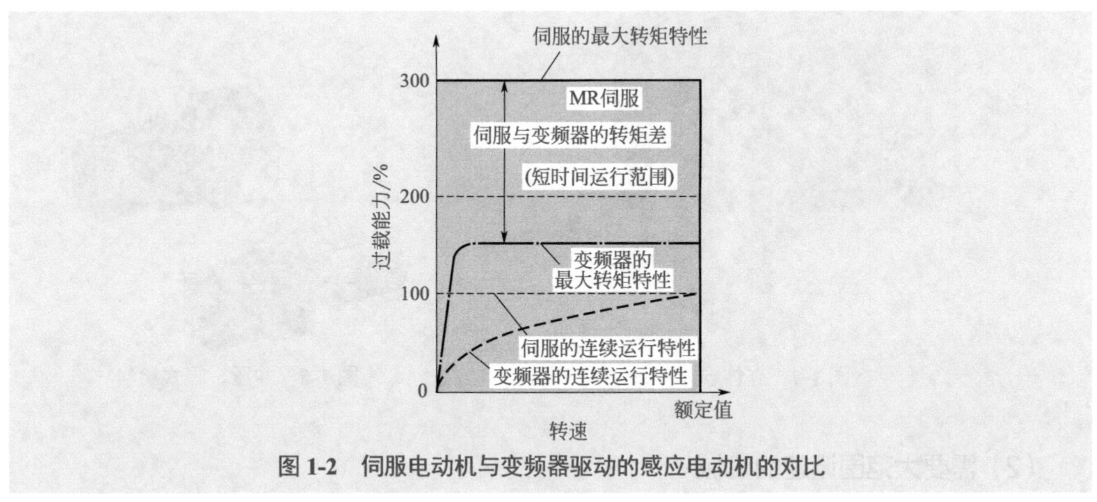

图 1-2　伺服电动机与变频器驱动的感应电动机的对比

1.1.2　伺服系统的应用场合

伺服系统的精确定位性能、优秀的动态响应水平、大范围和高精度调速、方便的转矩控制等性能特点决定其应用场合。

（1）需要定位的机械

伺服系统与控制器（如 PLC、运动控制器）配合使用，可以精确定位。应用案例如数控机床、木工机械、搬运机械、包装机械、贴片机、送料机、切割机和专用机械等。典型的应用有如下情形：

1）*X-Y* 十字滑台　其 *X* 轴和 *Y* 轴分别连接滚珠丝杠负载，伺服电动机驱动滚珠丝杠，其示意图如图 1-3 所示。

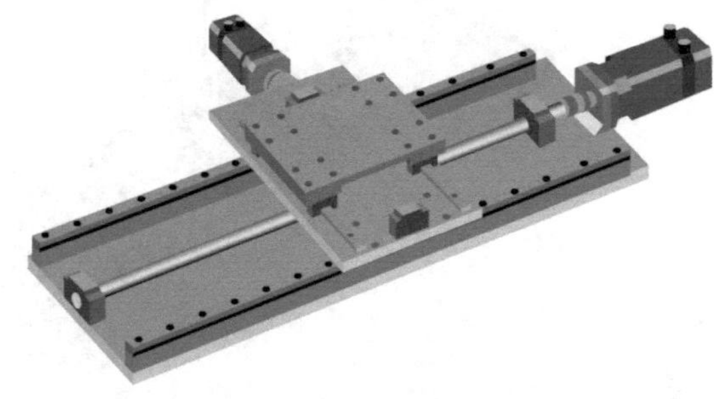

图 1-3　*X-Y* 十字滑台

2）垂直搬运　典型的应用立体仓库，需要使用带抱闸的伺服电动机，且编码器一般使用绝对值编码器，其示意图如图 1-4 所示。

3）同步进给　通过传感器检测工件的位置，根据编码器的信号进行同步进给。

4）冲压、辊式给料　伺服电动机驱动料辊，输送规定的长度后，送给冲床，完成定位后进行冲压，其示意图如图 1-5 所示。

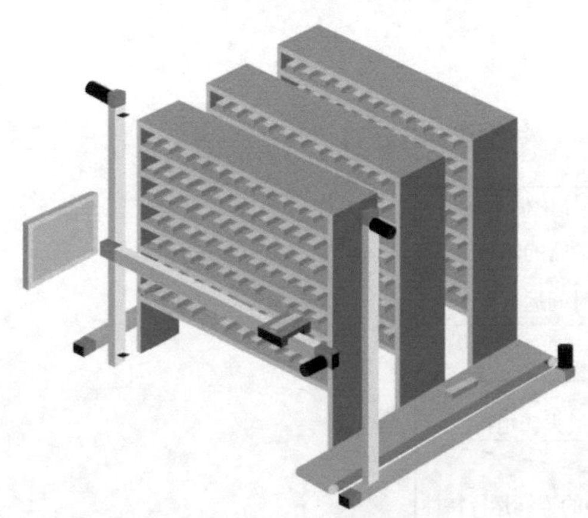

图 1-4　立体仓库

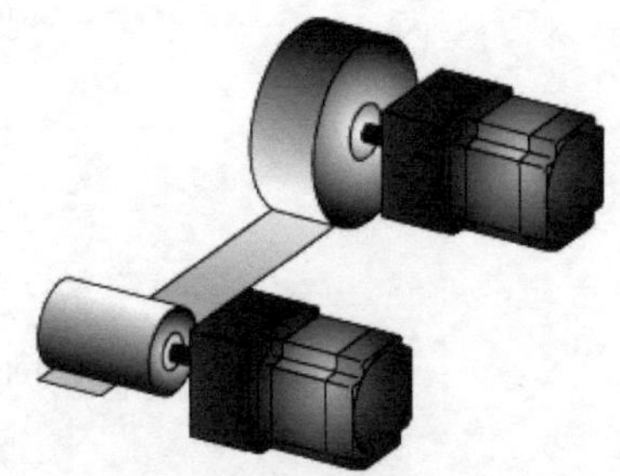

图 1-5　冲压、辊式给料

（2）需要大范围调速的机械

伺服系统调速除了具有调速范围可达 1 ：5000（大于变频器）、调速精度高和速度变动率低于 0.01% 的优点外，还具有转矩恒定的优点，因此广泛用于生产线等高精度可变速驱动的场合。例如用于旋转涂覆生产中，将感光剂涂覆在半导体材料上，其示意图如图 1-6 所示。

（3）高频定位

伺服系统允许高达额定转矩 300% 的过载，可以在 10ms 内从 0 加速运行到额定转速，还可以在 1min 内进行高达 100 次的高频定位。主要的应用案例是贴片机、冲压给料机、制袋机、下料装置、包装机、填充机和各种搬运装置。贴片机的示意图如图 1-7 所示。

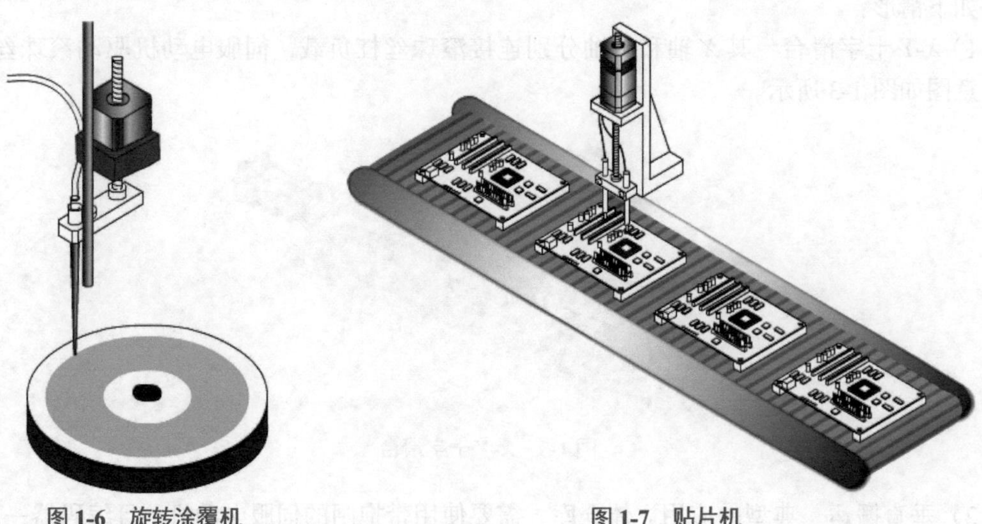

图 1-6　旋转涂覆机　　图 1-7　贴片机

(4) 转矩控制

伺服系统除了速度和位置控制外，还有转矩控制，主要用于收卷 / 开卷等张力控制的场合。

1）开卷装置　伺服系统与张力检测器、张力控制装置组合，对板材卷进行张力控制，其示意图如图 1-8 所示。

2）注塑成型机　将塑料原料颗粒置于气缸与螺杆轴组成的加热器内，熔融后射出到模具中。之后，经过冷却工序打开模具，通过推杆推出成型品。注塑成型机示意图如图 1-9 所示。

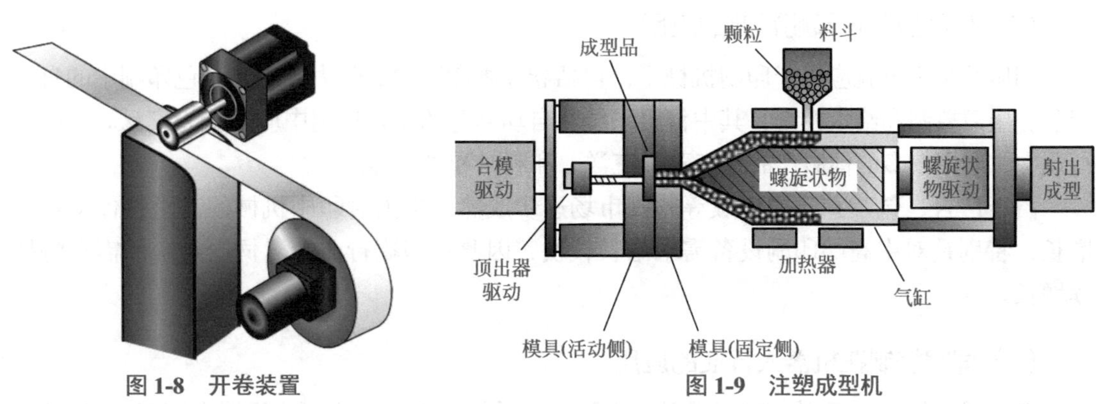

图 1-8　开卷装置　　图 1-9　注塑成型机

1.1.3　伺服系统行业应用

伺服控制在工业的很多行业，如机械制造、汽车制造、家电生产线、电子和橡胶行业等，都有应用。但应用最为广泛的是机床行业、纺织行业、包装行业、印刷行业和机器人行业。以下对这五个行业伺服系统的应用情况进行简介。

(1) 伺服控制在机床行业的应用

伺服控制应用最多的场合就是机床行业。在数控机床中，伺服驱动接收数控系统发来的位移或者速度指令，由伺服电动机和机械传动机构驱动机床的坐标轴和主轴等，从而带动刀具或者工作台运动，进而加工出各种工件。可以说数控机床的稳定性和精度在很大的程度上取决于伺服系统的可靠性和精度。

(2) 伺服控制在纺织行业的应用

纺织是典型的物理加工生产工艺，整个生产过程是纤维之间的整理与再组织的过程。传动是纺织行业控制的重点。纺织行业使用伺服控制产品主要用于张力控制，在纺机中的精梳机、粗纱机、并条机、捻线机，以及织机中的无梭机和印染设备上的应用量非常大。例如，细纱机上的集体落纱和电子凸轮用到伺服系统，无梭机的电子选纬、电子送经、电子卷曲也要用到伺服系统。此外，在一些印染设备上也用到伺服系统。

伺服系统在纺织行业应用越来越多，原因是：

① 市场竞争的加剧，要求统一设备以生产更多的产品，并能迅速更改生产工艺；

② 市场全球化需要更多高质量的设备来生产高质量的产品；

③ 伺服产品的价格在降低。

（3）伺服控制在包装行业的应用

生活中用到的大量的日常用品、食品，如泡面、肥皂、大米、各种零食等，这些食品和日常用品有一个共同点，就是都有一个漂亮的热性塑料包装袋，令人赏心悦目。所有的这些产品的包装都是由包装机进行自动包装的。随着自动化行业的发展，包装机的应用范围越来越广泛，需求量也越来越大。伺服系统在包装机上应用，对提高包装机的包装精度和生产效率，减小设备调整和维护时间，都有很大的优势。

（4）伺服控制在印刷行业的应用

伺服系统很早就应用于印刷机械了，包括卷筒纸印刷中的张力控制，彩色印刷中的自动套色、墨刀控制和给水控制，其中伺服系统在自动套色的位置控制中应用最为广泛。在印刷行业中，应用较多的伺服产品是三菱、三洋、和利时和松下等。

由于广告、包装和新闻出版等印刷市场逐步成熟，中国对印刷机械的需求将保持持续增长，特别是对中高端印刷设备需求增长较快，因此在印刷行业，对伺服系统的需求将持续增长。

（5）伺服控制在机器人行业的应用

在机器人领域，无刷永磁伺服系统得到了广泛的应用。一般工业机器人有多个自由度，通常每个工业机器人的伺服电动机的个数在 10 个以上。通常机器人的伺服系统是专用的，其特点是多轴合一、模块化、特殊的控制方式、特殊的散热装置，并且对可靠性要求极高。国际上的机器人有专用配套的伺服系统，如 ABB、安川和松下等。

1.1.4 主流伺服系统品牌

目前，高性能的伺服系统，大多数采用永磁同步交流伺服电动机，控制驱动器定位准确的全数字位置伺服系统。在我国伺服技术发展迅速，市场潜力巨大，应用十分广泛。在国内市场上，伺服系统以日系品牌为主，原因在于日系品牌较早进入中国，性价比相对较高，而且日系伺服系统比较符合中国人的一些使用习惯。欧美伺服产品占有量居第二位，且其占有率不断升高，特别是在一些高端应用场合更为常见。欧美伺服产品的性能最好，但价格最高，因此在一定程度上减少了其应用范围。国产的伺服系统，其风格大多与日系品牌类似，价格比较低，在一些低端应用场合较常见。

国内一些常用的伺服产品品牌如下。

日系：安川、三菱、发那科、松下、三洋、富士和日立。

欧系：西门子、Lenze、AMK、KEB、SEW 和 Rexroth。

美系：Danaher、Baldor、Parker 和 Rockwell。

国产：汇川、和利时、埃斯顿、信捷科技、时光、步进科技、星辰伺服、华中数控、广州数控、大森数控、台达、东元和凯奇数控。

1.2 伺服驱动器主要元器件

电力电子器件是变频器的核心器件之一，变频器的发展和电力电子器件的进步是密不可分的，了解电力电子器件对理解变频器的工作是必要的。以下介绍几种关键的电力电子器件。

（1）晶闸管（SCR）

晶闸管于 1957 年，由美国的 GE（通用电气）公司发明，并于 1958 年商业化。晶闸管是三端器件，通过控制信号能控制其开通，但不能控制其关断。目前晶闸管的容量已经达到 8kV、3kA，但晶闸管的工作频率低于 400Hz，大大限制了其应用范围，在中小功率的变频器中，已经基本不用晶闸管了。晶闸管目前已经产生了一些派生器件，如快速晶闸管、双向晶闸管、光控晶闸管和逆导晶闸管等。

晶闸管具有四层 PNPN 结构，三端引线是 A（阳极）、G（门极）、K（阴极），其符号如图 1-10 所示。

1）晶闸管的开通条件

① 阳极和阴极间承受正向电压时，在门极和阴极间也加正向电压。

② 当阳极电流上升到擎住电流后，门极电压信号即失去作用，若撤去门极信号，晶闸管可继续导通（擎住电流是使晶闸管由关断到导通的最小电流）。

2）晶闸管的关断条件　使晶闸管阳极电流 I_A 小于维持电流 I_H（维持电流 I_H 是保持晶闸管导通的最小电流）。

3）晶闸管的伏安特性　晶闸管的伏安特性就是晶闸管的阳极电压 U_A 和晶闸管的阳极电流 I_A 之间的关系特性，如图 1-11 所示。

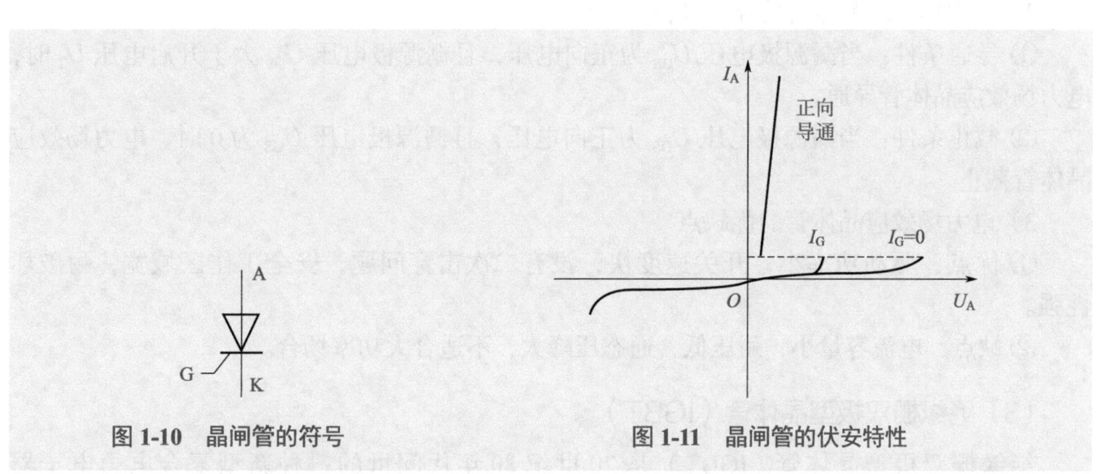

图 1-10　晶闸管的符号

图 1-11　晶闸管的伏安特性

（2）电力场效应晶体管（MOSFET）

电力场效应晶体管产生于 20 世纪 70 年代，是一种电压控制型单极晶体管。它通过栅极电压来控制漏极电流。目前电力场效应晶体管的容量水平达到 1000V、2A、2MHz，60V、200A、2MHz。其符号如图 1-12 所示。

图 1-12　电力场效应晶体管的符号

1）电力场效应晶体管的伏安特性和输出特性　电力场效应晶体管的伏安特性如图 1-13 所示，分为非饱和区、饱和区和截止区。电力场效应晶体管的输出特性如图 1-14 所示。

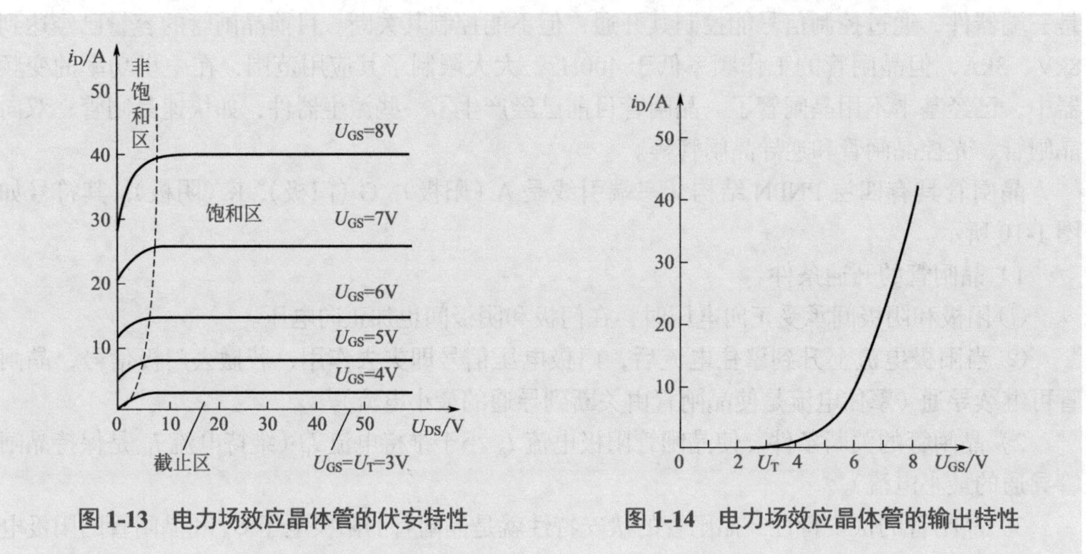

图 1-13　电力场效应晶体管的伏安特性　　图 1-14　电力场效应晶体管的输出特性

2）电力场效应晶体管的导通和截止条件

① 导通条件：当漏源极电压 U_{DS} 为正向电压，且栅源极电压 U_{GS} 大于开启电压 U_T 时，电力场效应晶体管导通。

② 截止条件：当漏源极电压 U_{DS} 为正向电压，且栅源极电压 U_{GS} 为 0 时，电力场效应晶体管截止。

3）电力场效应晶体管的优缺点

① 优点：驱动功率小，开关速度快，没有二次击穿问题，安全工作区域宽，耐破坏性强。

② 缺点：电流容量小，耐压低，通态压降大，不适合大功率场合。

（3）绝缘栅双极型晶体管（IGBT）

绝缘栅双极型晶体管（IGBT）是 20 世纪 80 年代问世的一种新型复合电力电子器件，是一种 N 槽道增强型场控（电压）复合器件，属于少子器件类型，却兼有 MOSFET 和双极型器件的高输入阻抗、开关速度快、安全工作区域宽、饱和压降低（甚至接近于电力晶体管 GTR 的饱和压降）、耐压高、电流大等优点。因此，IGBT 是一种比较理想的电力电子器件，近年来发展十分迅速，应用最为广泛。目前 IGBT 的容量达到 1800 ～ 3300V、1200 ～ 1600A，工作频率 40kHz。其符号如图 1-15 所示，其等效电路如图 1-16 所示，IGBT 相当于一个由 MOSFET 驱动的厚基区 GTR。

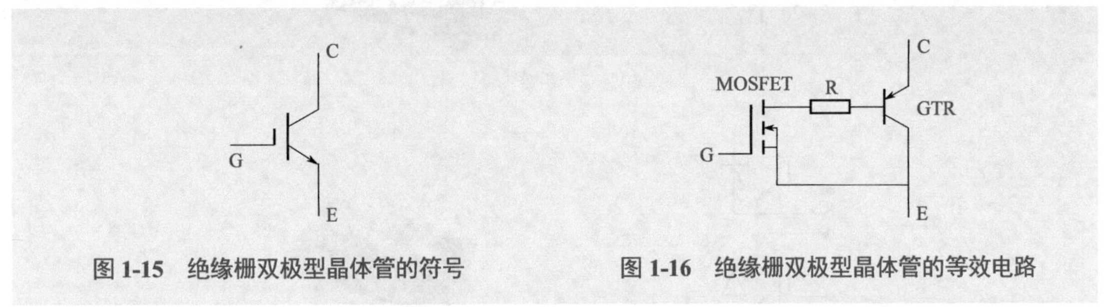

图 1-15　绝缘栅双极型晶体管的符号　　图 1-16　绝缘栅双极型晶体管的等效电路

1）绝缘栅双极型晶体管的伏安特性　绝缘栅双极型晶体管的伏安特性如图 1-17 所示。

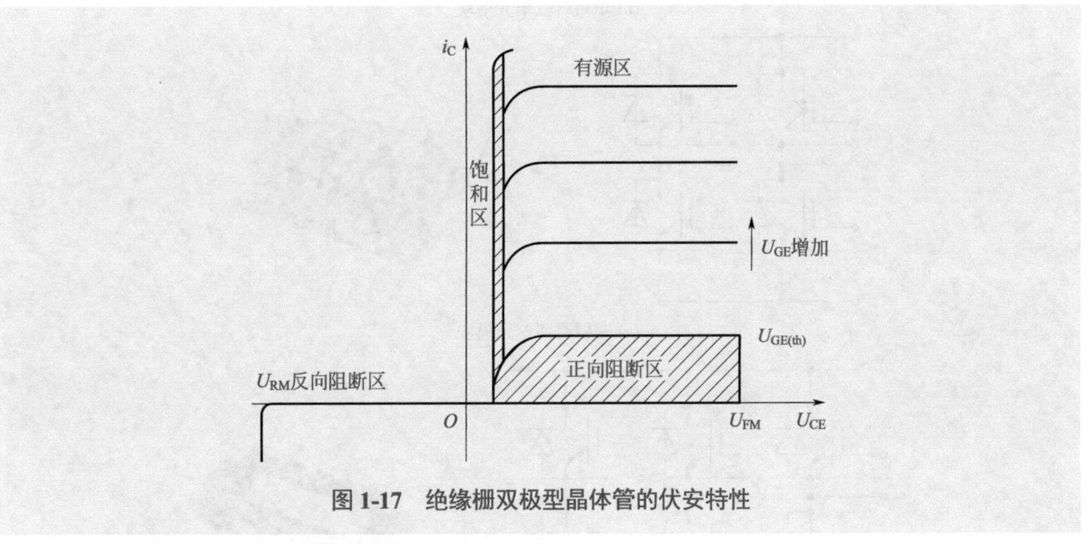

图 1-17　绝缘栅双极型晶体管的伏安特性

2）绝缘栅双极型晶体管的导通和截止条件

① 导通条件：U_{CE} 为正压，且门极电压 $U_G > U_{GE(th)}$（开启电压），绝缘栅双极型晶体管导通。

② 截止条件：门极电压 $U_G < U_{GE(th)}$（开启电压），绝缘栅双极型晶体管截止。

3）优点　驱动功率小，开关速度快，电流容量大，耐压高，综合性能优良。

4）IGBT 的类型　IGBT 的类型主要有 4 种，包括一单元模块 [如图 1-18（a）]、单桥臂二单元模块 [如图 1-18（b）]、双桥臂四单元模块 [如图 1-18（c）]、三相桥六单元模块 [如图 1-18（d）]。

（4）集成门极换流晶闸管（IGCT）

集成门极换流晶闸管（IGCT）是门极关断晶闸管（GTO）的派生器件，产生于 20 世纪 90 年代，是一种新型的电力电子器件。其基本结构在 GTO 的基础进行了改进，如特殊的环状门极、与管芯集成在一起的门极驱动电路等，使 IGCT 不仅具有与 GTO 相当的容量，而且具有优良的开通和关断能力。

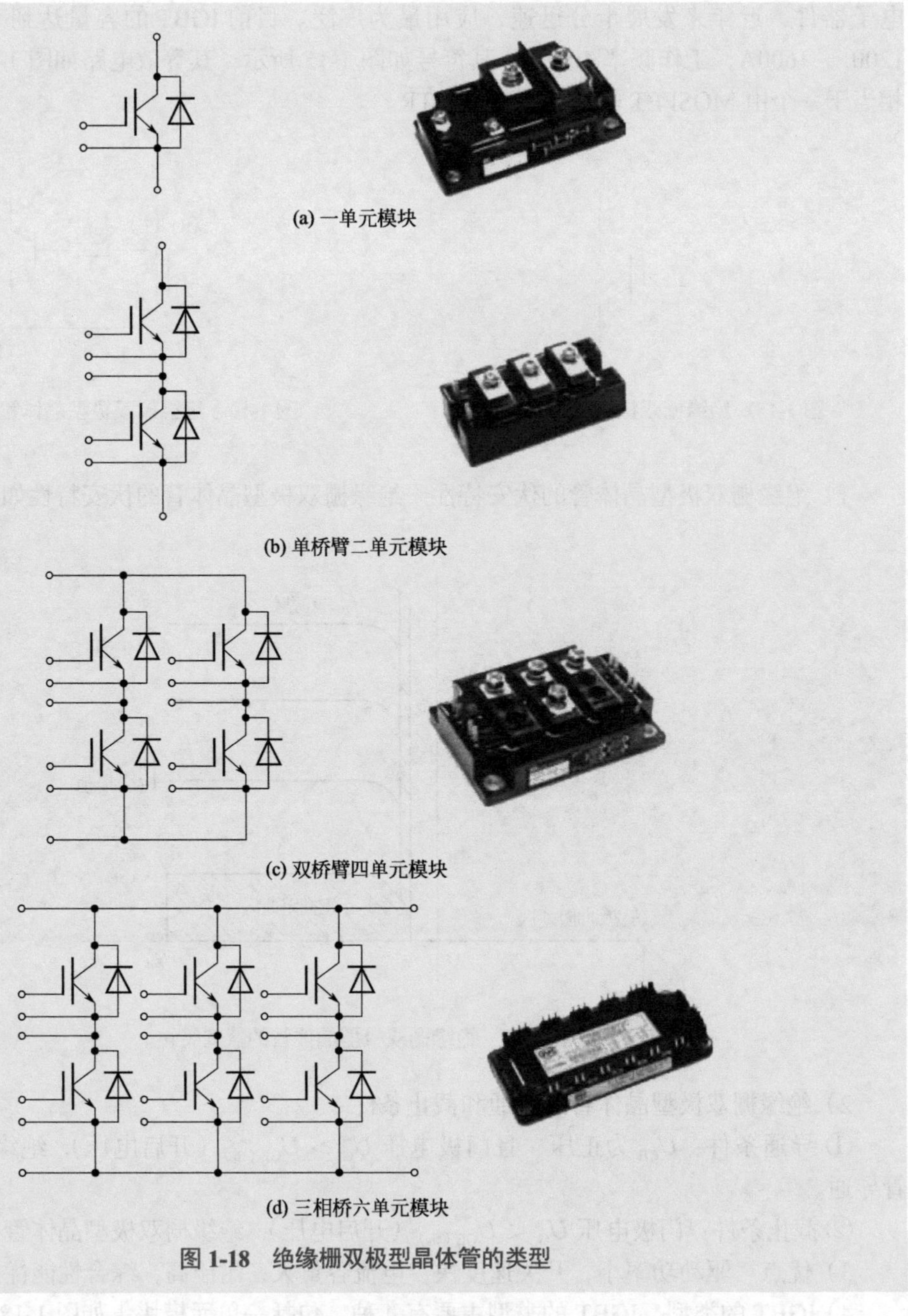

(a) 一单元模块

(b) 单桥臂二单元模块

(c) 双桥臂四单元模块

(d) 三相桥六单元模块

图 1-18　绝缘栅双极型晶体管的类型

目前，4000A、4500V 及 5500V 的 IGCT 已研制成功。在大容量变频电路中，IGCT 被广泛应用。

(5) 智能功率模块（IPM）

IPM 是将大功率开关器件和驱动电路、保护电路、检测电路等集成在同一个模块内，是电力集成电路的一种。

IPM 的优点是高度集成化、结构紧凑，避免了由分布参数、保护延迟所带来的一系列技术难题，适合逆变器高频化发展方向的需要。

目前，IPM一般以IGBT为基本功率开关元件，构成单相或三相逆变器的专用功能模块，在中小容量变频器中广泛应用。

（6）整流模块

整流模块的作用就是将直流电整流成交流电。

全桥整流的原理图如图1-19所示，当交流电位于0～π相位时，二极管VD1、VD3导通，当交流电位于π～2π相位时，二极管VD2、VD4导通。整流前输入的电流是正弦波，见图1-20的上部，经过全桥整流后，电流的波形变成直流电，见图1-20的下部。

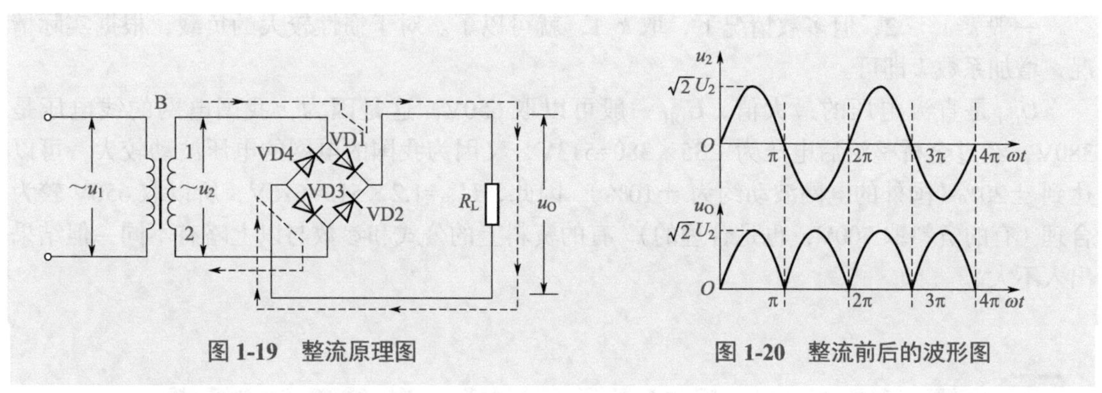

图1-19　整流原理图

图1-20　整流前后的波形图

实际的伺服驱动器中的整流桥并不需要由二极管搭建，而是采用商品化的整流桥模块，其外形如图1-21所示。

（7）制动电阻

制动电阻主要用于伺服驱动器控制电机快速停车的机械系统中，帮助电机将其因快速停车所产生的再生电能转化为热能，即能耗制动。制动电阻是可选件，一般是波纹电阻，其外形如图1-22所示。

图1-21　整流模块外形

图1-22　制动电阻外形

制动电阻不能随意选用，它有一定的范围。制动电阻太大，功率就小，制动不迅速；制动电阻太小，又容易烧毁开关元件。有的小型伺服驱动器的制动电阻内置在伺服驱动器中，但在高频率制动或重力负载制动时，内置制动电阻的散热不理想，容易烧毁，因此要改用大功率的外接制动电阻。选用制动电阻时，要选择低电感结构的电阻器，连线要短，并使用双绞线。

制动电阻的具体阻值计算可以采用以下公式：

$$R_t = \frac{U_{DH}^2}{0.1048(T_B - 0.2T_N)n_N}$$

式中 R_t——制动电阻的计算值，Ω；

U_{DH}——直流电压的最大值，V；

T_B——拖动系统要求的制动转矩，N • m；

T_N——电动机的额定转矩，N • m；

n_N——电动机的额定转速，r/min。

通常上式中：

$$T_B = kT_N$$

一般 k=1 ～ 2，但多数情况下，取 k=1，就可以了。对于惯性较大的负载，根据实际情况，增加系数 k 即可。

U_{DH} 是直流电压的最大值，U_{DH} 一般可以取 650V，这是因为，我国电网的线电压是 380V，经过全桥整流后电压为 1.35×380=513V，又因为我国的电网的电压波动较大，可以达到 ±20%（国外的电网波动约为 ±10%），因此，U_{DH}=1.2×513=616V，所以取 650V 较为合理（有的资料取 700V，也是合理的）。有的资料上的公式和参数与以上略有不同，但结果出入不大。

1.3 伺服驱动器

伺服驱动器介绍

伺服驱动器的控制框图如图 1-23 所示，图中的上部是主回路，图中的下部是控制回路。

伺服驱动器的主电路为将电源为 50Hz 的交流电转变为电压、频率可变的交流电的装置，它由整流、滤波、再生制动和逆变四部分组成。伺服驱动器的控制电路主要包括三部分：位置环、速度环和电流环（也称力矩环），即常说的“三环控制”。

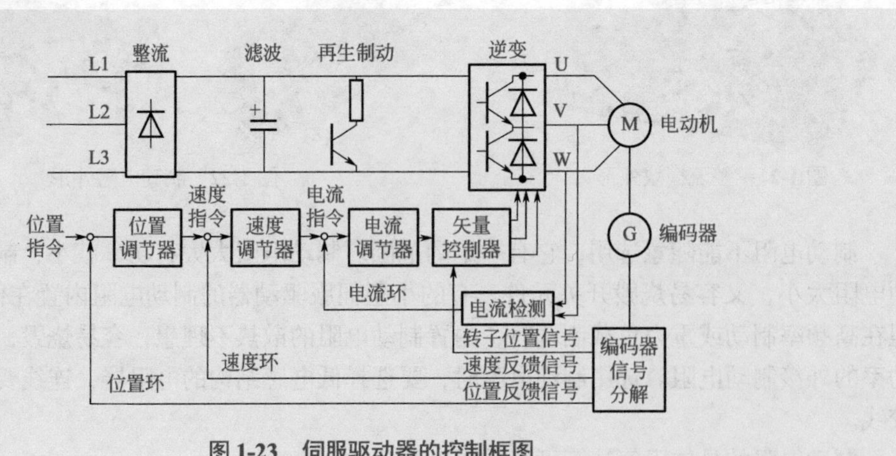

图 1-23 伺服驱动器的控制框图

1.3.1 交-直-交变换

电网的电压和频率是固定的。在我国，低压电网的电压和频率为380V、50Hz，是不能变的。要想得到电压和频率都能调节的电源，只能从另一种能源变过来。因此，交-直-交变频器（伺服驱动器）的工作可分为两个基本过程：

（1）交-直变换过程

就是先把不可调的电网的三相（或单相）交流电经整流桥整流成直流电。

（2）直-交变换过程

就是反过来又把直流电“逆变”成电压和频率都任意可调的三相交流电。交-直-交变频器（伺服驱动器）框图如图1-24所示。

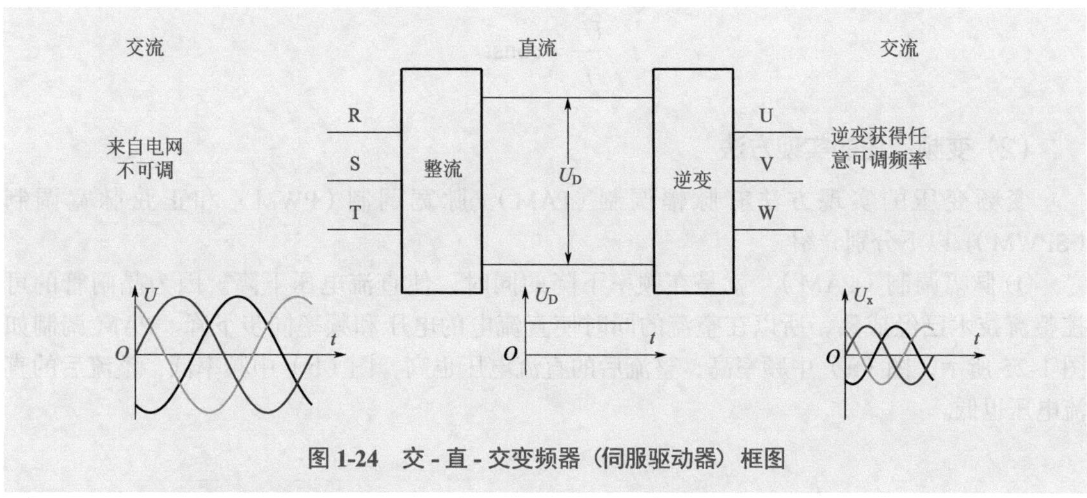

图1-24 交-直-交变频器（伺服驱动器）框图

1.3.2 变频变压的原理

（1）变频变压的原因

众所周知，电动机的转速公式为：

$$n=\frac{60f(1-s)}{p}$$

式中 n——电动机的转速；

f——电源的频率；

s——转差率；

p——电动机的磁极对数。

很显然，改变频率f就可以改变电动机的转速。但为什么还要改变电压呢？这是因为电动机的磁通量满足如下公式：

$$\Phi_m=\frac{E_g}{4.44fN_sk_{ns}}\approx\frac{U_s}{4.44fN_sk_{ns}}$$

式中　Φ_m——电动机的每极气隙的磁通量；

f——定子的频率；

N_s——定子绕组的匝数；

k_{ns}——定子基波绕组系数；

U_s——定子相电压；

E_g——气隙磁通在定子每相中感应电动势的有效值。

由于实际测量 E_g 比较困难，而 U_s 和 E_g 大小近似，所以用 U_s 代替 E_g。又因为在设计电动机时，电动机的每极气隙的磁通量 Φ_m 接近饱和值，因此，降低电动机频率时，如果 U_s 不降低，那么势必使得 Φ_m 增加，而 Φ_m 接近饱和值，不能增加，所以导致绕组线圈的电流急剧上升，从而烧毁电动机的绕组。所以变频器在改变频率的同时，也要改变 U_s。通常保持磁通为一个恒定的数值，也就是电压和频率成以一个固定的比例，满足如下公式：

$$\frac{U_s}{f} = \text{const}$$

(2) 变频变压的实现方法

变频变压的实现方法有脉幅调制（PAM）、脉宽调制（PWM）和正弦脉宽调制（SPWM）。以下分别介绍。

① 脉幅调制（PAM）　就是在频率下降的同时，使直流电压下降。因为晶闸管的可控整流技术已经成熟，所以在整流的同时使直流电的电压和频率同步下降。PAM 调制如图 1-25 所示，图（a）中频率高，整流后的直流电压也高，图（b）中频率低，整流后的直流电压也低。

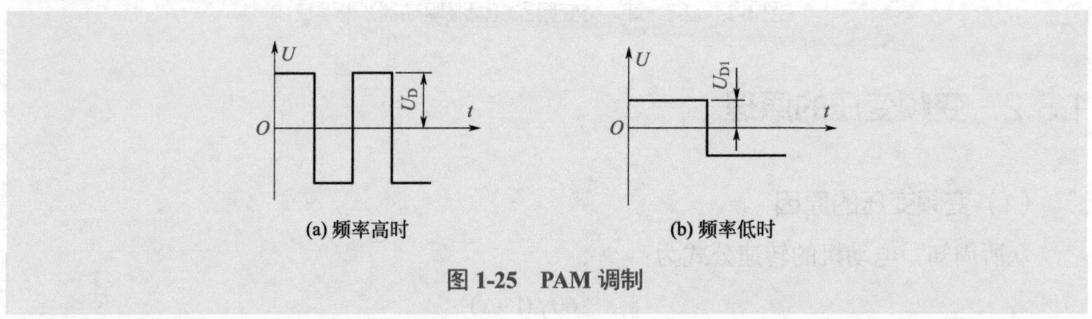

(a) 频率高时　(b) 频率低时

图 1-25　PAM 调制

脉幅调制比较复杂，要同时控制整流和逆变两个部分，现在使用并不多。

② 脉宽调制（PWM）　脉冲宽度调制（PWM，是英文“Pulse Width Modulation”的缩写），简称脉宽调制，是利用微处理器的数字输出来对模拟电路进行控制的一种非常有效的技术，广泛应用在从测量、通信到功率控制与变换的许多领域中，最早用于无线电领域。因为 PWM 控制技术具有控制简单、灵活和动态响应好的优点，所以成为电力电子技术应用最广泛的控制方式，也是人们研究的热点，用于直流电动机调速和阀门控制，比如我们现在的电动车电动机调速就是使用这种方式。

占空比（duty ratio）就是在一串脉冲周期序列（如方波）中，脉冲的持续时间与脉冲总周期的比值。脉冲波形图如图 1-26 所示。占空比公式如下：

$$D=\frac{t}{T}$$

对于变频器的输出电压而言，PWM 实际就是将每半个周期分割成许多个脉冲，通过调节脉冲宽度和脉冲周期的占空比来调节平均电压，占空比越大，平均电压越大。

PWM 的优点是只需要在逆变侧控制脉冲的上升沿和下降沿的时刻（即脉冲的时间宽度），而不必控制直流侧，因而大大简化了电路。

③ 正弦脉宽调制（SPWM） 所谓正弦脉宽调制（SPWM，是英文“Sinusoidal Pulse Width Modulation”的缩写），就是在 PWM 的基础上改变了调制脉冲方式，脉冲宽度时间占空比按正弦规律排列，这样输出波形经过适当的滤波可以做到正弦波输出。

正弦脉宽调制的波形图如图 1-27 所示，图形上部是正弦波，图形的下部就是正弦脉宽调制波，在图中正弦波与时间轴围成的面积分成 7 块，每一块的面积与下面的矩形的面积相等，也就是说正弦脉宽调制波等效于正弦波。

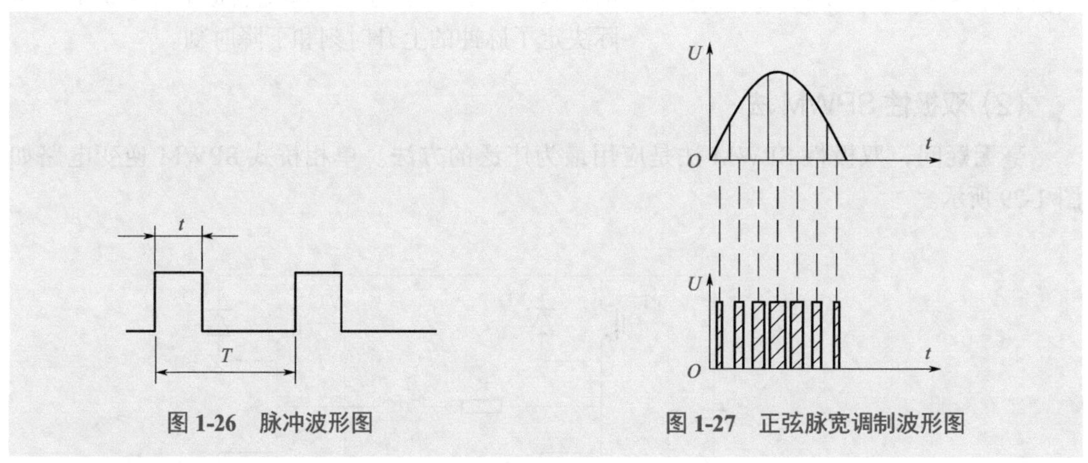

图 1-26 脉冲波形图

图 1-27 正弦脉宽调制波形图

SPWM 的优点：由于电动机绕组具有电感性，因此，尽管电压是由一系列的脉冲波构成，但通入电动机的电流就十分接近于正弦波（电动机绕组相当于电感，可对电流进行滤波）。

载波频率，所谓载波频率是指变频器输出的 PWM 信号的频率。一般在 0.5 ～ 12kHz 之间，可通过功能参数设定。载波频率提高，电磁噪声减少，电动机获得较理想的正弦电流曲线。开关频率高，电磁辐射增大，输出电压下降，开关元件损耗大。

1.3.3 正弦脉宽调制波的实现方法

正弦脉宽调制有两种方法，即单极性正弦脉宽调制和双极性脉宽调制。双极性脉宽调制使用较多，而单极性正弦脉宽调制很少使用，但其简单，容易说明问题，故首先加以介绍。

（1）单极性 SPWM 法

单极性正弦脉宽调制波形图如图 1-28 所示，正弦波是调制波，其周期取决于需要的给定频率 f_X，其振幅 U_X 按一定比例（U_X/f_X）随给定频率 f_X 变化。等腰三角波是载波，其周期取决于载波频率，原则上随着载波频率而改变，但也不全是如此，取决于变频器（伺服驱动器）的品牌，载波的振幅不变，每半周期内所有三角波的极性均相同（即单极性）。

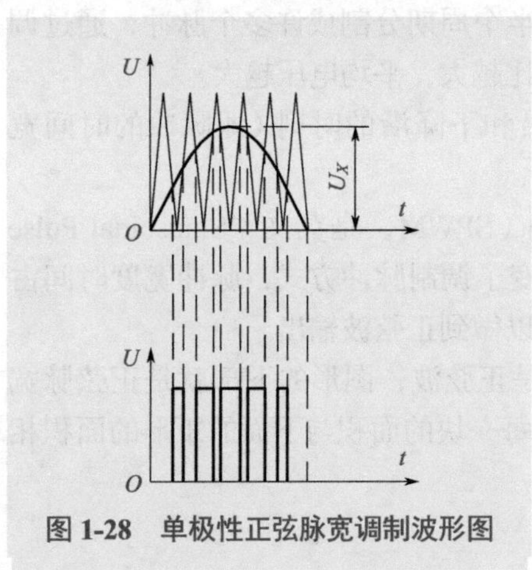

图 1-28　单极性正弦脉宽调制波形图

如图 1-28 所示，调制波和载波的交点，决定了 SPWM 脉冲系列的宽度和脉冲的间隔宽度，每半周期内的脉冲系列也是单极性的。

单极性调制的工作特点：每半个周期内，逆变桥同一桥臂的两个逆变器件中，只有一个器件按脉冲系列的规律时通时断地工作，另一个完全截止；而在另半个周期内，两个器件的工况正好相反，流经负载的便是正、负交替的交变电流。

值得注意的是，变频器中并无三角波发生器和正弦波发生器，图 1-28 所示的交点，都是变频器中的计算机计算得来的，这些交点是十分关键的，实际决定了脉冲的上升时刻和下降时刻。

（2）双极性 SPWM 法

毫无疑问，双极性 SPWM 法是应用最为广泛的方法。单相桥式 SPWM 逆变电路如图 1-29 所示。

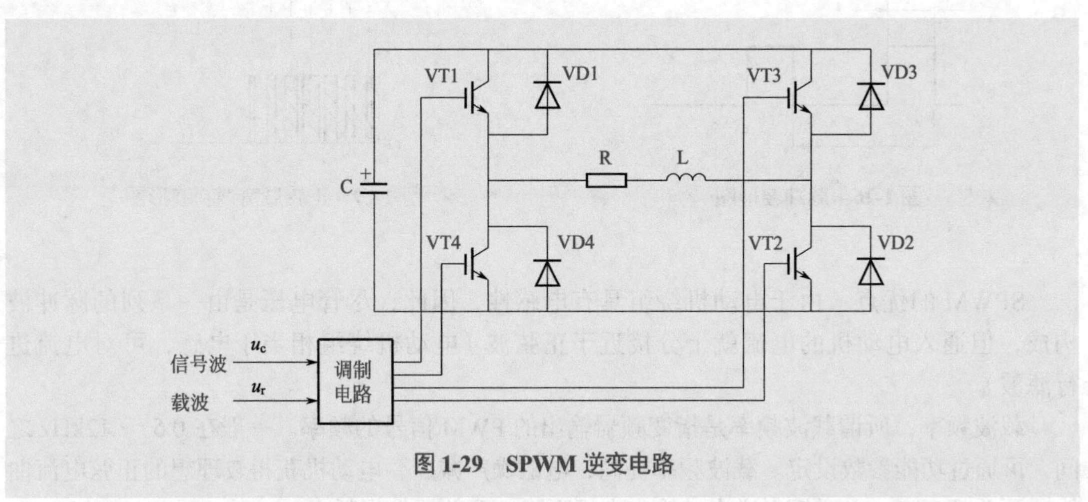

图 1-29　SPWM 逆变电路

双极性正弦脉宽调制波形图如图 1-30 所示，正弦波是调制波，其周期取决于需要的给定频率 f_X，其振幅 U_X 按一定比例（U_X/f_X）随给定频率 f_X 变化。等腰三角波是载波，其周期取决于载波频率，原则上随着载波频率而改变，但也不全是如此，取决于变频器（伺服驱动器）的品牌，载波的振幅不变。调制波与载波的交点决定了逆变桥输出相电压的脉冲系列，此脉冲系列也是双极性的。

但是，由相电压合成线电压（$U_{UV}=U_U-U_V$，$U_{VW}=U_V-U_W$，$U_{WV}=U_W-U_V$）时，所得到的线电压脉冲系列却是单极性的。

双极性调制的工作特点：逆变桥在工作时，同一桥臂的两个逆变器件总是按相电压脉冲系列的规律交替地导通和关断。如图 1-31 所示，当 VT1 导通时，VT4 关断，而 VT4 导通时，

VT1 关断。在图中，正脉冲时，驱动 VT1 导通；而负脉冲时，脉冲经过反相，驱动 VT4 导通。开关器件 VT1 和 VT4 交替导通，并不是毫不停息，必须先关断，停顿一小段时间（死区时间），确保开关器件完全关断，再导通另一个开关器件。流过负载的是按线电压规律变化的交变电流。

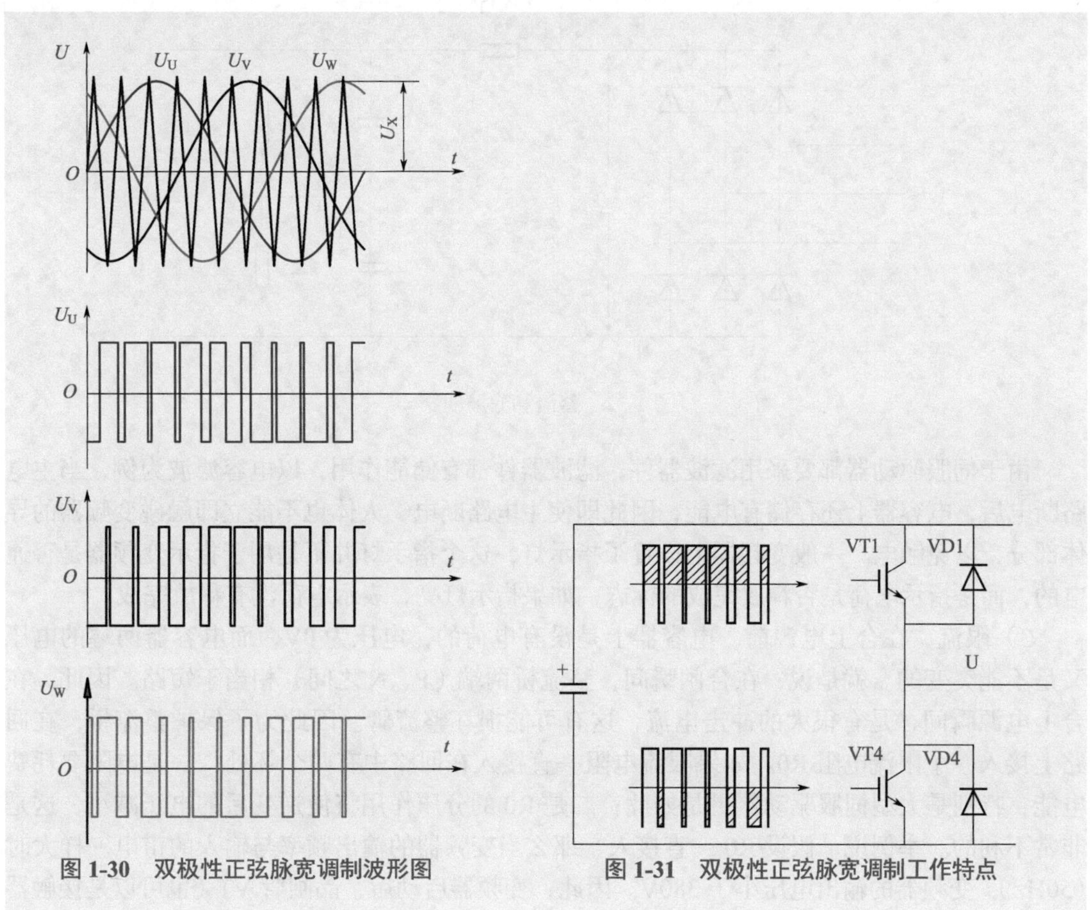

图 1-30　双极性正弦脉宽调制波形图　　图 1-31　双极性正弦脉宽调制工作特点

1.3.4　交 – 直 – 交伺服驱动器的主电路

（1）整流与滤波电路

整流和滤波回路如图 1-32 所示。

1）整流电路　整流电路比较简单，由 6 个二极管组成全桥整流（如果进线单相变频器，则需要 4 个二极管），交流电经过整流后就变成了直流电。

2）滤波电路　市电经过左侧的全桥整流后，转换成直流电，但此时的直流电有很多交流成分，因此需要经过滤波，电解电容器 C1 和 C2 就起滤波作用。实际使用的变频器的 C1 和 C2 电容上还会并联小电容量的电容，主要是为了吸收短时间的干扰电压。

由于经过全桥滤波后直流 U_D 的峰值为 380×1.35=513V，又因我国的电压波动许可范围是 ±20%，所以 U_D 的峰值实际可达 616V，一般取 U_D 的峰值为 650 ～ 700V，而电解电容的耐压通常不超过 500V，所以在滤波电路中，要将两个电容器串联起来，但又由于，电容器的电容量有误差，所以每个电容器并联一个电阻（RS1 和 RS2），这两个电阻就是均压电阻，由于 RS1=RS2，所以能保证两个电容的电压基本相等。

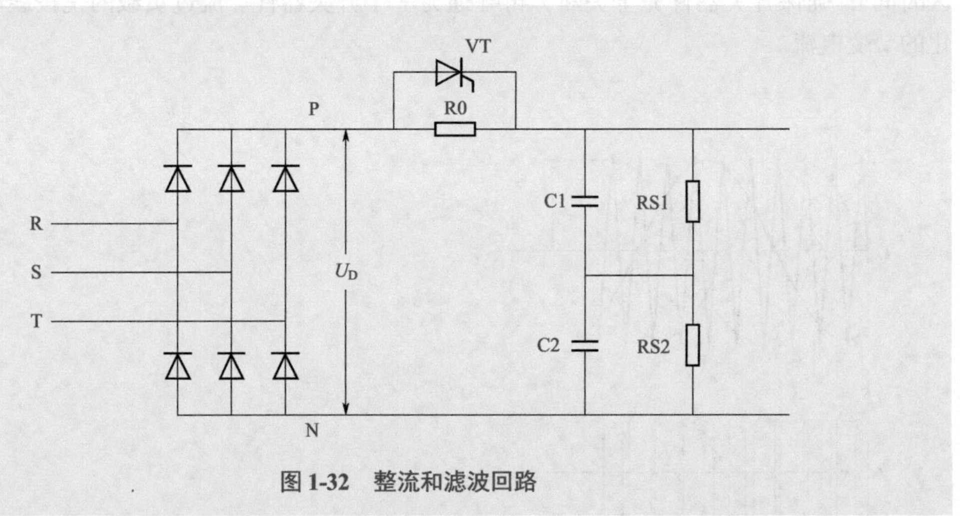

图 1-32　整流和滤波回路

由于伺服驱动器都要采用滤波器件，滤波器件都有储能作用，以电容滤波为例，当主电路断电后，电容器上还存储有电能，因此即使主电路断电，人体也不能立即触碰变频器的导体部分，以免触电。一般变频器上设置了指示灯，这个指示灯并不是用于指示变频器是否通电的，而是指示电荷是否释放完成的标志，如果指示灯亮，表示电荷没有释放完成。

3）限流　在合上电源前，电容器上是没有电荷的，电压为 0V，而电容器两端的电压又是不能突变的。就是说，在合闸瞬间，整流桥两端（P、N 之间）相当于短路。因此，在合上电源瞬间，是有很大的冲击电流，这有可能损坏整流管。因此为了保护整流桥，在回路上接入一个限流电阻 R0。如果限流电阻一直接入在回路中有两个坏处：一是电阻要耗费电能，特别是大型伺服驱动器更是如此；二是 R0 的分压作用将使逆变后的电压减小，这是非常不利的。举例说，假设 R0 一直接入，那么当变频器的输出频率与输入的市电一样大时（50Hz），变频器的输出电压小于 380V。因此，变频器启动后，晶闸管 VT（也可以是接触器的触头）导通，短接 R0，使伺服驱动器在正常工作时，R0 不接入电路。

通常变频器使用电容滤波，而不采用 π 型滤波，因为 π 型滤波要在回路中接入电感器，电感器的分压作用也类似于图 1-32 中 R0 的分压，使得逆变后的电压减小。

（2）逆变电路

1）逆变电路的工作原理　交 - 直 - 交伺服驱动器中的逆变器一般是三相桥式电路，以便输出三相交流变频电源。如图 1-33 所示，6 个电力电子开关器件 VT1 ～ VT6 组成三相逆变器主电路，图中的 VT 符号代表任意一种电力电子开关器件。控制各开关器件轮流导通和关闭，可使输出端得到三相交流电压。在某一瞬间，控制一个开关器件关断，控制另一个开关器件导通，就实现两个器件之间的换流。在三相桥式逆变器中有 180° 导通型和 120° 导通型两种换流方式，以下仅介绍 180° 导通型换流方式。

当 VT1 关断后，使 VT4 导通，而 VT4 断开后，使 VT1 导通。实际上，每个开关器件，在一个周期里导通的区间是 180°，其他各相也是如此。每一时刻都有 3 个开关器件导通。但必须防止同一桥臂上、下两个开关器件（如 VT1 和 VT4）同时导通，因为这样会造成直流电源短路，即直通。为此，在换流时，必须采取“先关后通”的方法，即先给要关断开关器件发送关断信号，待其关断后留一定的时间裕量，即“死区时间”，再给要导通开关器件发送导通信号。死区时间的长短，要根据开关器件的开关速度确定，例如MOSFET的死区时间就可以很短。设置死区时间是非常必要的，在安全的前提下，死区时间越短越好，因为死区时间会造成输出电压畸变。

2）反向二极管的作用　如图1-33所示，逆变桥的每个逆变器件旁边都反向并联一个二极管。以一个桥臂为例说明，其他的桥臂也是类似的，如图1-34所示。

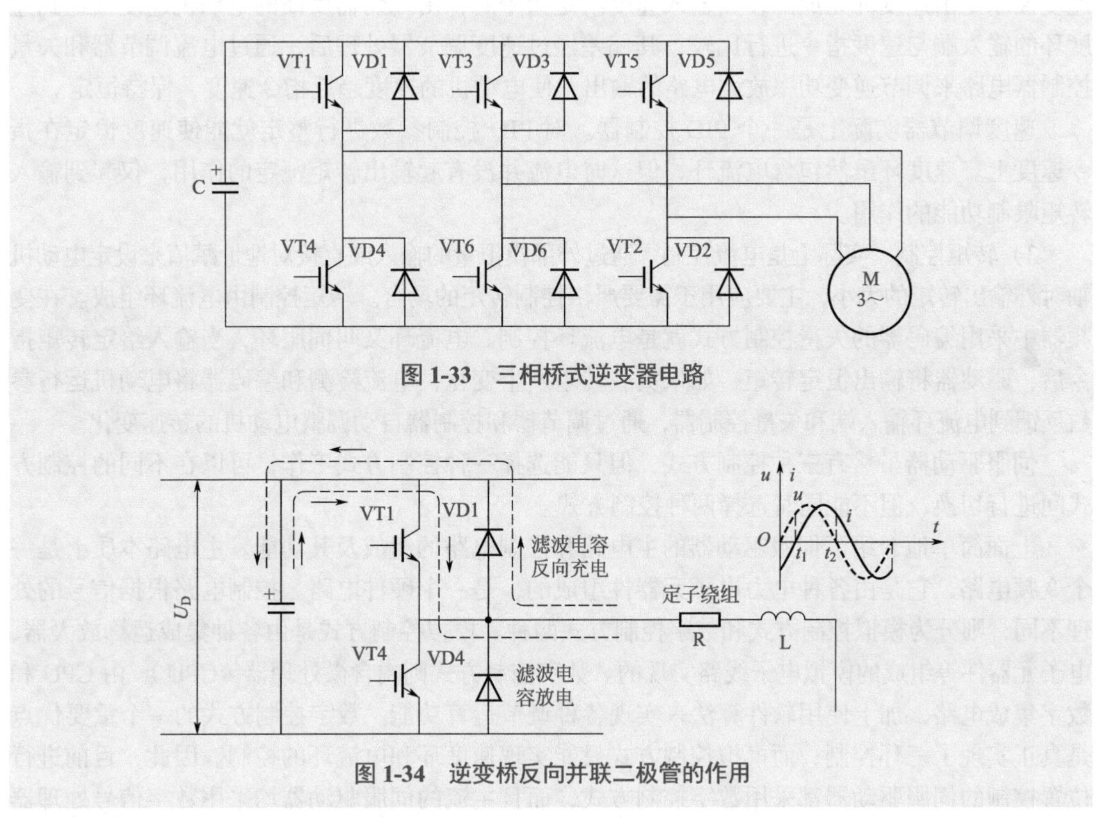

图1-33　三相桥式逆变器电路

图1-34　逆变桥反向并联二极管的作用

① 在0～t_1时间段，电流i和电压u的方向是相反的，是绕组的自感电动势（反电动势）克服电源电压做功，这时的电流通过二极管VD1流向直流回路，向滤波电容器充电。如果没有反向并联的二极管，电流的波形将发生畸变。

② 在t_1～t_2时间段，电流i和电压u的方向是相同的，电源电压克服绕组自感电动势做功，这时滤波电容向电动机放电。

1.3.5　伺服驱动器的控制电路

伺服驱动器的控制电路比变频器的复杂得多，变频器的基本应用是开环控制，当附加编码器并通过PG卡反馈后才形成闭环控制。而伺服驱动器的三种控制方式均为闭环控制。控制电路原理如图1-23所示。由图可知，控制电路由三个闭合的环路组成，其中内环为电流环，外环为速度环和位置环。现将伺服驱动器的三种控制方式简介如下。

1）位置控制　位置控制是伺服中最常用的控制，位置控制模式一般是通过外部输入脉冲的频率来确定转动速度大小的，通过脉冲的个数确定转动的角度，当然也能用通信的方式给定，所以一般应用于定位装置。位置控制由位置环和速度环共同完成。在位置环输入位置指令脉冲，而编码器反馈的位置信号也以脉冲形式送入输入端，在偏差计数器进行偏差计数，计数的结果经比例放大后作为速度环的指令速度值，经过速度环的 PID 控制作用使电动机运行速度保持与输入位置指令的频率一致。当偏差计数为 0 时，表示运动位置已到达。

2）速度控制　通过模拟量的输入、脉冲的频率、通信方式对转动速度的控制进行控制。速度控制是由速度环完成的，当输入速度给定指令后，由编码器反馈的电动机速度被送到速度环的输入端与速度指令进行比较，其偏差经过速度调节器处理后，通过电流调节器和矢量控制器电路来调节逆变功率放大电路的输出，使电动机的速度趋近指令速度，保持恒定。

速度调节器实际上是一个 PID 控制器。对 PID 控制参数进行整定就能使速度恒定在指令速度上。速度环虽然包含电流环，但这时电流并没有起输出转矩恒定的作用，仅起到输入转矩限制功能的作用。

3）转矩控制　实际上是电流控制，通过外部模拟量的输入或直接对地址赋值来设定电动机轴对外输出转矩的大小，主要应用于需要严格控制转矩的场合。转矩控制由电流环组成。在变频器中采用编码器的矢量控制方式就是电流环控制。电流环又叫伺服环，当输入给定转矩指令后，驱动器将输出恒定转矩。如果负载转矩发生变化，电流检测和编码器将电动机运行参数反馈到电流环输入端和矢量控制器，通过调节器和控制器自动调整电动机的转速变化。

伺服驱动器虽然有三种控制方式，但只能选择一种控制方式工作，可以在不同的控制方式间进行切换，但不能同时选择两种控制方式。

上面简单地介绍了伺服驱动器的主电路和控制电路的组成及其功能。主电路本质上是一个变频电路，它是由各种电力电子元器件组成的，是一个硬件电路。控制电路根据信号的处理不同，则分为模拟控制方式和数字控制方式两种。模拟控制方式是由各种集成运算放大器、电子元器件等组成的模拟电子线路实现的。数字控制方式则内含微处理器（CPU），由 CPU 和数字集成电路，加上使用软件算法来实现各种调节运算功能。数字控制方式的一个重要优点是真正实现了三环控制，而模拟控制方式只能实现速度环和电流环的控制。因此，目前进行位置控制的伺服驱动器都采用数字控制方式，而且主流的伺服驱动器均采用数字信号处理器（DSP）作为控制核心，可以实现比较复杂的控制算法，实现数字化、网络化和智能化。

1.4 伺服电动机

伺服电动机介绍

伺服电动机主要有直流电动机、交流电动机。此外，直线电动机和混合式伺服电动机也都是闭环控制系统，属于伺服电动机。

1.4.1 直流伺服电动机

直流伺服电动机（DC servo motor）以其调速性能好、启动力矩大、运转平稳、转速高等特点，在相当长的时间内，在电动机的调速领域占据着重要地位。随着电力电子技术的发展，特别是大功率电子器件问世以后，直流伺服电动机开始逐步被交流伺服电动机取代。但在小功率场合，直流伺服电动机仍然有一席之地。

（1）有刷直流电动机的工作原理

有刷直流电动机（brush DC motor）的工作原理如图 1-35 所示，图中 N 和 S 是一对固定的永久磁铁，在两个磁极之间安装有电动机的转子，上面固定有线圈 abcd，线圈段有两个换向片（也称整流子）和两个电刷。

当电流从电源的正极流出，从电刷 A、换向片 1、线圈、换向片 2、电刷 B，回到电源负极时，电流在线圈中的流向是 a → b → c → d。由左手定则知，此时线圈产生逆时针方向的电磁力矩。当电磁力矩大于电动机的负载力矩时，转子就逆时针转动，如图 1-35 所示。

当转子转过 180° 后，线圈 ab 边由磁铁 N 极转到靠近 S 极，cd 边转到靠近 N 极。由于电刷与换向片接触的相对位置发生了变化，线圈中的电流方向变为 d → c → b → a。再由左手定则知，此时线圈仍然产生逆时针方向的电磁力矩，转子继续保持逆时针方向转动，如图 1-36 所示。

电动机在旋转过程中，由于电刷和换向片的作用，直流电流交替在线圈中正向、反向流动，始终产生同一方向的电磁力矩，使得电动机连续旋转。同理，当外接电源反向连接，电动机就会顺时针旋转。

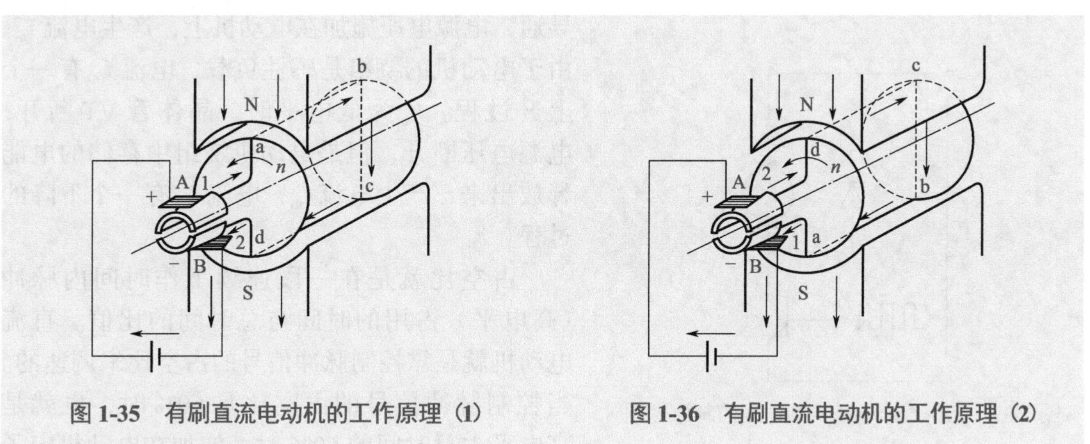

图 1-35 有刷直流电动机的工作原理（1）　　图 1-36 有刷直流电动机的工作原理（2）

（2）无刷直流电动机的工作原理

无刷直流电动机（brushless DC motor）的结构如图 1-37 所示，为了实现无刷换向，无刷直流电动机将电枢绕组安装在定子上，而把永久磁铁安装在转子上，该结构与传统的直流电动机相反。由于去掉了电刷和整流子的滑动接触换向机构，消除了直流电动故障的主要根源。

常见的无刷直流电动机为三相永磁同步电动机，其原理如图 1-38 所示，无刷电动机的换向原理是：采用三个霍尔元件，用作转子的位置传感器，安装在圆周上相隔 120° 的位置上，转子上的磁铁触发霍尔元件产生相应的控制信号，该信号控制晶体管 VT_1、VT_2、VT_3 有序地通断，使得电动机上的定子绕组 U、V、W 随着转子的位置变化而顺序通电、换相，形成旋转磁场，驱动转子连续不断地运动。无刷直流伺服电动机采用的控制技术和交流伺服电动机是相同的。

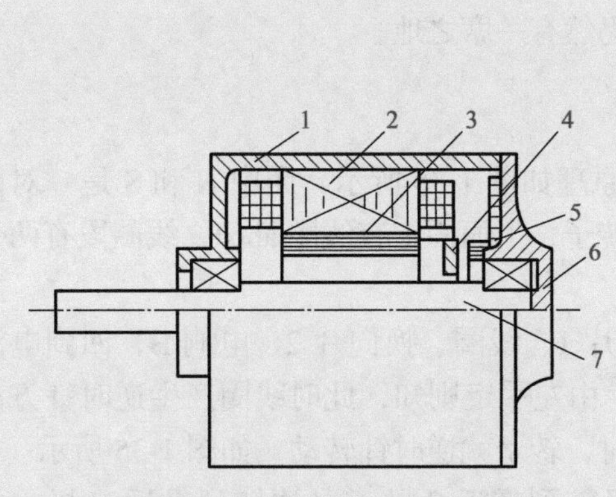

图 1-37　无刷直流电动机的结构

1—机壳；2—定子线圈；3—转子磁钢；4—传感器；5—霍尔元件；6—端盖；7—轴

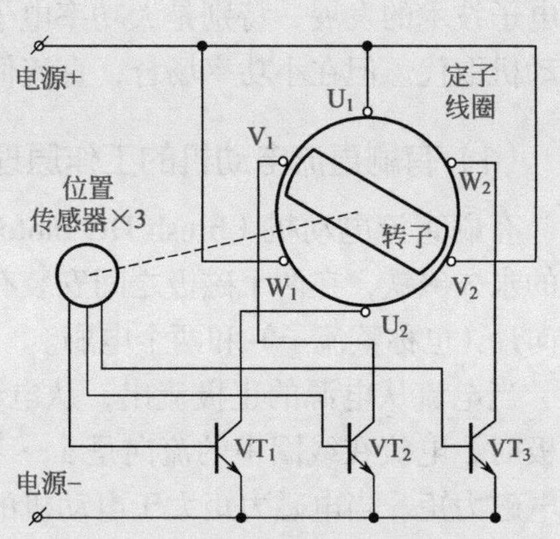

图 1-38　无刷直流电动机的换流原理图

（3）直流伺服电动机的控制原理

直流伺服电动机的转速控制通常采用脉宽调制 PWM 方式，如图 1-39 所示，方波控制信号 V_b 控制晶体管 VT 的通断，也就是控制电源电压的通断。V_b 为高电平时，晶体管 VT 导通，电源电压施加在电动机上，产生电流 i_m。由于电动机的绕组是感性负载，电流 i_m 有一个上升过程。V_b 为低电平时，晶体管 VT 断开，电源电压断开，但是电动机绕组中存储的电能释放出来，产生电流 i_m，电流 i_m 有一个下降的过程。

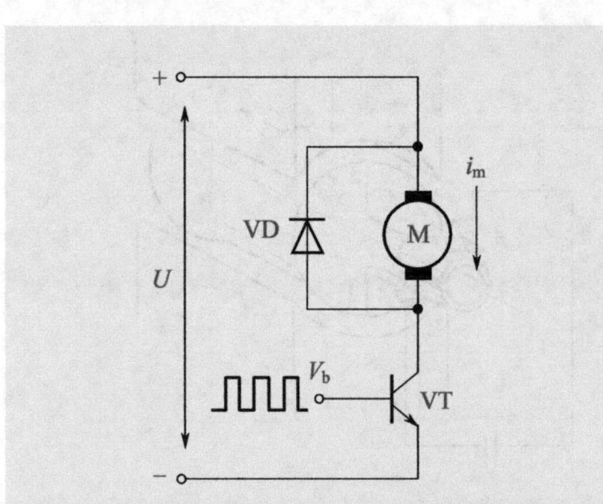

图 1-39　无刷直流电动机的速度控制原理图

占空比就是在一段连续工作时间内脉冲（高电平）占用的时间与总时间的比值。直流电动机就是靠控制脉冲信号的占空比来调速的。当控制脉冲信号的占空比是 60% 时，也就是高电平占总时间的 60% 时，施加在电动机定子绕组上的平均电压是 $0.6U$，当系统稳定运行时，电动机绕组中的电流平均值也是峰值的 0.6。显然控制信号的占空比决定了施加在电动机上的平均电流和平均电压，也就控制了电动机的转速。无刷直流电动机的电流曲线如图 1-40 所示。

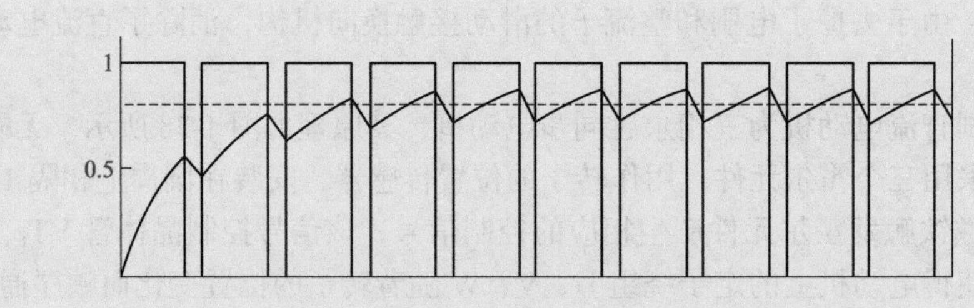

图 1-40　无刷直流电动机的电流曲线

1.4.2 交流伺服电动机

随着大功率电力电子器件技术、新型变频器技术、交流伺服技术、计算机控制技术的发展，到 20 世纪 80 年代，交流伺服技术得到迅速发展，在欧美已经形成交流伺服电动机的新兴产业。20 世纪中后期，德国和日本的数控机床产品的精密进给驱动系统已大部分使用交流伺服系统了。而且这个趋势一直延续到今天。

交流伺服电动机与直流电动机相比有如下优点：

① 结构简单，无电刷和换向器，工作寿命长。

② 线圈安装在定子上，转子的转动惯量小，动态性能好。

③ 结构合理，功率密度高，比同体积直流电动机功率高。

（1）交流同步伺服电动机

常用的交流同步伺服电动机是永磁同步伺服电动机，其结构如图 1-41 所示。永磁材料对伺服电动机的外形尺寸、磁路尺寸和性能指标影响很大。现在交流同步伺服电动机的永磁材料都采用稀土材料钕铁硼，它具有磁能积高、矫顽力高、价格低等优点，为生产体积小、性能优、价格低的交流同步伺服电动机提供了基本保证。典型的交流同步伺服电动机如西门子的 1FK、1FT 和 1FW 等。

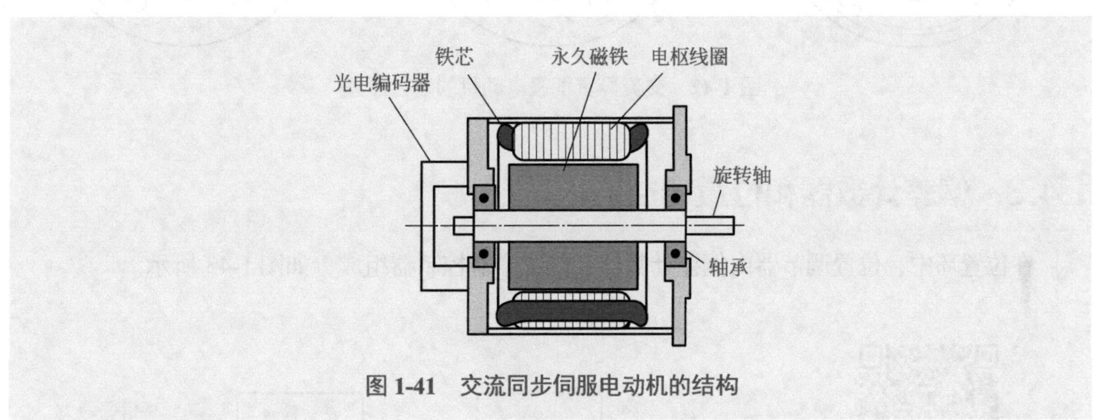

图 1-41 交流同步伺服电动机的结构

永磁同步伺服电动机的工作原理与无刷直流电动机非常类似，永磁同步伺服电动机的永磁体在转子上，而绕组在定子上，这正好和传统的直流电动机相反。伺服驱动器给伺服电动机提供三相交流电，同时检测电动机转子的位置，以及电动机的速度和位置信息，使得电动机在运行过程中，转子永磁体和定子绕组产生的磁场在空间上始终垂直，从而获得最大的转矩。 永磁同步电动机的定子绕组通入的是正弦电，因此产生的磁通也是正弦型的。而转矩与磁通是成正比的关系。在转子的旋转磁场中，三相绕组在正弦磁场中，正弦电输入电动机定子的三相绕组，每相电产生相应的转矩，每相转矩叠加后形成恒定的电动机转矩输出。

（2）交流异步伺服电动机

交流伺服电动机除了有交流同步伺服电动机外，还有交流异步伺服电动机。交流异步伺服电动机一般有位置和速度反馈测量系统，典型的交流异步伺服电动机有 1PH7、1PH4 和 1PL6 等。与同步电动机相比，异步电动机的功率范围更加大，从几千瓦到几百千瓦不等。

异步电动机的定子气隙侧的槽里嵌入了三相绕组，当电动机通入三相对称交流电时，产生旋转磁场。这个旋转磁场在转子绕组或者导条中感应出电动势。感应电动势产生的电流和旋转磁场之间的作用产生转矩，使得电动机的转子旋转。如图 1-42 所示为交流异步伺服电动机的运行原理，在 t_1、t_2 和 t_3 三个时刻的磁场，可见，磁场随着时间推移在不断旋转。

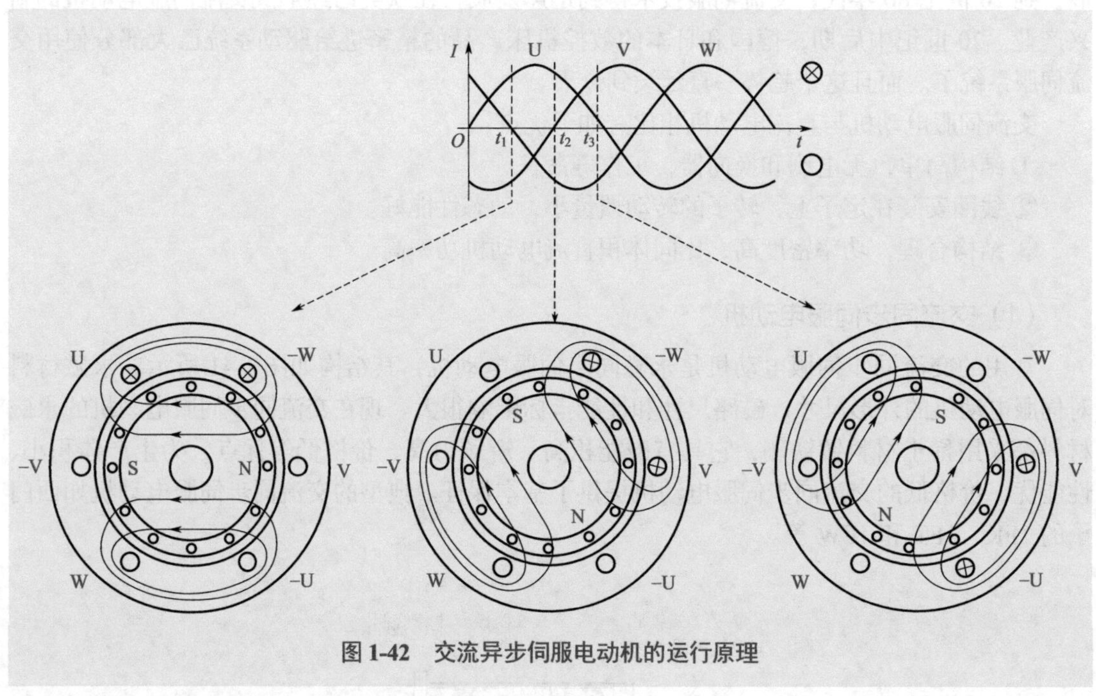

图 1-42　交流异步伺服电动机的运行原理

1.4.3　偏差计数器和位置增益

在位置环中，位置调节器由偏差计数器和位置增益控制器组成，如图 1-43 所示。

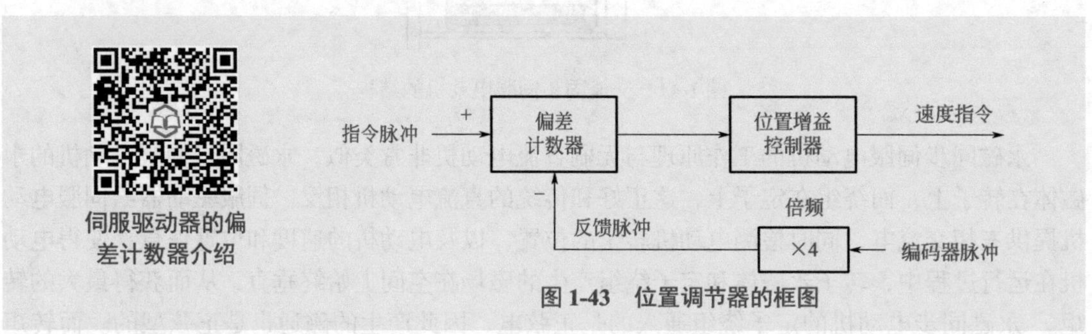

图 1-43　位置调节器的框图

（1）偏差计数器和滞留脉冲

偏差计数器的作用是对指令脉冲数进行累加，同时减去来自编码器的反馈脉冲。由于指令脉冲与反馈脉冲存在一定的延迟时间差，偏差计数器必定存在一定量的偏差脉冲，这个脉冲称为滞留脉冲。在位置控制中滞留脉冲非常重要，它决定了电动机的运行速度和运行位置。

滞留脉冲作为偏差计数器的输入脉冲指令，经位置增益控制器比例放大后作为速度环的速度指令对电动机进行速度和位置控制。速度指令和滞留脉冲成正比。当滞留脉冲不断增加时，电动机加速运行。加速度与滞留脉冲的增加率有关，当滞留脉冲不再增加时，电动机以一定速度匀速运行。当滞留脉冲减少时，电动机进行减速运行。当滞留脉冲为零时，电动机马上停止运行。

如图 1-44 所示，显示了滞留脉冲对电动机转速和定位控制过程的影响。以下将详细说明。

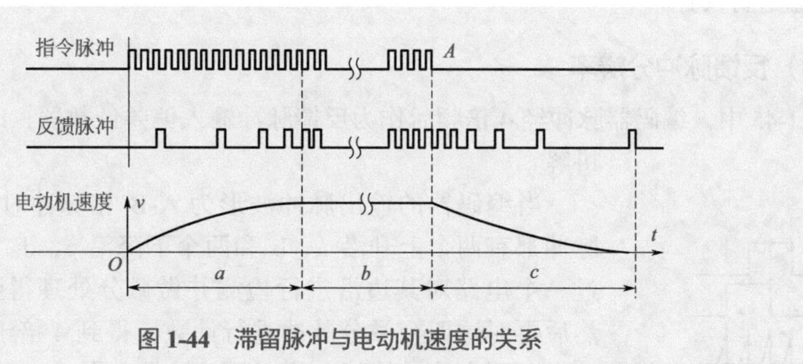

图 1-44　滞留脉冲与电动机速度的关系

① 加速运行　指令脉冲驱动条件成立后把一定频率、一定数量的指令脉冲送入偏差计数器，而由于相应的延迟和电动机从停止到快速运转需要一定的时间，这就使得反馈脉冲的输入速度远低于指令脉冲的输入速度，偏差计数器的滞留脉冲越来越多，随着滞留脉冲的增加，电动机的速度也越来越快。随着电动机转速的增加，反馈脉冲加入的频率也越来越快，这就使得滞留脉冲的增加开始变慢，而滞留脉冲的增加变慢又使得电动机的加速变慢，这一点从图上电动机的速度曲线可以看出。当电动机的转速达到指令脉冲所指定的速度时，指令脉冲的输入和反馈脉冲的输入达到平衡，滞留脉冲不再增加。电动机进入匀速运行阶段。

② 匀速运行　在这一阶段，由于指令脉冲的输入和反馈脉冲的输入已经平衡，不会产生新的滞留脉冲，所以当偏差计数器中的滞留脉冲一定时，电动机就以指定的速度匀速运行。当指令脉冲的数量达到指令的目标值时（它表示位置已到），指令脉冲马上停止输出，如图中 A 点。但电动机由于偏差计数器中仍然存在滞留脉冲，所以不会停止运行，而是进入减速运行阶段。

③ 减速运行　在这一阶段，指令脉冲已停止输入，仅有反馈脉冲输入，而每一个反馈脉冲的输入都会使滞留脉冲减少，滞留脉冲的减少又使电动机转速降低，就这样电动机转速越来越低，直到最后一个滞留脉冲被抵消为止，滞留脉冲数变为 0，电动机也马上停止运行。从减速过程可以看出随着滞留脉冲减少，电动机的速度越来越低，最后停在预定位置上的控制方式可以获得很高的控制精度。

（2）位置增益

偏差计数器的输出是其滞留脉冲数，一般来说，该脉冲数转换成速度指令的量值较小，必须将其放大后才能转换成速度指令。这个起滞留脉冲放大作用的装置就是位置增益控制器。增益就是放大倍数。

位置调节器的增益设置对电动机的运行有很大影响。增益设置较大，动态响应好，电动机反应及时，位置滞后量越小，但也容易使电动机处于不稳定状态，产生噪声及振动（来回摆动），停止时会出现过冲现象。增益设置较小，虽然稳定性得到提高，但动态响应变差，位置滞后量增大，定位速度太慢，甚至脉冲停止输出好久都不能及时停止。仅当位置增益调至适当时，定位的速度和精度才达到最好。

位置增益的设置与电动机负载的运动状况、工作驱动方式和机构安装方式都有关系。在伺服驱动器中，位置增益一般情况下都使用自动调节模式，由驱动器根据负载的情况自动进行包括位置增益在内的多种参数设定。仅当需要处于手动模式对位置增益进行调整时才人工对该增益进行设置。

（3）反馈脉冲分辨率

图 1-45 中，编码器脉冲经 4 倍频后作为反馈脉冲输入偏差计数器，以下对 4 倍频进行讲解。

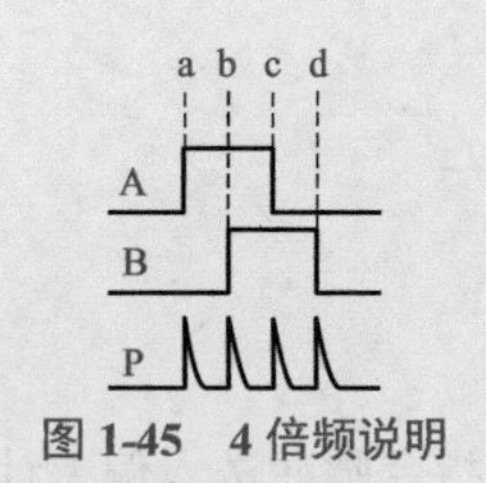

图 1-45　4 倍频说明

当编码器的输出脉冲波形为 A-B 相脉冲时，每一组 A-B 相脉冲都有两个上升沿 a、b 和两个下降沿 c、d。把 A-B 相脉冲经过一个电路对其边沿进行检测并做微分处理得到四个微分脉冲，然后再对这四个微分脉冲进行计数，得到 4 倍于编码器脉冲的脉冲串，图中的 4 倍频电路实际上就是一个对 A-B 相脉冲边沿进行微分处理并计数的电路，然后把这个 4 倍频的脉冲作为反馈脉冲送入偏差计数器与指令脉冲抵消而产生滞留脉冲。这样做有什么好处呢？在伺服定位控制中，编码器的每周脉冲数（也称编码器的分辨率）与定位精度有很大关系。分辨率越高，定位精度也就越高。通过 4 倍频电路一下子就把编码器的分辨率提高了 4 倍。定位精度也提高了 4 倍。这就是伺服驱动器中广泛采用 4 倍频电路的原因。为了区别起见，把编码器的每周脉冲数仍称为每周脉冲数，而把输入到偏差计数器的反馈脉冲数称为编码器的分辨率，其含义为电动机转动一圈所需的脉冲数。在定位控制的相关计算中，如电动机的转速、电子齿轮比的设置等，使用的是编码器的分辨率而不是编码器的每周脉冲数。因此，当涉及定位控制相关计算时，必须注意生产商关于编码器的标注：如标注为每周脉冲数，则必须乘 4 转换成电动机一圈脉冲数；如标注为分辨率，则直接为电动机一圈脉冲数。

1.5 编码器

编码器介绍

1.5.1　编码器简介

伺服系统常用的检测元件有光电编码器、光栅和磁栅等，而以光电编码器最为常见。以下将详细介绍光电编码器。

编码器（encoder）是将信号（如比特流）或数据进行编制、转换为可用以通信、传输和存储的信号形式的设备，编码器主要用于测量电动机的旋转角位移和速度。编码器把角位移或直线位移转换成电信号，前者称为码盘，后者称为码尺。光电编码器的外形如图 1-46 所示。

图 1-46　光电编码器的外形

编码器的分类如下。

（1）按码盘的刻孔方式（工作原理）不同分类

① 增量型　就是每转过一单位角度就发出一个脉冲信号（也有发正余弦信号，然后对其进行细分，斩波出频率更高的脉冲），通常为 A 相、B 相、Z 相输出，A 相、B 相为相互延迟 1/4 周期的脉冲输出，根据延迟关系可以区别正反转，而且通过取 A 相、B 相的上升和下降沿可以进行 2 或 4 倍频；Z 相为单圈脉冲，即每圈发出一个脉冲。

② 绝对值型　就是对应一圈，每个基准的角度发出一个唯一与该角度对应的二进制的数值，通过外部记圈器件可以进行多个位置的记录和测量。

（2）按信号的输出类型分

有电压输出、集电极开路输出、互补推挽输出和长线驱动输出。

（3）以编码器机械安装形式分类

① 有轴型　有轴型又可分为夹紧法兰型、同步法兰型和伺服安装型等。

② 轴套型　轴套型又可分为半空型、全空型和大口径型等。

（4）以编码器工作原理可分

有光电式、磁电式和触点电刷式。

1.5.2　增量式编码器

（1）光电编码器的结构和工作原理

如图 1-47 所示，可用于说明透射式旋转光电编码器的原理。在与被测轴同心的码盘上刻制了按一定编码规则形成的遮光和透光部分的组合。在码盘的一边是发光二极管或白炽灯光源，另一边则是接收光线的光电器件。码盘随着被测轴的转动使得透过码盘的光束产生间断，通过光电器件的接收和电子整形电路的处理，产生特定方波电信号的输出，再经过数字处理可计算出位置和速度信息。

（2）增量式编码器的应用场合

① 数控机床及机械附件。

② 机器人、自动装配机、自动生产线。

③ 电梯、纺织机械、缝制机械、包装机械（定长）、印刷机械（同步）、木工机械、塑料

机械（定数）、橡塑机械。

④ 制图仪、测角仪、疗养器、雷达等。

⑤ 起重行业。

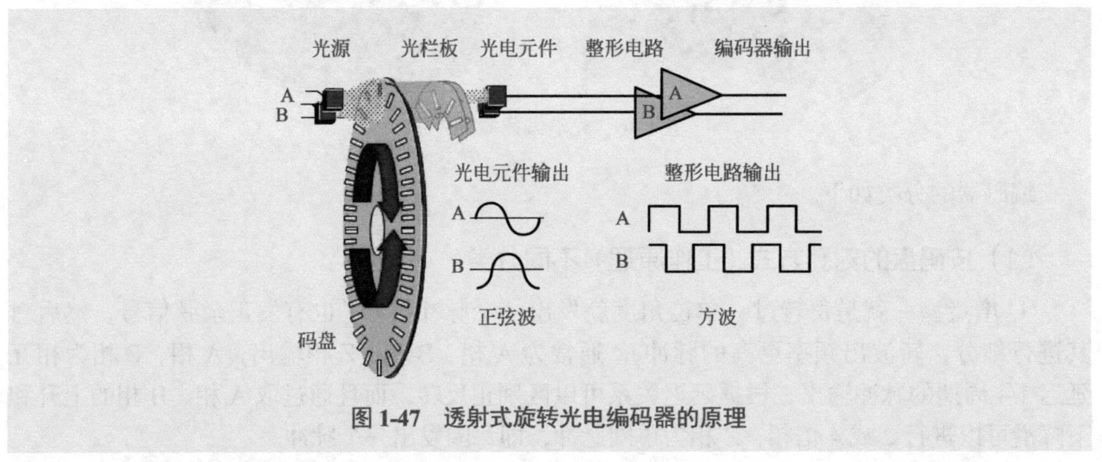

图 1-47 透射式旋转光电编码器的原理

1.5.3 绝对值编码器

绝对值旋转光电编码器，因其每一个位置绝对唯一、抗干扰、无需掉电记忆，已经越来越广泛地应用于各种工业系统中的角度、长度测量和定位控制。

绝对值编码器光码盘上有许多道刻线，每道刻线依次以 2 线、4 线、8 线、16 线……编排，这样，在编码器的每一个位置，通过读取每道刻线的通、暗，获得一组从 2 的零次方到 2 的（n-1）次方的唯一的二进制编码（格雷码），这就称为 n 位绝对值编码器。这样的编码器是由码盘的机械位置决定的，它不受停电、干扰的影响。绝对值编码器由机械位置决定每个位置的唯一性，它无需记忆，无需找参考点，而且不用一直计数，什么时候需要知道位置，什么时候就去读取它的位置。这样，编码器的抗干扰特性、数据的可靠性就大大提高了。8421 码盘如图 1-48 所示。

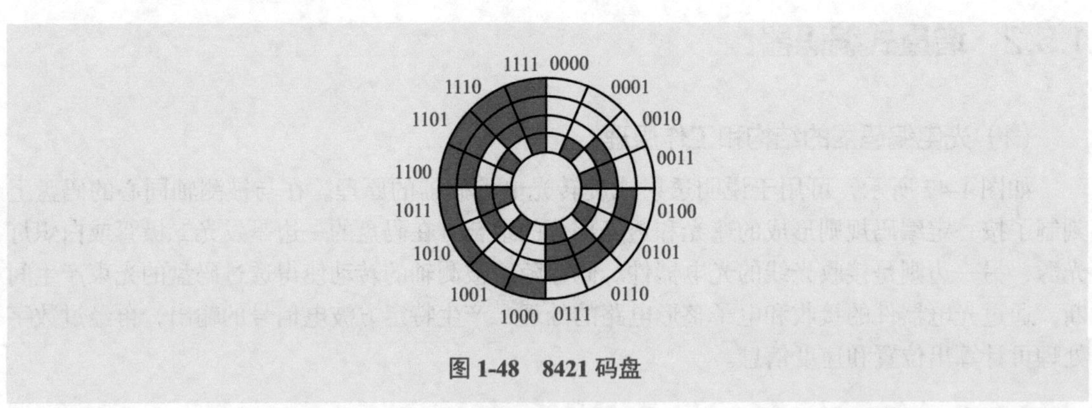

图 1-48 8421 码盘

旋转单圈绝对值编码器，转动中测量光码盘各道刻线，以获取唯一的编码，当转动超过 360° 时，编码又回到原点，这样就不符合编码绝对唯一的原则，这样的编码器只能用于旋转范围 360° 以内的测量，称为单圈绝对值编码器。

如果要测量旋转超过 360° 范围，就要用到多圈绝对值编码器，如图 1-49 所示。

利用钟表齿轮机械的原理，当中心码盘旋转时，通过齿轮传动另一组码盘（或多组齿轮，多组码盘），在单圈编码的基础上再增加圈数的编码，以扩大编码器的测量范围，这样的绝对值编码器就称为多圈式绝对值编码器，它同样是由机械位置确定编码，每个位置编码唯一不重复，且无需记忆。

在绝对值编码器的码盘上沿径向方向有若干个同心码道，每条码道也是由透光码道组成的，这些透光缝隙是按照相应的码制关系来刻制的。码盘的一侧是光源，另一侧是感光元件，感光元件和码道的数量相对应，如图 1-49 所示。绝对值编码器的典型应用场合是机器人的伺服电动机。

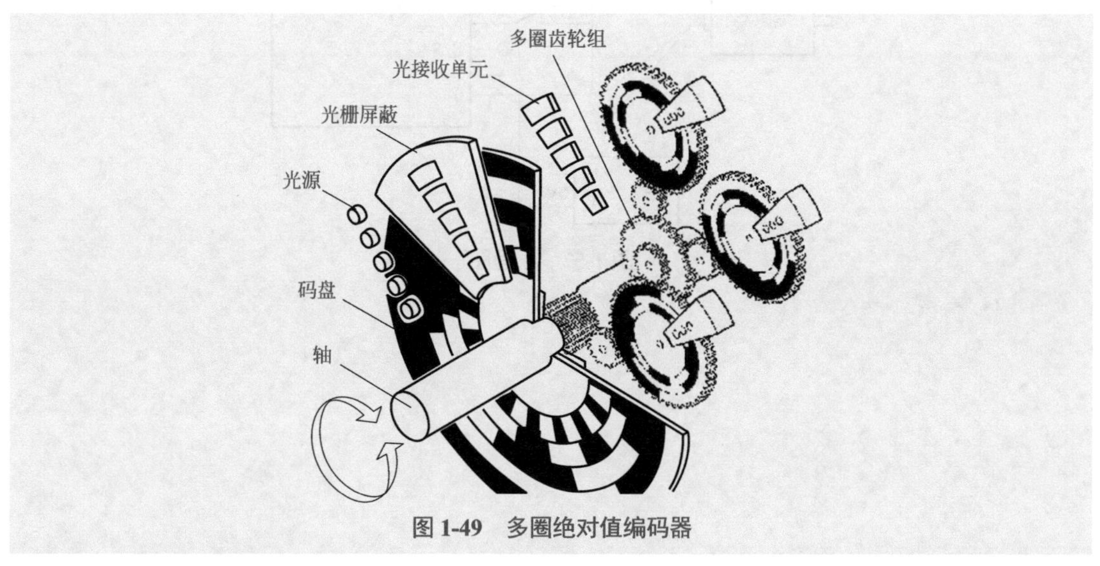

图 1-49　多圈绝对值编码器

1.5.4　编码器应用

（1）编码器的接线

编码器的输出主要有集电极开路输出、互补推挽输出和差动线性驱动输出形式。

集电极开路输出包含 NPN 和 PNP 两种形式，如图 1-50 所示。输出有效信号是 +24V 高电平有效信号的是 PNP 输出，输出有效信号是 0V 低电平有效信号的是 NPN 输出。

差动线性驱动输出的接线如图 1-51 所示。输出的信号是差分信号，如 A（信号 +）和 $\overline{A}$（信号 -）。

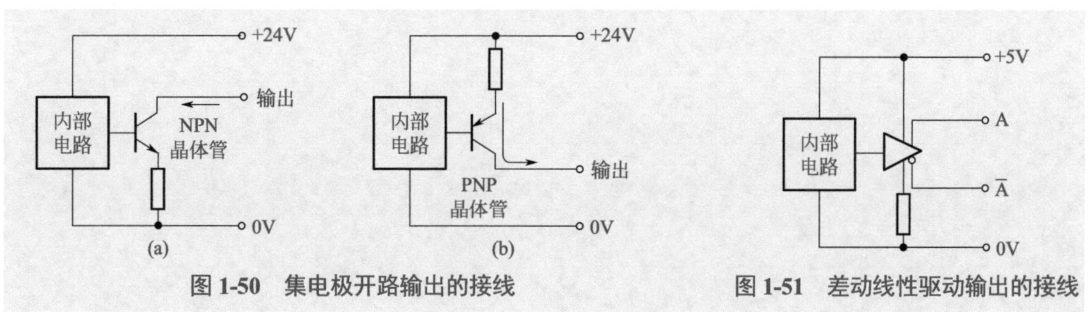

图 1-50　集电极开路输出的接线

图 1-51　差动线性驱动输出的接线

(2) 编码器的应用举例

★【例 1-1】 用光电编码器测量长度(位移),光电编码器为 500 线,电动机与编码器同轴相连,电动机每转一圈,滑台移动 10mm,要求在人机交互(HMI)上实时显示位移数值(含正负),设计原理图。

【解】 原理图如图 1-52 所示。

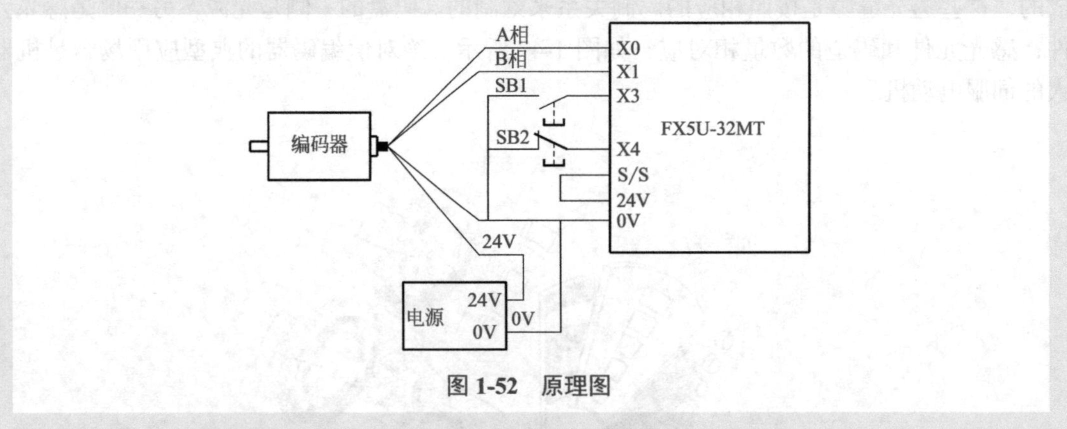

图 1-52 原理图

第2章 SINAMICS V90 伺服驱动系统及其接线

伺服系统在工程中得到了广泛的应用，而且在我国日系和欧美系的伺服系统都得到了广泛的应用。日系的三菱伺服系统和欧系的西门子伺服系统在我国都有不小的市场份额，本章讲解西门子 SINAMICS V90 伺服系统工程应用。

2.1 西门子伺服系统介绍

西门子公司把交流伺服驱动器也称为变频器。以下将介绍西门子的常用伺服系统。

(1) SINAMICS V

此系列变频器只涵盖关键硬件以及功能，因而实现了高耐用性。同时投入成本很低，操作可直接在变频器上完成。

① SINAMICS V60 和 V80：是针对步进电动机而推出的两款产品，当然也可以驱动伺服电动机。只能接收脉冲信号。有人称其为简易型的伺服驱动器。

② SINAMICS V90：有两大类产品。第一类主要是针对步进电动机而推出的产品，当然也可以驱动伺服电动机，能接收脉冲信号，也支持 USS 和 MODBUS 总线。第二类支持 PROFINET 总线，不能接收脉冲信号，也不支持 USS 和 MODBUS 总线。运动控制时配合西门子的 S7-200 SMART PLC 使用，性价比较高。也称为伺服变频器。

SINAMICS V90 的特点是操作简单，具备伺服系统的基础性能和实用的功能，适用于控制要求不高的场合。目前的功率范围是 0.1 ～ 7kW。

(2) SINAMICS S

SINAMICS S 系列变频器是高性能变频器，功能强大，价格较高。

① SINAMICS S110：主要用于机床设备中的基本定位应用。

② SINAMICS S210：西门子新开发的小型伺服系统，目前的功率范围是 0.05 ～ 7kW，其特点是结构简单、具有丰富的功能和高性能。

③ SINAMICS S120：可以驱动交流异步电动机、交流同步电动机和交流伺服电动机，其特点是功能丰富、高度灵活和具有超高性能。主要用于包装机、纺织机械、印刷机械和机床设备中的定位应用。

④ SINAMICS S150：主要用于试验台、横切机和离心机等大功率场合。

2.2 SINAMICS V90 伺服驱动系统介绍

SINAMICS V90 伺服驱动系统包括伺服驱动器和伺服电动机两部分，伺服驱动器和其对应的同功率的伺服电动机配套使用。SINAMICS V90 伺服驱动器有两大类。

一类是通过脉冲输入接口直接接收上位控制器发来的脉冲序列（PTI），进行速度和位置控制，通过数字量接口信号来完成驱动器运行和实时状态输出。这类 SINAMICS V90 伺服系统还集成了 USS 和 MODBUS 现场总线。

另一类是通过现场总线 PROFINET，进行速度和位置控制。这类 SINAMICS V90 伺服系统没有了集成 USS 和 MODBUS 现场总线。顺便指出，西门子的主流伺服驱动系统一般为现场总线控制。目前在工业现场，西门子的 SINAMICS V90 PN 版本伺服系统更为常用。

2.2.1 SINAMICS V90 伺服驱动器

(1) SINAMICS V90 伺服驱动器的订货号的编号规则

SINAMICS V90 伺服驱动器的订货号的编号规则如图 2-1 所示。

(2) 脉冲系列伺服驱动器

脉冲系列伺服驱动器可以接收控制器（如 PLC）的高速脉冲信号，也可以与控制器进行 USS 和 MODBUS 通信。

从供电范围分类，可分为三相（单相）200V 供电和三相 400V 供电两大类，前者用于小功率场合，后者用于相对大功率场合。SINAMICS V90 伺服系统的连接图（脉冲序列，400V）如图 2-2 所示。

图 2-2 中伺服系统（脉冲序列，400V）器件的含义见表 2-1。

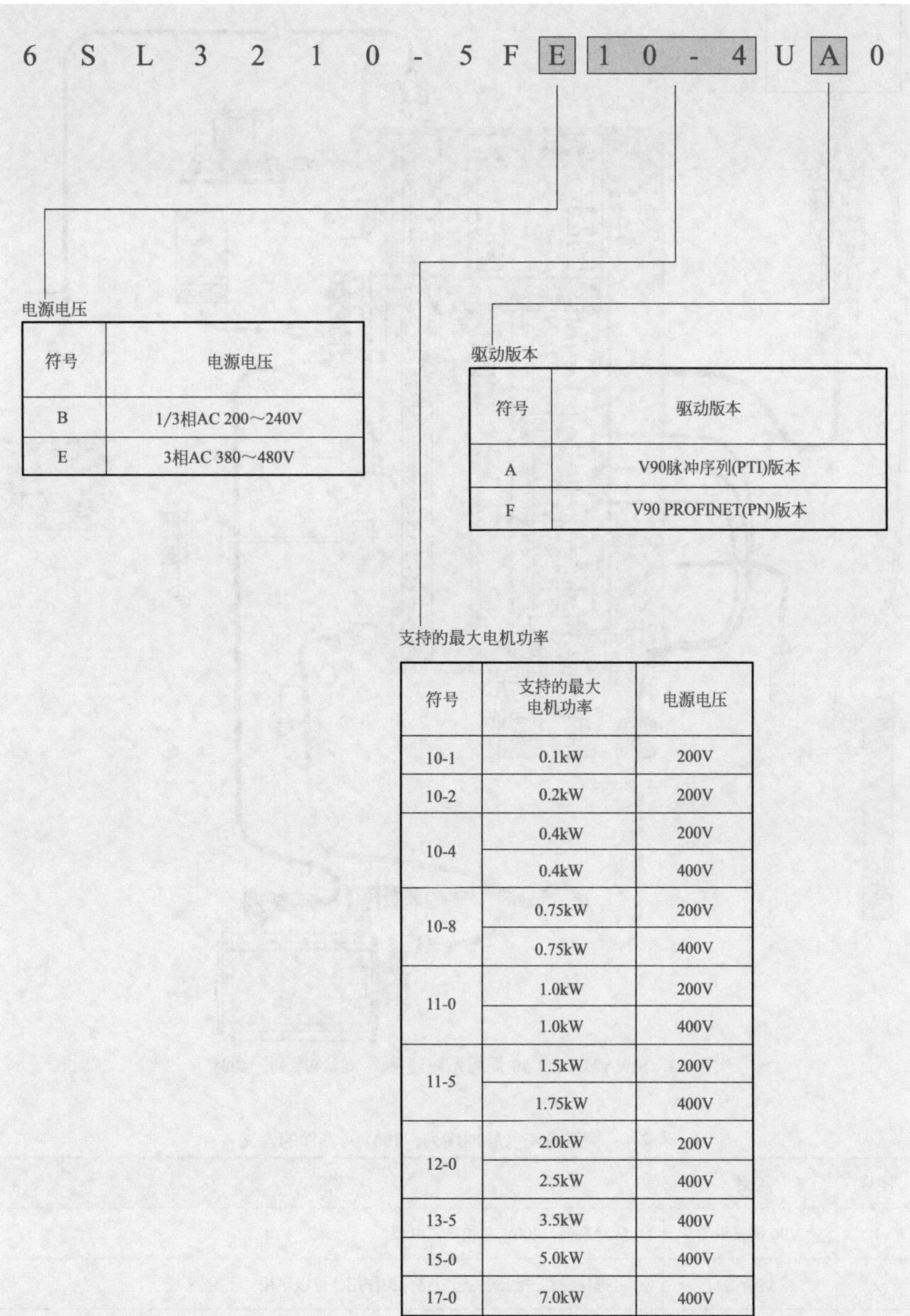

电源电压

符号	电源电压
B	1/3相AC 200～240V
E	3相AC 380～480V

驱动版本

符号	驱动版本
A	V90脉冲序列(PTI)版本
F	V90 PROFINET(PN)版本

支持的最大电机功率

符号	支持的最大电机功率	电源电压
10-1	0.1kW	200V
10-2	0.2kW	200V
10-4	0.4kW	200V
	0.4kW	400V
10-8	0.75kW	200V
	0.75kW	400V
11-0	1.0kW	200V
	1.0kW	400V
11-5	1.5kW	200V
	1.75kW	400V
12-0	2.0kW	200V
	2.5kW	400V
13-5	3.5kW	400V
15-0	5.0kW	400V
17-0	7.0kW	400V

图 2-1　**SINAMICS V90** 伺服驱动器的订货号的编号规则

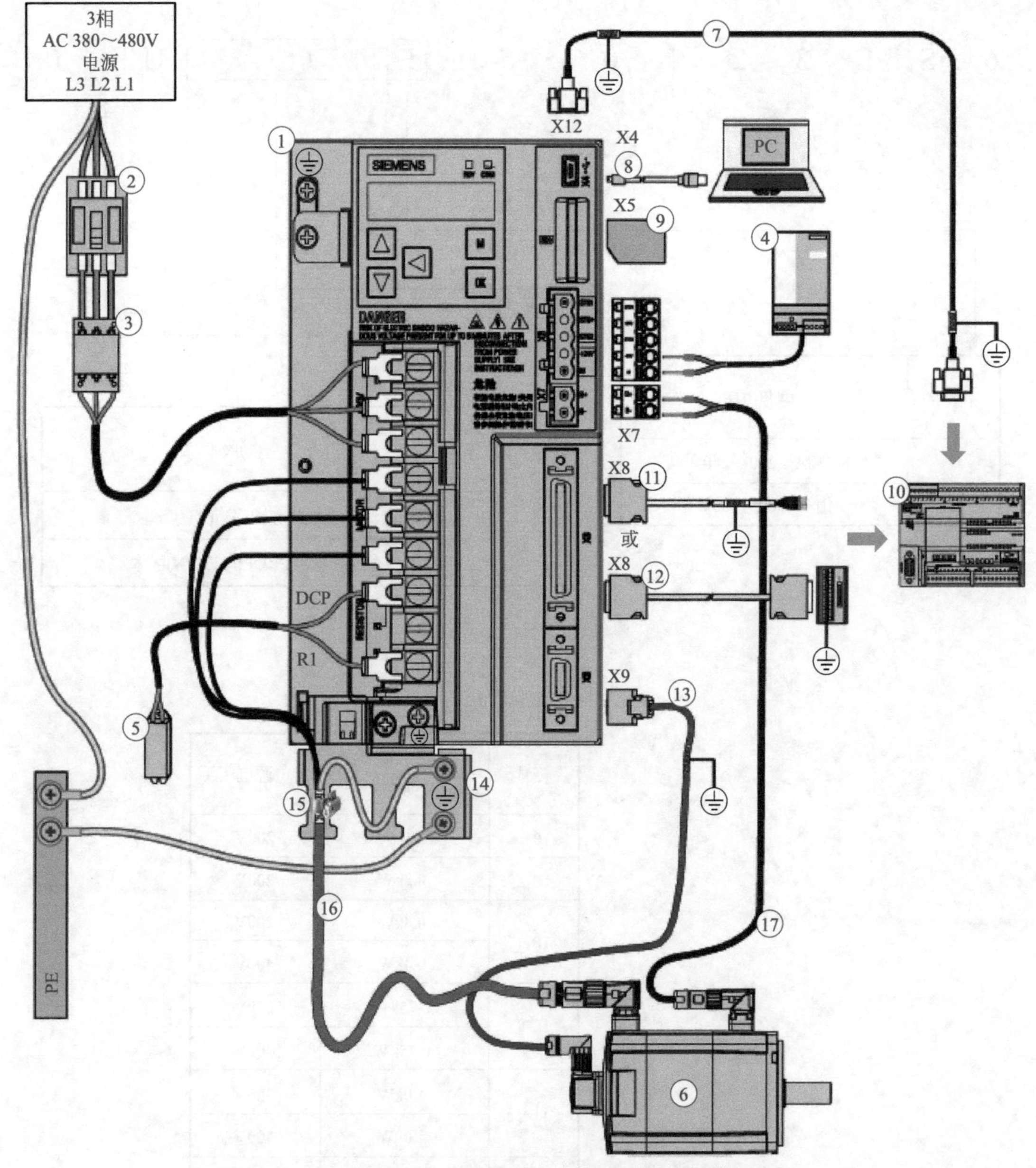

图 2-2　SINAMICS V90 伺服系统连接图（脉冲序列，400V）

表 2-1　伺服系统（脉冲序列，400V）器件的含义

序号	名称	说明
1	V90 伺服驱动	脉冲系列，400V 三相交流电源
2	熔断器	可选件，在进线侧，起短路保护作用，可以不用
3	滤波器	可选件，在进线侧，起滤波和防干扰作用，可以不用
4	24 V 直流电源	可选件，向驱动器提供 24V 电源，必须要用

续表

序号	名称	说明
5	外部制动电阻	可选件，连接在 DCP 和 R1 上，起能耗制动作用，可以不用
6	伺服电动机	SIMOTICS S-1FL6 系列
7	串行电缆	RS-485 电缆，PLC 通过此电缆与伺服系统通信（如位置控制）
8	迷你 USB 电缆	通用迷你 USB 电缆，PC 通过此电缆与伺服系统通信（如设置参数和调试）
9	SD	可选件，用于版本升级
10	上位机	通常是 PLC
11	设定值电缆	50 针电缆，主要用于连接伺服系统的 I/O 信号，如数字量输入输出信号、模拟量输入输出信号，必须要用
12		带终端适配器的设定值电缆，主要用于连接伺服系统的 I/O 信号，如数字量输入输出信号、模拟量输入输出信号，必须要用。由于使用了终端适配器，接线更方便
13	编码器电缆	连接伺服驱动器和编码器
14	屏蔽板	在 V90 包装中，用于连接屏蔽线
15	卡箍	带在电动机动力电缆上，起固定作用
16	电动机动力电缆	连接伺服驱动器和伺服电动机，向伺服电动机提供动力
17	抱闸电缆	400V 供电型，连接在 X7 接口，用于抱闸。200V 供电型，无 X7 接口，抱闸电缆在 X8 接口的数字量输出端子上

（3）PROFINET 通信型伺服驱动器

PROFINET 通信型伺服驱动器（简称 PN 版本），只能接收控制器（如 PLC）的 PROFINET 通信信号，不能接收控制器发来的高速脉冲信号，也不能进行 USS 和 MODBUS 通信。

从供电范围分类，可分为三相（单相）200V 供电和三相 400V 供电两大类，前者用于小功率场合，后者用于相对大功率场合。SINAMICS V90 伺服系统的连接图（PN 版本，200V）如图 2-3 所示。

在图 2-3 中，伺服驱动系统的器件的名称已经标注在图中，具体的说明可以参照表 2-1，在此不做赘述。

注意 交流 200V 输入型伺服驱动器的抱闸信号从 X8 接口输出，只有交流 400V 输入型伺服驱动器才有专用的抱闸输出接口 X7。

（4）伺服驱动器的技术参数

伺服驱动器的技术参数对于选型和应用是至关重要的，伺服驱动器的部分技术参数见表 2-2。

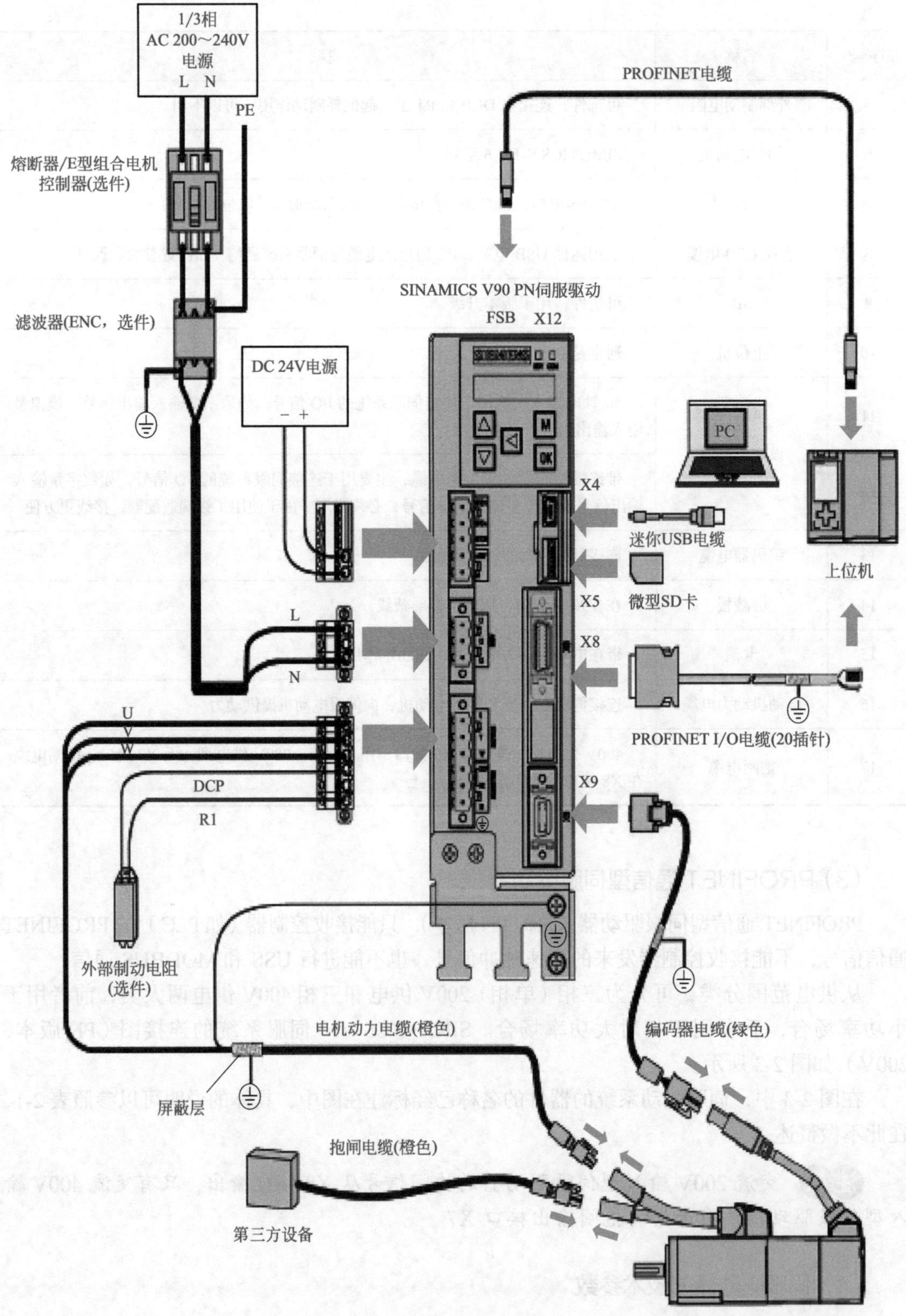

图 2-3 SINAMICS V90 伺服系统连接图（PN 版本，200V）

表 2-2　伺服驱动器的部分技术参数

1. 电源 200V		200 ～ 240V 1AC/3AC						
订货号	脉冲序列：6SL3210-5F PROFINET：6SL3210-5F	B10-1UA2 B10-1UF2	B10-2UA1 B10-2UF2	B10-4UA1 B10-4UF1	B10-8UA0 B10-8UF0	B11-0UA1 B11-0UF1	B11-5UA0 B11-5UF0	B12-0UA0 B12-0UF0
最大电动机功率 /kW		0.1	0.2	0.4	0.75	1	1.5	2
额定输出电流 /A		1.2	1.4	2.6	4.7	6.3	10.6	11.6
最大输出电流 /A		3.6	4.2	7.8	14.1	18.9	31.8	34.8
电源	电压	1/3AC 200 ～ 240 V（-15% / +10%）				3AC 200 ～ 240V（-15%/+10%）		
	频率	50Hz/60Hz，（-10%/+10%）						
	容量 /kV · A（1AC）	0.5	0.7	1.2	2	—	—	—
	容量 /kV · A（3AC）	0.5	0.7	1.1	1.9	2.7	4.2	4.6
允许的制动电阻最小阻值 /Ω		50	50	30	25	20	10	10
冷却		自冷却				风扇冷却		
外形尺寸		FSA		FSB	FSC	FSD		

2. 电源 400V		380 ～ 480V 3AC							
订货号	脉冲序列：6SL3210-5F PROFINET: 6SL3210-5F	E10-4UA0 E10-4UF0	E10-8UA0 E10-8UF0	E11-0UA0 E11-0UF0	E11-5UA0 E11-5UF0	E12-0UA0 E12-0UF0	E13-5UA0 E13-5UF0	E15-0UA0 E15-0UF0	E17-0UA0 E17-0UF0
最大电动机功率 /kW		0.4	0.75	1	1.75	2.5	3.5	5	7
额定输出电流 /A		1.2	2.1	3	5.3	7.8	11	12.6	13.2
最大输出电流 /A		3.6	6.3	9	15.9	23.4	33	37.8	39.6
电源	电压	3AC 380 ～ 480V（-15%/+10%）							
	频率	50Hz/60Hz，（-10%/+10%）							
	容量 /kV · A	1.7	3	4.3	6.6	11.1	15.7	18	18.9

续表

<table>
<tr><td colspan="2">冷却</td><td colspan="3">自冷却</td><td colspan="2">风扇冷却</td></tr>
<tr><td colspan="2">外形尺寸</td><td>FSAA</td><td>FSA</td><td colspan="2">FSB</td><td>FSC</td></tr>
<tr><td colspan="2">3. 接口</td><td colspan="2">SINAMICS V90 脉冲序列版本（PTI）</td><td colspan="3">SINAMICS V90 PROFINET 版本（PN）</td></tr>
<tr><td colspan="2">USB</td><td colspan="2">Mini USB</td><td colspan="3">Mini USB</td></tr>
<tr><td colspan="2">脉冲输入</td><td colspan="2">双通道，5V 分信号通道和 24V 单端信号通道</td><td colspan="3">—</td></tr>
<tr><td colspan="2">脉冲编码器输出</td><td colspan="2">5V 差分信号，A、B、Z 相</td><td colspan="3">—</td></tr>
<tr><td colspan="2">数字量输入 / 输出</td><td colspan="2">10 个输入，NPN/PNP；6 个输出，DO1 至 DO3 为 NPN，DO4 至 DO6 为 NPN/PNP</td><td colspan="3">4 个输入，NPN/PNP；2 个输出，NPN/PNP</td></tr>
<tr><td colspan="2">模拟量输入 / 输出</td><td colspan="2">2 个模拟量输入，输入电压范围 ±10V，13 位
2 个模拟量输出，输出电压范围 ±10V，10 位</td><td colspan="3">—</td></tr>
<tr><td colspan="2">通信</td><td colspan="2">USS/MODBUS RTU（RS-485）</td><td colspan="3">PROFINET RT/IRT 接口，带 2 个接口（RJ-45 插口）</td></tr>
<tr><td colspan="2">SD 卡槽</td><td colspan="2">标准 SD 卡，用于 V90 400V 驱动；微型 SD 卡，用于 V90 200V 驱动</td><td colspan="3">标准 SD 卡，用于 V90 400 V 驱动；微型 SD 卡，用于 V90 200 V 驱动</td></tr>
<tr><td colspan="2">安全功能</td><td colspan="2">安全转矩关断（STO）通过端子控制，SIL2</td><td colspan="3">安全转矩关断 （STO）通过端子控制，SIL2</td></tr>
<tr><td colspan="2">4. 控制模式</td><td colspan="2">SINAMICS V90 脉冲序列版本（PTI）</td><td colspan="3">SINAMICS V90 PROFINET（PN）</td></tr>
<tr><td colspan="2">控制模式</td><td colspan="2">● 外部脉冲位置控制（PTI）
● 内部设定值位置控制（IPos），通过数字量输入组合或 MODBUS/USS 选择设定值
● 速度控制（S）
● 转矩控制（T）
● 复合控制，在位置控制、速度控制和转矩控制之间切换
● Jog 控制，通过 BOP 进行 Jog</td><td colspan="3">● 速度控制模式：位置与速度控制，结合 SIMATIC S7-1500/S7-1200 的运动功能以及 PROFINET 通信</td></tr>
<tr><td rowspan="2">速度控制</td><td>速度输入</td><td colspan="2">外部模拟量输入或内部速度设定值</td><td colspan="3">PROFINET 或内部速度设定值</td></tr>
<tr><td>转矩限制</td><td colspan="2">外部模拟量输入或参数设置</td><td colspan="3">PROFINET 或参数设置</td></tr>
</table>

续表

外部脉冲位置控制	最大输入脉冲频率	● 1MHz（5V 高速差分信号） ● 200kHz（24V 单端信号）	—
	电子齿轮比	电子齿轮比（A/B），A：1 ～ 65535。B：1 ～ 65535，1/50 < A/B < 200	—
	转矩限制	外部模拟量输入或参数设置	—
转矩控制	转矩输入	外部模拟量输入或内部转矩设定值	—
	速度限制	防止超出速度极限，使用模拟量输入参数设置	参数设置
5. 控制特性		SINAMICS V90 脉冲序列版本（PTI）	SINAMICS V90 PROFINET(PN)
实时自动优化		无需用户操作，实时估算机械特性以及设置闭环控制参数（如增益、积分等）	
谐振抑制		抑制机械谐振，如工件振动和支架摇动	
一键优化		在调试工具 SINAMICS V-ASSISTANT 上通过 SINAMICS V90 中预配置的内部运行指令 确定机械负载惯量和机械特性曲线	
增益切换及 PI/P 控制切换		通过外部信号或内部运行状态切换增益或从 PI（比例 / 积分）控制切换到 P（比例）控制	—
转矩限制		通过外部模拟量输入或内部转矩限幅来限制电动机速度	从内部限制电动机转矩
运行到固定挡块		—	可用于在指定转矩下将轴移动至固定挡块，而无任何信号故障
DI/DO 设置		控制信号自由分配给数字量输入和数字量输出	
外部制动电阻		当内部制动电阻容量不足以吸收再生能量时，可使用外部制动电阻	
测量机械		通过 SINAMICS V-ASSISTANT 分析机械频率特性	
参数复制及固件升级		标准 SD 卡，用于 V90 400V 驱动；微型 SD 卡，用于 V90 200V 驱动支持的最大容量为 32GB	
安全功能		通过端子控制的安全转矩停止（STO）功能，符合 EN61508 的安全标准 SIL2 及符合 EN ISO 13849 的性能等级 PL “d”，类别 3（通过 SINAMICS V90 的端子激活，不支持 PROFINET/PROFIsafe）	
基本型操作面板（BOP）		内置、6 位 /7 段显示屏、5 个按键	
PC 调试工具		SINAMICS V90 用的调试工具 SINAMICS V-ASSISTANT。SINAMICS V90 和 S7-1500 搭配使用时，可采用 TIA Portal V16	

表 2-2 包含了很多重要信息，以下对部分内容进行解读。

① 电源电压　从供电范围分类，可分为三相（单相）200V（220 ～ 240V）供电和三相 400V（380 ～ 480V）供电两大类。其中单相 200V 输入的功率范围是 0.1 ～ 0.75kW；三相 200V 输入的功率范围是 0.1 ～ 2kW；三相 400V 输入的功率范围是 0.4 ～ 7kW。

200V 电压输入的伺服驱动器的安装尺寸是 FSA、FSB、FSC 和 FSD。

400V 电压输入的伺服驱动器的安装尺寸是 FSAA、FSA、FSB 和 FSC。

② 接口　脉冲序列版本，有 RS-485 接口，支持 PLC 与驱动器的 USS 和 MODBUS 协议通信，支持 PLC 发送的高速脉冲；有模拟量输入和输出端子，支持模拟量速度控制和转矩控制；数字量端子多，数字量输入 10 个，数字量输出端子 6 个。

PN 版本，有 PROFINET 接口，支持 PLC 与驱动器的 PROFINET 协议通信，不支持 PLC 发送的高速脉冲；无模拟量输入和输出端子，不支持模拟量速度控制和转矩控制；数字量端子少，数字量输入 4 个，数字量输出端子 2 个。

都支持 MINI-USB 接口，用于 PC 对伺服系统的参数修改和调试等操作。

③ 控制模式　脉冲序列版本，支持速度控制（模拟量、多段和通信）、位置控制（PTI、IPos、MOSBUS 通信）和转矩控制，控制方式多样。

PN 版本，支持基于 PROFINET 通信的速度控制、位置控制，不支持转矩控制，控制方式少。

④ 控制特性　脉冲序列版本和 PN 版本，支持一键优化和实时优化功能，支持转矩限制，支持 SINAMICS V-ASSISTANT 调试工具，支持安全功能。

2.2.2 SINAMICS V90 伺服电动机

(1) 转动惯量的概念

转动惯量，是刚体绕轴转动时惯性（回转物体保持其匀速圆周运动或静止的特性）的量度。在经典力学中，转动惯量（又称质量惯性矩，简称惯矩）通常以 I 或 J 表示。对于一个圆柱体，$I=mr^2/2$，其中 m 是其质量，r 是圆柱体的半径。

可以把电动机的转子当成一个圆柱体，则电动机的转矩（T）与转动惯量（I）和角加速度（ε）的关系如下：

$$T = I\varepsilon = \frac{1}{2}mr^2\varepsilon$$

从公式可见：电动机转矩一定，转动惯量越小，可以获得越大的角加速度，即启动和停止更加迅速。而同样质量的电动机的转子，越细长，转动惯量越小。所以从外形上看，细长的电动机一般是低惯量电动机，而粗短的电动机是高惯量电动机。

低惯量电动机具有较好的动态性能，同样的启动转矩，能获得较大的角加速度，所以启停都迅速，用于经常启停和节拍快的场合。

高惯量电动机，同样的启动转矩，能获得较小的角加速度，所以运行更加平稳，典型应用场合是机床。懂得这些道理对于正确选型是非常重要的。

(2) SINAMICS V90 伺服电动机选型

SINAMICS V90 伺服系统使用 SIMOTICS S-1FL6 系列伺服电动机，主要包含高惯量电动机和低惯量电动机，其外形如图 2-4 所示。可以看出：低惯量电动机相对比较细长，而高惯量电动机相对比较粗短。

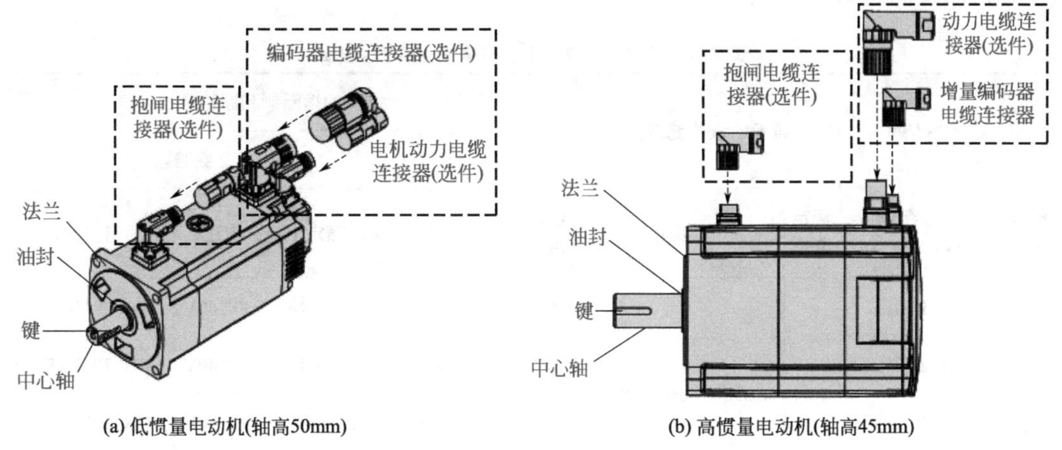

图 2-4　SIMOTICS S-1FL6 系列伺服电动机外形

1）高惯量电动机　SIMOTICS S-1FL6 高惯量电动机的介绍如下：

① 目前电动机的功率范围是 0.4 ～ 7kW，共 11 个级别，没有大功率的伺服电动机。

② 最大转速 4000r/min。

③ 有较好的低速稳定性能和转矩精度。

④ 防护等级高，为 IP65 级别。

⑤ 能承受 3 倍过载。

⑥ 抱闸可选、增量式和绝对值编码器可选。

2）低惯量电动机　SIMOTICS S-1FL6 低惯量电动机的介绍如下：

① 目前电动机的功率范围是 0.05 ～ 2kW，共 8 个级别，没有大功率的伺服电动机。

② 最大转速 5000r/min。

③ 有较高的动态性能。

④ 防护等级高，为 IP65 级别。

⑤ 能承受 3 倍过载。

⑥ 结构紧凑，占用的安装空间小。

⑦ 抱闸可选、增量式和绝对值编码器可选。

2.3 SINAMICS V90 伺服驱动系统的选件

2.3.1　进线滤波器

进线滤波器是变频器专用型滤波器的一种，其工作原理和作用是利用电容、电感及电感间的同相互感作用，来抑制或消除传导耦合干扰。进线滤波器具有低通的作用，对频率较高的噪声有较强的衰减能力。

进线滤波器可以根据西门子提供的选型手册进行选型，西门子推荐的滤波器、断路器和熔断器的选型表见表 2-3。

表 2-3 滤波器、断路器和熔断器的选型表

SINAMICS V90		推荐的进线滤波器		推荐的熔断器和断路器			
				熔断器		断路器	
电源电压	订货号 6SL3210-5F	额定电流	订货号	额定电流	订货号	额定电流，电压	订货号
200～240V 1AC	B10-1 □□□	18A	6SL3203-0BB21-8VA0	6A	3NA3 801-2C	2.8～4A，230/240V	3RV 2011-1EA10
	B10-2 □□□			6A	3NA3 801-2C	2.8～4A，230/240V	3RV 2011-1EA10
	B10-4 □□□			10A	3NA3 803-2C	5.5～8A，230/240V	3RV 2011-1HA10
	B10-8 □□□			16A	3NA3 803-2C	9～12.5A，230/240V	3RV 2011-1KA10
200～240V 3AC	B10-1 □□□	5A	6SL3203-0BE15-0VA0	6A	3NA3 801-2C	2.8～4A，230/240V	3RV 2011-1EA10
	B10-2 □□□			6A	3NA3 801-2C	2.8～4A，230/240V	3RV 2011-1EA10
	B10-4 □□□			10A	3NA3 803-2C	2.8～4A，230/240V	3RV 2011-1EA10
	B10-8 □□□			16A	3NA3 805-2C	5.5～8A，230/240V	3RV 2011-1HA10
	B11-0 □□□	12A	6SL3203-0BE21-2VA0	16A	3NA3 805-2C	7～10A，230/240V	3RV 2011-1JA10
	B11-5 □□□			25A	3NA3 810-2C	10～16A，230/240V	3RV 2011-4AA10
	B12-0 □□□			25A	3NA3 810-2C	10～16A，230/240V	3RV 2011-4AA10
380～480V 3AC	E10-4 □□□	5A	6SL3203-0BE15-0VA0	6A	3NA3801-6	3.2A，690V AC	3RV 2021-1DA10
	E10-8 □□□			6A	3NA3801-6	4A，690V AC	3RV 2021-1EA10
	E11-0 □□□			10A	3NA3803-6	5A，690V AC	3RV 2021-1FA10
	E11-5 □□□	12A	6SL3203-0BE21-2VA0	10A	3NA3803-6	10A，690V AC	3RV 2021-1HA10
	E12-0 □□□			16A	3NA3805-6	16A，690V AC	3RV 2021-4AA10
	E13-5 □□□	20A	6SL3203-0BE22-0VA0	20A	3NA3807-6	20A，690V AC	3RV 2021-4BA10
	E15-0 □□□			20A	3NA3807-6	20A，690V AC	3RV 2021-4BA10
	E17-0 □□□			25A	3NA3810-6	25A，690V AC	3RV 2021-4DA10

例如订货号 6SL3210-5FB10-1UA2 的伺服驱动器（200V 单相电源），选用进线滤波器是 18A，订货号为 6SL3203-0BB21-8VA0。

如果不选用西门子的品牌，可以根据驱动器的额定电流选择其他品牌的进线滤波器。

2.3.2 熔断器和断路器

熔断器用在伺服驱动器的进线端起短路保护作用。查看表 2-3，订货号 6SL3210-5FB10-1UA2 的伺服驱动器（200V 单相电源），选用熔断器是 6A，订货号为 3NA3 801-2C。

断路器用在伺服驱动器的进线端起短路保护和分断接通电流的作用。查看表 2-3，订货号 6SL3210-5FB10-1UA2 的伺服驱动器（200V 单相电源），选用断路器是 2.8 ～ 4A，230/240V，订货号为 3RV 2011-1EA10。

如果不选用西门子的品牌，可以根据驱动器的额定电流选择其他品牌的断路器和熔断器。

2.3.3 SD 卡

200V 电压输入的伺服驱动器可安装微型 SD 卡（通用型，手机用），外形如图 2-5（a）所示。SD 卡的典型应用是版本升级，还可以用于作为存储介质。

400V 电压输入的伺服驱动器的安装标准 SINAMICS SD 卡，外形如图 2-5（b）所示，此卡的尺寸比通用卡明显要大，其订货号 6SL3054-4AG00-2AA0。

图 2-5 通用型 SD 卡和 SINAMICS SD 卡外形

2.3.4 制动电阻

SINAMICS V90 伺服驱动器内置了制动电阻，但当内置制动电阻不够用时，则需要外接制动电阻用于能耗制动。SINAMICS V90 制动电阻选型表见 2-4。

表 2-4 SINAMICS V90 制动电阻选型表

电源电压	外形尺寸	制动电阻 /Ω	最大功率 /kW	额定功率 /W	最大电能 /kJ
200 ～ 240V 1AC/3AC	FSA	150	1.09	20	0.8
	FSB	100	1.64	21	1.23
	FSC	50	3.28	62	2.46
	FSD，1kW	50	3.28	62	2.46
	FSD，1.5 ～ 2kW	25	6.56	123	4.92

续表

电源电压	外形尺寸	制动电阻 /Ω	最大功率 /kW	额定功率 /W	最大电能 /kJ
380 ～ 480V 3AC	FSAA	533	1.2	30	2.4
	FSA	160	4	100	8
	FSB	70	9.1	229	18.3
	FSC	27	23.7	1185	189.6

★【例 2-1】 SINAMICS V90 伺服驱动器的订货号为 6SL3210-5FE17-0UF0，试选用合适的制动电阻。

【解】 查表 2-2，6SL3210-5FE17-0UF0 的外形尺寸是 FSC，且电源电压是 400V，再查表 2-4，制动电阻阻值为 27 Ω，功率为 1185W。当然制动电阻也可以选用第三方的产品。

2.4 SINAMICS V90 伺服驱动系统的接口与接线

SINAMICS V90 伺服系统的强电回路的接线

2.4.1 SINAMICS V90 伺服系统的强电回路的接线

SINAMICS V90 伺服系统的主电路的接线虽然比较简单，但接错线的危害较大，以下将详细介绍接线。

（1）SINAMICS V90 伺服系统的主电路的接线

SINAMICS V90 伺服驱动器的交流进线接线端子是 L1、L2 和 L3，当输入电压是 200V 单相时，两根输入电源线接 L1、L2 和 L3 端子中任意两个都可以。当输入电压是三相电（200V 或者 400V）时，三根输入电源线接 L1、L2 和 L3 端子即可。

SINAMICS V90 伺服驱动器与伺服电动机的连线如图 2-6 所示，只要将伺服驱动器和电动机动力线 U、V、W 连接在一起即可。

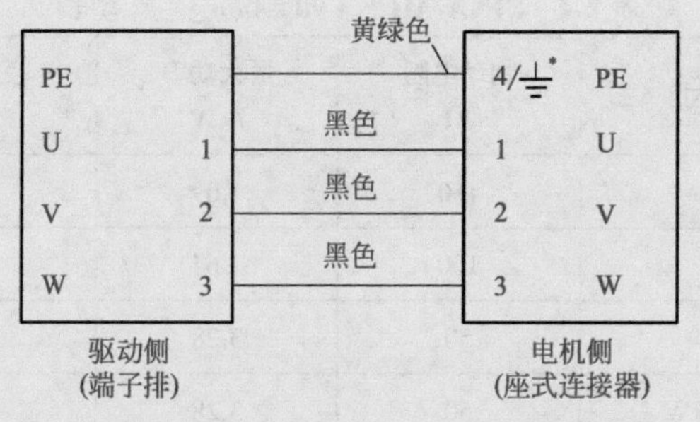

图 2-6 伺服驱动器和伺服电动机的连接

(2) 24 V 电源 /STO 端子的接线

24 V 电源 /STO 端子的定义见表 2-5。

表 2-5　24 V 电源 /STO 端子的定义

接口	信号名称	描述
	STO 1	安全转矩停止通道 1
	STO +	安全转矩停止的电源
	STO 2	安全转矩停止通道 2
	+24V	电源，DC 24 V
	M	电源，DC 0 V

24V 电源 /STO 端子的接线如图 2-7 所示，+24V 和 M 端子是外部向伺服系统提供 +24V 的电源的端子。

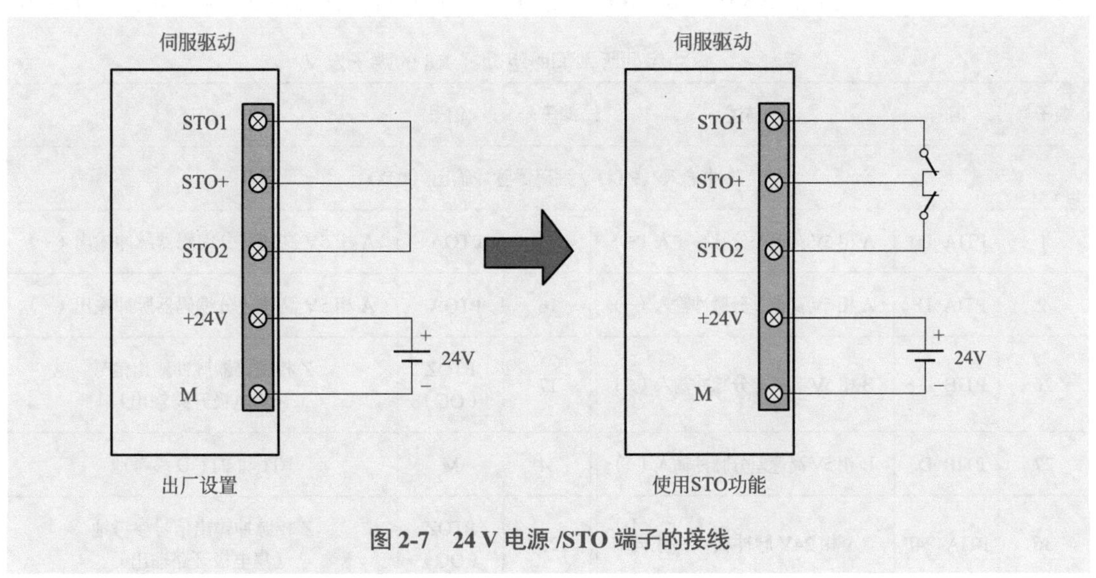

图 2-7　24 V 电源 /STO 端子的接线

(3) X7 接口外部制动电阻的接线

必须先断开 DCP 和 R2 端子之间的连接，再连接外部制动电阻到 DCP 和 R1 端子之间。

注意　在使用外部制动电阻时，若未移除 DCP 与 R2 端子之间的短接片，会导致驱动损坏。

如图 2-8 所示是 SINAMICS V90 伺服系统的强电回路的接线实例。

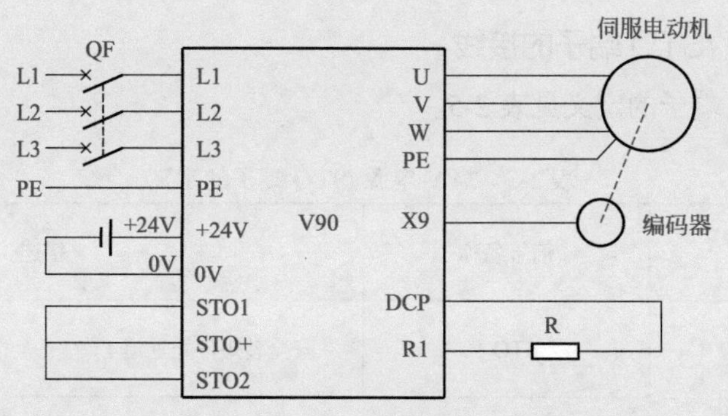

图 2-8　SINAMICS V90 伺服系统的强电回路

2.4.2　SINAMICS V90 伺服系统的控制回路的接线

SINAMICS V90 伺服系统的控制回路的接线

控制回路的接线较为复杂，接线正确仅仅是基础，读者要认真理解各个端子的默认定义功能以及各个端子对应参数修改后的功能，这些是至关重要的，否则将不能正确使用此系统。

（1）控制 / 状态接口 X8 的接线

脉冲序列版本伺服驱动器的控制 / 状态接口（X8 接口）是 50 针，而 PN 版本的 X8 接口是 20 针。脉冲序列版本伺服驱动器 X8 端子定义见表 2-6。

表 2-6　脉冲序列版本伺服驱动器 X8 的端子定义

端子号	信号	描述	端子号	信号	描述
脉冲输入（PTI）/ 编码器脉冲输出（PTO）					
1	PTIA_D+	A 相 5V 高速差分脉冲输入（+）	15	PTOA+	A 相 5V 高速差分编码器脉冲输出（+）
2	PTIA_D−	A 相 5V 高速差分脉冲输入（−）	16	PTOA−	A 相 5V 高速差分编码器脉冲输出（−）
26	PTIB_D+	B 相 5V 高速差分脉冲输入（+）	17	PTOZ（OC）	Z 相编码器脉冲输出信号（集电极开路输出）
27	PTIB_D−	B 相 5V 高速差分脉冲输入（−）	24	M	PTI 和 PTI_D 参考地
36	PTIA_24P	A 相 24V 脉冲输入，正向	25	PTOZ（OC）	Z 相脉冲输出信号参考地（集电极开路输出）
37	PTIA_24M	A 相 24V 脉冲输入，接地	40	PTOB+	B 相 5V 高速差分编码器脉冲输出（+）
38	PTIB_24P	B 相 24V 脉冲输入，正向	41	PTOB−	B 相 5V 高速差分编码器脉冲输出（−）
39	PTIB_24M	B 相 24V 脉冲输入，接地	42	PTOZ+	Z 相 5V 高速差分编码器脉冲输出（+）
			43	PTOZ−	Z 相 5V 高速差分编码器脉冲输出（−）

续表

端子号	信号	描述	端子号	信号	描述
数字量输入 / 输出					
3	DI_COM	数字量输入信号公共端	23	Brake	电动机抱闸控制信号（仅用于 SINAMICS V90 200V 系列）
4	DI_COM	数字量输入信号公共端	28	P24V_DO	用于数字量输出的外部 24V 电源
5	DI1	数字量输入 1	29	DO4+	数字量输出 4+
6	DI2	数字量输入 2	30	DO1	数字量输出 1
7	DI3	数字量输入 3	31	DO2	数字量输出 2
8	DI4	数字量输入 4	32	DO3	数字量输出 3
9	DI5	数字量输入 5	33	DO4−	数字量输出 4−
10	DI6	数字量输入 6	34	DO5+	数字量输出 5+
11	DI7	数字量输入 7	35	DO6+	数字量输出 6+
12	DI8	数字量输入 8	44	DO5−	数字量输出 5−
13	DI9	数字量输入 9	49	DO6−	数字量输出 6−
14	DI10	数字量输入 10	50	MEXT_DO	用于数字量输出的外部 24V 接地
模拟量输入 / 输出					
18	P12AI	模拟量输入的 12V 电源输出	45	AO_M	模拟量输出接地
19	AI1+	模拟量输入通道 1，正向	46	AO1	模拟量输出通道 1
20	AI1−	模拟量输入通道 1，负向	47	AO_M	模拟量输出接地
21	AI2+	模拟量输入通道 2，正向	48	AO2	模拟量输出通道 2
22	AI2−	模拟量输入通道 2，负向			

PN 版本伺服驱动器的 X8 接口是 20 针。其 X8 端子定义见表 2-7。X8 端子只使用了 12 个，其余端子未定义。

表 2-7　PN 版本伺服驱动器 X8 的端子定义

端子	数字量输入 / 输出	参数	默认值 / 信号
1	DI1	p29301	2（RESET）
2	DI2	p29302	11（TLIM）
3	DI3	p29303	0
4	DI4	p29304	0

续表

端子	数字量输入 / 输出	参数	默认值 / 信号
6	DI_COM	—	数字量输入公共端
7	DI_COM	—	数字量输入公共端
11	DO1+	p29330	2（FAULT）
12	DO1-	—	
13	DO2+	p29331	9（OLL）
14	DO2-	—	
17	BK+	—	抱闸信号 +
18	BK-	—	抱闸信号 -

1）脉冲序列版本数字量输入 / 输出（DI/DO） 数字量输入端子是 DI1 ～ DI8（5 ～ 12 号端子），输出端子是 DO1 ～ DO6，每一个端子对应一个参数，每个参数都有一个默认值，对应一个特殊的功能，此功能可以通过修改参数而改变。比如 5 号端子即 DI1，对应的参数是 p29301，参数的默认值是 1，对应的功能是 SON，如果将此参数修改为 3，对应的功能是 CWL（顺时针超行程限位）。

数字量输入 / 输出（DI/DO）端子的详细定义见表 2-8。

表 2-8 数字量输入 / 输出（DI/DO）端子的详细定义

端子号	数字量输入 / 输出	参数	默认信号 / 值			
			下标 0（PTI）	下标 1（IPos）	下标 2（S）	下标 3（T）
5	DI1	p29301	1（SON）	1（SON）	1（SON）	1（SON）
6	DI2	p29302	2（RESET）	2（RESET）	2（RESET）	2（RESET）
7	DI3	p29303	3（CWL）	3（CWL）	3（CWL）	3（CWL）
8	DI4	p29304	4（CCWL）	4（CCWL）	4（CCWL）	4（CCWL）
9	DI5	p29305	5（G-CHANGE）	5（G-CHANGE）	12（CWE）	12（CWE）
10	DI6	p29306	6（P-TRG）	6（P-TRG）	13（CCWE）	13（CCWE）
11	DI7	p29307	7（CLR）	21（POS1）	15（SPD1）	18（TSET）
12	DI8	p29308	10（TLIM1）	22（POS2）	16（SPD2）	19（SLM1）
30	DO1	p29330	1（RDY）			
31	DO2	p29331	2（FAULT）			
32	DO3	p29332	3（INP）			
29/33	DO4	p29333	5（SPDR）			
34/44	DO5	p29334	6（TLR）			
35/49	DO6	p29335	8（MBR）			

表 2-8 中，PTI 表示外部脉冲位置控制，IPos 表示内部设定值位置控制，S 表示速度控制模式，T 表示转矩控制模式。后续使用以上缩写将不再说明。

常用数字量输入功能的含义见表 2-9。

表 2-9 常用数字量输入功能的含义

<table>
<tr><th rowspan="2">编号</th><th rowspan="2">名称</th><th rowspan="2">描述</th><th colspan="4">控制模式</th></tr>
<tr><th>PTI</th><th>IPos</th><th>S</th><th>T</th></tr>
<tr><td>1</td><td>SON</td><td>伺服开启，0 → 1：接通电源电路，使伺服驱动准备就绪</td><td>√</td><td>√</td><td>√</td><td>√</td></tr>
<tr><td>2</td><td>RESET</td><td>0 → 1：复位报警</td><td>√</td><td>√</td><td>√</td><td>√</td></tr>
<tr><td>3</td><td>CWL</td><td>1 → 0：顺时针超行程限制（正限位）</td><td>√</td><td>√</td><td>√</td><td>√</td></tr>
<tr><td>4</td><td>CCWL</td><td>1 → 0：逆时针超行程限制（负限位）</td><td>√</td><td>√</td><td>√</td><td>√</td></tr>
<tr><td>6</td><td>P-TRG</td><td>在 PTI 模式下：脉冲允许 / 禁止
● 0：允许通过脉冲设定值运行
● 1：禁止脉冲设定值
在 IPos 模式下：位置触发器
● 0 → 1：根据已选的内部位置设定值开始定位</td><td>√</td><td>√</td><td>×</td><td>×</td></tr>
<tr><td>7</td><td>CLR</td><td>清除位置控制剩余脉冲
● 0：不清除
● 1：按照 p29242 选中的模式清除脉冲</td><td>√</td><td>×</td><td>×</td><td>×</td></tr>
<tr><td>8</td><td>EGEAR1</td><td rowspan="2">电子齿轮 EGEAR2 ： EGEAR1
● 0 ： 0：电子齿轮比 1
● 0 ： 1：电子齿轮比 2
● 1 ： 0：电子齿轮比 3
● 1 ： 1：电子齿轮比 4</td><td>√</td><td>×</td><td>×</td><td>×</td></tr>
<tr><td>9</td><td>EGEAR2</td><td>√</td><td>×</td><td>×</td><td>×</td></tr>
<tr><td>12</td><td>CWE</td><td>使能顺时针旋转</td><td>×</td><td>×</td><td>√</td><td>√</td></tr>
<tr><td>13</td><td>CCWE</td><td>使能逆时针旋转</td><td>×</td><td>×</td><td>√</td><td>√</td></tr>
<tr><td>15</td><td>SPD1</td><td rowspan="3">旋转速度模式：内部速度设定值
SPD3 ： SPD2 ： SPD1
● 0 ： 0 ： 0：外部模拟量速度设定值
● 0 ： 0 ： 1：内部速度设定值 1
● 0 ： 1 ： 0：内部速度设定值 2
● 0 ： 1 ： 1：内部速度设定值 3
● 1 ： 0 ： 0：内部速度设定值 4
● 1 ： 0 ： 1：内部速度设定值 5
● 1 ： 1 ： 0：内部速度设定值 6
● 1 ： 1 ： 1：内部速度设定值 7</td><td>×</td><td>×</td><td>√</td><td>×</td></tr>
<tr><td>16</td><td>SPD2</td><td>×</td><td>×</td><td>√</td><td>×</td></tr>
<tr><td>17</td><td>SPD3</td><td>×</td><td>×</td><td>√</td><td>×</td></tr>
<tr><td>21</td><td>POS1</td><td rowspan="3">选择位置设定值
POS3 ： POS2 ： POS1
● 0 ： 0 ： 0：内部位置设定值 1
● 0 ： 0 ： 1：内部位置设定值 2
● 0 ： 1 ： 0：内部位置设定值 3
● 0 ： 1 ： 1：内部位置设定值 4
● 1 ： 0 ： 0：内部位置设定值 5
● 1 ： 0 ： 1：内部位置设定值 6
● 1 ： 1 ： 0：内部位置设定值 7
● 1 ： 1 ： 1：内部位置设定值 8</td><td>×</td><td>√</td><td>×</td><td>×</td></tr>
<tr><td>22</td><td>POS2</td><td>×</td><td>√</td><td>×</td><td>×</td></tr>
<tr><td>23</td><td>POS3</td><td>×</td><td>√</td><td>×</td><td>×</td></tr>
</table>

数字量输入支持PNP和NPN两种接线方式，如图2-9所示。

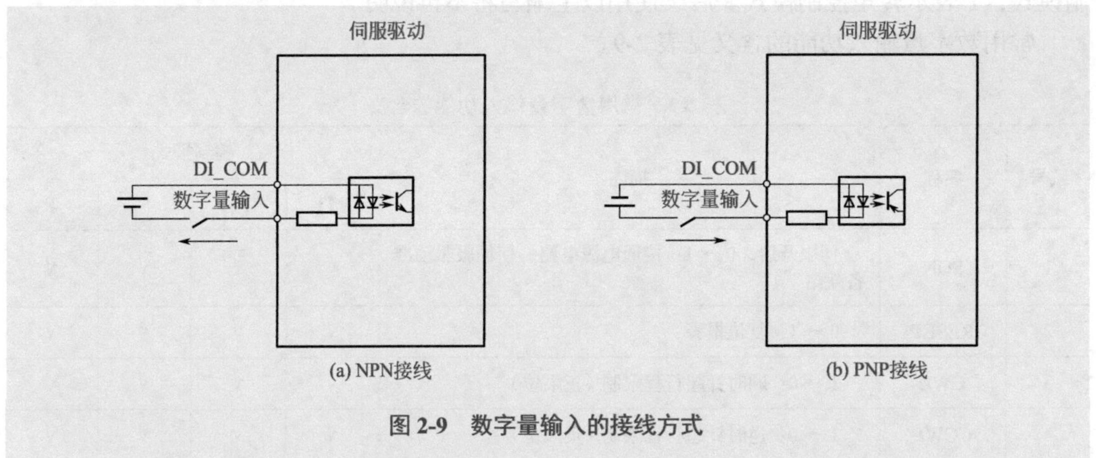

图2-9　数字量输入的接线方式

常用数字量输出功能的含义见表2-10。

表2-10　常用数字量输出功能的含义

编号	名称	描述	控制模式			
			PTI	IPos	S	T
1	RDY	伺服准备就绪 ● 1：驱动已就绪 ● 0：驱动未就绪（存在故障或使能信号丢失）	√	√	√	√
2	FAULT	故障 ● 1：处于故障状态 ● 0：无故障	√	√	√	√
3	INP	位置到达信号 ● 1：剩余脉冲数在预设的就位取值范围内（参数p2544） ● 0：剩余脉冲数超出预设的位置到达范围	√	√	×	×
4	ZSP	零速检测 ● 1：电动机速度≤零速（可通过参数p2161设置零速） ● 0：电动机速度>零速+磁滞（10r/min）	√	√	√	√
5	SPDR	速度达到 ● 1：电动机实际速度已几乎达到内部速度指令或模拟量速度指令的速度值。速度到达范围可通过参数p29078设置 ● 0：速度设定值与实际值之间的速度差值大于内部磁滞	×	×	√	×
6	TLR	达到转矩限制	√	√	√	×
7	SPLR	达到速度限制 ● 1：速度已几乎（内部磁滞10r/min）达到速度限制 ● 0：速度尚未达到速度限制	√	√	√	×
8	MBR	电动机抱闸 ● 1：电动机抱闸关闭 ● 0：电动机停机抱闸打开	√	√	√	√

续表

编号	名称	描述	控制模式			
			PTI	IPos	S	T
9	OLL	达到过载水平 ● 1：电动机已达到设定的输出过载水平（p29080 以额定转矩的百分数表示；默认值 100%；最大值 300%） ● 0：电动机尚未达到过载水平	√	√	√	√
10	WARNIN G1	达到警告 1 条件	√	√	√	√
11	WARNIN G2	达到警告 2 条件	√	√	√	√
12	REFOK	回参考点 ● 1：已回参考点 ● 0：未回参考点	×	√	×	×
13	CM_STA	当前控制模式 ● 1：五个复合控制模式（PTI/S，IPos/S，PTI/T，IPos/T，S/T）的第二个模式 ● 0：五个复合控制模式（PTI/S，IPos/S，PTI/T，IPos/T，S/T）的第一个模式或四个基本模式（PTI，IPos，S，T）	√	√	√	√
14	RDY_ON	准备伺服开启就绪 ● 1：驱动准备伺服开启就绪 ● 0：驱动准备伺服开启未就绪	√	√	√	√
15	STO_EP	STO 激活	√	√	√	√

数字量输出 1 ～ 3 支持 NPN 一种接线方式，如图 2-10 所示。数字量输出 4 ～ 6 支持 PNP 和 NPN 两种接线方式，如图 2-11 所示。

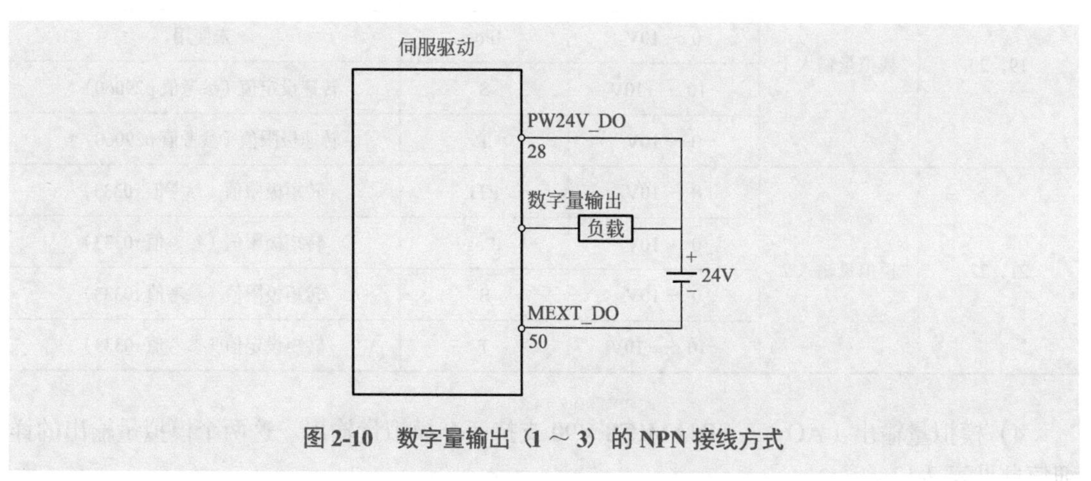

图 2-10　数字量输出（1 ～ 3）的 NPN 接线方式

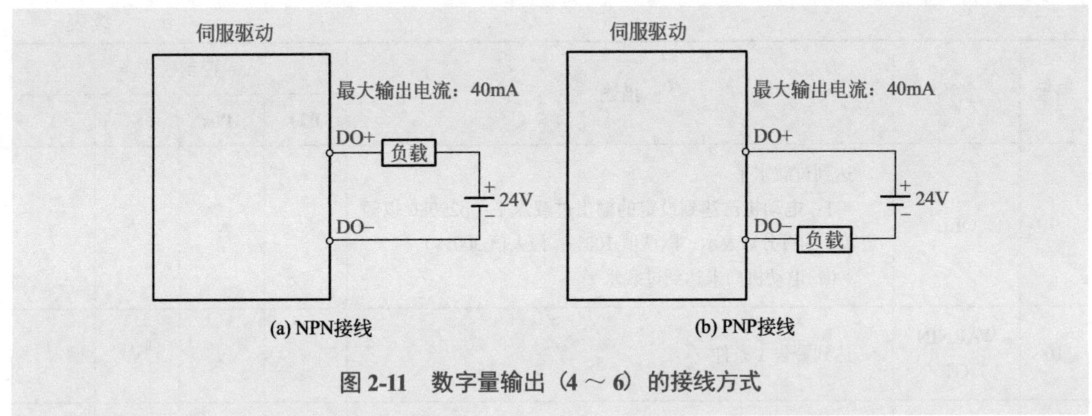

图 2-11 数字量输出（4 ～ 6）的接线方式

2）脉冲输入（PTI） SINAMICS V90 伺服驱动支持两个脉冲输入通道，即 24 V 单端脉冲输入和 5 V 高速差分脉冲输入（RS-485）。脉冲输入接线如图 2-12 所示。

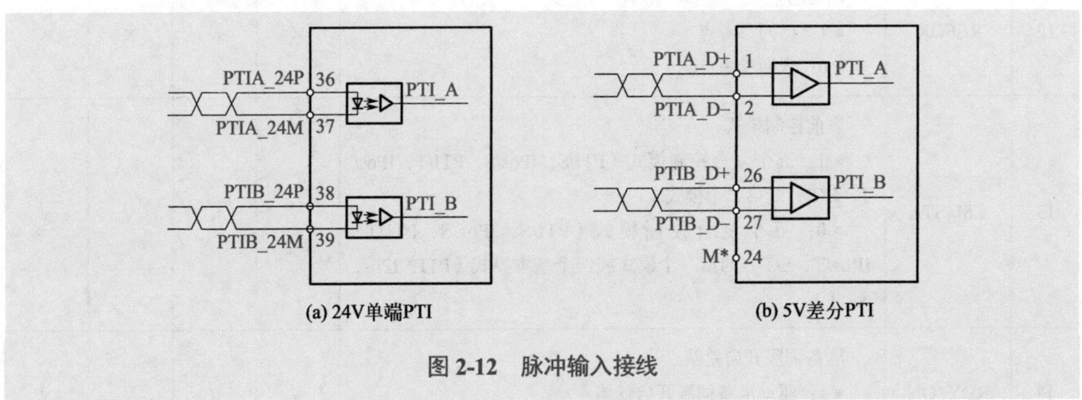

图 2-12 脉冲输入接线

3）模拟量输入（AI） SINAMICS V90 支持两个模拟量输入。其输入电压在不同的控制模式下会有所不同，见表 2-11。

表 2-11 常用模拟量输入功能的含义

端子号	模拟量输入	输入电压	控制模式	功能
19，20	模拟量输入 1	0 ～ 10V	PTI	未使用
		0 ～ 10V	IPos	未使用
		-10 ～ +10V	S	转速设定值（参考值 p29060）*
		0 ～ 10V	T	转速极限值（参考值 p29060）*
21，22	模拟量输入 2	0 ～ 10V	PTI	转矩极限值（参考值 r0333）
		0 ～ 10V	IPos	转矩极限值（参考值 r0333）
		0 ～ 10V	S	转矩极限值（参考值 r0333）
		-10 ～ +10V	T	转矩设定值（参考值 r0333）

4）模拟量输出（AO） SINAMICS V90 支持两个模拟量输出。这两个模拟量输出的详细信息见表 2-12。

表 2-12　常用模拟量输出功能的含义

端子号	模拟量输出	输出电压	功能
46	模拟量输出 1	-10 ～ +10V	模拟量输出 1 用作监控
48	模拟量输出 2	-10 ～ +10V	模拟量输出 2 用作监控

(2) X12 接口 RS-485 接口的接线

SINAMICS V90 伺服驱动支持通过 RS-485 接口使用 USS 或 MODBUS 协议与 PLC 通信。X12 接口的端子定义见表 2-13。

表 2-13　X12 接口的端子定义

示意图	端子	信号名称	描述
	1	保留	不使用
	2	保留	不使用
	3	RS-485+	RS-485 差分信号
	4	保留	不使用
	5	M	内部 3.3V 接地
	6	3.3V	用于内部信号的 3.3V 电源
	7	保留	不使用
	8	RS-485-	RS-485 差分信号
	9	保留	不使用
类型：9 针、Sub-D、母头			

只要将 PLC 的串行接口或者串行模块（例如 CM1241）的 3、8 端子连接到 X12 的 3、8 端子即可，通常使用西门子的 PROFIBUS 总线连接器和 PROFIBUS 电缆。

2.4.3　电动机的抱闸

SINAMICS V90 伺服电动机的抱闸控制

电动机抱闸用于在伺服系统未激活（如伺服系统断电）时，停止运动负载的运动，例如防止垂直负载（如起重机负载）在重力作用下的掉落，需要用到电动机抱闸制动。

带抱闸版本的伺服电动机中内置了抱闸。对于 400V 系列伺服驱动，电动机抱闸接口（X7）集成在前面板。将其与带抱闸的伺服电动机连接即可使用电动机抱闸功能，即 X7 接口的 B+ 与电动机的抱闸线的正信号（1 号端子）连接，B- 与电动机的抱闸线的负信号（2 号端子）连接即可。

对于 200V 系列伺服驱动，没有集成单独的电动机抱闸接口。为使用抱闸功能，需要通过控制 / 状态接口（X8）将驱动连接至第三方设备。以下详细介绍这种抱闸的接线和实现方法。

(1) 抱闸信号状态的描述

对于 200V 系列伺服驱动，其 X8 接口的数字量输出端子可以定义为抱闸输出，查表 2-8 可知，X8 接口的 35 和 49 是默认输出的抱闸端子，当参数 p29335 设置为 8 时，这对端子定义为 MBR，即抱闸输出。表 2-14 是抱闸信号的描述，当 X8 接口的 35 和 49 端子输出低电平时，外接继电器得电，关闭抱闸功能，电动机可以运转；当 X8 接口的 35 和 49 端子输出高电平时，外接继电器断电，打开抱闸功能，电动机停止运转。当然也可以直接使用 X8 接口的 23 和 50 端子进行制动，23 号端子是专用端子。

表 2-14 抱闸信号的描述

状态	MBR（DO）	继电器	电动机抱闸功能	电动机轴
抱闸闭合	高电平（1）	无电流	打开	无法运转
抱闸打开	低电平（0）	有电流	关闭	可以运转

(2) 200V 系列伺服驱动抱闸电路接线

1）脉冲系列版本的伺服驱动抱闸电路接线　脉冲系列版本的伺服驱动抱闸电路接线如图 2-13 所示，当 23 号端子输出低电平时，继电器 RY 线圈得电，其常开触点接通，打开抱闸，电动机可以运行，反之电动机抱闸，电动机不能运行。

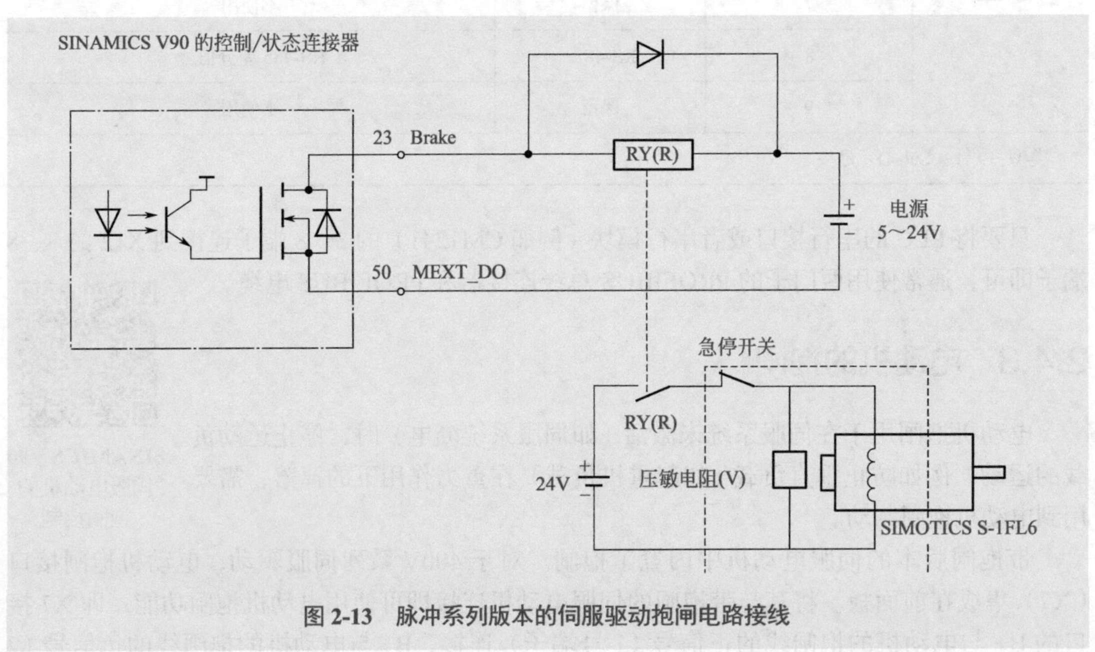

图 2-13 脉冲系列版本的伺服驱动抱闸电路接线

2）PN 版本的伺服驱动抱闸电路接线　PN 版本的伺服驱动抱闸电路接线如图 2-14 所示，当 17 号端子输出低电平时，继电器 RY 线圈得电，其常开触点接通，打开抱闸，电动机可以运行，反之电动机抱闸，电动机不能运行。

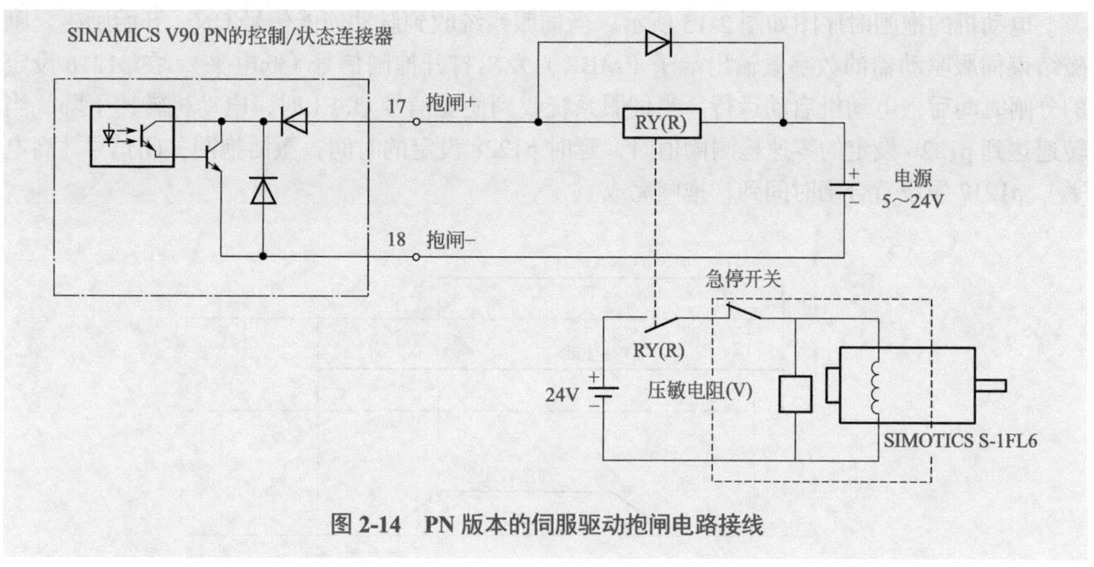

图 2-14 PN 版本的伺服驱动抱闸电路接线

（3）伺服驱动抱闸时序图

电动机抱闸仅用于电动机的停机抱闸。频繁使用电动机抱闸进行急停操作会缩短其使用寿命。如非必要，请不要将电动机抱闸用作急停或减速装置。

对于增量式编码器电动机，抱闸的工作方式在电动机选型时进行配置；而对于绝对值编码器电动机，抱闸的工作方式会自动配置。

在讲解抱闸时序图之前，先介绍相关参数，参数说明见表 2-15。

表 2-15 抱闸相关参数说明

序号	参数	名称	说明
1	p1216	分闸时间	打开抱闸之后，速度 / 速率设定值依然为零。之后速度 / 速率设定值生效
2	p1217	合闸时间	在 OFF1 或 OFF3 和抱闸关闭之后，驱动器在这段静止时间（速度 / 速率设定值为零）依然为闭环控制
3	p1226	零速检测阈值	抱闸控制激活时： 阈值在低位时，开始抱闸控制，系统等待抱闸关闭时间（p1217），随后脉冲即被抑制。 当未激活抱闸控制时： 阈值在低位时，抑制脉冲，驱动自由停车
4	p1227	静态监控时间	当进行 OFF1 或 OFF3 制动时，速度设定值低于 p1226 且超时后，则识别为静止
5	p1228	脉冲清除延时	在 OFF1 或 OFF3 之后，当满足以下任一条件时，则抑制脉冲： ● 实际转速值低于转速阈值（p1226），已经超过就此开始的时间（p1228） ● 转速设定值低于速度阈值（p1226），已经超过就此开始的时间（p1227）

注：OFF1 和 OFF3 是变频器（含伺服系统）的两种停车方式。OFF1 指变频器将按照 p1121 所设定的斜坡下降时间减速。OFF3 指变频器将按照 p1135 所设定的斜坡下降时间减速。

电动机的抱闸时序图如图 2-15 所示。当伺服系统收到脉冲使能信号 ON，开始励磁，励磁结束伺服驱动器的数字量输出端子（MBR）发出打开抱闸信号（低电平），在 p1216 设定的分闸时间后，电动机启动运行。当伺服系统收到使能信号 OFF1 时，电动机转速下降，当转速达到 p1226 设定的零速检测阈值时，延时 p1228 设定的时间，激活抱闸关闭信号（高电平），p1217 中设置合闸时间到，抱闸完成。

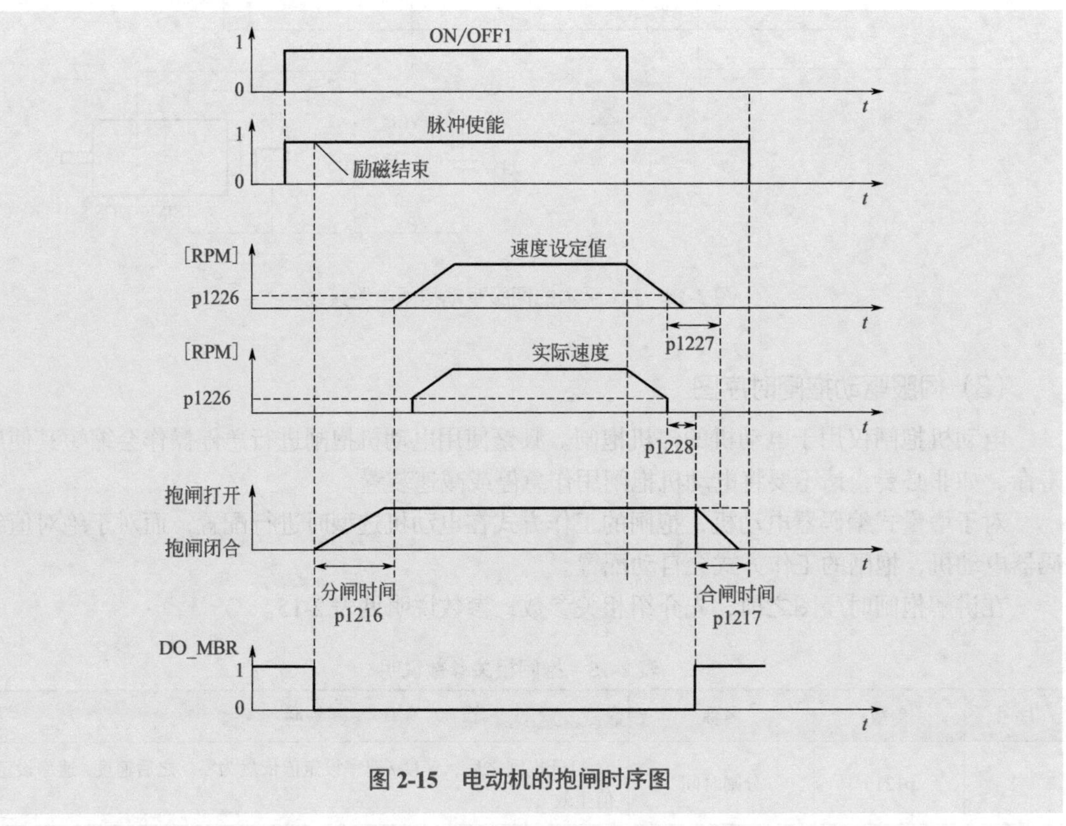

图 2-15 电动机的抱闸时序图

第3章 SINAMICS V90 伺服驱动系统参数及设置

理解和正确设置伺服系统的参数是使用伺服系统的基础，本章讲解西门子 SINAMICS V90 伺服系统参数含义、参数设置及调试，为后续学习打下基础。

3.1 SINAMICS V90 伺服系统的参数介绍

3.1.1 SINAMICS V90 伺服系统的参数概述

SINAMICS V90 伺服系统的参数基础

（1）参数号

带有“r”前缀的参数号表示此参数为只读参数。

带有“p”前缀的参数号表示此参数为可写编辑参数。

（2）生效

表示参数设置的生效条件。存在两种可能条件：

① IM（immediately，立即）：参数值更改后立即生效，无需重启。

② RE（reset，重启）：参数值重启后生效。

所以在设置参数后一定要确认此参数是哪种生效的类型，比如伺服的控制模式就是重启生效的参数。重启参数可以用软件 V-ASSISTANT 的重启功能完成，也可以直接把伺服驱动器断电后上电完成重启。

（3）参数的数据类型

SINAMICS V90 伺服系统的参数有 6 种数据类型，见表 3-1。这些参数在西门子的 PLC

中，也有与之对应的数据类型。

表 3-1　SINAMICS V90 伺服系统的参数的数据类型

序号	数据类型	缩写	描述
1	Integer16	I16	16 位整数
2	Integer32	I32	32 位整数
3	Unsigned8	U8	8 位无符号整数
4	Unsigned16	U16	16 位无符号整数
5	Unsigned32	U32	32 位无符号整数
6	FloatingPoint32	Float	32 位浮点数

（4）参数组

将一类参数归纳为一组，SINAMICS V90 伺服系统的参数组见表 3-2。

表 3-2　SINAMICS V90 伺服系统的参数组

序号	参数组	可用参数		BOP 上显示的参数组	
		脉冲序列版本	PN 版本	脉冲序列版本	PN 版本
1	基本参数	p290xx	p07xx、p10xx 至 p16xx、p21xx	P 0A	P bASE
2	增益调整参数	p291xx	—	P 0b	—
3	速度控制参数	p10xx 至 p14xx、p21xx	—	P 0C	—
4	转矩控制参数	p15xx 至 p16xx	—	P 0d	—
5	位置控制参数	p25xx 至 p26xx、p292xx	p25xx 至 p26xx	P 0E	P EPOS
6	I/O 参数	p293xx	—	P 0F	—
7	状态监控参数	所有只读参数	所有只读参数	dAtA	dAtA
8	通信参数	—	p09xx、p89xx	—	P Con
9	应用参数	—	p29xxx	—	P APP

3.1.2 SINAMICS V90 伺服系统的参数说明

SINAMICS V90 伺服系统的常用基本参数介绍

SINAMICS V90 伺服系统的参数较多，以下将对重要的参数以参数组进行分类说明。

（1）基本参数

1）CU 数字量输出取反参数 p0748　参数 p0748 的含义解释如下：

将数字量输出信号进行取反。

位 0 至位 5：对 DO1 至 DO6 的信号取反。

– 位 = 0：不取反。

– 位 = 1：取反。

SINAMICS V90 伺服驱动器的数字量输出默认是 NPN 输出，即低电平有效，当设置为 1 时，信号取反，变为 PNP 输出，即高电平有效。

例如：将参数 p0748 设置为 16#3F=2#111111，就是全部 6 个输出都改为 PNP 输出。

2）数字量输入仿真模式参数 p0795 至 p0796　参数 p0795 至 p0796 的解释如下：

设置数字量输入的仿真模式。

位 0 至位 9：设置 DI1 至 DI10 的仿真模式。

– 位 = 0：端子信号处理。

– 位 = 1：仿真。

例如将 p0795 设置为 16#03=2#11，即将 DI1 和 DI2 设置为仿真端子，其余端子为真实的信号端子。仿真端子可以在 V-ASSISTANT 软件或者 BOP 面板中设置其导通，就像真实的端子接通的效果一样，主要用于调试。

3）参数设置权 p0927　参数 p0927 的解释如下：

设置参数更改通道。

● 位定义：

– 位 =0：V-ASSISTANT。

– 位 =1：BOP。

● 位值含义：

– 0：只读。

– 1：读写。

p0927 默认值为 2#11，也就是 V-ASSISTANT 和 BOP 都可以对所有参数进行读写。

4）颠倒电动机转向参数 p29001　参数 p29001 的解释如下：

● 参数为 0：不颠倒。

● 参数为 1：反转。

设备调试时，如电动机方向需要反向，可将 p29001 设置为 1。修改了 p29001 后参考点会丢失。若驱动运行于 IPos 控制模式下，则必须重新执行回参考点操作。

5）BOP 显示选择 p29002　BOP 显示选择由参数 p29002 数值决定，具体如下。

● 0：实际速度（默认值）。

● 1：直流电压。

● 2：实际转矩。

- 3：实际位置。
- 4：位置跟随误差。

例如需要在 BOP 上显示实际位置，则将 p29002 设置为 3。

6）控制模式 p29003　参数 p29003 的具体含义如下：

① 基本控制模式

- 0：外部脉冲位置控制模式。
- 1：内部设定值位置控制模式。
- 2：速度控制模式。
- 3：转矩控制模式。

② 复合控制模式

- 4：控制切换模式为 PTI/S。
- 5：控制切换模式为 IPos/S。
- 6：控制切换模式为 PTI/T。
- 7：控制切换模式为 IPos/T。
- 8：控制切换模式为 S/T。

这个参数非常重要，例如设置 p29003 为 0，表示外部脉冲位置控制模式（PTI），最为常用。

复合控制模式由数字量端子 DI10（设置为 C-MODE，模式选择）确定，DI10 的断开和接通分别代表一种模式。复合控制模式的模式选择见表 3-3。

表 3-3　复合控制模式的模式选择

p29003	C-MODE	
	0（第一种控制模式）	1（第二种控制模式）
4	PTI	S
5	IPos	S
6	PTI	T
7	IPos	T
8	S	T

说明：p29003 为 4 表示复合控制模式（PTI/S），当 DI10 断开时，C-MODE 对应 0，因此为 PTI 模式运行，而当 DI10 接通时，C-MODE 对应 1，因此为 S（速度）模式运行。

7）与 RS-485 通信相关的参数（p29004、p29007、p29009）　脉冲序列版本的伺服驱动器支持 USS 和 MODBUS 通信，其物理层是 RS-485，但 PN 版本伺服驱动器基于工业以太网通信，没有这些参数。

① RS-485 通信地址参数 p29004。RS-485 网络上每个设备都有唯一的物理地址，默认值为 1。

② RS-485 协议类型选择参数 p29007。此伺服驱动器支持的 RS-485 协议与代号的对应关系如下：

- 0：无协议。
- 1：USS。
- 2：MODBUS。

例如当 PLC 与 SINAMICS V90 伺服系统进行 MODBUS 通信时，应设置 p29007 为 2。

③ RS-485 通信波特率设置参数 p29009。在统一 RS-485 通信网络上，所有设备的波特率都应该是一样大的，SINAMICS V90 伺服系统常用代号和波特率对应关系如下：

- 6：9600bit/s。
- 7：19200bit/s。
- 8：38400bit/s。

例如，PLC 与 SINAMICS V90 伺服系统进行 MODBUS 通信时，PLC 侧的波特率为 9600bit/s，则伺服系统的波特率也应该是 9600bit/s，因此参数 p29009 设置为 6。

8）高速脉冲相关参数 p29010、p29014、p29033　这些参数只适用于脉冲序列版本。

① 输入脉冲形式参数 p29010 的代号和含义说明如下：

- 0：脉冲 + 方向，正逻辑，如图 3-1 所示，脉冲为上升沿，正向是高电平。
- 1：AB 相，正逻辑，如图 3-2 所示，A 相上升沿超前 B 相为正转，反之为反转。
- 2：脉冲 + 方向，负逻辑，如图 3-3 所示，脉冲为下降沿，正向是低电平。
- 3：AB 相，负逻辑，如图 3-4 所示，A 相下降沿超前 B 相为正转，反之为反转。

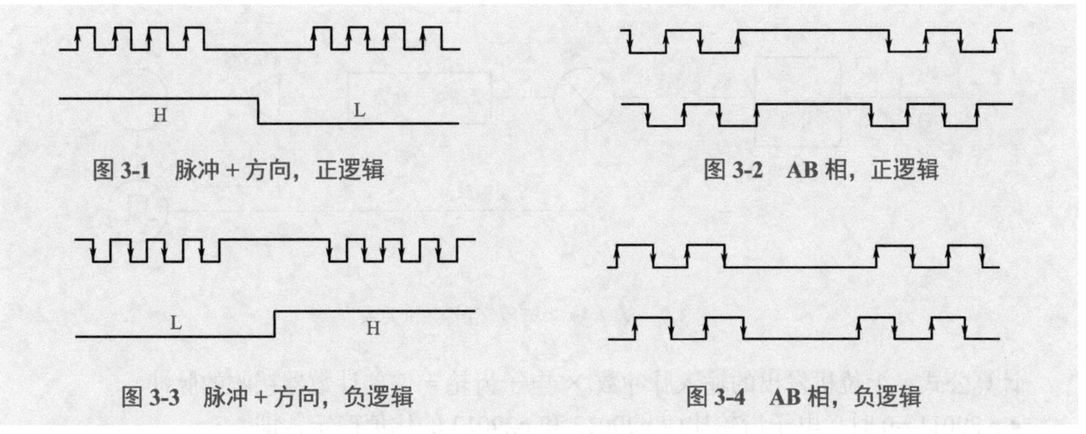

图 3-1　脉冲 + 方向，正逻辑

图 3-2　AB 相，正逻辑

图 3-3　脉冲 + 方向，负逻辑

图 3-4　AB 相，负逻辑

例如使用 S7-1200 的高速脉冲输出控制 SINAMICS V90 伺服系统时，参数 p29010 设置为 0，含义是“脉冲 + 方向，正逻辑”。而 PLC 换成三菱 FX5U 时，参数 p29010 一般设置为 2。

② PTI 脉冲输入电平参数 p29014 的代号和含义说明如下：

- 0：5V 高速差分脉冲输入（RS-485），接线如图 3-5 所示。
- 1：24V 单端脉冲输入，接线如图 3-6 所示。

例如使用 S7-1200 的高速脉冲输出控制 SINAMICS V90 伺服系统时，参数 p29014 设置为 1，含义是“24V 单端脉冲输入”。不同的脉冲电平，硬件接线也不同。

③ PTO 方向更改参数 p29033 的代号和含义说明如下：

- 0：PTO 正方向。

● 1：PTO 负方向。

当 p29033 设置为 1 时，可以改变电动机的方向，使其负向运转。

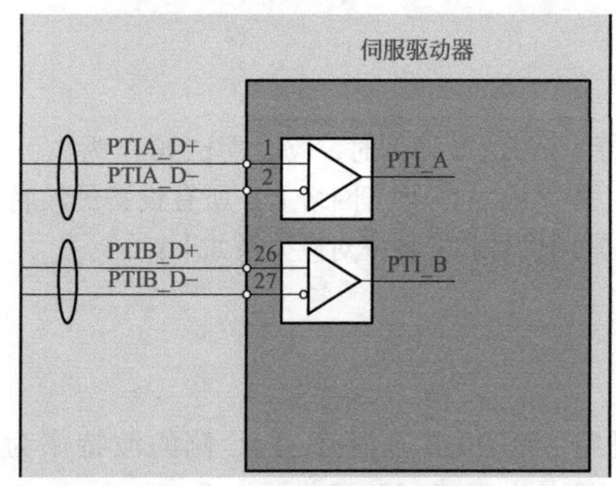

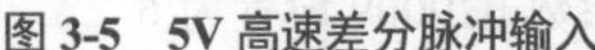

图 3-5　5V 高速差分脉冲输入

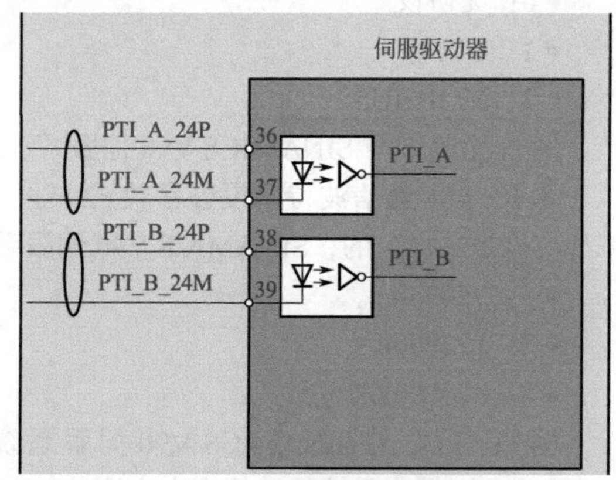

图 3-6　24V 单端脉冲输入

计算齿轮比

9）齿轮比参数 p29011、p29012、p29013　电子齿轮实际上是一个脉冲放大倍率（通常 PLC 的脉冲频率一般不高于 200kp/s，而伺服电动机编码器的脉冲频率则高得多，假如伺服电动机转一圈是 1s，其反馈给驱动器的脉冲频率就是 4194304p/s，明显高于 PLC 的脉冲频率）。实际上，上位机所发的脉冲经电子齿轮放大后再送入偏差计数器，因此上位机所发的脉冲，不一定就是偏差计数器所接收到的脉冲。输入脉冲与反馈脉冲的关系如图 3-7 所示。

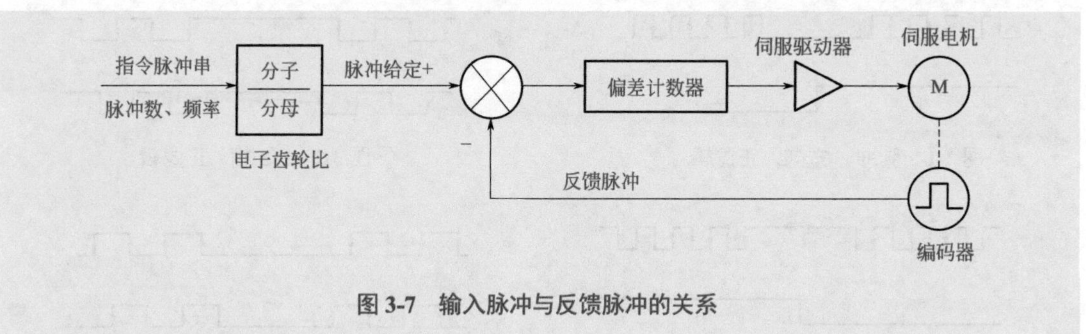

图 3-7　输入脉冲与反馈脉冲的关系

计算公式：上位机发出的输入脉冲数 × 电子齿轮 = 偏差计数器接收的脉冲

● p 29011 =0 时，电子齿轮比由 p29012 和 p29013 的比值确定，即：

$$电子齿轮比=\frac{p29012}{p29013}$$

● p 29011≠0 时，电子齿轮比由编码器分辨率和 p29011 的比值确定，即：

$$电子齿轮比=\frac{编码器的分辨率}{p29011（期望电动机每转的脉冲数）}$$

① 期望电动机每转的脉冲数参数 p29011。设置 p29011 的参数值为电动机转一圈上位机发送的脉冲个数。设定此参数实际上相当于设置了齿轮比。

例如期望上位机（PLC）发送 5000 个脉冲，电动机转 1 圈，直接设置 p29011=5000

即可。

② PTI 电子齿轮比分子 p29012 和分母 p29013。在举例之前先介绍一个概念 LU，LU 实际是脉冲当量，即在一个设定值脉冲内，负载部件移动的最小运行距离。LU 的表示方法在西门子的伺服系统中十分常用。例如：设 1LU=0.01°，则一圈（360°）折合成 36000LU。例如：设 1LU=1μm，则可以把 10mm 折合为 10000LU。

以下用一个例子介绍齿轮比的计算，见表 3-4。

表 3-4 齿轮比的计算

序号	说明		机械结构	
			滚珠丝杠	圆盘
			LU：1μm 负载轴 工件 编码器分辨率：2500ppr 滚珠丝杠的节距：6mm	LU：0.01° 负载轴 电机 编码器分辨率：2500ppr
1	机械结构		滚珠丝杠的节距：6mm 减速齿轮比：1 ∶ 1	旋转角度：360° 减速齿轮比：1 ∶ 3
2	编码器分辨率		因为 4 倍频，即 2500×4=10000	因为 4 倍频，即 2500×4=10000
3	定义 LU		1LU=1μm	1 LU=0.01°
4	计算负载轴每转的运行距离		6/0.001=6000LU	360°/0.01°=36000 LU
5	计算电子齿轮比		$\frac{10000}{6000}$	$\frac{10000\times3}{36000}$（电动机转 3 圈，圆盘转 1 圈）
6	设置参数	$\frac{p29012}{p29013}$	$\frac{10000}{6000}=\frac{5}{3}$	$\frac{10000\times3}{36000}=\frac{5}{6}$

10）转矩限制参数 p29050、p29051 、p29041、p29042　转矩上限参数 p29050 限制正转矩，转矩下限参数 p29051 限制负转矩。各有三个内部转矩限值可选。通过组合使用数字量输入信号 TLIM1 和 TLIM2 可以选择内部参数或模拟量输入作为转矩限值源。

转矩限制的原理图如图 3-8 所示，当 TLIM2 和 TLIM1 为 0 时，为内部 0 转矩限制；当 TLIM2 为 0 和 TLIM1 为 1 时，外部模拟量 AI2 为外部转矩限制。TLIM1 默认与数字量输入端子 DI8 关联，TLIM2 与数字量输入端子 DI7 关联，所以 DI8、DI7 的开关组合决定使用哪一种转矩限制值。

模拟量转矩设定值的定标参数 p29041，可以指定全模拟量输入（10 V）对应的转矩设定值，默认为 300%，可以修改此值。

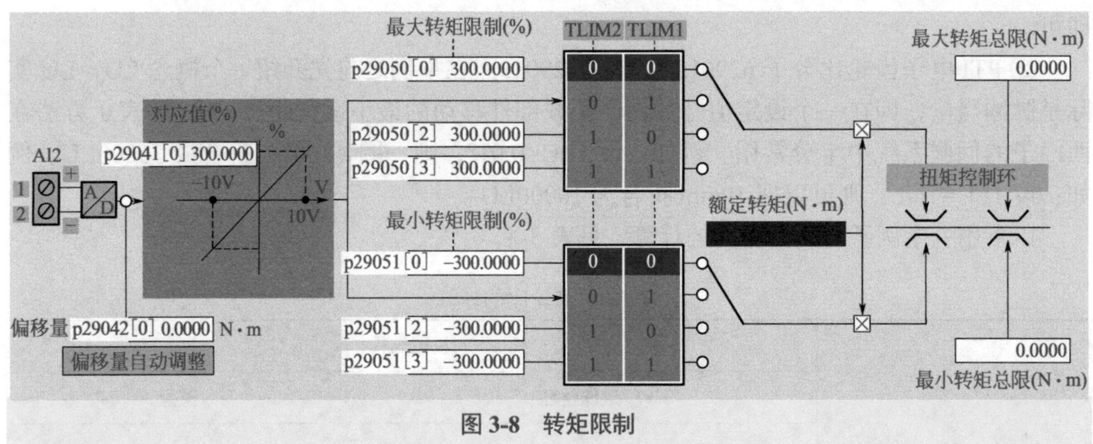

图 3-8 转矩限制

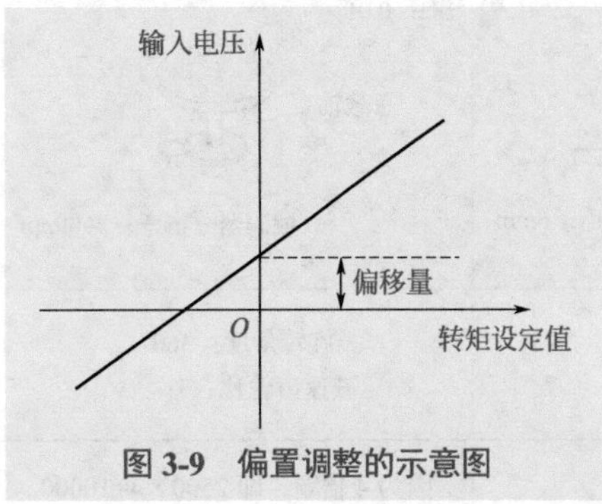

图 3-9 偏置调整的示意图

参数 p29041 是限制值，参数 p29042 是模拟量输入 2 的偏置调整，可以调整模拟量的偏移，通常为 0，如图 3-9 所示。

11）速度限制参数 p29060、p29061 、p29070、p29071 转速上限参数 p29070 限制正转速、转速下限参数 p29071 限制负转速。各有三个内部转速限值可选。通过组合使用数字量输入信号 SLIM1 和 SLIM2 可以选择内部参数或模拟量输入作为转速限值源。

转速限制的原理图如图 3-10 所示，当 SLIM2 和 SLIM1 为 0 时，为内部 0 转速限制；当 SLIM2 为 0 和 SLIM1 为 1 时，外部模拟量 AI1 为外部转速限制。假设 SLIM1 与数字量输入端子 DI8 关联，SLIM2 与数字量输入端子 DI7 关联，则 DI8、DI7 的开关组合决定使用哪一种转速限制值。

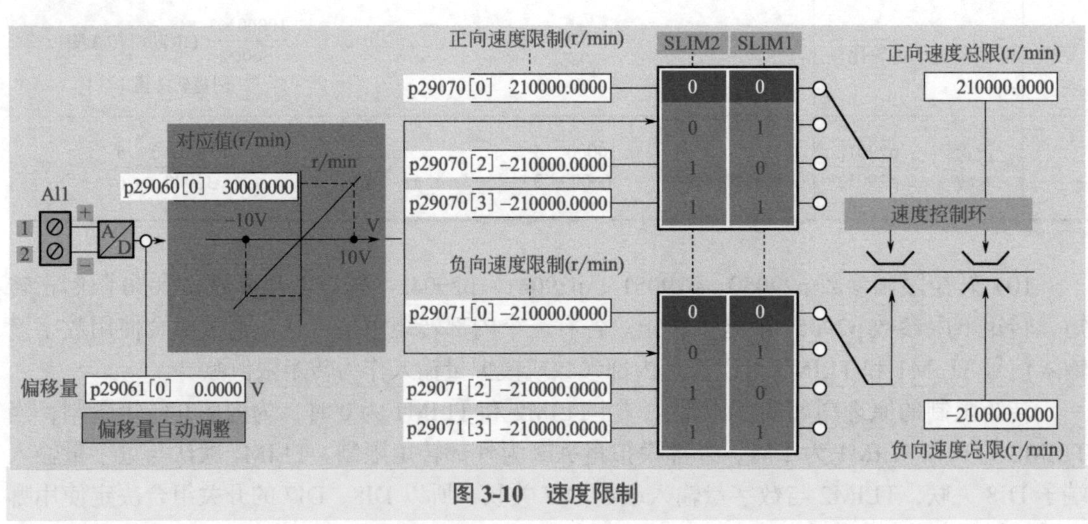

图 3-10 速度限制

参数 p29060 是转速限制值，参数 p29061 是模拟量输入 1 的偏置调整。

但在速度模式下，SPD1=SPD2=SPD3=0 时，速度设定值由外部模拟量 1 给定，此时的 p29060 是转速标定值，假设 p29060=3000V（为 V-max），则对应外部模拟量是 10V，如

图 3-11 所示。

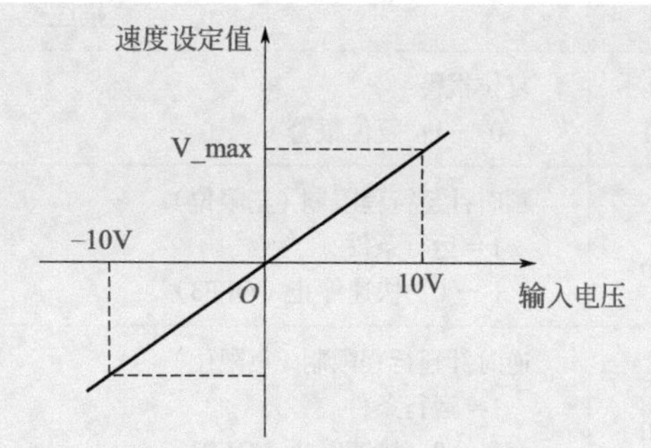

图 3-11　速度设定值由外部模拟量 1 给定对应关系

（2）I/O 参数

SINAMICS V90 的 I/O 参数介绍

脉冲序列版本的伺服，I/O 参数较多，而 PN 版本的伺服，I/O 参数较少。不管哪个版本，I/O 参数都至关重要，是需要重点掌握的内容。数字量输入可以为 NPN（低电平）和 PNP（高电平）输入，后续讲解未作说明默认为 PNP 输入。

1）数字量输入强制信号参数 p29300　数字量输入强制信号参数 p29300 的功能是分配信号强制设高（即当高电平有效时，设置高电平）。当一位或多位设高时，相应输入信号强制设高。总共 7 位，各位代表的含义如下。

- 位 0：SON。
- 位 1：CWL。
- 位 2：CCWL。
- 位 3：TLIM1。
- 位 4：SPD1。
- 位 5：TSET。
- 位 6：EMGS。

例如：要伺服驱动器正常工作，SON（默认数字量输入端子 DI1）应与数字量公共端子 DI_COM 处电源的 +24V 短接，如 DI 端子不够用或者接线不方便时，可以将参数 p29300 的第 0 位设置为 1（p29300=2#1）。

例如：要将 SON、正限位、负限位和急停都强制，则设置参数 p29300=2#01000111（71），那么 SON、正限位、负限位和急停都类似于已经与数字量输入公共端的电源的 +24V 短接了，减少接线的工作量。

2）数字量输入端子参数 p29301 ～ p29308　DI1 ～ DI8 中，只详细讲解 DI1，其余的端子是类似的。DI1 默认功能是 SON，同时通过设置参数 p29301 的不同代号，可以定义为如下的功能，见表 3-5。

表 3-5　数字量输入端 DI1 ～ DI8 的功能

编号	名称	类型	描述
1	SON	边沿 0 → 1 1 → 0	伺服开启 0 → 1：接通电源电路，使伺服驱动准备就绪 1 → 0：在 PTI、Fast PTI、IPos 和 S 模式下，电动机减速停车（OFF1）；在 T 模式下，电动机自由停车（OFF2）

续表

编号	名称	类型	描述
2	RESET	边沿 0 → 1	复位报警 0 → 1：复位报警
3	CWL	边沿 1 → 0	顺时针超行程限制（正限位） 1 = 运行条件 1 → 0：快速停止（OFF3）
4	CCWL	边沿 1 → 0	逆时针超行程限制（负限位） 1 = 运行条件 1 → 0：快速停止（OFF3）
5	G- CHANGE	电平	在第一个和第二个增益参数集之间进行增益切换 0：第一个增益参数集 1：第二个增益参数集
6	P-TRG	电平 边沿 0 → 1	脉冲允许 / 禁止 0：允许通过脉冲设定值运行 1：禁止脉冲设定值 在 IPos 模式下：位置触发器 0 → 1：根据已选的内部位置设定值开始定位
7	CLR	电平	清除位置控制剩余脉冲 0：不清除 1：按照 p29242 选中的模式清除脉冲
8	EGEAR1	电平	电子齿轮比 通过 EGEAR1 和 EGEAR2 信号组合可以选择四组电子齿轮比 EGEAR2：EGEAR1 0 ：0：电子齿轮比 1 0 ：1：电子齿轮比 2 1 ：0：电子齿轮比 3 1 ：1：电子齿轮比 4
9	EGEAR2	电平	
10	TLIM1	电平	选择转矩限制 通过 TLIM1 和 TLIM2 信号组合可以选择四个转矩限制指令源（一个外部转矩限制，三个内部转矩限制），TLIM2 ： TLIM1 0 ：0：内部转矩限制 1 0 ：1：外部转矩限制（模拟量输入 2） 1 ：0：内部转矩限制 2 1 ：1：内部转矩限制 3
11	TLIM2	电平	
12	CWE	电平	使能顺时针旋转 1：使能顺时针旋转，斜坡上升 0：禁止顺时针旋转，斜坡下降
13	CCWE	电平	使能逆时针旋转 1：使能顺时针旋转，斜坡下降 0：禁止顺时针旋转，斜坡上升
14	ZSCLAMP	电平	零速钳位 1 = 当电动机速度设定值为模拟量信号且小于阈值（p29075）时，电动机停止并抱闸 0 = 无动作

续表

编号	名称	类型	描述
15	SPD1	电平	旋转速度模式：内部速度设定值 通过 SPD1、SPD2 和 SPD3 信号组合可以选择八个速度设定值/限制指令源（一个外部速度设定值/限制，七个内部速度设定值/限制）。SPD3 ：SPD2 ：SPD1 0 ：0 ：0：外部模拟量速度设定值 0 ：0 ：1：内部速度设定值 1 0 ：1 ：0：内部速度设定值 2 0 ：1 ：1：内部速度设定值 3 1 ：0 ：0：内部速度设定值 4 1 ：0 ：1：内部速度设定值 5 1 ：1 ：0：内部速度设定值 6 1 ：1 ：1：内部速度设定值 7
16	SPD2	电平	
17	SPD3	电平	
18	TSET	电平	选择转矩设定值 该信号可以选择两个转矩设定值源（一个外部转矩设定值，一个内部转矩设定值） ● 0：外部转矩设定值（模拟量输入 2） ● 1：内部转矩设定值
19	SLIM1	电平	选择速度限制 通过 SLIM1 和 SLIM2 信号组合可以选择四个速度限制指令源（一个外部速度限 制，三个内部速度限制）。SLIM2 ：SLIM1 0 ：0：内部速度限制 1 0 ：1：外部速度限制（模拟量输入 1） 1 ：0：内部速度限制 2 1 ：1：内部速度限制 3
20	SLIM2	电平	
21	POS1	电平	选择位置设定值 通过 POS1 至 POS3 信号组合可以选择八个内部位置设定值源。POS3 ：POS2 ：POS1 0 ：0 ：0：内部位置设定值 1 0 ：0 ：1：内部位置设定值 2 0 ：1 ：0：内部位置设定值 3 0 ：1 ：1：内部位置设定值 4 1 ：0 ：0：内部位置设定值 5 1 ：0 ：1：内部位置设定值 6 1 ：1 ：0：内部位置设定值 7 1 ：1 ：1：内部位置设定值 8
22	POS2	电平	
23	POS3	电平	
24	REF	边沿 0 → 1	通过数字量输入或参考挡块输入设置回参 考点方式下的零点 0 → 1：参考点输入
25	SREF	边沿 0 → 1	通过信号 SREF 开始回参考点 0 → 1 ：开始回参考点
26	STEPF	边沿 0 → 1	向前位进至下一个内部位置设定值 0 → 1：开始位进
27	STEPB	边沿 0 → 1	向后位进至上一个内部位置设定值 0 → 1 ：开始位进
28	STEPH	边沿 0 → 1	位进至内部位置设定值 1 0 → 1 ：开始位进

例如设置参数 p29301=2，则当 DI1 与 DI_COM 处电源的 +24V 短接时，对伺服系统复位。

在脉冲序列版本中，DI9 与 EMGS（急停）关联，不能更改。DI10 与 C-CODE（模式切换）关联且不能更改。而在 PN 版本中，EMGS（急停）可以与 DI1 ～ DI4 任何一个数字量输入关联。

PTI 模式原理图如图 3-12 所示。

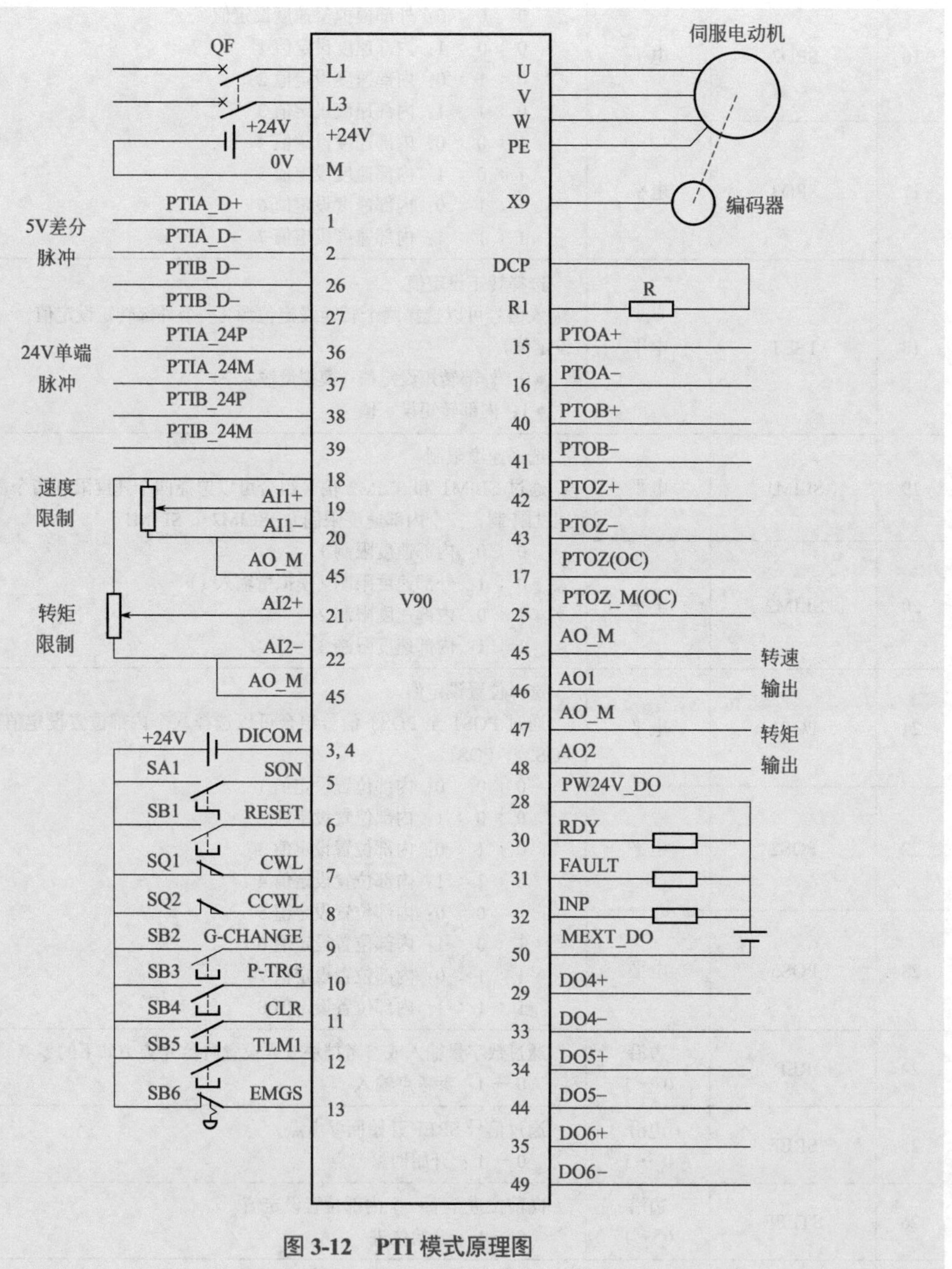

图 3-12　PTI 模式原理图

3）数字量输出参数 p29330 ～ p29335　DO1 ～ DO6 中，只详细讲解 DO1，其余的端子是类似的。DO1 默认功能是 RDY，同时通过设置参数 p29330 的不同代号，可以定义为如下的功能，见表 3-6。

表 3-6　数字量输出端 DO1 ～ DO6 的功能

编号	名称	说明
1	RDY	伺服准备就绪 1：驱动已就绪 0：驱动未就绪（存在故障或使能信号丢失）
2	FAULT	故障 1：处于故障状态 0：无故障
3	INP	位置到达信号 1：剩余脉冲数在预设的就位取值范围内（参数 p2544） 0：剩余脉冲数超出预设的位置到达范围
4	ZSP	零速检测 1：电动机速度 ≤ 零速（可通过参数 p2161 设置零速） 0：电动机速度 > 零速 + 磁滞（10r/min）
5	SPDR	速度达到 1：电动机实际速度已几乎（内部磁滞 10r/min）达到内部速度指令或模拟量速度指令的速度值。速度到达范围可通过参数 p29078 设置 0：速度设定值与实际值之间的速度差值大于内部磁滞
6	TLR	达到转矩限制 1：产生的转矩已几乎（内部磁滞）达到正向转矩限制、负向转矩限制或模拟量转矩限制的转矩值 0：产生的转矩尚未达到任何限制
7	SPLR	达到速度限制 1：速度已几乎（内部磁滞 10r/min）达到速度限制 0：速度尚未达到速度限制
8	MBR	电动机抱闸 1：电动机抱闸关闭 0：电动机停机抱闸打开 说明：MBR 仅为状态信号，因为电动机停机抱闸的控制与供电均通过特定的端子实现
9	OLL	达到过载水平 1：电动机已达到设定的输出过载水平（p29080 以额定转矩的百分数表示；默认值 100%，最大值 300%） 0：电动机尚未达到过载水平
10	WARNIN G1	达到警告 1 条件 1：已达到设置的警告 1 的条件 0：未达到设置的警告 1 的条件
11	WARNIN G2	达到警告 2 条件 1：已达到设置的警告 2 的条件 0：未达到设置的警告 2 的条件
12	REFOK	回参考点 1：已回参考点 0：未回参考点

编号	名称	说明
13	CM_STA	当前控制模式 1：五个复合控制模式（PTI/S，IPos/S，PTI/T，IPos/T，S/T）的第二个模式 0：五个复合控制模式（PTI/S，IPos/S，PTI/T，IPos/T，S/T）的第一个模式或四个基本模式（PTI，IPos，S，T）
14	RDY_ON	准备伺服开启就绪 1：驱动准备伺服开启就绪 0：驱动准备伺服开启未就绪（存在故障或主电源无供电） 说明：当驱动处于 SON 状态后，该信号会一直保持为高电平（1）状态，除非出现异常情况
15	STO_EP	STO 激活 1：使能信号丢失，表示 STO 功能激活 0：使能信号可用，表示 STO 功能无效 说明：STO_EP 仅用作 STO 输入端子的状态 指示信号，而并非 Safety Integrated 功能的安全 DO 信号

例如设置参数 p29332=2，则当 DO3 输出为 1 时，表示伺服系统有故障。

需要注意 DO1 ～ DO3 只能是 NPN 输出，而 DO4 ～ DO6 是 NPN 和 PNP 输出可选。

此外，23 号端子是 Brake，即电动机抱闸控制信号数字量输出，无需设置参数。其他数字量输出端子也可以设置成此功能，例如设置 p29333=8，那么 DO4 的输出定义为 MBR，即抱闸功能。

① 在伺服系统中，正常运行时 SON 必须一直为高电平（或者内部短接），如图 3-12 所示。之后伺服系统发出伺服准备就绪信号 RDY，伺服系统才能接收外部脉冲信号，SON 和 RDY 的时序图如图 3-13 所示。通常 RDY 信号输送到 PLC 的输入端，PLC 接收到此信号后才向伺服系统发脉冲。

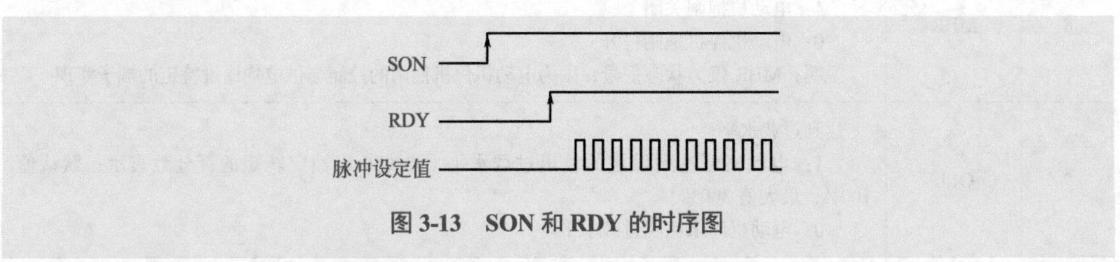

图 3-13　SON 和 RDY 的时序图

② 当位置设定值和实际位置的偏差处于 p2544（位置窗口，默认取值为 40LU）中指定的预设就位取值范围内时，信号 INP（就位）输出。INP 默认从 DO3 输出，如图 3-12 所示。

③ 分配给数字量输出的报警 1 和 2 参数为 p29340、p29341。

a. 参数 p29340 定义 WARNING1 条件：

- 1：电动机过载保护报警，已达到过载阈值的 85%。
- 2：抱闸功率过载报警，已达到阈值 p29005。
- 3：风扇报警，风扇停止时间已超过 1 s。
- 4：编码器报警。

- 5：电动机过温报警，已达到过温阈值的 85%。
- 6：电容器寿命报警，电容器寿命已到期，要更换。

例如，参数 p29340 设置为 2，那么当将 p29333 设置为 10 时，DO4 的输出定义为 WARNING1，激发的报警就是抱闸功率过载报警。

b. 参数 p29341 定义 WARNING2。

4）模拟量输出参数 p29350 ～ p29351　参数 p29350 选择模拟量输出 1 的信号源，含义如下：

- 0：实际转速（参考值 p29060）
- 1：实际转矩（参考值 3×r0333）
- 2：转速设定值（参考值 p29060）
- 3：转矩设定值（参考值 3×r0333）
- 4：直流总线电压（参考值 1000 V）
- 5：脉冲输入频率（参考值 1kHz）

SINAMICS V90 的速度控制参数介绍

参数 p29351 选择模拟量输出 2 的信号源，含义与以上类似，不再说明。

（3）速度控制参数

① 内部速度 p1001 ～ p1007　SINAMICS V90 伺服系统共计八个速度源可用于速度设定值。可通过数字量输入信号 SPD1、SPD2 和 SPD3 组合选择其一组合，组合见表 3-7。

表 3-7　内部速度组合选择

数字量信号			说明
SPD3	SPD2	SPD1	
0	0	0	外部模拟量速度设定值（模拟量输入 1）
0	0	1	内部速度设定值 1（p1001）
0	1	0	内部速度设定值 2（p1002）
0	1	1	内部速度设定值 3（p1003）
1	0	0	内部速度设定值 4（p1004）
1	0	1	内部速度设定值 5（p1005）
1	1	0	内部速度设定值 6（p1006）
1	1	1	内部速度设定值 7（p1007）

速度控制模式原理图如图 3-14 所示。

结合表 3-7 和图 3-14 可知：当 SPD3 和 SPD2 不导通（按钮不接通），SB4 按钮接通，伺服系统以内部速度设定值 1（即 p1001 中设定的速度）运行，压下 SB2 按钮，CWE 接通，顺时针旋转，压下 SB3 按钮，CCWE 接通，逆时针旋转。注意：由于端子不够用，图 3-14 没定义 SPD3，也可以将某一端子定义为 SPD3，例如 10 号端子。

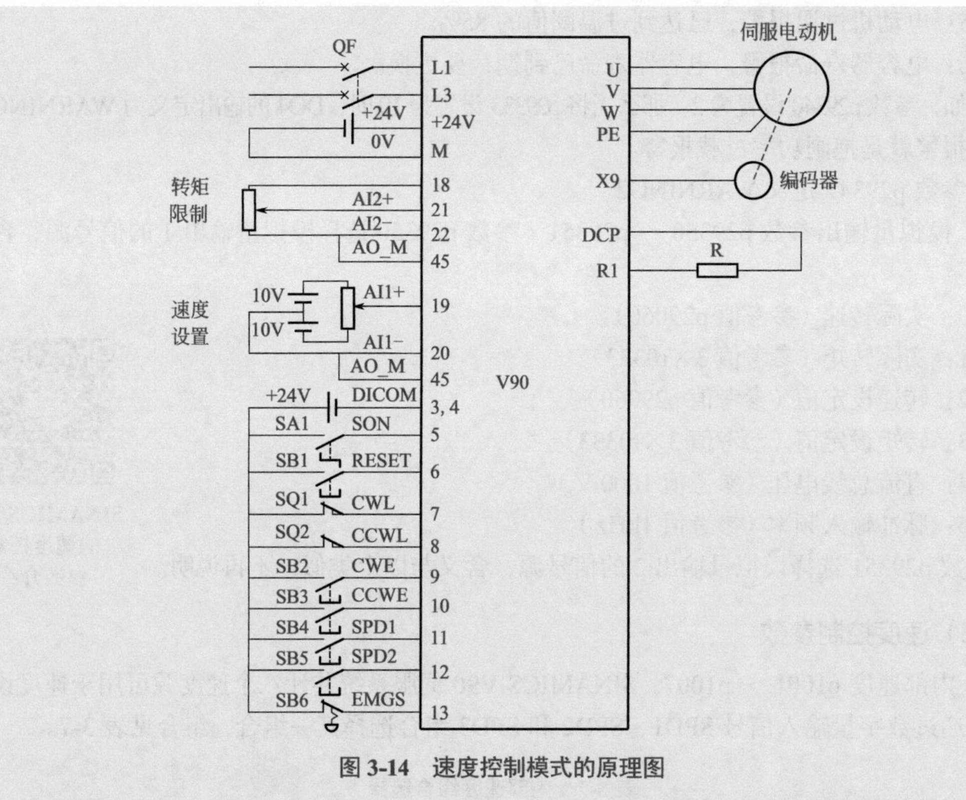

图 3-14　速度控制模式的原理图

当 SPD1、SP2 和 SPD3 都不导通（按钮不接通），伺服系统以外部模拟量 1 给定速度运行。模拟量和速度的对应关系如图 3-11 所示。运行方向见表 3-8。

表 3-8　外部模拟量 1 给定速度运行时方向的确定

信号		模拟量转矩设定值		
CCWE	CWE	+极性	-极性	0V
0	0	0	0	0
0	1	CW	CCW	0
1	0	CCW	CW	0
1	1	0	0	0

从表 3-8 可知：当模拟量为正极性时，压下 SB2 按钮，CWE 接通，顺时针旋转；压下 SB3 按钮，CCWE 接通，逆时针旋转。当模拟量为负极性时，压下 SB2 按钮，CWE 接通，逆时针旋转；压下 SB3 按钮，CCWE 接通，顺时针旋转。

从图 3-13 可知，上升时间为：

$$t_{up}=\frac{\text{设定值}}{\text{p1082}}\times \text{p1120}$$

② Jog1 速度设定值参数 p1058　参数 p1058 设置 Jog1（点动）的速度。Jog 由电平触发。

③ 最大速度参数 p1082　设定转速上限。注意：修改该参数值后，不可再进行修改。

④ 选择斜坡函数发生器参数 p1115　设置参数 p1115 为 1，可以使用 S- 曲线斜坡函数发生器。设置 p1115 为 0，关闭 S- 曲线斜坡函数发生器，使用斜坡函数发生器。接下来将讲解两种斜坡发生器相关参数。

⑤ 斜坡函数发生器斜坡时间 p1120、p1121　斜坡函数发生器可在设定值突然改变时用来限制加速度，从而防止驱动运行时发生过载。斜坡上升时间 p1120 和斜坡下降时间 p1121 可分别用于设置斜坡加速度和减速度。设定值改变时允许平滑过渡。

最大速度 p1082 用作计算斜坡上升和斜坡下降时间的参考值。斜坡函数发生器的特性如图 3-15 所示。

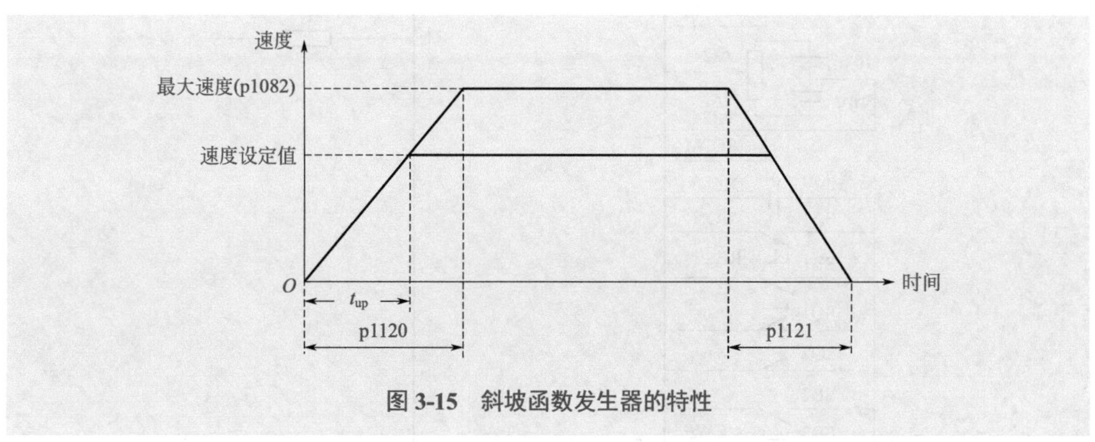

图 3-15　斜坡函数发生器的特性

⑥ 斜坡函数发生器初始圆弧段时间和斜坡函数发生器结束圆弧段时间 p1130、p1131　如图 3-16 所示的 S- 曲线斜坡函数发生器的特性曲线，可以明显看出初始圆弧段时间和结束圆弧段时间的含义。使用 S- 曲线斜坡函数发生器，必须设置参数 p1115 为 1。

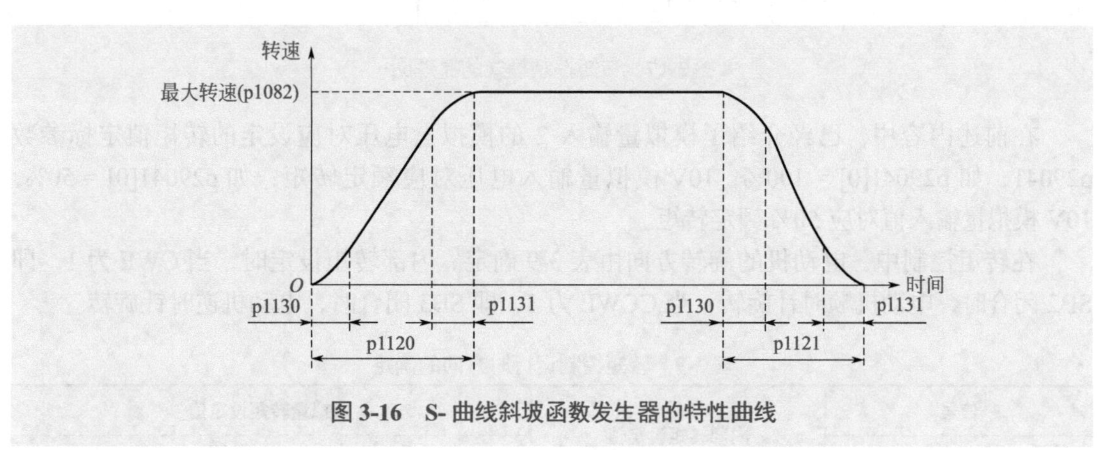

图 3-16　S- 曲线斜坡函数发生器的特性曲线

圆弧过渡时间可避免突然响应，并防止机械系统受到损坏。例如电梯中使用 S- 曲线斜坡函数发生器，明显增加了乘客的舒适度。

（4）转矩控制参数

① 转矩上限和转矩下限参数 p1520、p1521　设置固定转矩上限参数 p1520 和转矩下限参数 p1521。

② 内部转矩设定值参数 p29043　如图 3-17 所示，当 TSET 为 0，即 SB4 断开时，模拟量 2（AI2）设置转矩值。当 TSET 为 1，即 SB4 闭合时，由参数 p29043 设置转矩值。

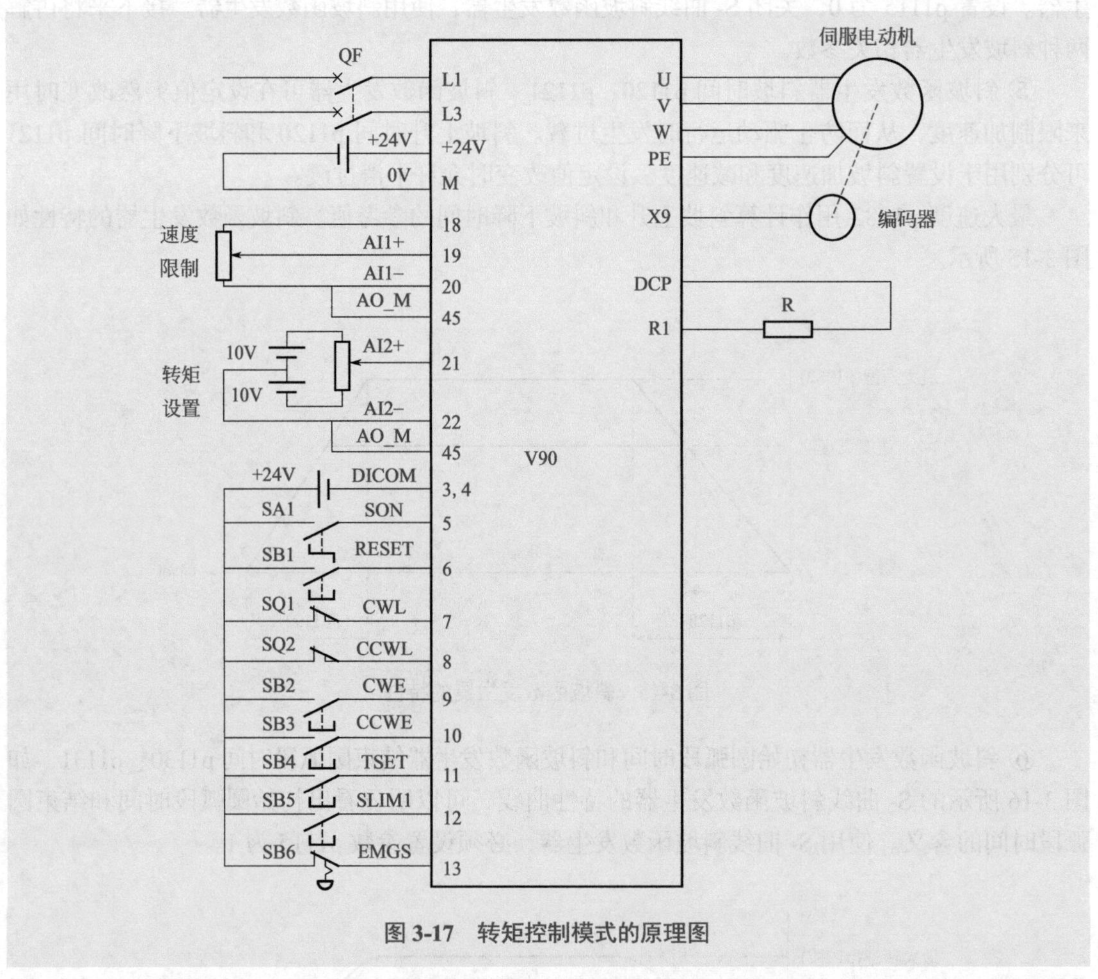

图 3-17　转矩控制模式的原理图

在前述内容中，已经介绍了模拟量输入 2 的模拟量电压对应设定的转矩值定标参数 p29041，如 p29041[0] = 100%，10V 模拟量输入电压对应额定转矩；如 p29041[0] = 50%，10V 模拟量输入值对应 50% 额定转矩。

在转矩控制中，电动机的旋转方向由表 3-9 确定。内部转矩设定时，当 CWE 为 1，即 SB2 闭合时，电动机顺时针旋转；当 CCWE 为 1，即 SB3 闭合时，电动机逆时针旋转。

表 3-9　转矩控制运行时方向的确定

信号		内部转矩设定值	模拟量转矩设定值		
CCWE	CWE		+ 极性	- 极性	0 V
0	0	0	0	0	0
0	1	CW	CW	CCW	0
1	0	CCW	CCW	CW	0
1	1	0	0	0	0

(5) 位置控制参数

脉冲序列版本的伺服系统的位置控制有外部脉冲位置控制（PTI）和内部设定值位置控制（IPos）。以下将介绍定位相关参数。

1）IPos 最大加速度和 IPos 最大减速度参数 p2572、p2573　编程加速度倍率乘以最大加速度，可得到实际的加速度。

2）EPOS 运行程序段位置参数 p2617[0...7]　在 IPos 时，最多有 8 个目标位置，即 p2617[0] ～ p2617[7]，分别设置。

3）EPOS 运行程序段速度参数 p2618[0...7]　在 IPos 时，最多有 8 个程序段运行速度，即 p2618[0] ～ p2618[7]，分别设置。

内部位置的设定值由信号 POS1、POS2 和 POS3 的组合决定，而 POS1、POS2 和 POS3 由数字量输入信号确定，如表 3-10 所示。

表 3-10　内部位置的设定值

内部位置设定值	信号		
	POS3	POS2	POS1
内部位置设定值 1	0	0	0
内部位置设定值 2	0	0	1
内部位置设定值 3	0	1	0
内部位置设定值 4	0	1	1
内部位置设定值 5	1	0	0
内部位置设定值 6	1	0	1
内部位置设定值 7	1	1	0
内部位置设定值 8	1	1	1

IPos 控制模式原理如图 3-18 所示。

根据表 3-10 和图 3-18，当 POS1=1、POS2=1、POS3=0（未接线即为 0），即按钮 SB4 和 SB5 闭合，选择的内部位置设定值 4 的设定值。所以内部位置设定值 4 位置值设置在参数 p2617[4] 中，内部位置设定值 4 速度值设置在参数 p2618[4] 中。其余参数设置方法类似。

4）软限位开关相关参数 p2580、p2581、p2582　软限位一般设置在硬限位开关内侧，先与硬限位起作用，从而起双重保护作用，限位示意图如图 3-19 所示。使用软限位开关，首先要将软限位开关激活，即设置参数 p2580=1。

p2581 是 EPOS 正向软限位开关的位置设定值。

p2582 是 EPOS 负向软限位开关的位置设定值。

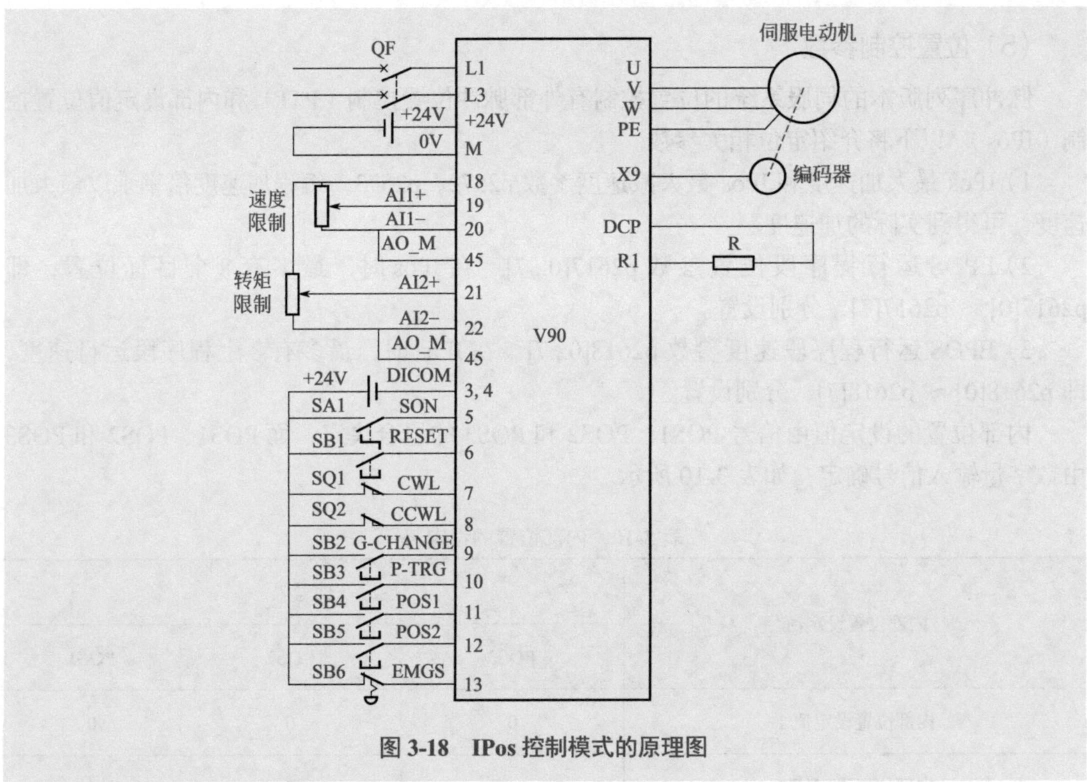

图 3-18　IPos 控制模式的原理图

注意　软限位功能仅在回参考点后生效，回参考点过程中，不起作用。

图 3-19　限位示意图

5）回参考点相关参数 p2599、p2600、p2604、p2605、p2006、p2608、p2009、p2611、p29240　回参考点的相关参数说明见表 3-11。

表 3-11　回参考点的相关参数说明

参数	单位	描述
p2599	LU	设置参考点坐标轴的位置值
p2600	LU	参考点偏移量
p2604	—	设置搜索挡块开始方向的信号源 0：以正向开始 1：以负向开始
p2605	1000LU/min	搜索挡块的速度
p2606	LU	搜索挡块的最大距离
p2608	1000LU/min	搜索零脉冲的速度

续表

参数	单位	描述
p2609	LU	搜索零脉冲的最大距离
p2611	1000LU/min	搜索参考点的速度
p29240	—	回参考点模式选择 ● 0：通过数字量输入信号 REF 设置回参考点 ● 1：外部参考点挡块（信号 REF）和编码器零脉冲 ● 2：仅编码器零脉冲 ● 3：外部参考点挡块（信号 CCWL）和编码器零脉冲 ● 4：外部参考点挡块（信号 CWL）和编码器零脉冲

注意单位数量级，有的是 LU，有的是 1000LU，初学者容易出错。

外部参考点挡块（信号 REF）和编码器零脉冲（p29240=1，模式 1）回参考点过程如图 3-20 所示。回参考点由信号由 SREF 触发。然后，伺服驱动加速到 p2605 中指定的速度来找到挡块。搜索挡块的方向（CW 或 CCW）由 p2604 定义。当挡块到达参考点时（信号 REF：0 → 1），伺服电动机减速到静止状态。然后，伺服驱动再次加速到 p2608 中指定的速度，运行方向与 p2604 中指定的方向相反。信号 REF（1 → 0）应该关闭。达到第一个零脉冲时，伺服驱动开始向 p2600 中定义的参考点以 p2611 中指定的速度运行。伺服驱动到达参考点（p2599）时，信号 REFOK 输出（例如分配给 DO1）。关闭信号 SREF（1 → 0），回参考点成功。

对于增量编码器的伺服系统，运行绝对运动指令，必须回参考点。

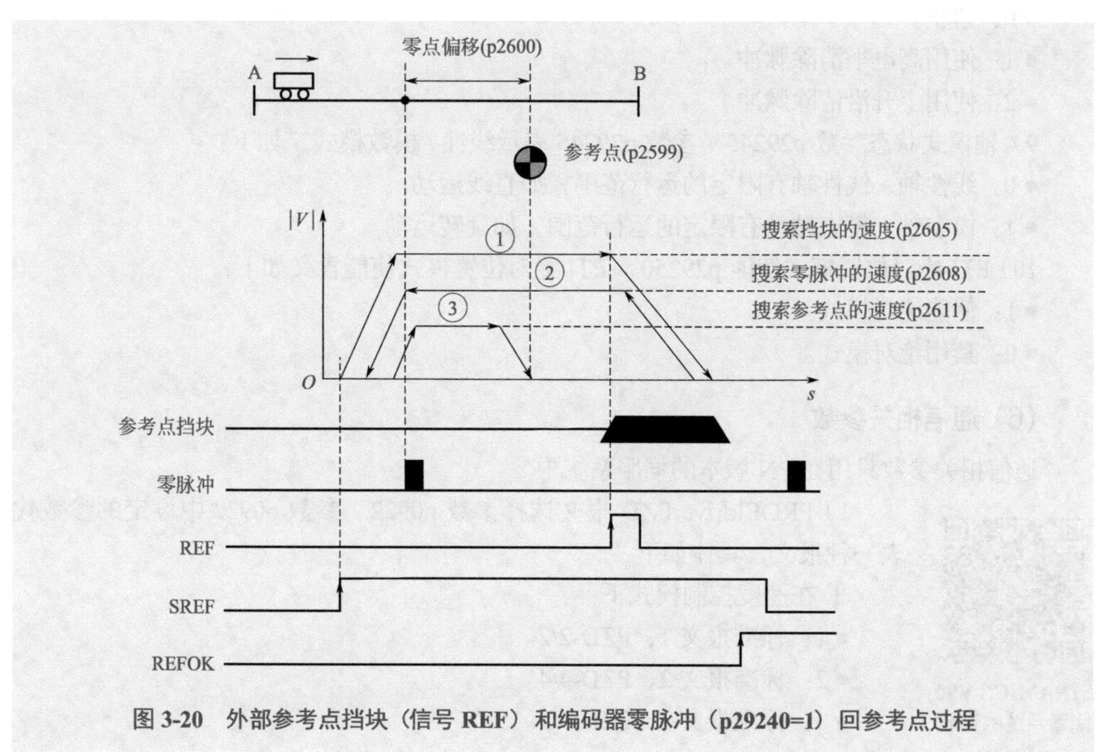

图 3-20　外部参考点挡块（信号 REF）和编码器零脉冲（p29240=1）回参考点过程

6）设置机械系统参数 p29247、p29248、p29249　通过设置机械参数，可建立实际运动部件和脉冲当量（LU）之间的联系。

① 参数 p29247 是负载每转 LU。以滚珠丝杠系统为例，如系统有 10mm/r（10000μm/r）的节距，并且脉冲当量的分辨率为 1μm（1LU=1μm），则一个负载转相当于 10000 LU（p29247 = 10000）。

② 参数 p29248 是负载转数。

③ 参数 p29249 是电机转数。如图 3-21 所示，当齿轮减速比是 1 ∶ 1，那么 p29248= p29249=1。

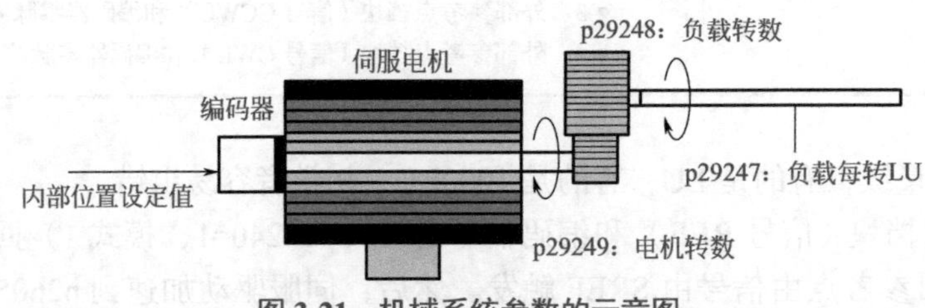

图 3-21　机械系统参数的示意图

7）定位模式选择参数 p29241　IPos 的运动模式含义如下：

- 0：相对运动。
- 1：绝对运动。
- 2：正向。
- 3：反向。

8）选择脉冲清除方式参数 p29242　参数 p29242 的 CLR 脉冲模式如下：

- 0：禁止。
- 1：使用高电平清除脉冲。
- 2：使用上升沿清除脉冲。

9）轴模式状态参数 p29245　参数 p29245 表示线性 / 模数模式，如下：

- 0：线性轴，线性轴有限定的运行范围，如直线运动。
- 1：模态轴，模态轴没有限定的运行范围，如旋转运动。

10）PTI 绝对位置模式使能 p29250　PTI 绝对位置模式使能含义如下：

- 1：使能绝对模式。
- 0：禁用绝对模式。

（6）通信相关参数

通信相关参数只用在 PN 版本的伺服系统中。

SINAMICS V90
伺服系统的通信
参数介绍

1）PROFIdrive PZD 报文选择参数 p0922　参数 p0922 中设定的参数代表一种报文，具体如下：

① 在速度控制模式下：

- 1：标准报文 1，PZD-2/2。
- 2：标准报文 2，PZD-4/4。
- 3：标准报文 3，PZD-5/9。

● 5：标准报文 5，PZD-9/9。
● 102：西门子报文 102，PZD-6/10。
● 105：西门子报文 105，PZD-10/10。

② 在基本定位器控制模式下：

● 7：标准报文 7，PZD-2/2。
● 9：标准报文 9，PZD-10/5。
● 110：西门子报文 110，PZD-12/7。
● 111：西门子报文 111，PZD-12/12。

例如：p0922 设置为 1，代表报文 1 是最简单的报文。p0922 设置为 111，代表报文 111 是基本定位的报文，很常用。p0922 设置为 105，代表 105 报文，是西门子公司推荐使用的报文。

2）PROFIdrive 辅助报文参数 p8864　PROFIdrive 辅助报文参数的含义如下：

● p8864 = 750：辅助报文 750，PZD-3/1。
● p8864 = 999：无报文（自由报文）。

3）PN 相关参数　与 PN 相关的参数见表 3-12。

表 3-12　与 PN 相关的参数说明

参数	含义	举例
p8920	设置控制单元上板载 PROFINET 接口的站名称	如“V90_1”
p8921	设置控制单元上板载 PROFINET 接口的 IP 地址	192.168.0.2
p8922	设置控制单元上板载 PROFINET 接口的默认网关	192.168.1.1
p8923	设置控制单元上板载 PROFINET 接口的子网掩码	255.255.255.0
p8925	设置激活控制单元上板载 PROFINET 接口的接口配置	设为 2，表示保存并激活

（7）增益调整参数

SINAMICS V90 伺服驱动由三个控制环组成，即电流控制、速度控制和位置控制，如图 3-22 所示。位置环位于最外侧。速度环位于电流环的外侧，位置环的内侧。电流环是内环，有时也称为转矩环。

由于 SINAMICS V90 伺服驱动的电流环已有完美的频宽，因此通常只需调整速度环增益和位置环增益。实际工作中调整的参数应多余两个参数。以下将分别介绍。

① 位置环增益参数 p29110　位置环增益直接影响位置环的响应等级。如机械系统未振动或产生噪声，可增加位置环增益以提高响应等级并缩短定位时间。

② 速度环增益 p29120　速度环增益直接影响速度环的响应等级。如机械系统未振动或产生噪声，可增加速度环增益的值以提高响应等级。

③ 速度环积分增益 p29121　通过将积分分量加入速度环，伺服驱动可高效消除速度的稳态误差并响应速度的微小更改。

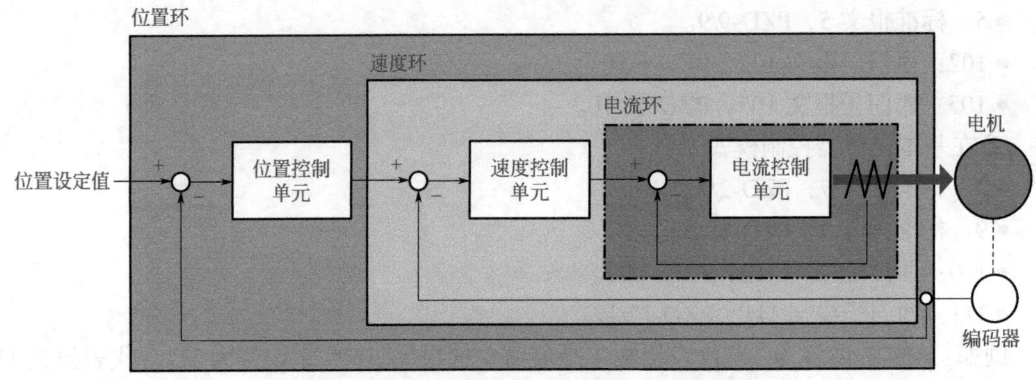

图 3-22 SINAMICS V90 伺服驱动三个控制环

一般情况下，如机械系统未振动或产生噪声，可增加速度环积分增益，从而增加系统刚性。

如负载惯量比很高（p29022 数值大）或机械系统有谐振系数，必须保证速度环积分时间常数够大；否则，机械系统可能产生谐振。

参数 p29022 的含义是总惯量和电动机惯量之比。

④ 速度环前馈系数 p29111　响应等级可通过速度环前馈增益提高。如速度环前馈增益过大，电动机速度可能会出现超调且数字量输出信号 INP 可能重复开 / 关。因此必须监控速度波形的变化和速度调整时数字量输出信号 INP 的动作。可缓慢调整速度环前馈增益。如位置环增益过大，前馈增益的作用会不明显。

SINAMICS V90 伺服系统的状态监控参数介绍

（8）状态监控参数

通过查看 SINAMICS V90 伺服驱动状态监控参数，可以监控驱动器的实时状态，诊断其故障，有很大的工程使用价值。常用的状态监控参数见表 3-13，它只能读取，不能修改。

表 3-13　状态监控参数

参数	单位	描述
r0021	r/min	显示电动机速度的实际平滑值
r0026	V	显示直流电压的实际平滑电压值
r0027	A	平滑的实际电流绝对值
r0031	N・m	显示实际平滑转矩值
r0482	—	显示编码器实际位置值 Gn_XIST1
r0722	—	CU 数字量输入状态
r0747	—	CU 数字量输出状态
r0945	—	显示出现故障的编号 r0945[0]，r0949[0] → 实际故障情况，故障 1 …… r0945[7]，r0949[7] → 实际故障情况，故障 8
r2124	—	显示当前报警的附加信息（作为整数）

3.2 SINAMICS V90 伺服系统的参数设置

设置 SINAMICS V90 伺服系统参数方法常用的有三种：一是用基本操作面板（BOP）设置，二是用 V-ASSISTANT 软件设置参数，三是用 TIA Portal 软件设置参数，以下将分别介绍这三种方法。

3.2.1 基本操作面板（BOP）设置 SINAMICS V90 伺服系统的参数

基本操作面板（BOP）外观如图 3-23 所示。

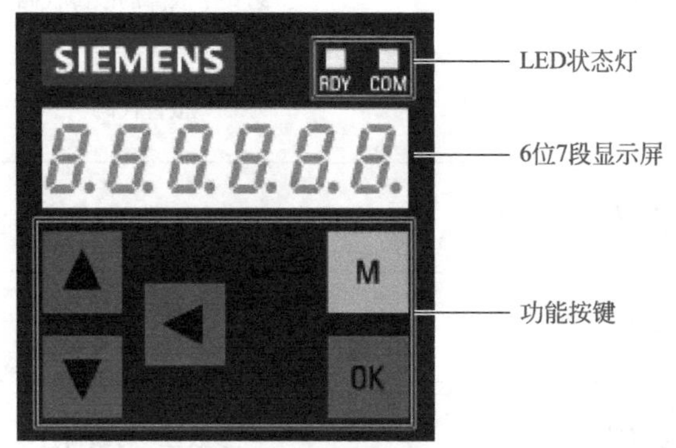

图 3-23 基本操作面板（BOP）外观

用基本操作面板（BOP）设置 V90 伺服系统的参数

基本操作面板的右上角有两盏指示灯“RDY”和“COM”，根据指示灯的颜色可以判断 SINAMICS V90 伺服系统的状态，“RDY”和“COM”的状态描述见表 3-14。

表 3-14 “RDY”和“COM”的状态描述

状态指示灯	颜色	状态	描述
RDY	—	Off	控制板无 24 V 直流输入
	绿色	常亮	驱动处于“S ON”状态
	红色	常亮	驱动处于“S OFF”状态或启动状态
		以 1Hz 频率闪烁	存在报警或故障
COM	—	Off	未启动与 PC 的通信
	绿色	以 0.5Hz 频率闪烁	启动与 PC 的通信
		以 2 Hz 频率闪烁	微型 SD 卡 /SD 卡正在工作（读取或写入）
	红色	常亮	与 PC 通信发生错误

基本操作面板的中间是7段码显示屏，可以显示参数、实时数据、故障代码和报警信息等，主要的数据显示条目见表3-15。

表3-15 数据显示条目

数据显示	示例	描述
8.8.8.8.8.8	8.8.8.8.8.8.	驱动正在启动
-----	------	驱动繁忙
Fxxxxx	F 7985	故障代码
F.xxxxx.	F. 7985.	第一个故障的故障代码
Axxxxx	A30016	报警代码
A.xxxxx.	A.30016.	第一个报警的报警代码
rxxxxx	r 0031	参数号（只读）
Pxxxxx	P 0840	参数号（可编辑）
S Off	S oFF	运行状态：伺服关闭
Para	PArA	可编辑参数组
Data	dAtA	只读参数组
Func	FUnC	功能组
Jog	Jog	Jog 功能
r xxx	r 40	实际速度（正向）
r -xxx	r -40	实际速度（负向）
t x.x	t 0.4	实际转矩（正向）

续表

数据显示	示例	描述
t -x.x	t -0.4	实际转矩（负向）
xxxxxx	134279	实际位置（正向）
xxxxxx.	134279.	实际位置（负向）
Con	Con	伺服驱动和 SINAMICS V-ASSISTANT 之间的通信已建立

基本操作面板的下侧是 5 个功能键，主要用于设置和查询参数、查询故障代码和报警信息等，功能键的作用见表 3-16。

表 3-16 功能键的作用

按键	描述	功能
M	M 键	● 退出当前菜单 ● 在主菜单中进行操作模式的切换
OK	OK 键	短按： ● 确认选择或输入 ● 进入子菜单 ● 清除报警 长按：激活辅助功能 ● Jog ● 保存驱动中的参数集（RAM 至 ROM） ● 恢复参数集的出厂设置 ● 传输数据（驱动至微型 SD 卡 /SD 卡） ● 传输数据（微型 SD 卡 /SD 卡至驱动） ● 更新固件
▲	向上键	● 翻至下一菜单项 ● 增加参数值 ● 顺时针方向 Jog
▼	向下键	● 翻至上一菜单项 ● 减小参数值 ● 逆时针方向 Jog
◀	移位键	将光标从位移动到位进行独立的位编辑，包括正向 / 负向标记的位 说明： 当编辑该位时，“_”表示正，“-”表示负

续表

按键	描述	功能
OK + M	组合键	长按组合键 4s 重启驱动
▲ + ◀	组合键	当右上角显示⌜时，向左移动当前显示页，如 00.000⌜
▼ + ◀	组合键	当右下角显示⌟时，向右移动当前显示页，如 0010⌟

以下用一个例子讲解设置斜坡上升时间参数 p1121=2.000 的过程，具体见表 3-17。

表 3-17　参数 p1121=2.000 的设置过程

序号	操作步骤	BOP-2 显示
1	伺服驱动器上电	S　oFF
2	按 M 按钮，显示可编辑的参数	PArA
3	按 OK 按钮，显示参数组，共六个参数组	P　0A
4	按 ▲ 按钮，显示所有参数	P　ALL
5	按 OK 按钮，显示参数 p0847	P　0847
6	按 ▲ 按钮，直到显示参数 p1121	P　1121
7	按 OK 按钮，显示所有参数 p1121 数值 1.000	1.000
8	按 ▲ 按钮，直到显示参数 p1121 数值 2.000	2.000
9	按 OK 按钮，设置完成	

用 V-ASSISTANT 软件设置 SINAMICS V90 伺服系统的参数

3.2.2　用 V-ASSISTANT 软件设置 SINAMICS V90 伺服系统的参数

V-ASSISTANT 工具可在装有 Windows 操作系统的个人电脑上运行，利用图形用户界面与用户互动，并能通过 USB 电缆与 SINAMICS V90 通信。还可用于修改 SINAMICS V90 驱动的参数并监控其状态。适用于调试和诊断 SINAMICS V90 PN 和 SINAMICS V90 PTI 伺服驱动系统。

（1）设置 SINAMICS V90 伺服系统的 IP 地址

以下介绍设置 SINAMICS V90 PN 伺服驱动器的 IP 地址的方法。

① 用 USB 电缆将 PC 与伺服驱动器连接在一起。打开 PC 中的 V-ASSISTANT 软件，选中标记“①”处，单击“确定”按钮（标记“②”处），如图 3-24 所示，PC 开始与 SINAMICS V90 PN 伺服驱动器联机。

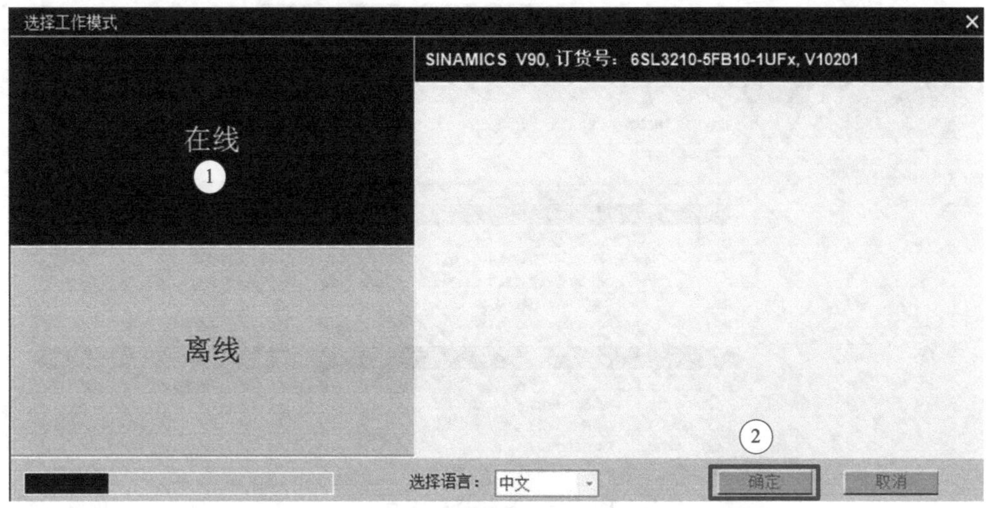

图 3-24 PC 开始与 SINAMICS V90 PN 伺服驱动器联机

② 在图 3-25 中，选中标记“①”处，再选择控制模式为“速度控制”。

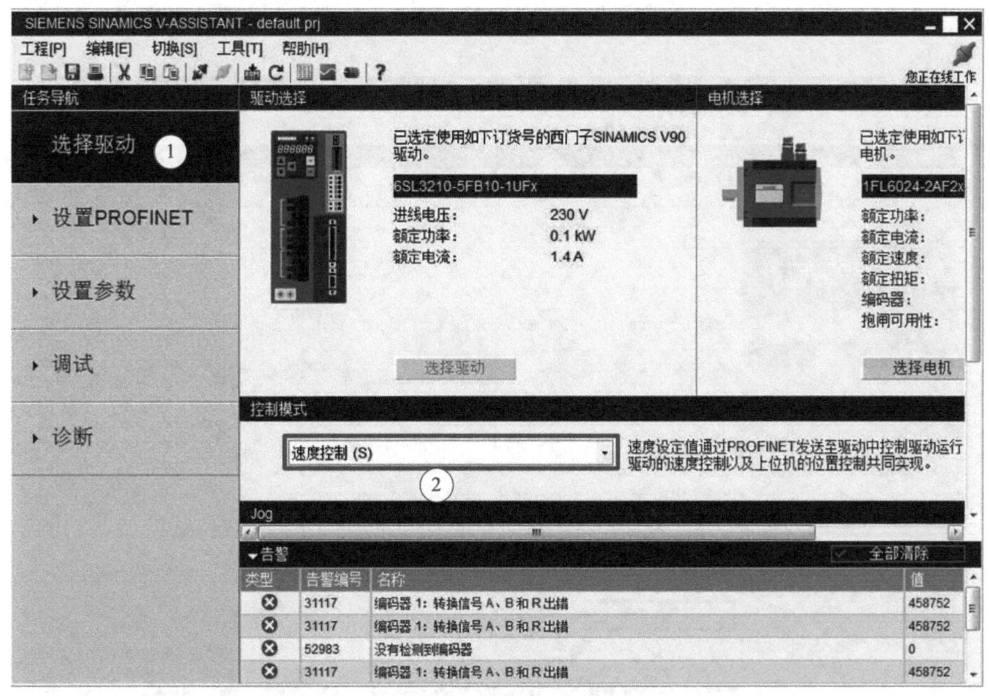

图 3-25 选择控制模式

③ 在图 3-26 中，选中标记“①”处，再选择通信报文为“1：标准报文 1，PZD-2/2”。这个报文要与 PLC 组态时选择的报文对应。

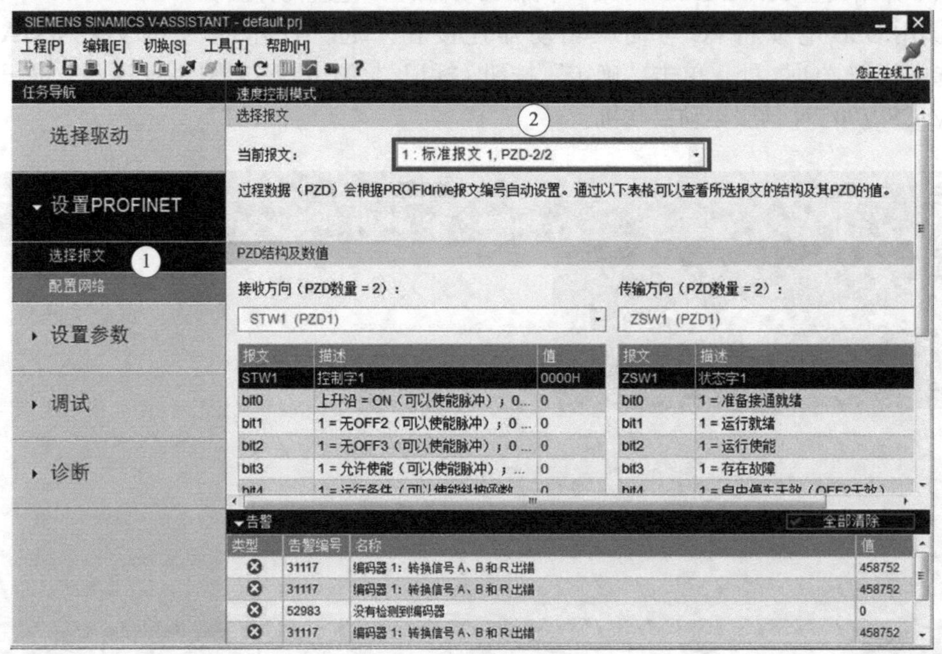

图 3-26 选择通信报文

④ 在图 3-27 中，选中标记“①”处，再在标记“②”处输入 PN 的站名，这个 PN 的站名要与 PLC 组态时选择的 PN 的站名对应。在标记“③”处输入 SINAMICS V90 伺服驱动器的 IP 地址，这个 IP 地址要与 PLC 组态时设置 IP 地址对应。最后单击“保存并激活”按钮。

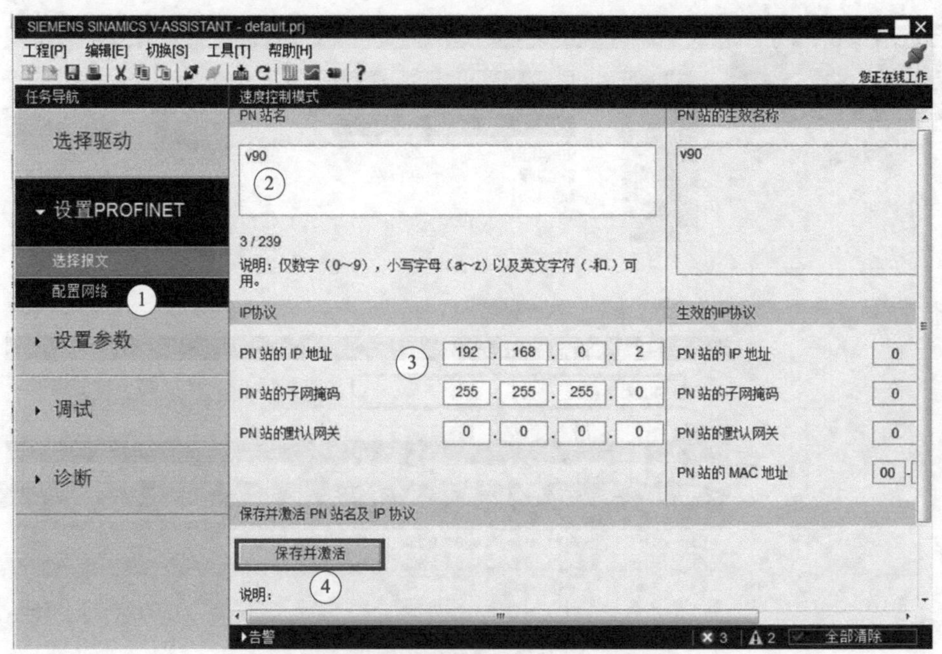

图 3-27 修改 IP 地址和 PN 的站名

(2) 设置 SINAMICS V90 伺服系统的参数

在图 3-28 中，选中标记“①”处，再在标记“②”处输入斜坡时间参数“2.0000”，此时参数已经修改到 SINAMICS V90 的 RAM 中，但此时断电参数会丢失。最后单击“保存参数到 ROM”按钮（标记“③”处），弹出如图 3-29 所示的界面，执行完此操作，修改的参数就不会丢失了。

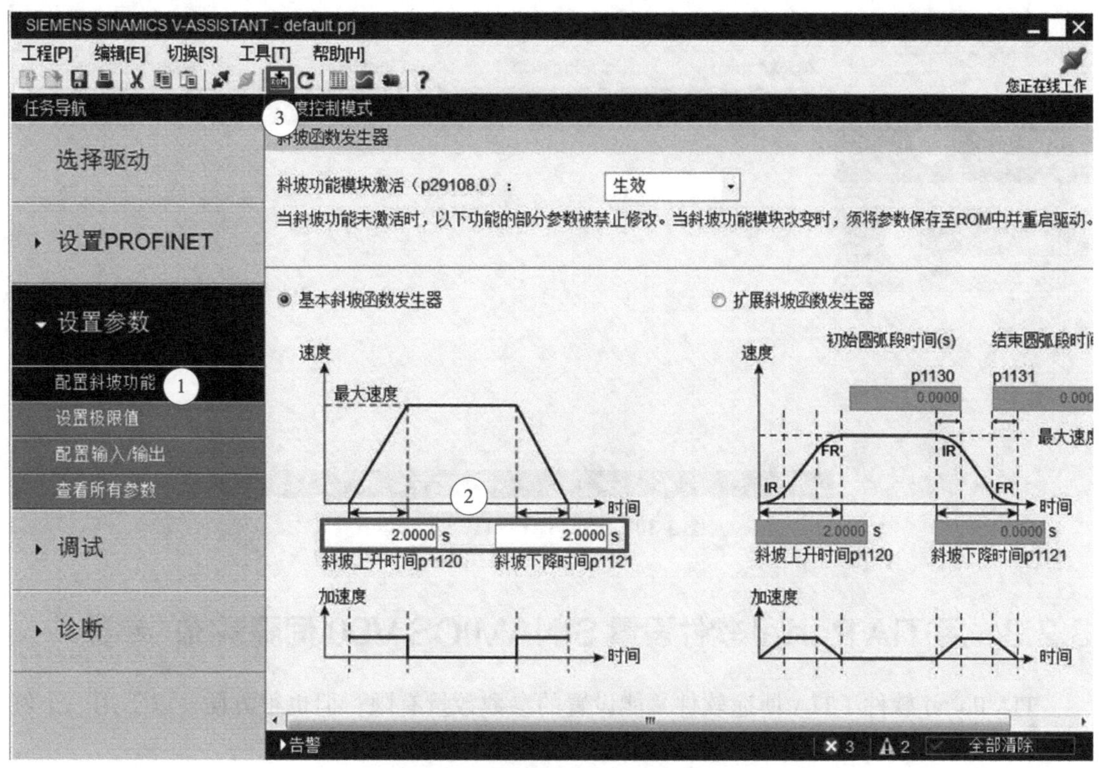

图 3-28　修改参数 P1120 和 P1121

图 3-29　保存参数到 ROM

(3) SINAMICS V90 的调试

在图 3-30 中，选中标记“①”和“②”处，在转速框中输入转速“60”。压下标记“④”处的正转按钮，标记“⑤”处显示当前实时速度。

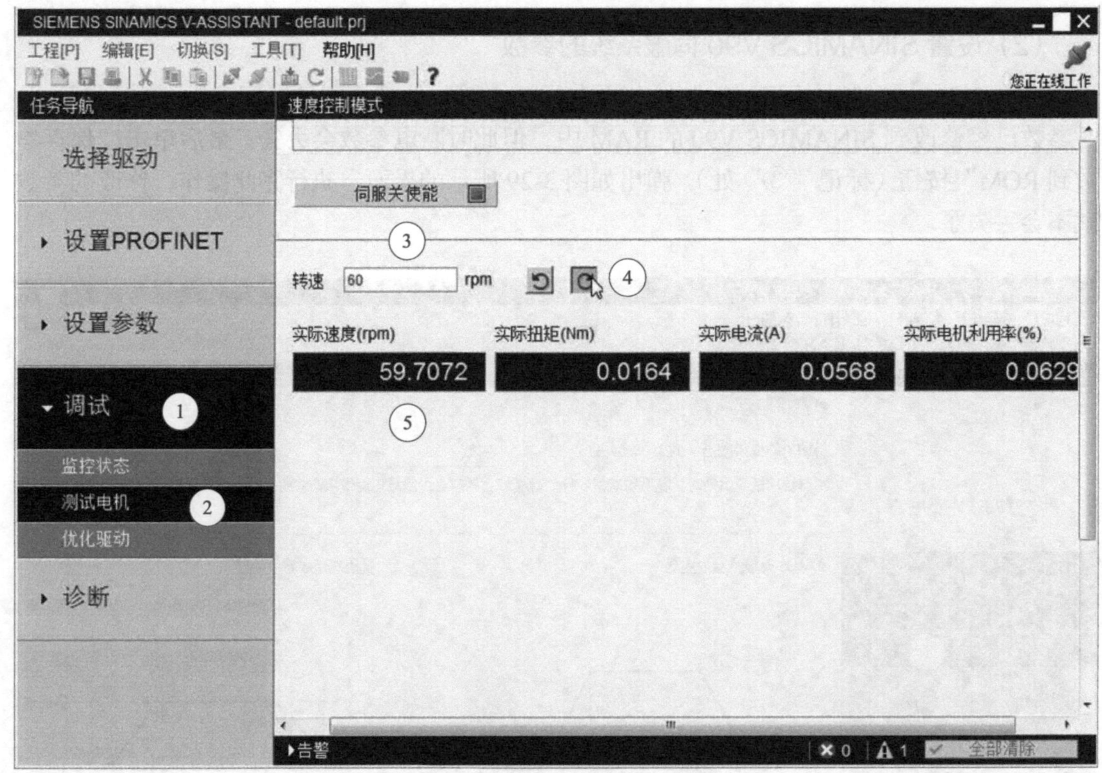

图 3-30　调试 SINAMICS V90

3.2.3 用 TIA Portal 软件设置 SINAMICS V90 伺服系统的参数

TIA Portal 软件（TIA 博途软件）能设置的参数数量有限，但也很方便，以下用一个例子来介绍。

★【例 3-1】 用 TIA Portal 软件将 SINAMICS V90 伺服系统的参数 p29001 修改为 1，将 p1135 修改为 0.100。

【解】 步骤如下。

① 新建项目，并添加 CPU 模块　本例为 PORTAL1，添加 CPU 模块“CPU 1211C”，如图 3-31 所示。

② 添加 V90 模块　如图 3-32 所示，在硬件目录中，选择“Drivers & starters”→“SINAMICS drivers”→“SINAMICS V90 PN”→“V90 PN，1AC/3AC 200V-240V 0.1kW”→“6SL3 210-5FB10-1UFx”，用鼠标左键按住“6SL3 210-5FB10-1UFx”不放，将其从图中的标记①处，拖拽到标记②处。

③ 网络组态　如图 3-33 所示，选中“网络视图”选项卡，选中标记①的 PN 接口，用鼠标按住不放，拖拽到标记②处的 PN 接口释放。

④ 修改 IP 地址和设备名称　如图 3-34 所示，如果已经知道 V90 的 IP 地址和设备名，则将标记①处的 IP 地址修改成与实际 IP 地址一致，将标记②处的设备名称修改成与实际设备名一致。

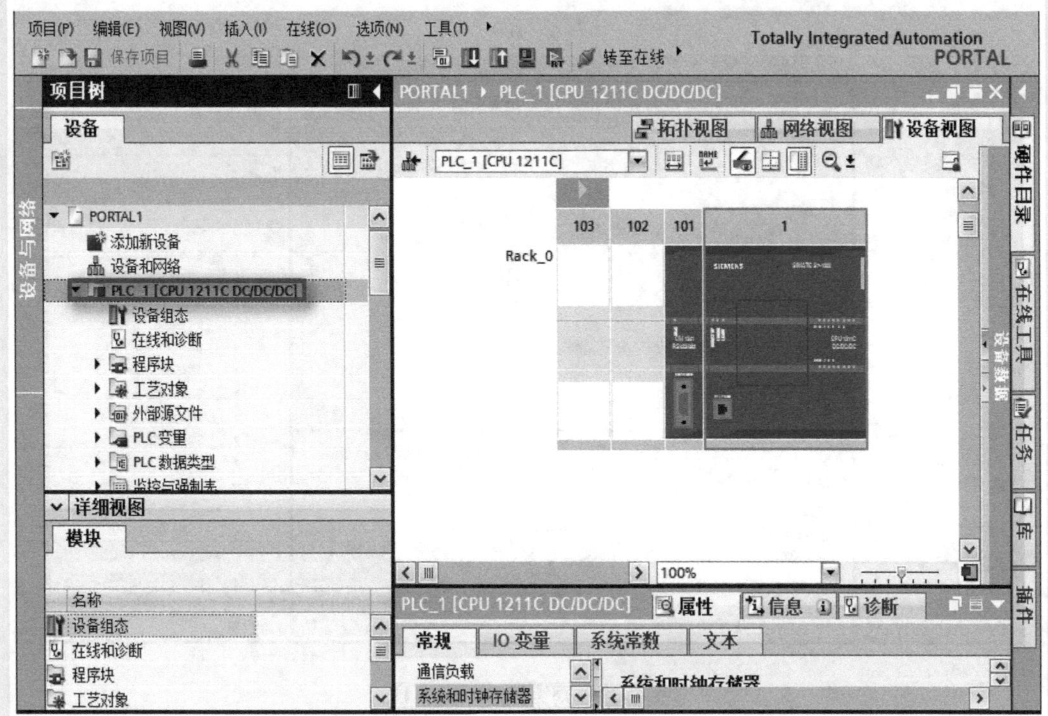

图 3-31　新建项目，并添加 CPU 模块（例 3-1）

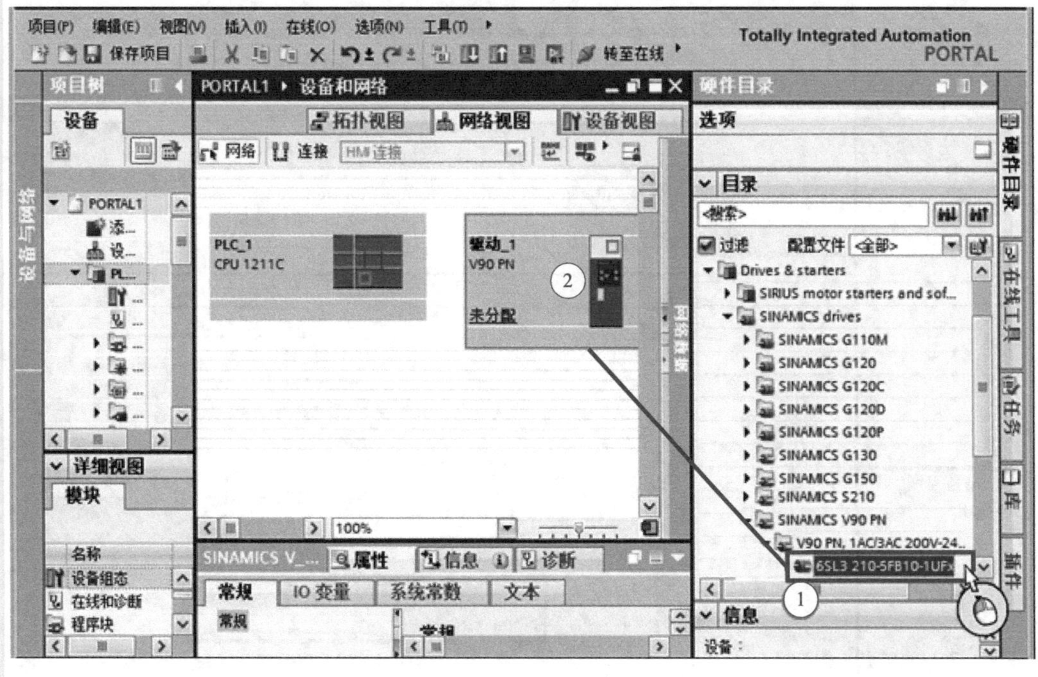

图 3-32　添加 V90 模块（例 3-1）

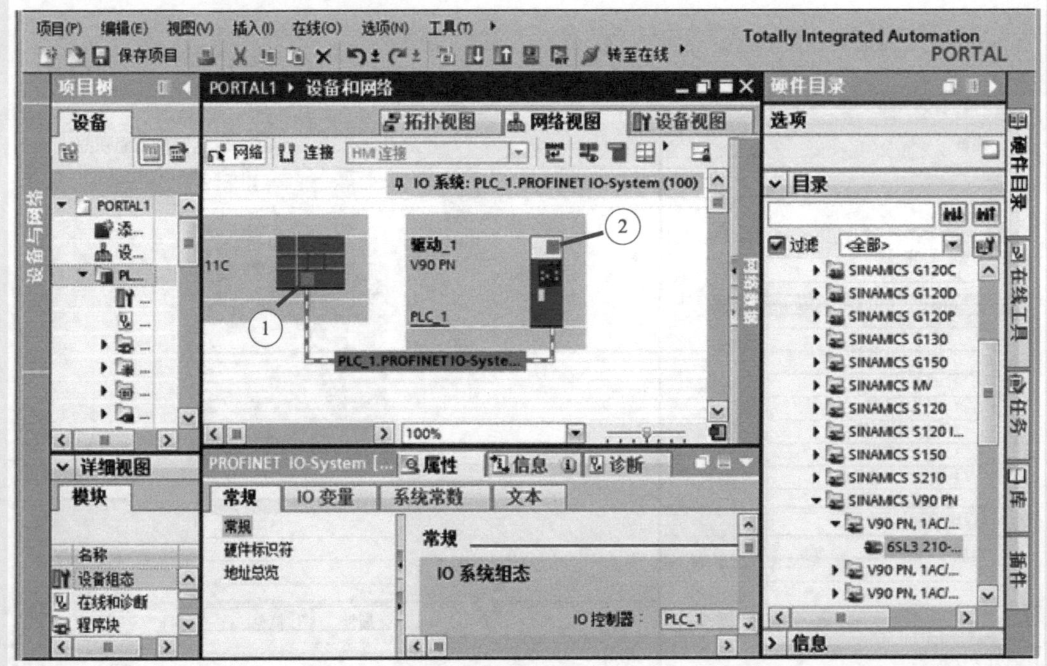

图 3-33　网络组态（例 3-1）

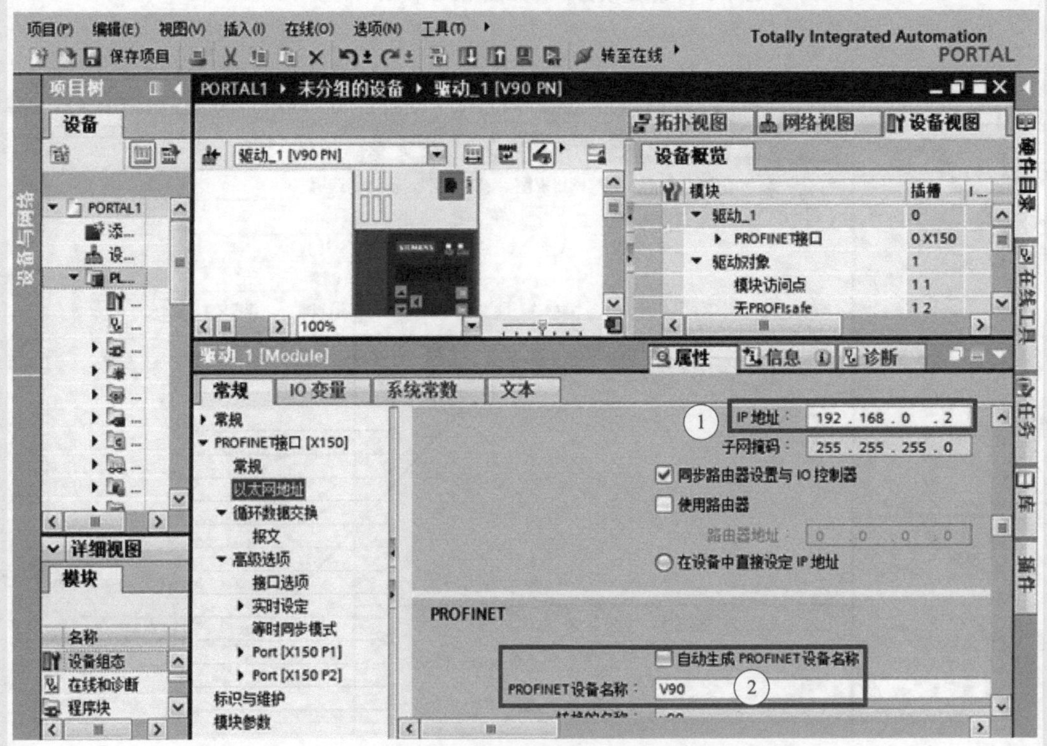

图 3-34　修改 IP 地址和设备名称（例 3-1）

⑤ 工艺组态　如图 3-35 所示，在“项目树”中，单击“新增对象”命令，添加工艺轴“AX1”，选择驱动器与 PLC 的通信方式为“PROFIdrive”。按照如图 3-36 所示组态驱动器。按照如图 3-37 所示组态编码器。

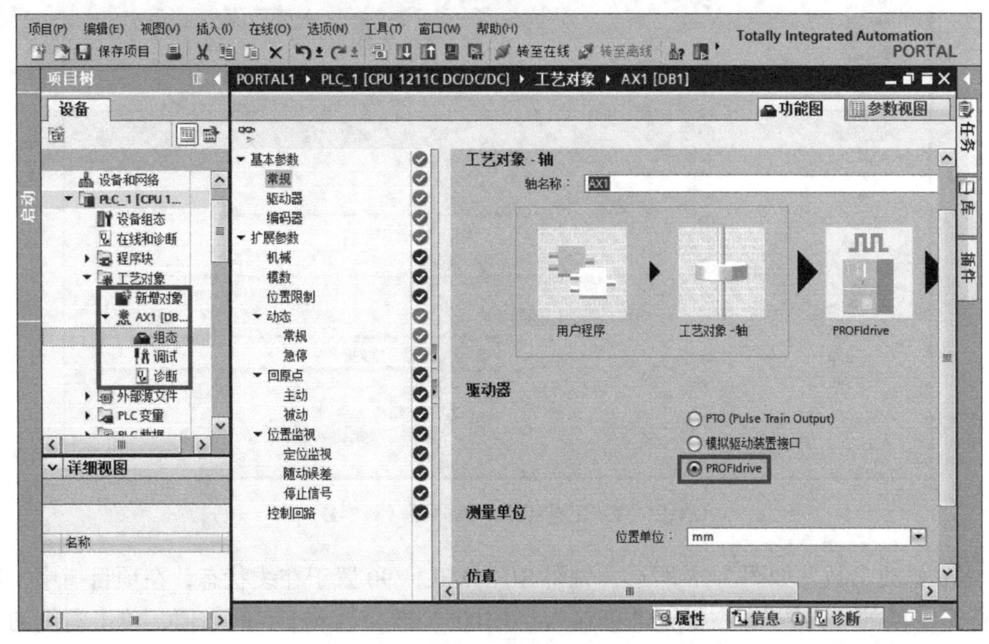

图 3-35　工艺组态 - 添加工艺轴 AX1（例 3-1）

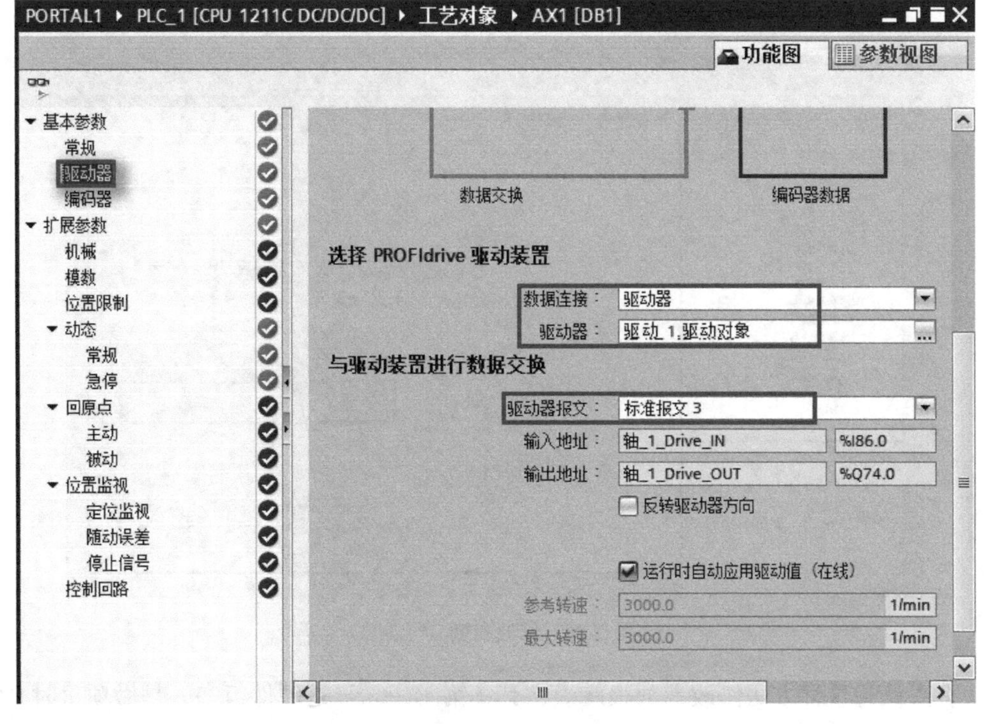

图 3-36　工艺组态 - 驱动器（例 3-1）

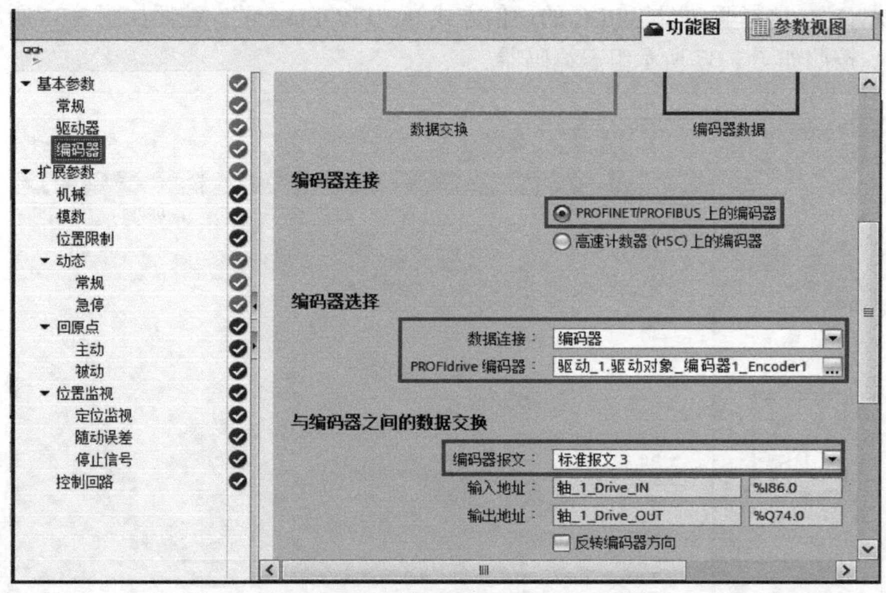

图 3-37　工艺组态 - 编码器（例 3-1）

⑥ 修改参数　如图 3-38 所示，先将 SINAMIC V90 置于在线状态，在项目树中，选中标记①处的“参数”，在标记②处输入“0.100”，即参数 p1135 的数值，单击右侧的下载箭头，参数修改完成。在标记③处，勾选“电机旋转方向取反”，即参数 p29001 的数值设为 1，单击右侧的下载箭头，参数修改完成。至此参数修改完成。

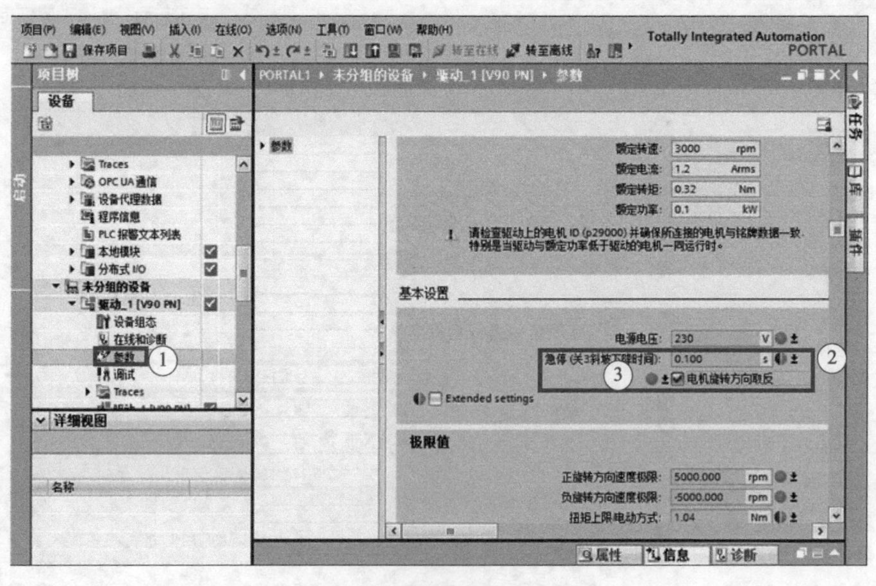

图 3-38　修改参数（例 3-1）

有人认为这种方法修改参数很麻烦，其实第①～⑤步是硬件组态，是做项目时必须要完成的工作，修改参数只有第⑥步，还是很便捷的。

第4章 S7-1200/1500控制SINAMICS V90伺服驱动系统基础

本章主要介绍 Modbus 通信、PROFINET 通信和 SINAMICS 通信报文等通信基础知识。此外还介绍 S7-1200/1500 运动控制的常用指令，回参考点、限位和轴等重要概念。本章是学习后续章节必要的准备。

4.1 通信基础知识

4.1.1 现场总线

现场总线介绍

（1）现场总线的概念

国际电工委员会（IEC）对现场总线（fieldbus）的定义为：一种应用于生产现场，在现场设备之间、现场设备和控制装置之间实行双向、串行、多节点的数字通信网络。

（2）主流现场总线的简介

1984 年国际电工委员会 / 国际标准协会（IEC/ISA）就开始制定现场总线的标准，然而统一的标准至今仍未完成。很多公司推出其各自的现场总线技术，但彼此的开放性和相互操作性难以统一。

1999 年通过了 IEC61158 现场总线标准，这个标准容纳了 8 种互不兼容的总线协议。后来经过不断讨论和协商，在 2003 年 4 月，IEC61158 现场总线标准第 3 版正式成为国际标准，确定了 10 种不同类型的现场总线为 IEC61158 现场总线。2007 年 7 月，第 4 版现场总线增加到 20 种，见表 4-1。

表 4-1 IEC61158 的现场总线（第 4 版）

类型编号	名 称	发起的公司（机构）或来源
Type 1	TS61158 现场总线	原来的技术报告
Type 2	ControlNet 和 Ethernet/IP 现场总线	美国 Rockwell 公司
Type 3	PROFIBUS 现场总线	德国 Siemens 公司
Type 4	P-NET 现场总线	丹麦 Process Data 公司
Type 5	FF HSE 现场总线	美国 Fisher Rosemount 公司
Type 6	SwiftNet 现场总线	美国波音公司
Type 7	World FIP 现场总线	法国 Alstom 公司
Type 8	INTERBUS 现场总线	德国 Phoenix Contact 公司
Type 9	FF H1 现场总线	现场总线基金会
Type 10	PROFINET 现场总线	德国 Siemens 公司
Type 11	TC net 实时以太网	
Type 12	Ether CAT 实时以太网	德国倍福
Type 13	Ethernet Powerlink 实时以太网	最大的贡献来自于 Alstom
Type 14	EPA 实时以太网	中国浙江大学、中国科学院沈阳自动化研究所等
Type 15	Modbus RTPS 实时以太网	施耐德
Type 16	SERCOS Ⅰ、Ⅱ现场总线	数字伺服和传动系统数据通信，力士乐
Type 17	VNET/IP 实时以太网	法国 Alstom 公司
Type 18	CC-Llink 现场总线	三菱电机公司
Type 19	SERCOS Ⅲ现场总线	数字伺服和传动系统数据通信，力士乐
Type 20	HART 现场总线	美国 Fisher Rosemount 公司

PROFINET IO 通信介绍

4.1.2 PROFINET IO 通信介绍

PROFINET 是由 PROFIBUS & PROFINET International（PI）推出的开放式工业以太网标准。PROFINET 是基于工业以太网，遵循 TCP/IP 和 IT 标准，可以无缝集成现场总线，是实时以太网，也是目前使用最为广泛的工业以太网之一。

（1）Ethernet 的存在的问题

Ethernet 采用随机争用型介质访问方法，即载波监听多路访问 / 冲突检测（CSMA/CD）技术，如果网络负载过高，则无法预测网络延迟时间，即不确定性。只要有通信需求，各以太网节点（A～F）均可向网络发送数据，因此报文可能在主干网中被缓冲，实时性不佳。

基于以太网存在的问题，其用于工业控制必须要对其进行优化和二次开发。

(2) PROFINET IO 简介

PROFINET IO 通信主要用于模块化、分布式控制，通过以太网直接连接现场设备（IO-Device）。PROFINET IO 通信是全双工点到点方式通信。一个 IO 控制器（IO-Controller）最多可以和 512 个 IO 设备进行点到点通信，按照设定的更新时间双方对等发送数据。一个 IO 设备的被控对象只能被一个控制器控制。在共享 IO 控制设备模式下，一个 IO 站点上不同的 IO 模块、同一个 IO 模块中的通道都可以最多被 4 个 IO 控制器共享，但输出模块只能被一个 IO 控制器控制，其他控制器可以共享信号状态信息。

(3) PROFINET IO 的特点

① 现场设备通过 GSD 文件的方式集成在 TIA 博途软件中，其 GSD 文件以 XML 格式保存。

② PROFINET IO 控制器可以通过 IE/PB LINK（网关）连接到 PROFIBUS-DP 从站。

(4) PROFINET IO 三种执行水平

① 非实时数据通信（NRT）　PROFINET 是工业以太网，采用 TCP/IP 标准通信，响应时间为 100ms，用于工厂级通信。组态和诊断信息、上位机通信时可以采用。

② 实时（RT）通信　对于现场传感器和执行设备的数据交换，响应时间约为 5 ～ 10ms（DP 满足）。PROFINET 提供了一个优化的、基于第二层的实时通道，解决了实时性问题。PROFINET 的实时数据按优先级传递，标准的交换机可保证实时性。

③ 等时同步实时（IRT）通信　在通信中，对实时性要求最高的是运动控制。100 个节点以下要求响应时间是 1ms，抖动误差不大于 1μs。等时数据传输需要特殊交换机（如 SCALANCE X-200 IRT）。PROFINET IO 三种执行水平示意图如图 4-1 所示。

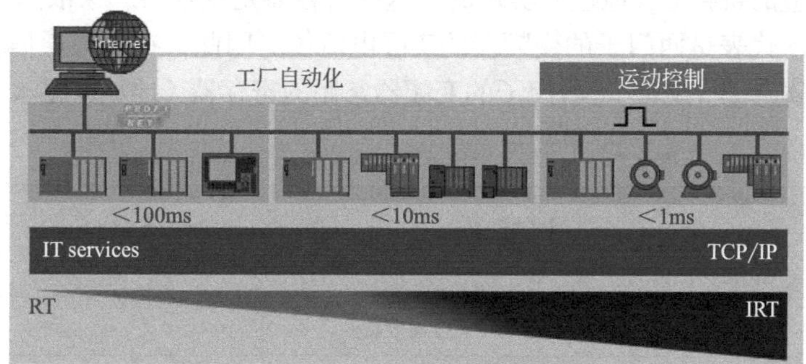

图 4-1　PROFINET IO 三种执行水平示意图

PN 版本的伺服驱动系统支持 PROFINET IO 通信，脉冲序列版本的伺服驱动系统不支持 PROFINET IO 通信。

4.1.3 Modbus 通信介绍

(1) Modbus 协议简介

Modbus 是 MODICON 公司于 1979 年开发的一种通信协议，是一种工业现场总线协议标准。1996 年施耐德公司推出了基于以太网 TCP/IP 的 Modbus 协议——ModbusTCP。

Modbus 协议是一项应用层报文传输协议，包括 Modbus ASCII、Modbus RTU 和 Modbus TCP 三种报文类型，协议本身并没有定义物理层，只是定义了控制器能够认识和使用的消息结构，而不管他们是经过何种网络进行通信的。

标准的 Modbus 协议物理层接口有 RS-232、RS-422、RS-485 和以太网口。Modbus 串行通信采用 Master/Slave（主 / 从）方式通信。

Modbus 在 2004 年成为我国国家标准。

(2) Modbus RTU 的报文格式

Modbus 串行通信时，Modbus RTU 使用比较常见，其报文格式如图 4-2 所示，Modbus RTU 的报文包括 1 个起始位、8 个数据位、1 个校验位和 1 个停止位。

<table>
<tr><td rowspan="3">启动暂停</td><td colspan="4">应用数据单元</td></tr>
<tr><td rowspan="2">Slave</td><td colspan="2">协议数据单元</td><td rowspan="2" colspan="2">CRC</td></tr>
<tr><td>功能代码</td><td>数据</td></tr>
<tr><td rowspan="2">≥3.5个字节</td><td rowspan="2">1 Byte</td><td rowspan="2">1 Byte</td><td rowspan="2">0 ... 252 Bytes</td><td colspan="2">2 Byte</td></tr>
<tr><td>CRC低位</td><td>CRC高位</td></tr>
</table>

图 4-2 Modbus RTU 的报文格式

(3) Modbus 的地址（寄存器）

Modbus 地址通常是包含数据类型和偏移量的 5 个字符值。第 1 个字符确定数据类型，后面 4 个字符选择数据类型内的正确数值。PLC 等对西门子的变频器（含伺服驱动器）的访问是通过访问相应的寄存器（地址）实现的。这些寄存器是变频器厂家依据 Modbus 定义的。例如寄存器 40345 代表是西门子的变频器的实际电流值。因此，在编写通信程序之前，必须熟悉需要使用的寄存器（地址）。西门子的变频器常用的寄存器（地址）见表 4-2。

表 4-2 西门子的变频器常用的寄存器（地址）

Modbus 寄存器号	描述	Modbus 访问	单位	标定系数	ON/OFF 或数值域	数据 / 参数
过程数据						
控制数据						
40100	控制字	R/W	—	1		过程数据 1
40101	主设定值	R/W	—	1		过程数据 2
状态数据						
40110	状态字	R	—	1		过程数据 1
40111	主实际值	R	—	1		过程数据 2
参数数据						

续表

Modbus 寄存器号	描述	Modbus 访问	单位	标定系数	ON/OFF 或数值域		数据 / 参数
数字量输出							
40200	DO 0	R/W	—	1	高	低	p0730，r747.0，p748.0
40201	DO 1	R/W	—	1	高	低	p0731，r747.1，p748.1
40202	DO 2	R/W	—	1	高	低	p0732，r747.2，p748.2
模拟量输出							
40220	AO 0	R	%	100	-100.0 ～ 100.0		r0774.0
40221	AO 1	R	%	100	-100.0 ～ 100.0		r0774.1
数字量输入							
40240	DI 0	R	—	1	高	低	r0722.0
40241	DI 1	R	—	1	高	低	r0722.1
40242	DI 2	R	—	1	高	低	r0722.2
40243	DI 3	R	—	1	高	低	r0722.3
40244	DI 4	R	—	1	高	低	r0722.4
40245	DI 5	R	—	1	高	低	r0722.5
模拟量输入							
40260	AI 0	R	%	100	-300.0 ～ 300.0		r0755 [0]
40261	AI 1	R	%	100	-300.0 ～ 300.0		r0755 [1]
40262	AI 2	R	%	100	-300.0 ～ 300.0		r0755 [2]
40263	AI 3	R	%	100	-300.0 ～ 300.0		r0755 [3]
变频器检测							
40300	功率栈编号	R	—	1	0 ～ 32767		r0200
40301	变频器的固件	R	—	1	0.00 ～ 327.67		r0018
变频器数据							
40320	功率模块的额定功率	R	kW	100	0 ～ 327.67		r0206
40321	电流限值	R/W	%	10	10.0 ～ 400.0		p0640

续表

Modbus 寄存器号	描述	Modbus 访问	单位	标定系数	ON/OFF 或数值域	数据 / 参数
40322	加速时间	R/W	s	100	0.00 ～ 650.0	p1120
40323	减速时间	R/W	s	100	0.00 ～ 650.0	p1121
40324	基准转速	R/W	r/min	1	6 ～ 32767	p2000
变频器诊断						
40340	转速设定值	R	r/min	1	-16250 ～ 16250	r0020
40341	转速实际值	R	r/min	1	-16250 ～ 16250	r0022
40342	输出频率	R	Hz	100	-327.68 ～ 327.67	r0024
40343	输出电压	R	V	1	0 ～ 32767	r0025
40344	直流母线电压	R	V	1	0 ～ 32767	r0026
40345	电流实际值	R	A	100	0 ～ 163.83	r0027
40346	转矩实际值	R	N・m	100	-325.00 ～ 325.00	r0031
40347	有功功率实际值	R	kW	100	0 ～ 327.67	r0032
40348	能耗	R	kW・h	1	0 ～ 32767	r0039
故障诊断						
40400	故障号，下标 0	R	—	1	0 ～ 32767	r0947 [0]
40401	故障号，下标 1	R	—	1	0 ～ 32767	r0947 [1]
40402	故障号，下标 2	R	—	1	0 ～ 32767	r0947 [2]
40403	故障号，下标 3	R	—	1	0 ～ 32767	r0947 [3]
40404	故障号，下标 4	R	—	1	0 ～ 32767	r0947 [4]
40405	故障号，下标 5	R	—	1	0 ～ 32767	r0947 [5]
40406	故障号，下标 6	R	—	1	0 ～ 32767	r0947 [6]
40407	故障号，下标 7	R	—	1	0 ～ 32767	r0947 [7]
40408	报警号	R	—	1	0 ～ 32767	r2110 [0]
40409	当前报警代码	R	—	1	0 ～ 32767	r2132
40499	PRM ERROR 代码	R	—	1	0 ～ 255	—

续表

Modbus 寄存器号	描述	Modbus 访问	单位	标定系数	ON/OFF 或数值域	数据 / 参数
			工艺控制器			
40500	工艺控制器使能	R/W	—	1	0 ～ 1	p2200，2349.0
40501	工艺控制器 MOP	R/W	%	100	-200.0 ～ 200.0	p2240
…	…					
40510	工艺控制器的实际值滤波器时间常数	R/W	—	100	0.00 ～ 60.0	p2265
40511	工艺控制器实际值的比例系数	R/W	%	100	0.00 ～ 500.00	p2269
40512	工艺控制器的比例增益	R/W	—	1000	0.000 ～ 65.000	p2280
40513	工艺控制器的积分作用时间	R/W	s	1	0 ～ 60	p2285
40514	工艺控制器差分分量的时间常数	R/W	—	1	0 ～ 60	p2274
40515	工艺控制器的最大极限值	R/W	%	100	-200.0 ～ 200.0	p2291
40516	工艺控制器的最小极限值	R/W	%	100	-200 ～ 200.0	p2292
			PID 诊断			
40520	有效设定值，在斜坡函数发生器的内部工艺控制器 MOP 之后	R	%	100	-100.0 ～ 100.0	r2250
40521	工艺控制器实际值，在滤波器之后	R	%	100	-100.0 ～ 100.0	r2266
40522	工艺控制器的输出信号	R	%	100	-100.0 ～ 100.0	r2294
			非循环通信			
40601	DS47 Control	R/W	—	—	—	—
40602	DS47 Header	R/W	—	—	—	—
40603	DS47 数据 1	R/W	—	—	—	—
…	…					
40722	DS47 数据 120	R/W	—	—	—	—

脉冲序列版本的伺服驱动系统支持 Modbus 通信。PN 版本的伺服驱动系统不支持 Modbus 通信。

4.1.4 PROFIdrive 通信介绍

PROFIdrive 是西门子 PROFIBUS 与 PROFINET 两种通信方式，针对驱动与自动化控制应用的一种协议框架，也可以称作“行规”，PROFIdrive 使得用户更快捷方便地实现对驱动的控制。其主要由三部分组成。

① 控制器（Controller），包括一类 PROFIBUS 主站与 PROFINET I/O 控制器。

② 监控器（Supervisor），包括二类 PROFIBUS 主站与 PROFINET I/O 管理器。

③ 执行器（Drive unit），包括 PROFIBUS 从站与 PROFINET I/O 装置。

PROFIdrive 定义了基于 PROFIBUS 与 PROFINET 的驱动器功能。

① 周期数据交换。

② 非周期数据交换。

③ 报警机制。

④ 时钟同步操作。

4.1.5 SINAMICS 通信报文类型

在 SINAMCIS 系列产品报文中，取消了 PKW 数据区，参数的访问通过非周期性通信来实现。

PROFIdrive 根据具体产品的功能特点，制定了特殊的报文结构，每一个报文结构都与驱动器的功能一一对应，因此在进行硬件配置的过程中，要根据所要实现的控制功能来选择相应的报文结构。

对于 SIMOTION 与 SINAMICS 系列产品，其报文有标准报文和制造商报文。标准报文根据 PROFIdrive 协议构建，过程数据的驱动内部互联根据设置的报文编号在 Starter 中自动进行。制造商专用报文根据公司内部定义创建，过程数据的驱动内部互联根据设置的报文编号在 Starter 中自动进行。标准报文和制造商报文见表 4-3 和表 4-4。

表 4-3 标准报文

报文名称	描述	应用范围
标准报文 1	16 位转速设定值	基本速度控制
标准报文 2	32 位转速设定值	基本速度控制
标准报文 3	32 位转速设定值，一个位置编码器	支持等时模式的速度或位置控制
标准报文 4	32 位转速设定值，两个位置编码器	支持等时模式的速度或位置控制，双编码器
标准报文 5	32 位转速设定值，一个位置编码器和 DSC	支持等时模式的位置控制
标准报文 6	32 位转速设定值，两个位置编码器和 DSC	支持等时模式的速度或位置控制，双编码器

续表

报文名称	描述	应用范围
标准报文 7	基本定位器功能	仅有程序块选择（EPOS）
标准报文 9	直接给定的基本定位器	简化功能的 EPOS 报文（减少使用）
标准报文 20	16 位转速设定值，状态信息和附加信息符合 VIK-NAMUR 标准定义	VIK-NAMUR 标准定义
标准报文 81	一个编码器通道	编码器报文
标准报文 82	一个编码器通道 + 16 位速度设定值	扩展编码器报文
标准报文 83	一个编码器通道 + 32 位速度设定值	扩展编码器报文

注：表中粗体字的报文是常用报文。

表 4-4　制造商专用报文

报文名称	描述	应用范围
制造商报文 102	32 位转速设定值，一个位置编码器和转矩降低	SIMODRIVE 611 U 定位轴
制造商报文 103	32 位转速设定值，两个位置编码器和转矩降低	早期的报文
制造商报文 105	32 位转速设定值，一个位置编码器、转矩降低和 DSC	S120 用于轴控制标准报文（SIMOTION 和 T CPU）
制造商报文 106	32 位转速设定值，两个位置编码器、转矩降低和 DSC	S120 用于轴控制标准报文（SIMOTION 和 T CPU）
制造商报文 110	基本定位器、MDI 和 XIST_A	早期的定位报文
制造商报文 111	MDI 运行方式中的基本定位器	S120 EPOS 基本定位器功能的标准报文
制造商报文 116	32 位转速设定值，两个编码器（编码器 1 和编码器 2）、转矩降低和 DSC，负载、转矩、功率和电流实际值	双编码器轴控，可以在数控系统中使用
制造商报文 118	32 位转速设定值，两个编码器（编码器 2 和编码器 3）、转矩降低和 DSC，负载、转矩、功率和电流实际值	定位，较少使用
制造商报文 125	带转矩前馈的 DSC，一个位置编码器（编码器 1）	可以提高插补精度
制造商报文 126	带转矩前馈的 DSC，两个位置编码器（编码器 1 和编码器 2）	可以提高插补精度，双编码器
制造商报文 136	带转矩前馈的 DSC，两个位置编码器（编码器 1 和编码器 2），四个跟踪信号	数控使用，提高插补精度
制造商报文 138	带转矩前馈的 DSC，两个位置编码器（编码器 1 和编码器 2），四个跟踪信号	扩展编码器报文
制造商报文 139	带 DSC 和转矩前馈控制的转速 / 位置控制，一个位置编码器，电压状态、附加实际值	数控使用
制造商报文 166	配有两个编码器通道和 HLA 附加信号的液压轴	用于液压轴

续表

报文名称	描述	应用范围
制造商报文 220	32 位转速设定值	金属工业
制造商报文 352	16 位转速设定值	PCS 提供标准块
制造商报文 370	电源模块报文	控制电源模块启停
制造商报文 371	电源模块报文	金属工业
制造商报文 390	控制单元，带输入输出	控制单元使用
制造商报文 391	控制单元，带输入输出和 2 个快速输入测量	控制单元使用
制造商报文 392	控制单元，带输入输出和 6 个快速输入测量	控制单元使用
制造商报文 393	控制单元，带输入输出和 8 个快速输入测量及模拟量输入	控制单元使用
制造商报文 394	控制单元，带输入输出	控制单元使用
制造商报文 395	控制单元，带输入输出和 16 个快速输入测量	控制单元使用
制造商报文 396	用于传输金属状态数据、CU 上的 I/O，控制 8 个 CU 和来自西门子的限位开关	控制单元使用
自由报文 999	自由报文	原有报文连接不变，并可以对它进行修改

注：表中粗体字的报文是常用报文。

标准报文 1 的解析

4.1.6 SINAMICS 通信报文解析

（1）报文的结构

常用的标准报文结构见表 4-5。

表 4-5 常用的标准报文结构

报文		PZD1	PZD2	PZD3	PZD4	PZD5	PZD6	PZD7	PZD8	PZD9
1	16 位转速设定值	STW1	NSOLL	→ 把报文发送到总线上						
		ZSW1	NIST	← 接收来自总线上的报文						
2	32 位转速设定值	STW1	NSOLL		STW2					
		ZSW1	NIST		ZSW2					
3	32 位转速设定值，一个位置编码器	STW1	NSOLL		STW2	G1_STW				
		ZSW1	NIST		ZSW2	G1_ZSW	G1_XIST1		G1_XIST2	
5	32 位转速设定值，一个位置编码器和 DSC	STW1	NSOLL		STW2	G1_STW	XERR		KPC	
		ZSW1	NIST		ZSW2	G1_ZSW	G1_XIST1		G1_XIST2	

表格中关键字的含义：

STW1—控制字 1　　STW2—控制字 2　　G1_STW—编码器控制字
NSOLL—速度设定值　　ZSW2—状态字 2　　G1_ZSW—编码器状态字
ZSW1—状态字 1　　XERR—位置差　　G1_XIST1—编码器实际值 1
NIST—实际速度　　KPC—位置闭环增益　　G1_XIST2—编码器实际值 2

常用的制造商报文结构见表 4-6。

表 4-6　常用的制造商报文结构

报文		PZD1	PZD2	PZD3	PZD4	PZD5	PZD6	PZD7	PZD8	PZD9	PZD10	PZD11	PZD12
105	32 位转速设定值，一个位置编码器、转矩降低和 DSC	STW1	NSOLL		STW2	MOMRED	G1_STW	XERR		KPC			
		ZSW1	NIST		ZSW2	MELDW	G1_ZSW	G1_XIST1		G1_XIST2			
111	MDI 运行方式中的基本定位器	STW1	POS_STW1	POS_STW2	STW2	OVERRIDE	MDI_TARPOS		MDI_VELOCITY		MDI_ACC	MDI_DEC	USER
		ZSW1	POS_ZSW1	POS_ZSW2	ZSW2	MELDW	XIST_A		NIST_B		FAULT_CODE	WARN_CODE	USER

表格中关键字的含义：

STW1—控制字 1　STW2—控制字 2　G1_STW—编码器控制字　POS_STW1—位置控制字
NSOLL—速度设定值　ZSW2—状态字 2　G1_ZSW—编码器状态字　POS_ZSW—位置状态字
ZSW1—状态字 1　XERR—位置差　G1_XIST1—编码器实际值 1　MOMRED—转矩降低
NIST—实际速度　KPC—位置闭环增益　G1_XIST2—编码器实际值 2　MOMRED—消息字
XIST_A—MDI 位置实际值　MDI_TARPOS—MDI 位置设定值
MDI_VELOCITY—MDI 速度设定值　MDI_ACC—MDI 加速度倍率
MDI_DEC—MDI 减速度倍率　FAULT_CODE—故障代码
WARN_CODE—报警代码　OVERRIDE—速度倍率

（2）标准报文 1 的解析

标准报文适用于 SINAMICS、MICROMASTER 和 SIMODRIVE 611 变频器的速度控制。标准报文 1 只有 2 个字，写报文时，第一个字是控制字（STW1），第二个字是主设定值；读报文时，第一个字是状态字（ZSW1），第二个字是主监控值。

1）控制字　当 p2038 等于 0 时，STW1 的内容符合 SINAMICS 和 MICROMASTER 系列变频器；当 p2038 等于 1 时，STW1 的内容符合 SIMODRIVE 611 系列变频器的标准。

当 p2038 等于 0 时，标准报文 1 的控制字（STW1）的各位的含义见表 4-7。

表 4-7　标准报文 1 的控制字（STW1）的各位的含义

信号	含义	关联参数	说明
STW1.0	上升沿：ON（使能） 0：OFF1（停机）	p840[0]=r2090.0	设置指令“ON/OFF（OFF1）”的信号
STW1.1	0：OFF2 1：NO OFF2	P844[0]=r2090.1	缓慢停转 / 无缓慢停转
STW1.2	0：OFF3（快速停止） 1：NO OFF3（无快速停止）	P848[0]=r2090.2	快速停止 / 无快速停止
STW1.3	0：禁止运行 1：使能运行	P852[0]=r2090.3	使能运行 / 禁止运行

续表

信号	含义	关联参数	说明
STW1.4	0：禁止斜坡函数发生器 1：使能斜坡函数发生器	p1140[0]=r2090.4	使能斜坡函数发生器 / 禁止斜坡函数发生器
STW1.5	0：禁止继续斜坡函数发生器 1：使能继续斜坡函数发生器	p1141[0]=r2090.5	继续斜坡函数发生器 / 冻结斜坡函数发生器
STW1.6	0：使能设定值 1：禁止设定值	p1142[0]=r2090.6	使能设定值 / 禁止设定值
STW1.7	上升沿：确认故障	p2103[0]=r2090.7	应答故障
STW1.8	保留	—	—
STW1.9	保留	—	—
STW1.10	1：通过 PLC 控制	P854[0]=r2090.10	通过 PLC 控制 / 不通 PLC 控制
STW1.11	1：设定值取反	p1113[0]=r2090.11	设置设定值取反的信号源
STW1.12	保留	—	—
STW1.13	1：设置使能零脉冲	p1035[0]=r2090.13	设置使能零脉冲的信号源
STW1.14	1：设置持续降低电动电位器设定值	p1036[0]=r2090.14	设置持续降低电动电位器设定值的信号源
STW1.15	保留	—	—

读懂表 4-7 是非常重要的，控制字的第 0 位 STW1.0 与启停参数 p840 关联，且为上升沿有效，这点要特别注意。当控制字 STW1 由 16#47E 变成 16#47F（第 0 位是上升沿信号）时，向变频器发出正转启动信号；当控制字 STW1 由 16#47E 变成 16#C7F 时，向变频器发出反转启动信号；当控制字 STW1 为 16#47E 时，向变频器发出停止信号；当控制字 STW1 为 16#4FE 时，向变频器发出故障确认信号（也可以在面板上确认）；以上几个特殊的数据读者应该记住。

2）主设定值　主设定值是一个字，用十六进制格式表示，最大数值是 16#4000，对应变频器的额定频率或者转速。例如 V90 伺服驱动器的同步转速一般是 3000r/min。以下用一个例题介绍主设定值的计算。

★【例 4-1】　变频器通信时，需要对转速进行标准化，计算 2400r/min 对应的标准化数值。

【解】　因为 3000r/min 对应的 16#4000，而 16#4000 对应的十进制是 16384，所以 3000r/min 对应的十进制是：

$$n=\frac{2400}{3000}\times 16384=13107.2$$

而 13107 对应的 16 进制是 16#3333，所以设置时，应设置数值是 16#3333。初学者容易用 16#4000× $\frac{2400}{3000}$ =16#3200，这是不对的。

4.2 运动控制基础知识

4.2.1 伺服系统的控制模式

西门子 SINAMICS V90 伺服系统的基本控制模式有速度模式、外部脉冲位置控制模式、内部设定值位置控制模式和转矩模式，共四种模式，其中外部脉冲位置控制模式和内部设定值位置控制模式可以合并称为位置控制模式。但要注意，PN 版本的伺服系统只有速度控制和位置控制两种基本模式，没有转矩控制模式。

此外，这四种基本控制模式可以组合成四种复合控制模式，即 PTI/S、IPos/S、PTI/T 和 IPos/T。复合控制模式内的两种基本模式可以通过数字量输入端子 C-MODE 的通断进行切换。这种模式切换的具体方法在第 3 章已经进行了介绍。

4.2.2 三环控制

SINAMICS V90
三环控制

（1）三环控制介绍

SINAMICS V90 伺服驱动由三个控制环（也称为控制器）组成，即电流环、速度环和位置环，如图 4-3 所示，其中速度环有速度前馈和电流环，还有转矩前馈输入，注意前馈是正信号。

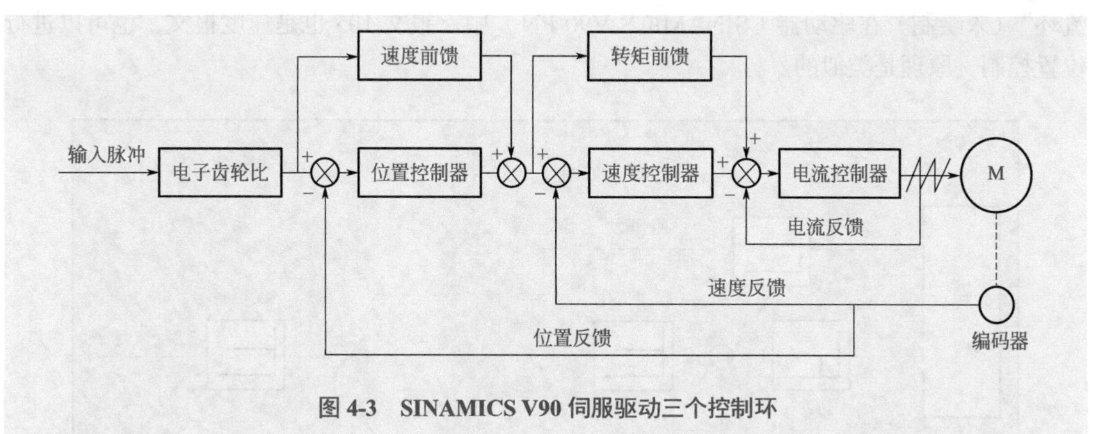

图 4-3　SINAMICS V90 伺服驱动三个控制环

① 位置环　位置环的输入就是外部的脉冲（直接写数据到驱动器地址的伺服除外，如 PN 版本伺服），外部的脉冲经过平滑滤波处理和电子齿轮计算后作为位置环的设定，设定和来自编码器反馈的脉冲信号，经过偏差计数器的计算后的数值，在经过位置环的 PID 调节（比例增益调节，无积分微分环节）后输出，和位置给定的前馈信号的合值就构成了上面讲的速度环的给定。位置环的反馈来自编码器。位置环位于三环的最外侧。

位置环增益直接影响位置环的响应等级。如机械系统未振动或产生噪声，可增加位置环增益以提高响应等级并缩短定位时间。

② 速度环　速度环位于电流环的外侧，位置环的内侧。速度环的输入就是位置环 PID 调节后的输出以及位置设定的前馈值，即“速度设定值”。“速度设定值”和“速度反馈”值进行比较后的差值在速度环内做 PID 调节（主要是比例增益和积分处理）后输出就是“电流环给定”，速度环的反馈由编码器反馈后的值经过“速度运算器”得到。

速度环增益直接影响速度环的响应等级。如机械系统未振动或产生噪声，可增加速度环增益的值以提高响应等级和增加系统刚性。

通过将积分分量加入速度环，伺服驱动可高效消除速度的稳态误差并响应速度的微小更改。

③ 电流环　电流环是三环的内环，有时也称为转矩环。电流环的输入是速度环 PID 调节后输出，称为“电流环给定”。“电流环给定”和“电流反馈”两者的值进行比较后的差值在电流环内做 PID 调节，“电流环输出”就是电动机每相的相电流，“电流反馈”不是由编码器反馈的，而是在驱动器内部安装在每相上的霍尔元件（磁场感应变为电流电压信号）的反馈信号。

由于 SINAMICS V90 伺服驱动器的电流环已有完美的频宽，因此通常只需调整速度环增益和位置环增益。实际工作中调整的参数应多于两个参数。

（2）SINAMICS V90 伺服驱动器的报文与三环的关系

① 报文 3 与三环的关系　当 S7-1200/1500 PLC 与 SINAMICS V90 PN 通信，进行位置控制，使用通信报文 3，其控制原理如图 4-4 所示。从前述的报文说明，可知报文 3 是速度报文，那么为什么 SINAMICS V90 PN 使用速度控制的报文 3 能进行位置控制呢？从图 4-4 可以看出，三环控制中的“位置环”在控制器（如 S7-1200/1500）中，而“速度环”和“电流环”（未绘制）在驱动器（SINAMICS V90 PN）中。报文 105 也是速度报文，也可以进行位置控制，原理是类似的。

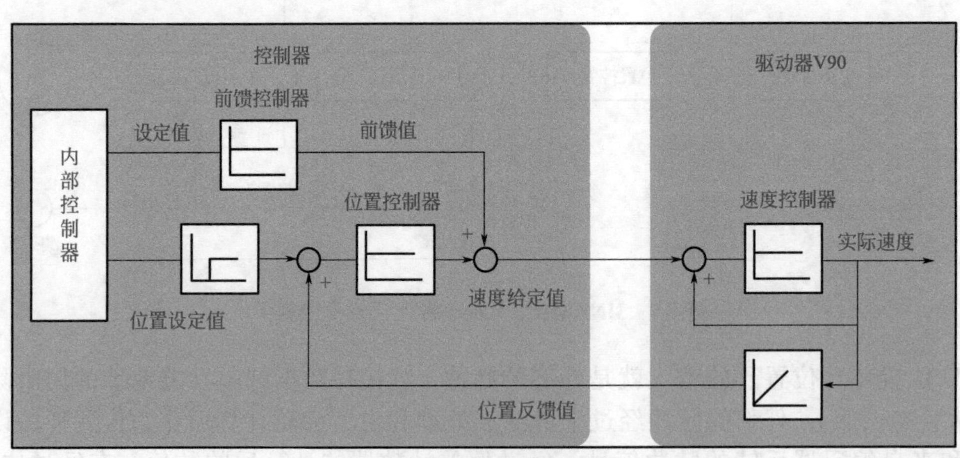

图 4-4　报文 3 的通信原理

② 报文 111 与三环的关系　当 S7-1200/1500PLC 与 SINAMICS V90 PN 通信进行位置控制，使用基本定位通信报文 111 时，三环都在 SINAMICS V90 PN 中，S7-1200/1500 PLC 只要把位置、速度等信息发送给驱动器即可。

4.3 速度轴、定位轴、同步轴

4.3.1 轴的概念

在运动控制中，轴是最常见的被控对象。在一般应用中，轴与机械负载直接连接，可以带动负载完成旋转运动、直线运动等。在复杂的运动中，还可以要求多轴协调动作，如多轴速度同步、位置同步、使负载按照规定的路径运动等。对轴的控制，也就是实现对机械的运动控制。

初学者往往把一根轴理解为一台伺服电动机，这是合理的，但后续要讲解的虚轴并不对应实际的伺服电动机。

在西门子的 S7-1500T/SIMOTIOM 运动控制系统中，轴需要组态为工艺对象（TO），可通过控制命令操作工艺对象实现使能、停止、绝对定位、相对定位等运动控制，同时可以对工艺对象进行监控。工艺对象是以数据块的形式出现的，通过工艺对象可以设置轴参数（如图 4-5 所示），并获得轴的运行状态。在 PLC 中工艺对象代替真实的驱动，工艺对象是用户程序和真实驱动的接口。

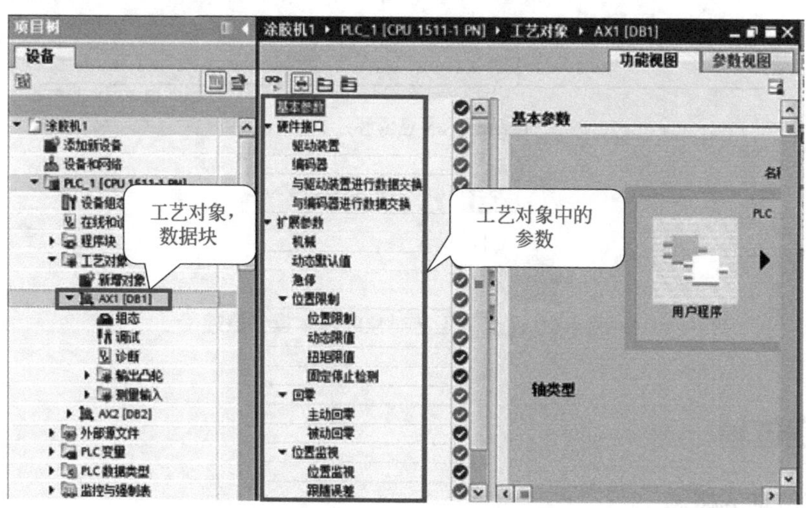

图 4-5　工艺对象实例

在组态过程中，有四种主要的工艺对象。

① 速度轴：对轴进行速度控制。

② 位置轴：对轴进行位置控制，同时具有速度控制的功能。

③ 同步轴：同步轴建立在位置轴的基础之上，通过同步跟随对象提供的电子齿轮或者电子凸轮同步功能实现与主值的同步运动。

④ 运动机构：运动机构工艺对象可以控制多轴运动机构工具中心的运动轨迹，并且通过此工艺对象进行轴的正逆向转换，计算工具中心点的当前值和各关节电动机的给定值。

4.3.2 速度轴

速度轴工艺对象根据程序指定的速度设定值，控制驱动器以指定的速度运行。所有速度轴的运动控制都在速度模式下进行。

S7-1500T/SIMOTIOM 通过 PROFIdrive 报文或模拟设定值接口为每个速度轴分配一个驱动器。速度的单位为“每单位时间的转数”。图 4-6 所示为速度轴工艺对象的基本操作原理。

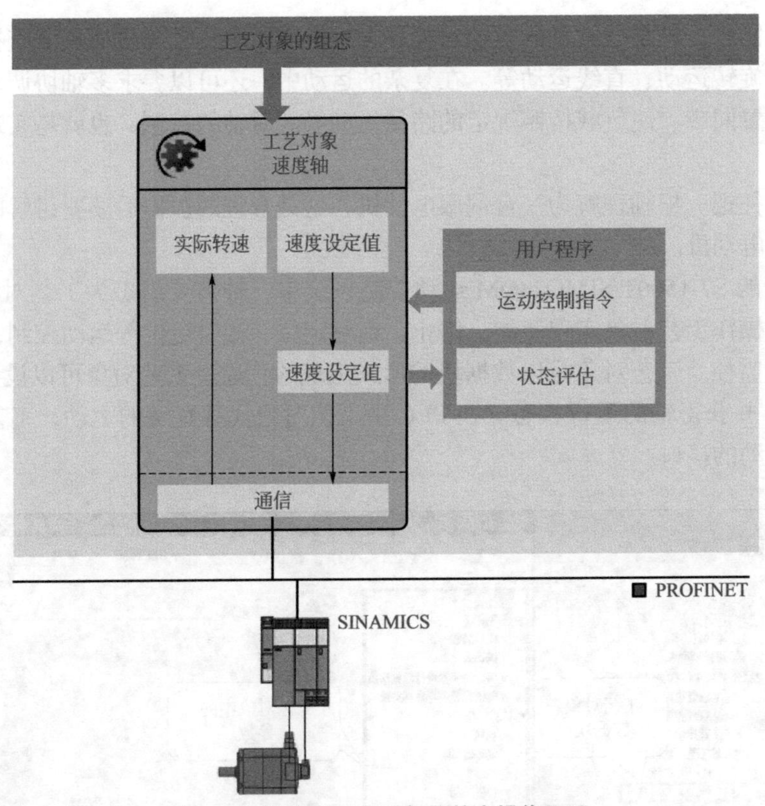

图 4-6 速度轴工艺对象的基本操作原理

4.3.3 定位轴

(1) 定位轴的概念

定位轴工艺对象可根据编码器设置计算位置设定值，并将相应的速度设定值输出到驱动器。在位置控制模式下，定位轴的所有运动均在速度控制下进行。

可通过 PROFIdrive 报文或模拟设定值接口为每个定位轴分配驱动，也可以通过 PROFIdrive 报文分配编码器。

通过对机械特性、编码器设置和回零位操作进行参数分配，可创建编码器值和规定位置之间的关系。工艺对象可在无位置关系的情况下执行变动指令。即便是在无回零位状态的情况下也可以执行相对位置变动指令。如图 4-7 所示为定位轴工艺对象的基本操作原理。

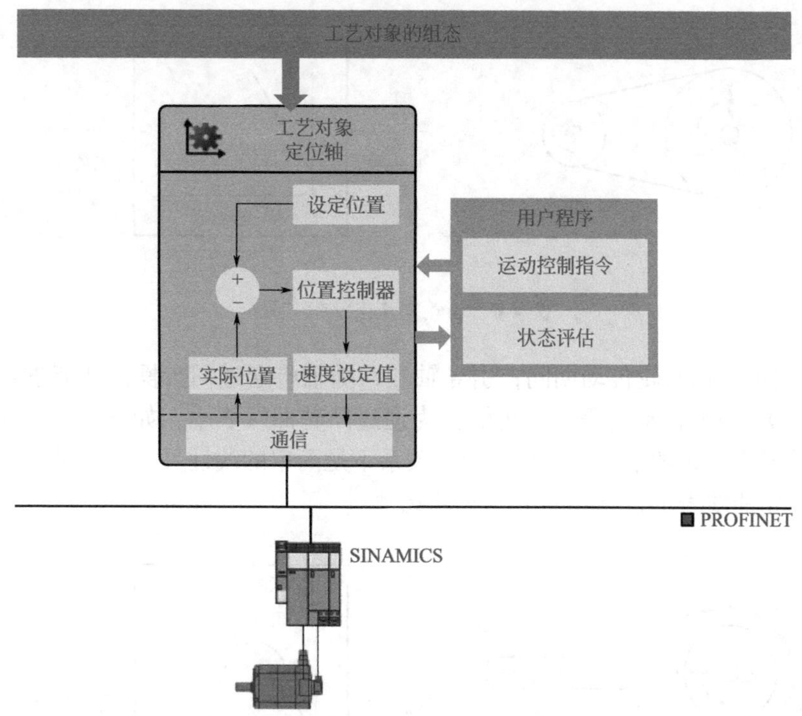

图 4-7 定位轴工艺对象的基本操作原理

（2）定位轴的分类

定位轴可组态为线性轴或旋转轴。

① 线性轴：轴的位置以线性值进行衡量，例如毫米（mm）。

② 旋转轴：轴的位置以角度进行衡量，例如度（°）。

根据使用驱动器的类型，还可以将轴划分为实轴和虚拟轴（虚轴），在轴的组态过程中进行选择。在同步控制中，轴还分为主轴和从轴，从轴跟随主轴运动。

4.3.4 同步轴

在自动化运动控制工程中，同步运行功能承担着越来越重要的作用。随着自动化技术的不断发展，机械解决方案越来越多地被不同的电气解决方案所替代。S7-1500/1500T/SIMOTIOM 的同步运行功能提供了使用“电子同步”替代“刚性机械连接的选项”，可提供更加柔性、友好维护的解决方案。S7-1200 PLC 无同步功能。

在同步操作中，同步功能由同步对象提供，跟随轴跟随引导轴。引导轴和跟随轴之间的同步操作关系通过同步操作功能指定。西门子 S7-1500/1500T 中常见的有两类同步类型，具体如下。

① 齿轮同步：类似于齿轮传动，齿轮传动过程中，跟随轴的位置等于引导轴位置乘以传动比。将传动比指定为两个整数之间的比例。其结果是一个线性传动函数，如图 4-8 所示。齿轮同步相对比较简单。例如跟随轴的速度始终是引导轴的 2 倍，就是齿轮同步。

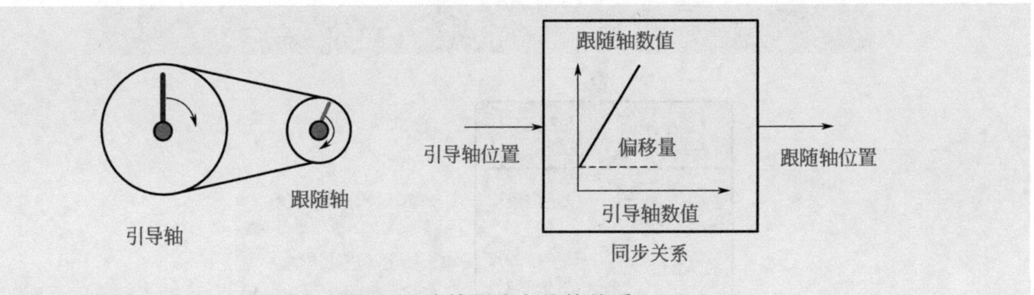

图 4-8　齿轮同步主从值关系

② 凸轮同步：在凸轮传动期间，引导轴和跟随轴将通过同步操作功能进行耦合（通过凸轮进行指定）。凸轮传动过程中的传输行为通过凸轮曲线表示，如图 4-9 所示。在实际生产中，很多情况下，跟随轴和引导轴的同步关系不是简单的线性关系，而是复杂多次方曲线关系，常用凸轮曲线表示，所以称为凸轮同步。

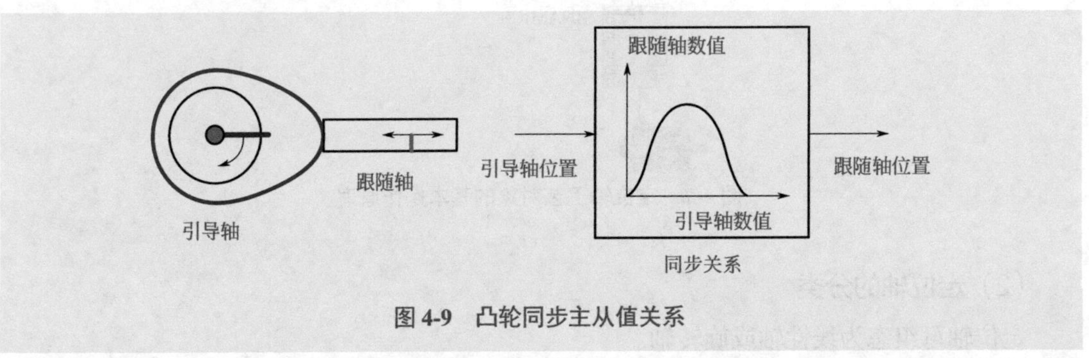

图 4-9　凸轮同步主从值关系

多轴同步，有主轴与从轴，从轴跟随主轴运动，从轴必须采集主轴的运动信息后才能做出响应，因此总是滞后于主轴的，由于有信号的误差与干扰，如果多级主从跟随，这个滞后会被逐级放大，导致系统的稳定性与控制精度变低。

在控制器中，根据物理公式生成一个数字信号轴，这个轴就是虚拟轴（简称虚轴），它可以很好地解决上述问题，由虚拟轴作为主轴，所有的实轴都是从轴，虚拟轴以同步通信或等时同步的通信方式将主令信号传送至所有的从轴，指挥着各个从轴的协调运动。由此带来的好处是，同步指令没有误差，没有干扰，从轴之间的响应误差降到最低，一致性达到最佳，多级传动中对末级传动的动态响应要求降低，随动误差降低，系统的控制精度与稳定性、快速响应能力大大提高。

4.4 S7-1200/1500 PLC 的原点回归及指令应用

原点也称为参考点，原点回归（回原点）也称为寻找参考点，回原点目的就是把机械原点与电气原点关联起来（把轴实际的机械位置和 S7-1200/1500 程序中轴的位置坐标统一，以进行绝对位置定位）。伺服电动机自带增量式编码器，控制器中使用绝对位移指令定位时，应先回原点，而使用相对位移指令时，不需要回原点。

本节的指令都使用如图 4-10 所示的原理图。本例驱动器的 24V 外接电源是同一个电源，所有 0V 短接在一起。SB1223 模块的输入是 NPN 型（低电平有效），而输出是 PNP 型（高电平有效）。

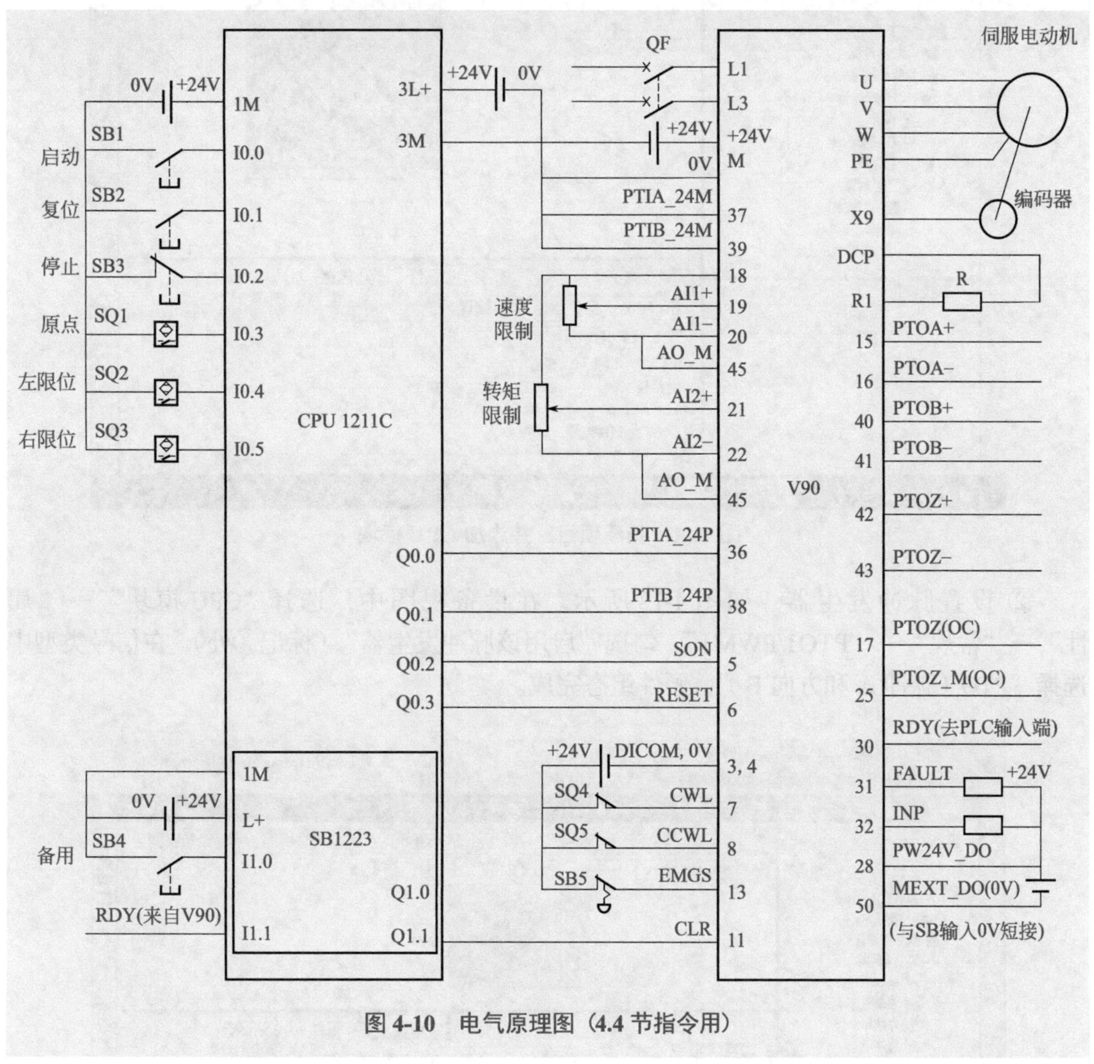

图 4-10　电气原理图（4.4 节指令用）

4.4.1　运行控制硬件和工艺组态

对于脉冲型版本的伺服驱动器，运行控制硬件和工艺组态都是类似的，因此本节所有指令都使用以下的组态。

已知丝杠的螺距是 10mm，伺服电动机编码器的分辨率是 2500pps，由于是四倍频，所以编码器每转的反馈是 10000 脉冲，要求脉冲当量是 1LU，即一个脉冲对应 1μm，具体步骤如下。

① 新建项目，添加 CPU 模块　本例新建项目为“运动控制指令”，添加 CPU 模块“CPU 1211C”，如图 4-11 所示。

图 4-11 新建项目，并添加 CPU 模块

② 设置脉冲发生器 如图 4-12 所示，在设备视图中，选择“CPU 模块”→“属性”→“常规”→“PTO1/PWM1”，勾选“启用该脉冲发生器”（标记③处），在信号类型中选择“PTO（脉冲 A 和方向 B）”，硬件组态完成。

图 4-12 设置脉冲发生器

③ 创建变量表　创建变量表如图 4-13 所示。

运动控制指令 ▸ HOMMING [CPU 1211C DC/DC/DC] ▸ PLC 变量

变量　用户常量

PLC 变量

		名称	变量表	数据类型	地址
1		Start	默认变量表	Bool	%I0.0
2		Rst	默认变量表	Bool	%I0.1
3		STP	默认变量表	Bool	%I0.2
4		LeftLIM	默认变量表	Bool	%I0.4
5		RightLIM	默认变量表	Bool	%I0.5
6		Org	默认变量表	Bool	%I0.3
7		Pul	默认变量表	Bool	%Q0.0
8		Dir	默认变量表	Bool	%Q0.1
9		SON	默认变量表	Bool	%Q0.2
10		Resert	默认变量表	Bool	%Q0.3
11		CLR	默认变量表	Bool	%Q0.4

图 4-13　变量表

④ 新增工艺对象和组态常规　如图 4-14 所示，在项目树中，选择“工艺对象”→“新增对象”命令，在弹出界面的轴名称中输入“AX1”（默认值也可以），驱动器选择“PTO”，测量单位选择“mm”。

⑤ 组态驱动器　选中“驱动器”目录，设置如图 4-15 所示。

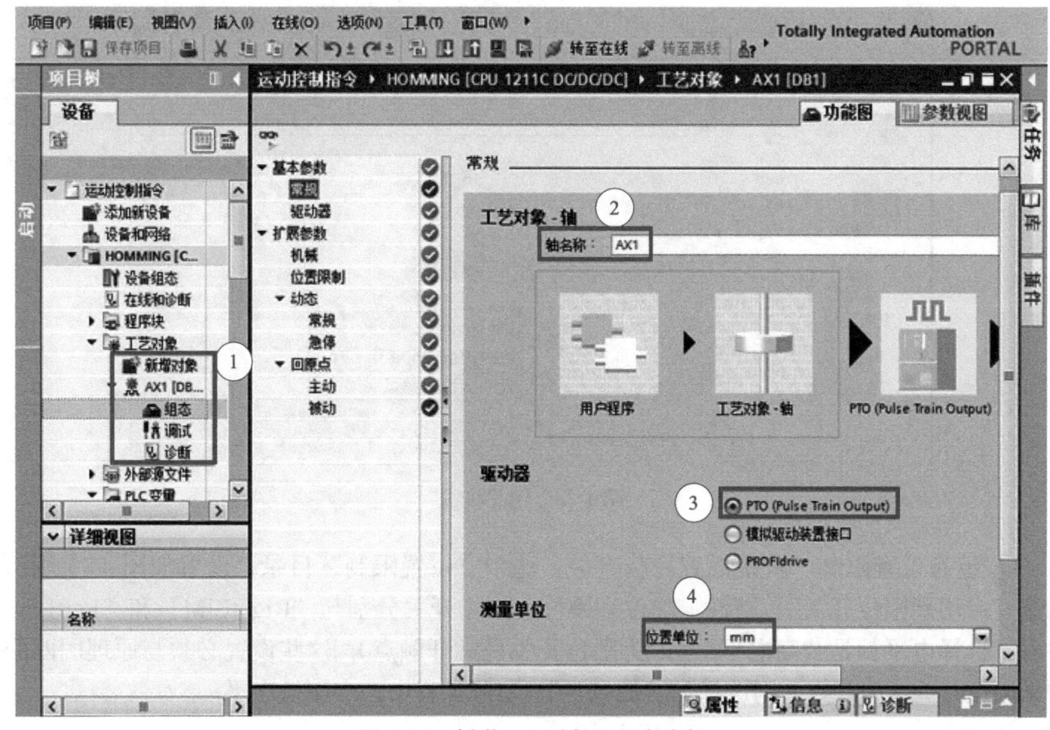

图 4-14　新增工艺对象和组态常规

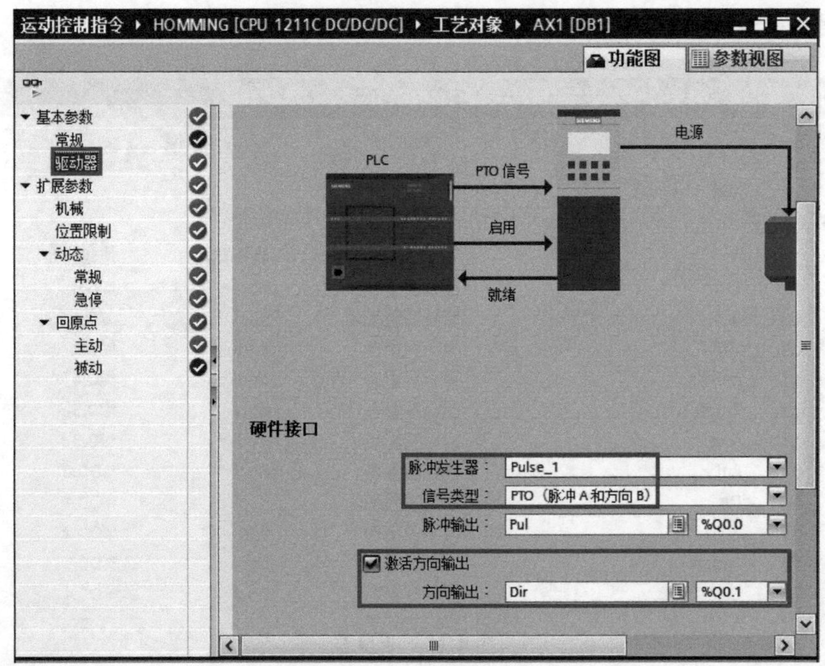

图 4-15　组态驱动器

⑥ 组态机械　选中“机械”目录，设置如图 4-16 所示。在本例中，电机每转的负载位移就是丝杠的螺距。由于脉冲当量是 1LU，所以一个脉冲对应的位移是 1μm，也就是 10000 脉冲对应 10mm，所以电动机每转的脉冲数是 10000。

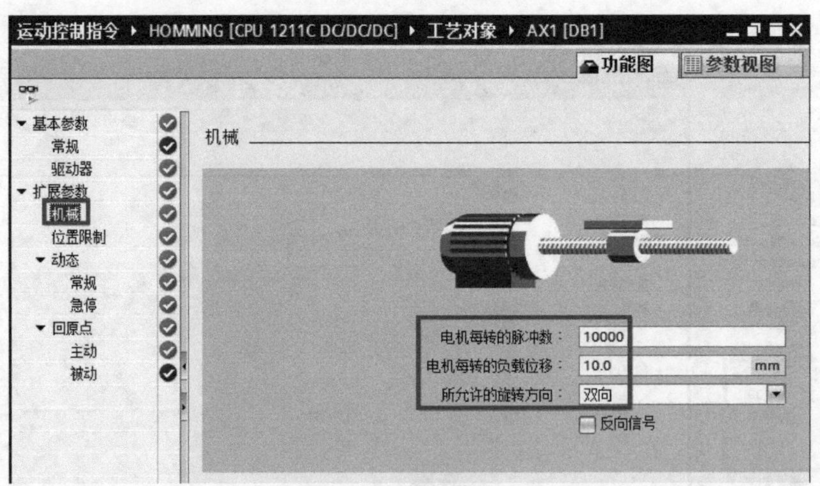

图 4-16　组态机械

⑦ 组态位置限制　就是设置限位开关，选中“位置限制”目录，设置如图 4-17 所示。勾选“启用硬限位开关”。硬件上限位和硬件下限位开关分别与“RightLIM”和“LeftLIM”关联，选择电平都是“高电平”（因为限位开关是常开触点），这些设置必须与原理图匹配。如果限位开关常闭触点，则选择为“低电平”，实际工程中，多用低电平。

注意　*在组态位置限制和回原点之前，必须对限位开关的绝对地址和变量关联，也*

就是要先建变量表。

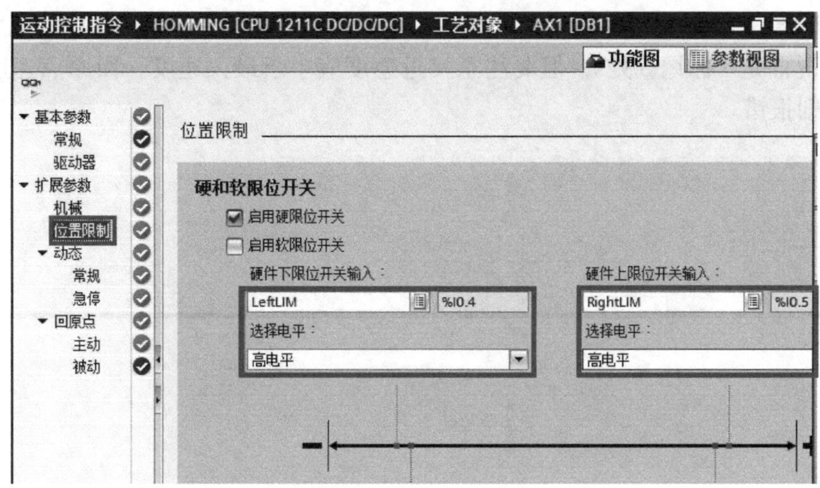

图 4-17　组态位置限制

⑧ 组态回原点　回原点可以分为主动回原点和被动回原点。"主动"就是传统意义上的回原点或是寻找参考点。当轴触发了主动回参考点操作，轴就会按照组态的速度去寻找原点开关信号，并完成回原点命令。先讲解主动回原点。

S7-1200PLC 回参考点及其应用

选中"回原点"下的"主动"（标记①处）目录，设置如图 4-18 所示。

a. 选择输入归位开关为"Org"，选择电平为"高电平"（因为原点限位开关是常开触点）。

b. 选择接近 / 回原点的方向为"正方向"（标记③处），即向上限位方向找原点。回原点方向示意图如图 4-19 所示。

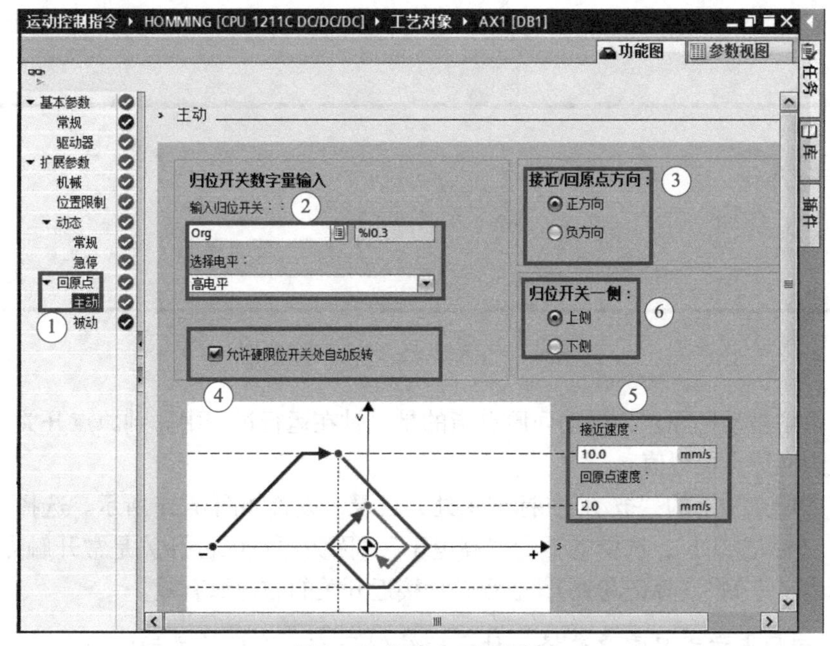

图 4-18　组态主动回原点

c. 勾选“允许硬限位开关处自动反转”（标记④处），这样做的目的是当寻找原点方向与原点实际方向相反时，当碰到限位开关后，能自动返回寻找原点。

d. 接近速度是寻找原点开关的起始速度，回原点速度最终接近原点开关的速度，其选择根据实际情况而定（标记⑤处），但要注意接近速度应小于最大速度，回原点速度应小于接近速度，否则报错。

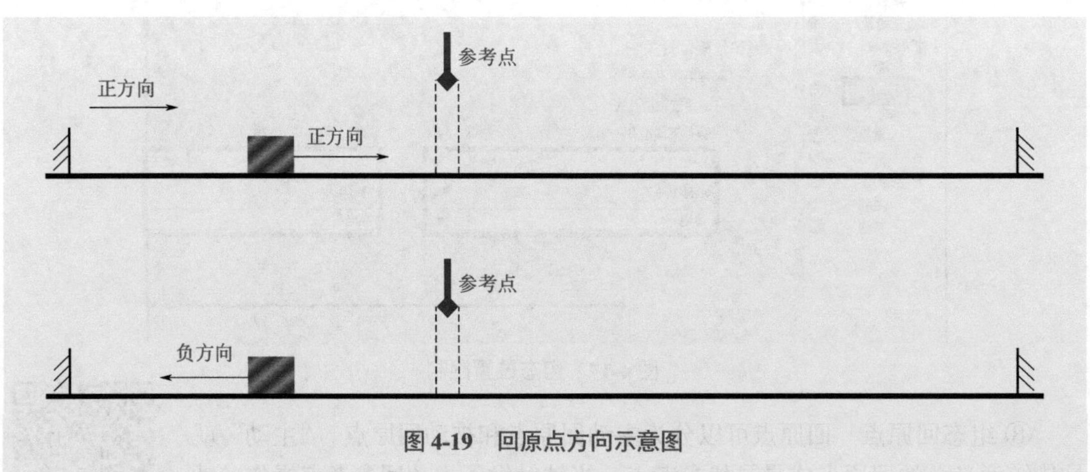

图 4-19　回原点方向示意图

e. 归位开关一侧，选择上侧（标记⑥处）。上侧指的是：轴完成回原点指令后，以轴的左边沿停在参考点开关右侧边沿。 下侧指的是：轴完成回原点指令后，以轴的右边沿停在参考点开关左侧边沿。

无论用户设置寻找原点的起始方向为正方向还是负方向，轴最终停止的位置取决于“上侧”或“下侧”。示意图如图 4-20 所示。

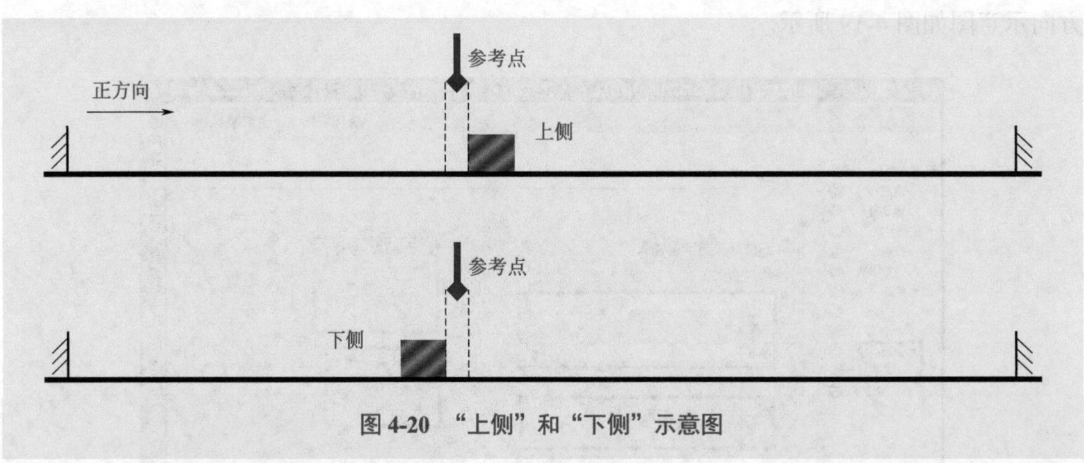

图 4-20　“上侧”和“下侧”示意图

接下来讲解被动回原点，被动回原点指的是：轴在运行过程中碰到原点开关，轴的当前位置将设置为回原点位置值。

选中“回原点”下的“被动”（标记①处）目录，设置如图 4-21 所示。选择输入归位开关为“Org”（标记②处），选择电平为“高电平”（因为原点限位开关是常开触点）。选择归位开关一侧为“上侧”（标记③处），上侧表示接近开关的右边缘有效。

注意　回原点方式只需要选择一种，后续例子都是选择的主动回原点。

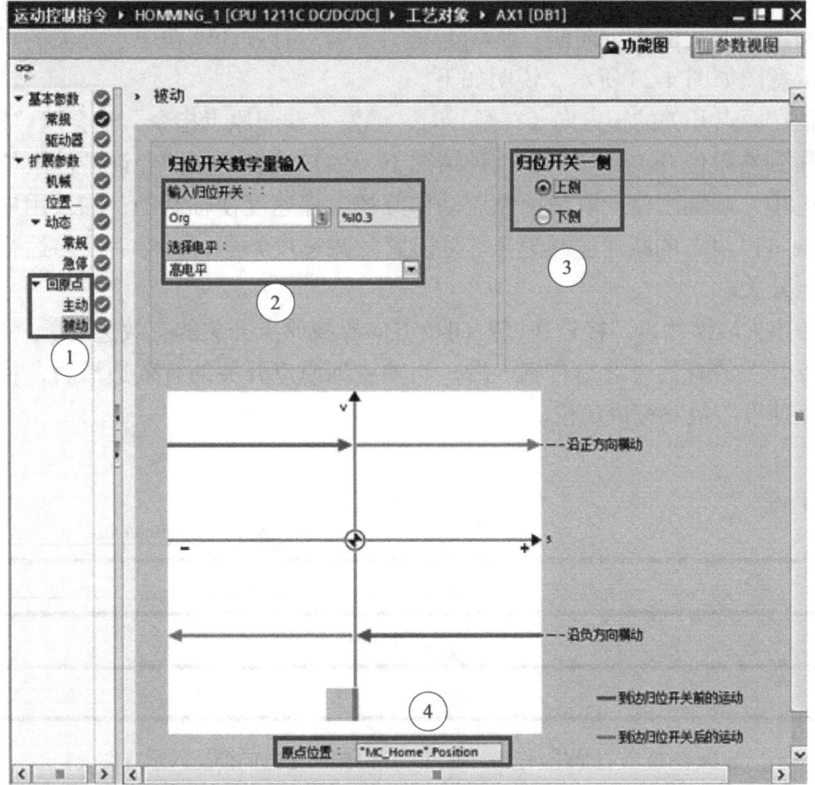

图 4-21　组态被动回原点

至此，硬件和工艺组态均完成，以下用一个例子说明回原点的过程。

★【例 4-2】　用图形和文字说明轴主动回原点的执行过程。假设接近速度为 10.0mm/s，回原点速度是 2.0mm/s。

【解】　① 根据轴与原点开关的相对位置，分成 4 种情况：轴在原点开关负方向侧，轴在原点开关的正方向侧，轴刚执行过回原点指令，轴在原点开关的正下方。接近速度为正方向运行。

a. 轴在原点开关负方向侧。实际上是“上侧”有效和轴在原点开关负方向侧，运行示意图如图 4-22 所示。说明如下。

- 当程序以 Mode=3 触发 MC_Home 指令时，轴立即以“接近速度 10.0mm/s”向右（正方向）运行寻找原点开关。
- 当轴碰到参考点的有效边沿，切换运行速度为“回原点速度 2.0mm/s”继续运行。
- 当轴的左边沿与原点开关有效边沿重合时，轴完成回原点动作。

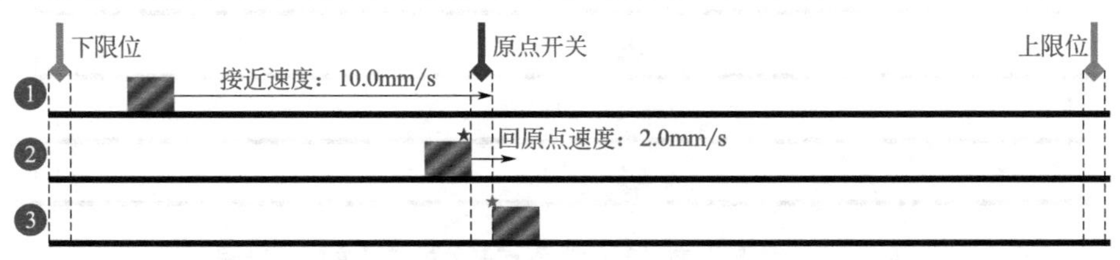

图 4-22　“上侧”有效和轴在原点开关负方向侧运行示意图

b. 轴在原点开关的正方向侧。实际上是“上侧”有效和轴在原点开关的正方向侧运行，运行示意图如图 4-23 所示。说明如下。

● 当轴在原点开关的正方向（右侧）时，触发主动回原点指令，轴会以“接近速度”运行直到碰到右限位开关，如果在这种情况下，用户没有使能“允许硬件限位开关处自动反转”选项，则轴因错误取消回原点动作并按急停速度使轴制动；如果用户使能了该选项，则轴将以组态的减速度减速（不是以紧急减速度）运行，然后反向运行，反向继续寻找原点开关。

● 当轴掉头后继续以“接近速度”向负方向寻找原点开关的有效边沿。

● 原点开关的有效边沿是右侧边沿，当轴碰到原点开关的有效边沿后，将速度切换成“回原点速度”最终完成定位。

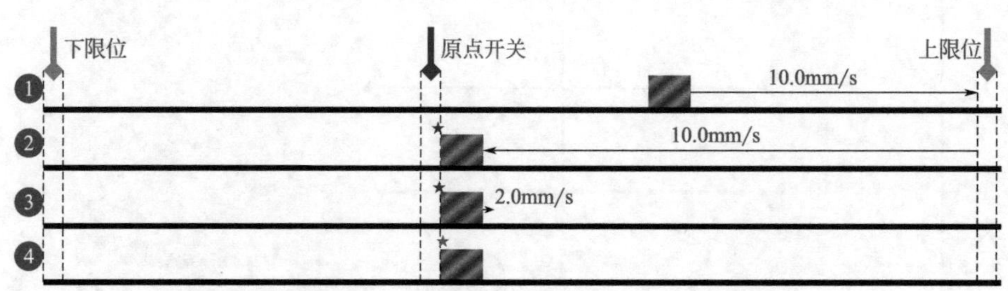

图 4-23 “上侧”有效和轴在原点开关的正方向侧运行示意图

c. 以轴刚执行过回原点指令的示意图如图 4-24 所示。

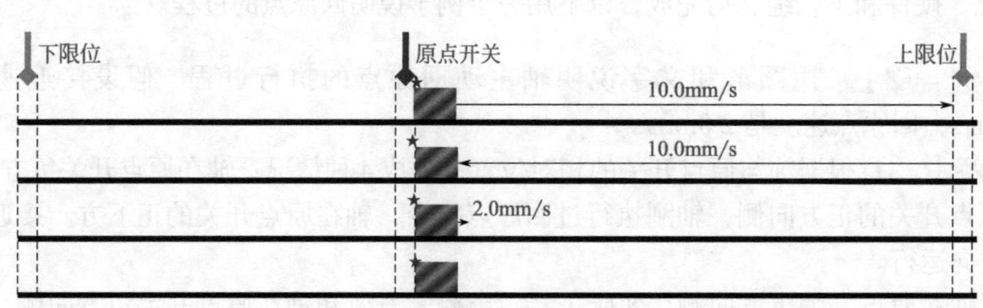

图 4-24 “上侧”有效和轴刚执行过回原点指令的示意图

d. 轴在原点开关的正下方的示意图如图 4-25 所示。

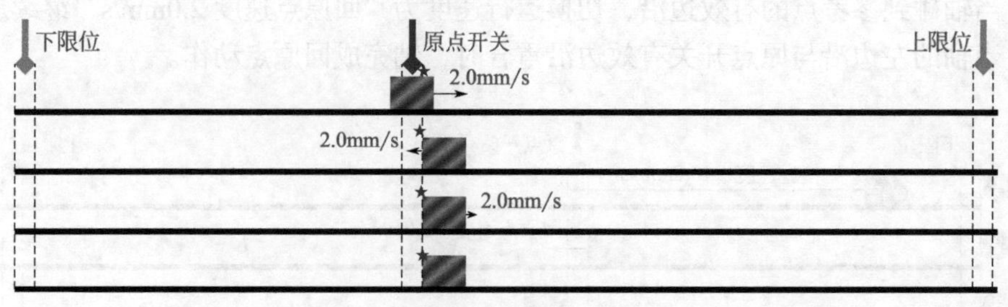

图 4-25 “上侧”有效和轴在原点开关的正下方的示意图

② 根据轴与原点开关的相对位置，分成 4 种情况：轴在原点开关负方向侧，轴在原点开关的正方向侧，轴刚执行过回原点指令，轴在原点开关的正下方。接近速度为负方向运行。

a. 轴在原点开关负方向侧。实际上是“下侧”有效和轴在原点开关负方向侧运行，运行示意图如图 4-26 所示。

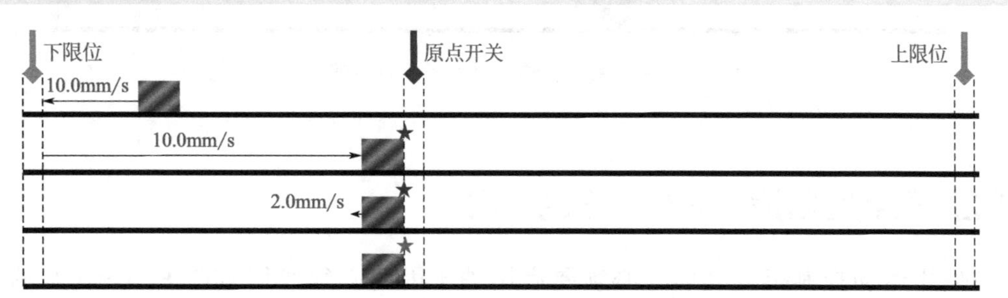

图 4-26 “下侧”有效和轴在原点开关负方向侧的运行示意图

b. 轴在原点开关正方向侧。实际上是“下侧”有效和轴在原点开关正方向侧运行，运行示意图如图 4-27 所示。

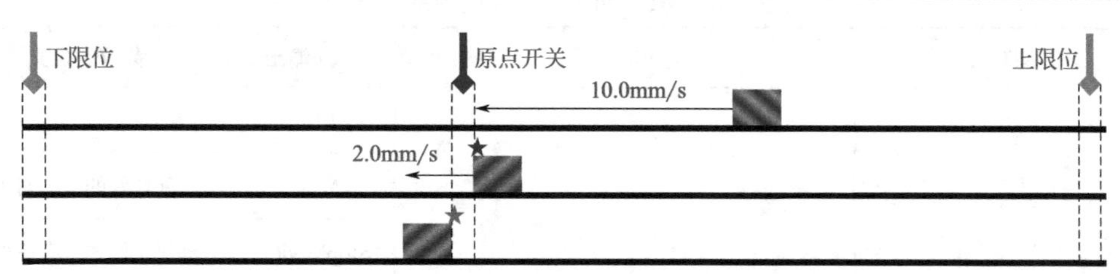

图 4-27 “下侧”有效和轴在原点开关正方向侧的运行示意图

c. 轴已经回原点。实际上是“下侧”有效和轴已经回原点，运行示意图如图 4-28 所示。

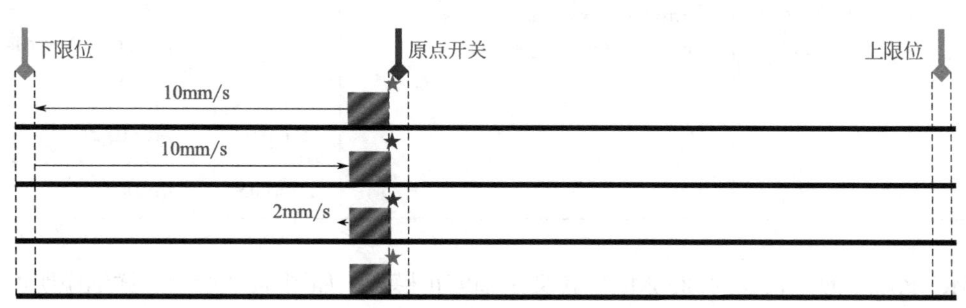

图 4-28 “下侧”有效和轴已经回原点的运行示意图

d. 轴在原点正下方。实际上是“下侧”有效和轴在原点正下方侧，运行示意图如图 4-29 所示。

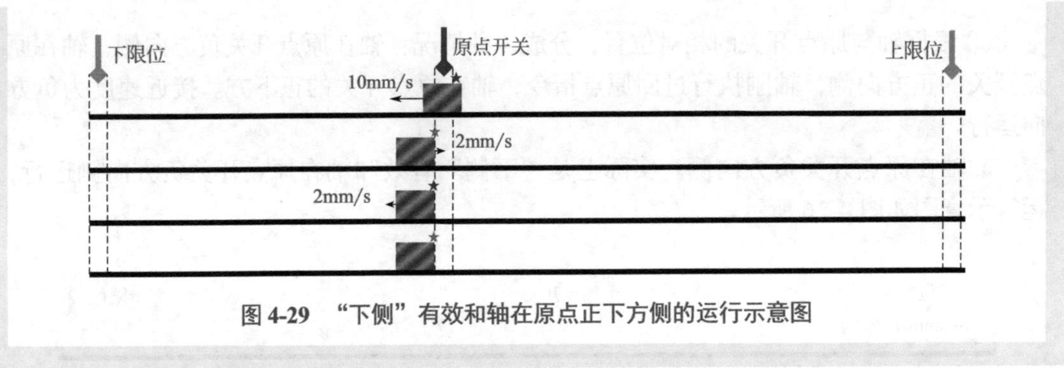

图 4-29 “下侧”有效和轴在原点正下方侧的运行示意图

4.4.2 原点回归指令 HOME 的应用

在使用运动控制指令之前，必须要启用轴，因此必须使用 MC_Power（有的资料称此指令为励磁指令），该指令的作用是启用或者禁用轴。

（1）MC_Power 使能指令介绍

轴在运动之前，必须使能指令，其具体参数说明见表 4-8。

表 4-8 MC_Power 使能指令的参数

LAD	SCL	输入 / 输出	参数的含义
MC_Power EN ENO Axis Status Enable StopMode Busy Error ErrorID ErrorInfo	“MC_Power_DB”（ Axis:=_multi_fb_in_, Enable:=_bool_in_, StopMode:=_int_in_, Status=>_bool_out_, Busy=>_bool_out_, Error=>_bool_out_, ErrorID=>_word_out_ ErrorInfo=>_word_out_）;	EN	使能
		Axis	已配置好的工艺对象名称
		StopMode	轴停止模式，有三种模式
		Enable	为 1 时，轴使能；为 0 时，轴停止（不是上升沿）
		Busy	标记 MC_Power 指令是否处于活动状态
		Error	标记 MC_Power 指令是否产生错误
		ErrorID	错误 ID 码
		ErrorInfo	错误信息

MC_Power 使能指令的 StopMode 含义是轴停止模式，如图 4-30 所示。详细说明如下：

① 模式 0：紧急停止，按照轴工艺对象参数中的“急停”速度或时间来停止轴。

② 模式 1：立即停止，PLC 立即停止发脉冲。

③ 模式 2：带有加速度变化率控制的紧急停止，如果用户组态了加速度变化率，则轴在减速时会把加速度变化率考虑在内，减速曲线变得平滑。

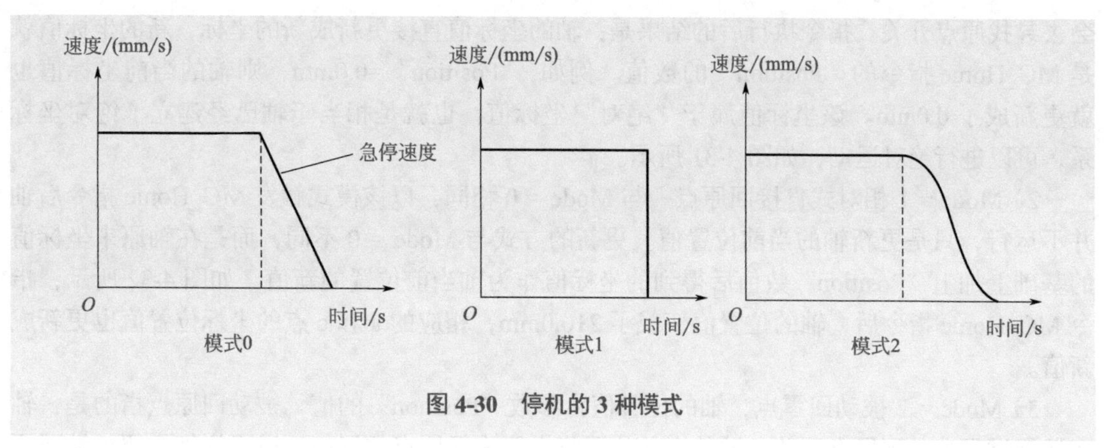

图 4-30 停机的 3 种模式

(2) MC_Home 回参考点指令介绍

参考点在系统中有时作为坐标原点，对于运动控制系统是非常重要的。回参考点指令具体参数说明见表 4-9。

表 4-9 MC_Home 回参考点指令的参数

LAD	SCL	输入 / 输出	参数的含义
"MC_Home_DB" MC_Home EN ENO Axis Done Execute Busy Position CommandAborted Mode Error ErrorID ErrorInfo ReferenceMarkPosition	"MC_Home_DB"（ Axis:=_multi_fb_in_, Execute:=_bool_in_, Position:=_real_in_, Mode:=_int_in_, Done=>_bool_out_, Busy=>_bool_out_, CommandAborted=>_bool_out_, Error=>_bool_out_, ErrorID=>_word_out_, ErrorInfo=>_word_out_)；	EN	使能
		Axis	已配置好的工艺对象名称
		Execute	上升沿使能
		Position	Mode = 1 时：对当前轴位置的修正值 Mode = 0，2，3 时：轴的绝对位置值
		Mode	回原点的模式，共 4 种
		Done	1：任务完成
		Busy	1：正在执行任务
		ReferenceMark Position	显示工艺对象回原点位置

MC_Home 回参考点指令回原点模式 Mode 有 0 ～ 3 共四种模式，具体介绍如下：

1）Mode = 0 绝对式直接回原点　该模式下的 MC_Home 指令触发后轴并不运行，也不会去寻找原点开关。指令执行后的结果是：轴的坐标值直接更新成新的坐标，新的坐标值就是 MC_Home 指令的“Position”的数值。例如，“Position”=0.0mm，则轴的当前坐标值也就更新成了 0.0mm。该坐标值属于“绝对”坐标值，也就是相当于轴已经建立了绝对坐标系，可以进行绝对运动，如图 4-31 所示。

2）Mode = 1 相对式直接回原点　与 Mode = 0 相同，以该模式触发 MC_Home 指令后轴并不运行，只是更新轴的当前位置值。更新的方式与 Mode = 0 不同，而是在轴原来坐标值的基础上加上“Position”数值后得到的坐标值作为轴当前位置的新值。如图 4-32 所示，指令 MC_Home 指令后，轴的位置值变成了 210.0mm，相应的 a 和 c 点的坐标位置值也更新成新值。

3）Mode = 2 被动回零点，轴的位置值为参数“Position”的值　被动回原点指的是：轴在运行过程中碰到原点开关，轴的当前位置将设置为回原点位置值。以下详细介绍被动回原点的过程。

① 在图 4-21 中选择“归位点开关一侧”为“上侧”。

② 先让轴执行一个相对运动指令，该指令设定的路径能让轴经过原点开关。

③ 在该指令执行的过程中，触发 MC_Home 指令，设置模式为 Mode=2。

④ 再触发 MC_MoveRelative 指令，要保证触发该指令的方向能够经过原点开关。也可以用 MC_MoveAbsolute 指令、MC_MoveVelocity 指令或 MC_MoveJog 指令取代 MC_MoveRelative 指令。

当轴以 MC_MoveRelative 指令指定的速度运行的过程中碰到原点开关的有效边沿时，轴立即更新坐标位置为 MC_Home 指令上的“Position”值，如图 4-33 所示。在这个过程中轴并不停止运行，也不会更改运行速度。直到达到 MC_MoveRelative 指令的距离值，轴停止运行。

4）Mode=3 主动回零点，轴的位置值为参数“Position”的值　前面已经有详细讲解。

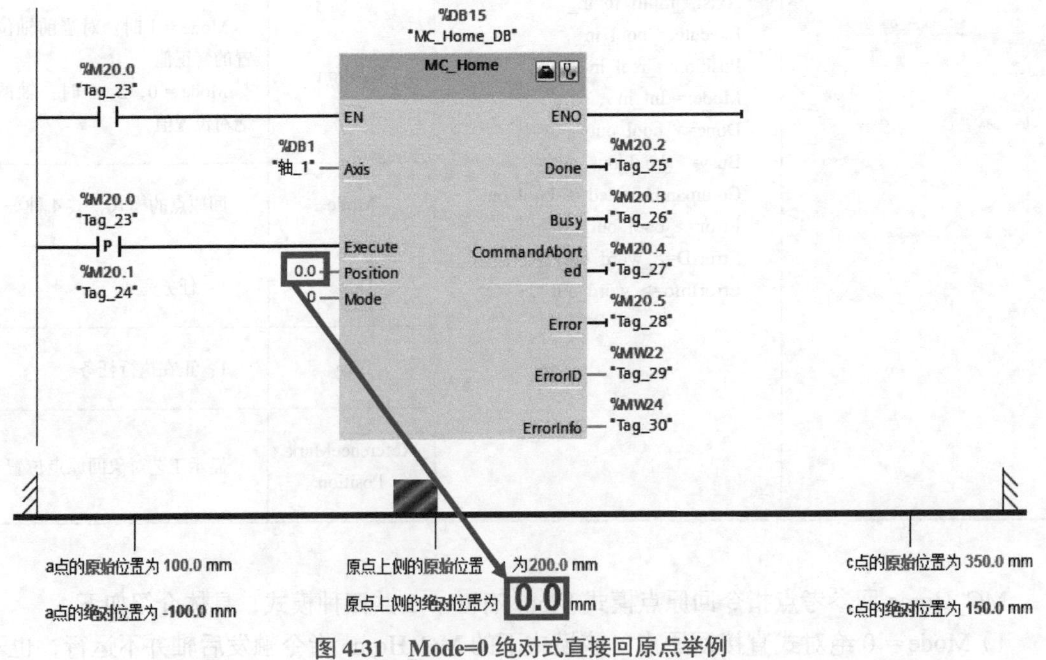

图 4-31　Mode=0 绝对式直接回原点举例

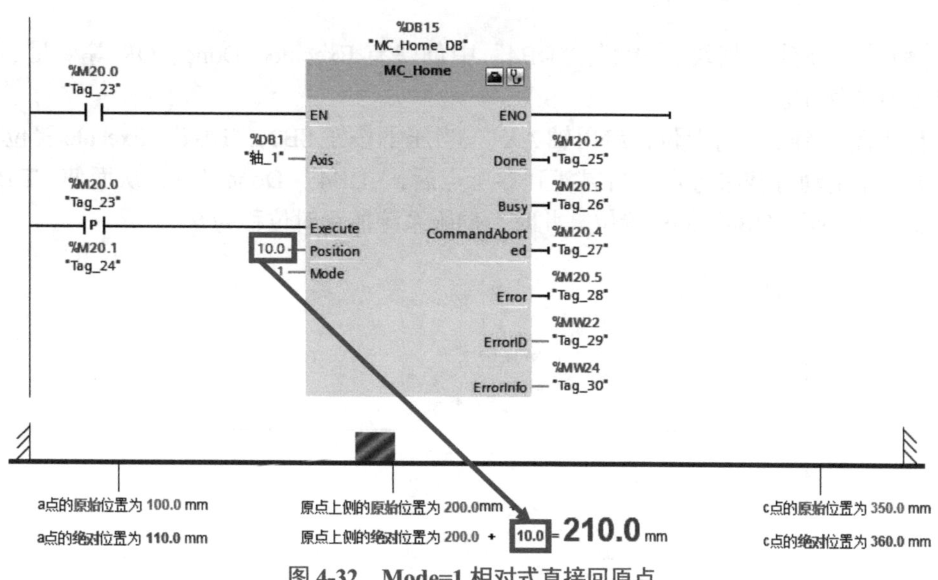

图 4-32　Mode=1 相对式直接回原点

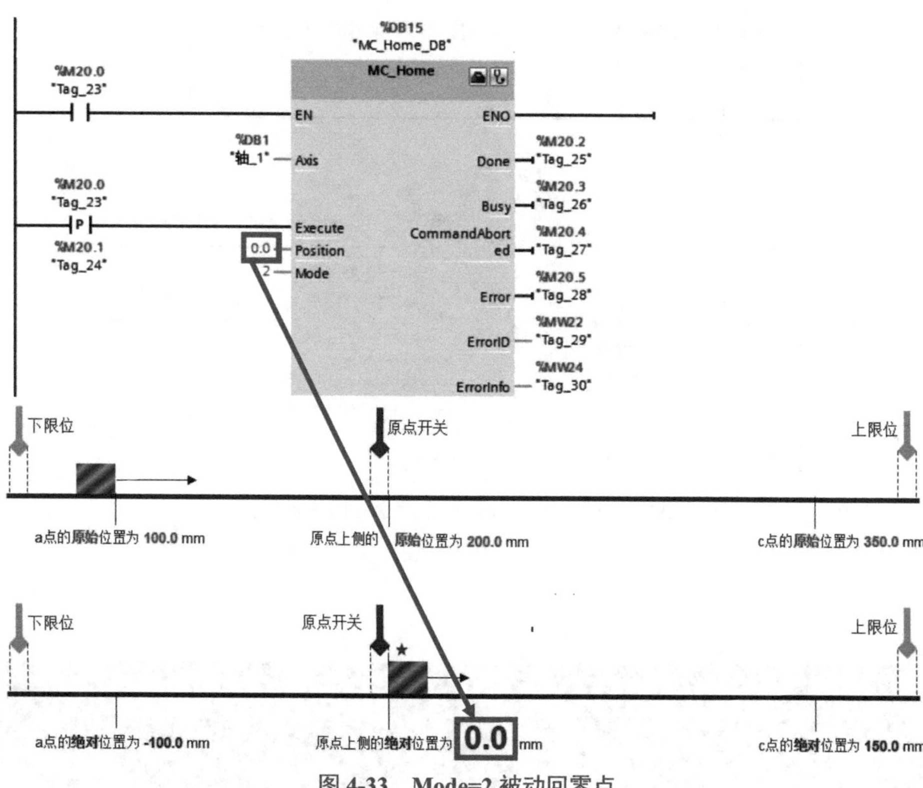

图 4-33　Mode=2 被动回零点

（3）MC_Home 回参考点指令应用举例

★【例 4-3】　原理图如图 4-10 所示，当压下 SB2 按钮，伺服系统开始主动回原点，回原点成功后，将一个标志位置位。

【解】 新建数据块“DB4”，“DB4”中创建有 Execute、Done、OK 等变量，梯形图如图 4-34 所示。

上电后，M1.2 一直置位，启用轴 AX1。当压下按钮 SB2，“DB4”.Execute 置位，伺服系统开始主动寻找参考点。当寻找到参考点后，“DB4”.Done 为 1，从而使“DB4”.Excute 复位，而“DB4”.OK 置位。此时，伺服系统的绝对位移为 0。

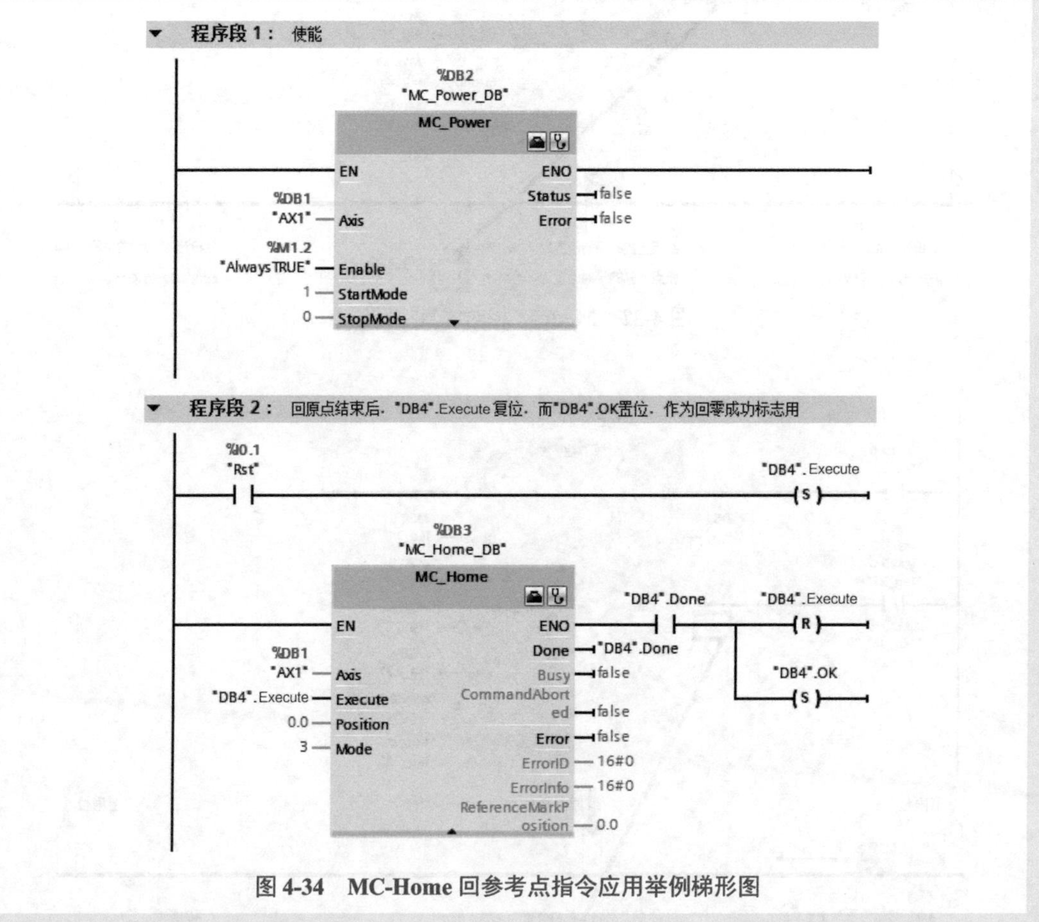

图 4-34 MC-Home 回参考点指令应用举例梯形图

4.5 S7-1200/1500 PLC 运动控制轴移动相关指令及应用

运动控制与轴移动相关的指令有点动轴指令 MC_MoveJog 、相对定位轴指令 MC_MoveRelative、绝对定位轴指令 MC_MoveAbsolute、速度轴指令 MC_MoveVelocity 和按照运动顺序运行轴命令 MC_CommandTable 等，以下分别进行介绍。

4.5.1 点动轴指令 MC_MoveJog 的应用

点动轴指令 MC_MoveJog 的应用

（1）点动轴指令 MC_MoveJog 介绍

点动功能在工程中十分常用，如设备在调试和维护时就经常用到。运动控制指令 MC_MoveJog 的功能在点动模式下以指定的速度连续移动轴，其参数含义见表 4-10。

表 4-10 MC_MoveJog 点动轴指令的参数

LAD	SCL	输入 / 输出	参数的含义
MC_MoveJog EN ENO Axis InVelocity JogForward Busy JogBackward CommandAborted Velocity Error PositionControlled ErrorID ErrorInfo	"MC_MoveJog_DB"（ Axis:=_multi_fb_in_, JogForward:=_bool_in_, JogBackward:=_bool_in_, Velocity:=_real_in_, PositionControlled:=_bool_in_, InVelocity=>_bool_out_, Busy=>_bool_out_, CommandAborted=>_bool_out_, Error=>_bool_out_, ErrorID=>_word_out_, ErrorInfo=>_word_out_）;	EN	使能
		Axis	已配置好的工艺对象名称
		JogForward	正向点动
		JogBackward	反向点动
		Velocity	点动速度，正负号无效
		PositionControlled	0：速度控制 1：位置控制
		Busy	是否忙
		ErrorID	错误 ID 码
		ErrorInfo	错误信息

使用 MC_MoveJog 点动轴指令注意事项如下：

① JogForward：正向点动，不是用上升沿触发，JogForward 为 1 时，轴运行；JogForward 为 0 时，轴停止。类似于按钮功能，按下按钮，轴就运行，松开按钮，轴停止运行。

② JogBackward：反向点动，使用方法参考 JogForward。

③ Velocity：点动速度，数值可以实时修改，实时生效。负号不会反向。

（2）点动轴指令 MC_MoveJog 应用举例

★【例 4-4】 原理图如图 4-10 所示，当压下 HMI 上正向按钮，伺服电动机正向点动，当压下 HMI 上反向按钮，伺服电动机反向点动。

【解】 梯形图如图 4-35 所示。通常点动按钮用 HMI 中的软按钮控制，只要将 PLC 中的 STF 变量与 HMI 中的正转按钮关联，将 PLC 中的 STR 变量与 HMI 中的反转按钮关联即可。

使用点动轴指令 MC_MoveJog 不必事先回原点。

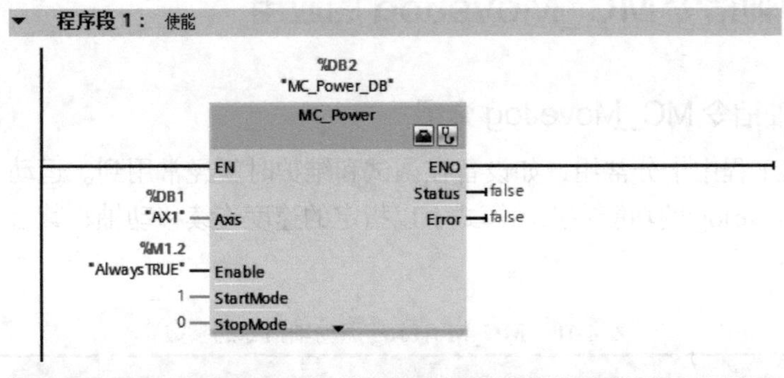

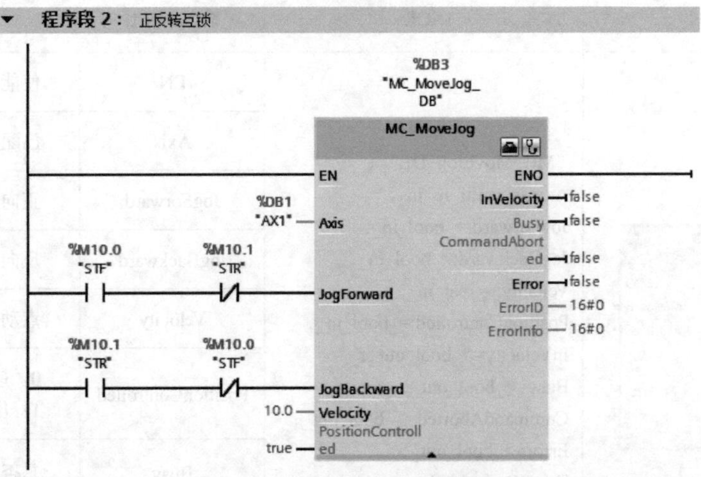

图 4-35 点动轴指令 MC_Move Jog 应用举例（一）梯形图

★【例 4-5】 原理图如图 4-10 所示，要求伺服系统为被动回原点，当压下 SB2 按钮设置被动回原点方式，用 MC_MoveJog 运行，实现被动回原点，回原点成功后，将一个标志位置位。

【解】 新建数据块“DB4”，“DB4”中创建有 Execute、Done、OK 等变量，被动回原点梯形图如图 4-36 所示。

当压下按钮 SB2 时，“DB4”.Execute 置位，设置回原点方式为被动回原点。然后将变量“STF”（M2.2）置 1，让伺服系统向原点开关方向以点动方式移动，当滑块碰到原点开关，本例为 Org（I0.3）时，回原点成功，“DB4”.Execute 复位，“DB4”.OK 置位。

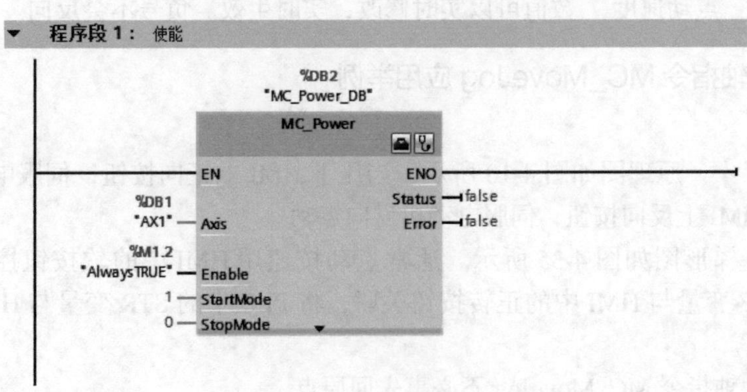

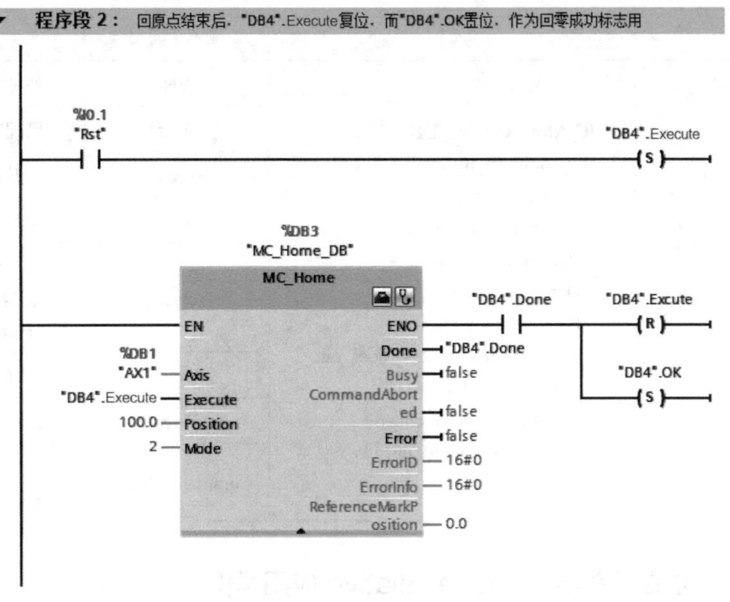

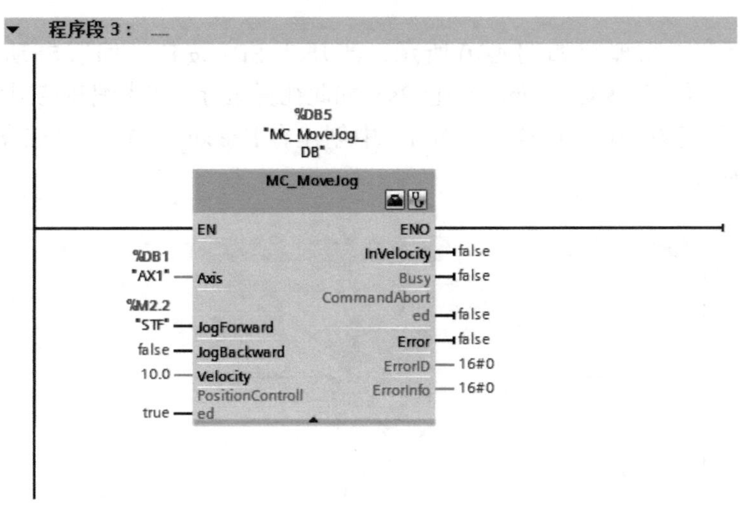

图 4-36 点动轴指令 MC_Move Jog 应用举例（二）梯形图

4.5.2 相对定位轴指令 MC_MoveRelative 的应用

相对定位轴指令 MC_Move Relative 的应用

（1）相对定位轴指令 MC_MoveRelative 介绍

MC_MoveRelative 相对定位轴指令的执行不需要建立参考点（原点），只需要定义距离、速度和方向即可。当上升沿使能 Execute 后，轴按照设定的速度和距离运行，其方向由距离中的正负号（+/-）决定。相对位移指令具体参数说明见表 4-11。

表 4-11　MC_MoveRelative 相对定位轴指令的参数

LAD	SCL	输入 / 输出	参数的含义
	"MC_MoveRelative_DB"（ Axis:=_multi_fb_in_, Execute:=_bool_in_, Distance:=_real_in_, Velocity:=_real_in_, Done=>_bool_out_, Busy=>_bool_out_, CommandAborted=>_bool_out_, Error=>_bool_out_, ErrorID=>_word_out_, ErrorInfo=>_word_out_）;	EN	使能
		Axis	已配置好的工艺对象名称
		Execute	上升沿使能
		Distance	运行距离（正或者负）
		Velocity	定义的速度 限制：启动 / 停止速度 ≤ Velocity ≤ 最大速度
		Done	1：已达到目标位置
		Busy	1：正在执行任务
		CommandAborted	1：任务在执行期间被另一任务中止

（2）相对定位轴指令 MC_MoveRelative 应用举例

★【例 4-6】 原理图如图 4-10 所示，当压下 SB1 按钮，伺服电动机正向移动 20mm，停 2s，再反向移动 20mm，停止 2s，如此往复运行。要求编写控制程序。

【解】 新建数据块“DB4”，“DB4”中创建有 Execute、Done、OK 等变量，梯形图如图 4-37 所示。

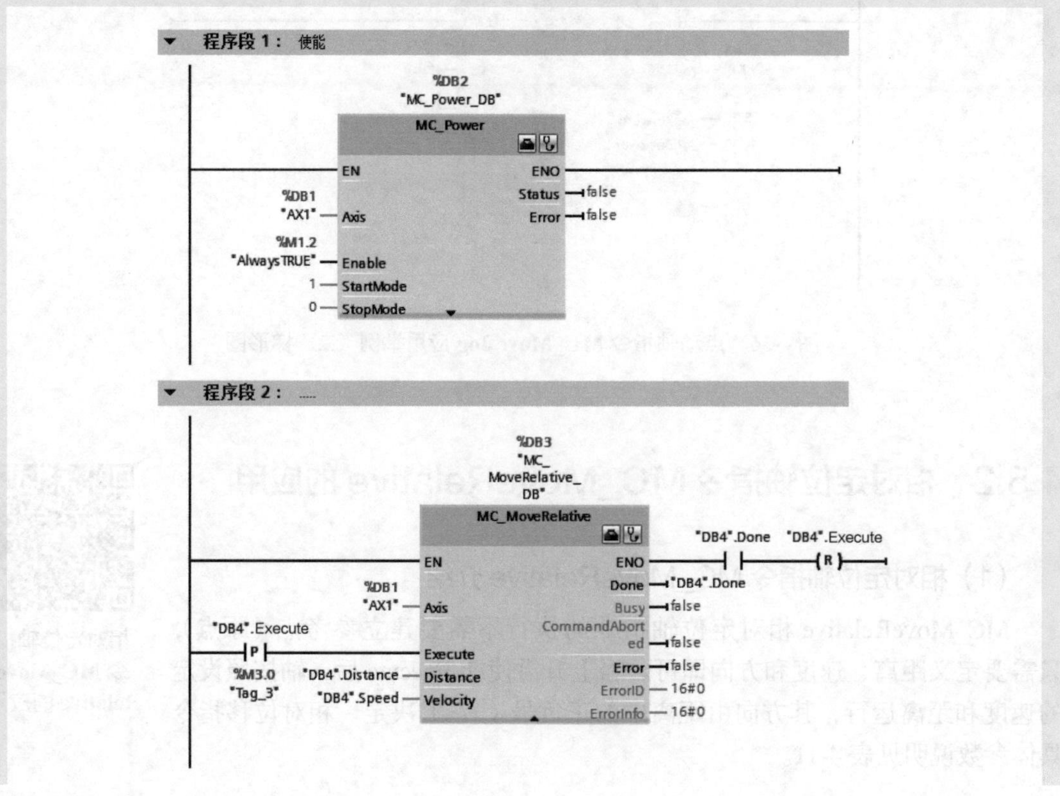

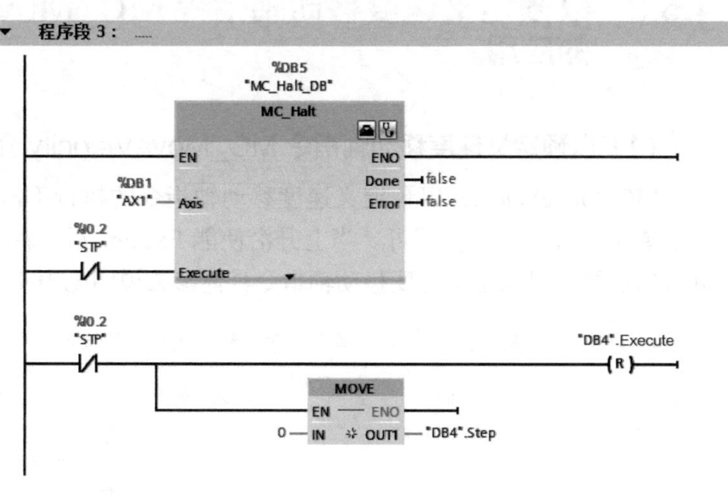

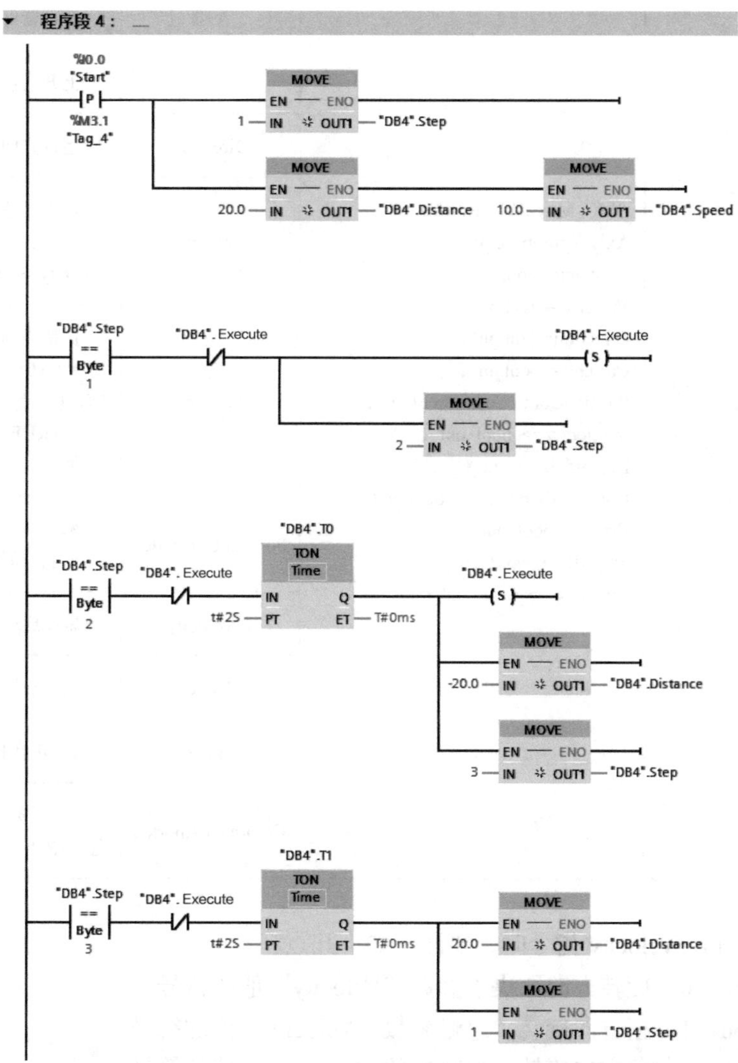

图 4-37　相对定位轴指令 MC_MoveRelative 应用举例梯形图

以预定义速度移动轴指令 MC_MoveVelocity 的应用

4.5.3 以预定义速度移动轴指令 MC_MoveVelocity 的应用

（1）以预定义速度移动轴指令 MC_MoveVelocity 介绍

MC_MoveVelocity 以预定义速度移动轴指令的执行不需要建立参考点，只需要定义方向、速度即可。当上升沿使能 Execute 后，轴按照设定的速度和方向运行。以预定义速度移动轴指令具体参数说明见表 4-12。

表 4-12　MC_MoveVelocity 以预定义速度移动轴指令的参数

LAD	SCL	输入 / 输出	参数的含义
MC_MoveVelocity EN　ENO InVelocity Axis　Busy Execute　CommandAborted Velocity　Error Direction　ErrorID Current　ErrorInfo PositionControlled	"MC_MoveVelocity_DB"（ Axis:=_multi_fb_in_, Execute:=_bool_in_, Velocity:=_real_in_, Direction:=_int_in_, Current:=_bool_in_, PositionControlled:=_bool_in_, InVelocity=>_bool_out_, Busy=>_bool_out_, CommandAborted=>_bool_out_, Error=>_bool_out_, ErrorID=>_word_out_, ErrorInfo=>_word_out_）;	EN	使能
		Axis	已配置好的工艺对象名称
		Execute	上升沿使能
		Direction	运行方向
		Velocity	定义的速度 限制：启动 / 停止速度 ≤ Velocity ≤ 最大速度
		Current	保持当前速度： • FALSE：禁用“保持当前速度” • TRUE：激活“保持当前速度”
		PositionControlled	• 0：速度控制 • 1：位置控制
		InVelocity	轴在启动时以当前速度运动
		Done	1：已达到目标位置
		Busy	1：正在执行任务
		CommandAborted	1：任务在执行期间被另一任务中止

使用 MC_MoveVelocity 指令时，要注意如下几点：

① Direction = 0，旋转方向取决于参数“Velocity”值的符号。

② Direction = 1，正方向旋转，忽略参数“Velocity”值的符号。

③ Direction = 2，负方向旋转，忽略参数“Velocity”值的符号。

④ Velocity=0.0 时，相当于使用停止指令 MC_Halt。

（2）以预定义速度移动轴指令 MC_MoveVelocity 的应用实例

★【例 4-7】 原理图如图 4-10 所示，有一台 HMI 与 PLC 连接，当压下 HMI 上正转按钮，伺服电动机以 20mm/s 速度正向移动，压下停止按钮，电动机停机，当压下 HMI 上反转按钮，伺服电动机以 -20mm/s 速度反向移动。要求编写控制程序。

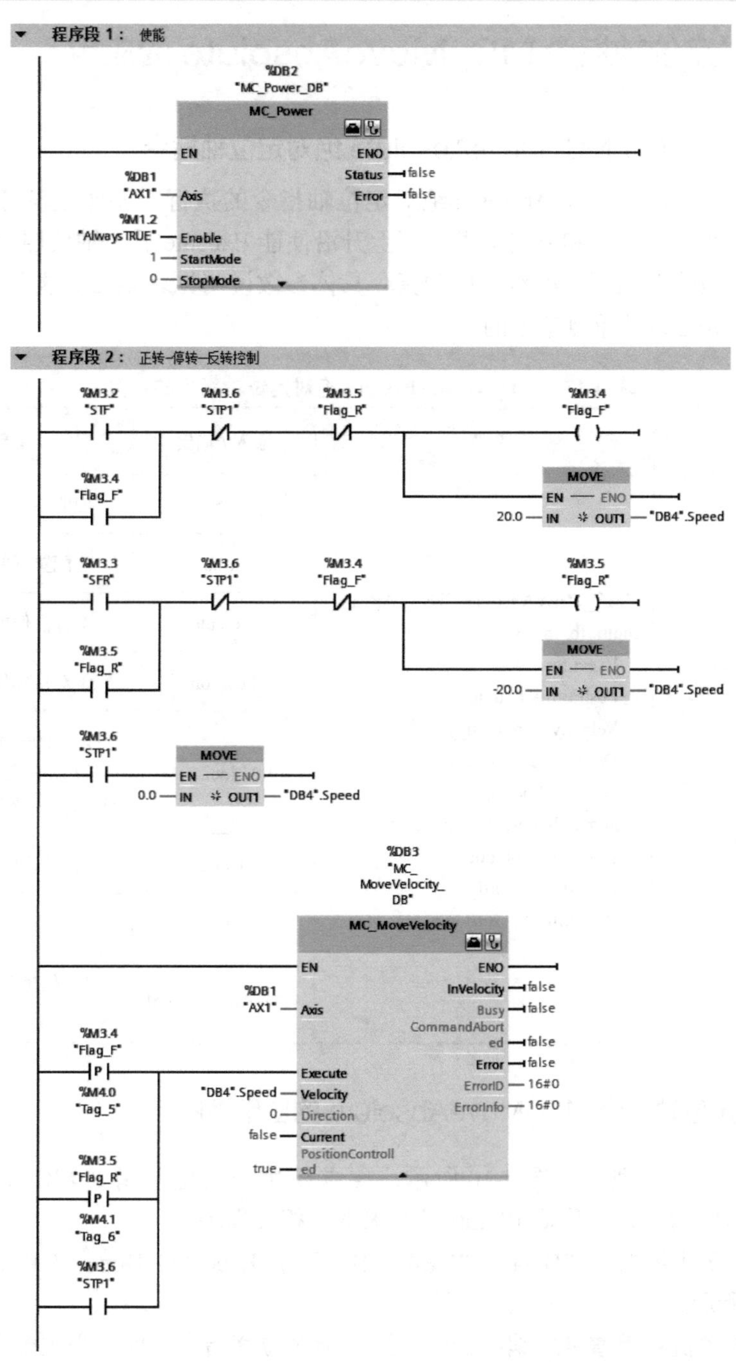

图 4-38 以预定义速度移动轴指令 MC_MoveVelocity 应用举例梯形图

【解】 新建数据块“DB4”，“DB4”中创建有 Speed 变量，编写梯形图程序如图 4-38 所示。

当 STF 闭合时，Flag_F 得电自锁，“DB4”.Speed 的数值为 20.0，所以是电动机正转。

当 STP1 闭合时，Flag_F 和 Flag_R 断电，“DB4”.Speed 的数值为 0.0，所以电动机停转。

当 STR 闭合时，Flag_R 得电自锁，“DB4”.Speed 的数值为 -20.0，所以是电动机反转。

4.5.4 绝对定位轴指令 MC_MoveAbsolute 的应用

绝对定位轴指令 MC_Move Absolute 的应用

（1）MC_MoveAbsolute 绝对定位轴指令

MC_MoveAbsolute 绝对定位轴指令的执行需要建立参考点，通过定义距离、速度和方向即可。当上升沿使能 Execute 后，轴按照设定的速度和绝对位置运行。绝对定位轴指令具体参数说明见表 4-13。这个指令非常常用，是必须要重点掌握的。

表 4-13 MC_MoveAbsolute 绝对定位轴指令的参数

LAD	SCL	输入 / 输出	参数的含义
MC_MoveAbsolute EN ENO Axis Done Execute Busy Position CommandAborted Velocity Error ErrorID ErrorInfo	“MC_MoveAbsolute_DB”(Axis:=_multi_fb_in_, Execute:=_bool_in_, Position:=_real_in_, Velocity:=_real_in_, Done=>_bool_out_, Busy=>_bool_out_, CommandAborted=>_bool_out_, Error=>_bool_out_, ErrorID=>_word_out_, ErrorInfo=>_word_out_);	EN	使能
		Axis	已配置好的工艺对象名称
		Execute	上升沿使能
		Position	绝对目标位置
		Velocity	定义的速度 限制：启动/停止速度 ≤ Velocity ≤ 最大速度
		Done	1：已达到目标位置
		Busy	1：正在执行任务
		CommandAborted	1：任务在执行期间被另一任务中止

（2）绝对定位轴指令 MC_MoveAbsolute 的应用举例

★【例 4-8】 原理图如图 4-10 所示，要求使用绝对位移指令 MC_MoveAbsolute，当压下按钮 SB1 后，正向移动 100mm。要求编写相关程序。

【解】 新建数据块“DB4”，“DB4”中创建有 Execute、Done、OK 等变量，梯形图如图 4-39 所示。

当伺服电动机自带增量式编码器时，运行绝对位移指令之前，必须要先回原点，这是必须要注意的。

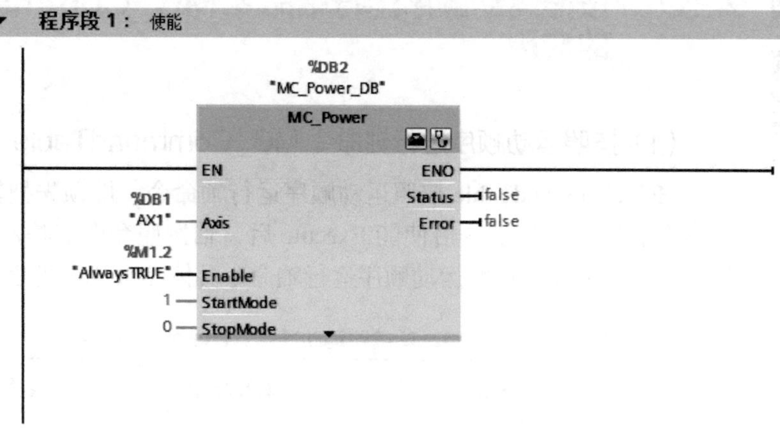

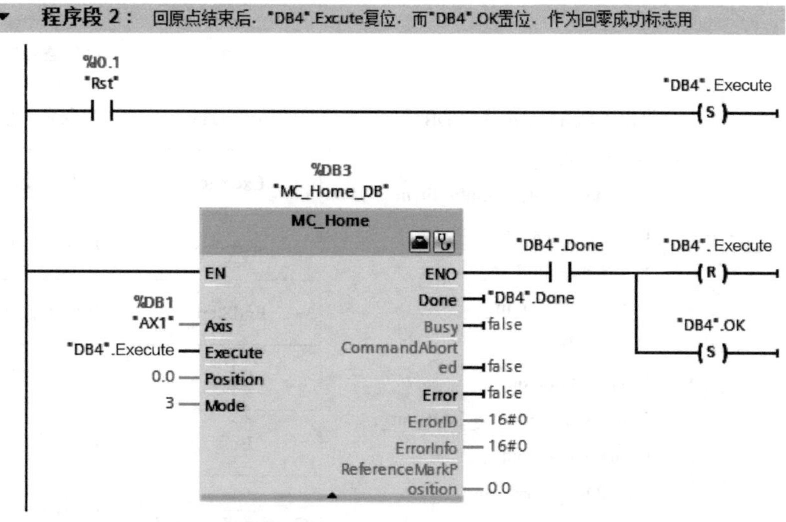

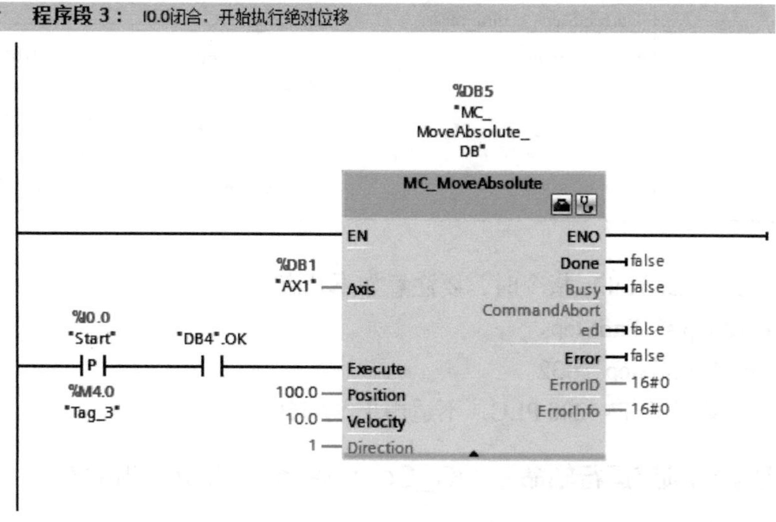

图 4-39 绝对定位轴指令 MC_MoveAbsolute 应用举例梯形图

按照运动顺序运行轴命令 MC_CommandTable 的应用

4.5.5 按照运动顺序运行轴命令 MC_CommandTable 的应用

（1）按照运动顺序运行轴命令 MC_CommandTable 介绍

MC_CommandTable 按照运动顺序运行轴命令，即预先把轴的动作组态在命令表格里，当上升沿使能 Execute 后，轴按照命令表格动作顺序运行，极大方便了编程。按照运动顺序运行轴命令具体参数说明见表 4-14。

表 4-14　MC_CommandTable 按照运动顺序运行轴命令的参数

LAD	SCL	输入 / 输出	参数的含义
MC_CommandTable EN　ENO Axis　Done CommandTable　Busy Execute　CommandAborted StartStep　Error EndStep　ErrorID ErrorInfo CurrentStep StepCode	"MC_CommandTable_DB"（ Axis:=_multi_fb_in_, CommandTable:=_multi_fb_in_, Execute:=_bool_in_, StartStep:=_uint_in_, EndStep:=_uint_in_, Done=>_bool_out_, Busy=>_bool_out_, CommandAborted=>_bool_out_, Error=>_bool_out_, ErrorID=>_word_out_, ErrorInfo=>_word_out_, CurrentStep=>_uint_out_, Code=>_word_out_）;	EN	使能
		Axis	已配置好的工艺对象名称
		CommandTable	命令表工艺对象
		Execute	上升沿使能
		StartStep	从此步骤开始命令表处理
		EndStep	从此步骤结束命令表处理
		Done	1：已达到目标位置
		Busy	1：正在执行任务
		CommandAborted	1：任务在执行期间被另一任务中止
		Error	处理时出错
		ErrorID	错误标识符
		CurrentStep	当前在处理的步骤

使用 MC_CommandTable 指令时，要注意如下几点。

① 1 ≤ StartStep ≤ EndStep。

② StartStep ≤ EndStep ≤ 32。

③ 此命令只适用于 S7-1200 PLC，不适用于 S7-1500 PLC。

（2）按照运动顺序运行轴命令 MC_CommandTable 的应用举例

★【例 4-9】　原理图如图 4-10 所示，当压下 SB1 启动按钮，伺服电动机正向移动 50mm，停 2s，再反向移动 50mm，停止 2s，如此往复运行。要求编写控制程序。

【解】 硬件组态与前面的例子相同，但本例还需要命令表工艺组态，具体操作如下：

① 如图 4-40 所示，在项目树中，双击“新增对象”，弹出命令表，在“常规”菜单中，将表格命名为“TAB1”。

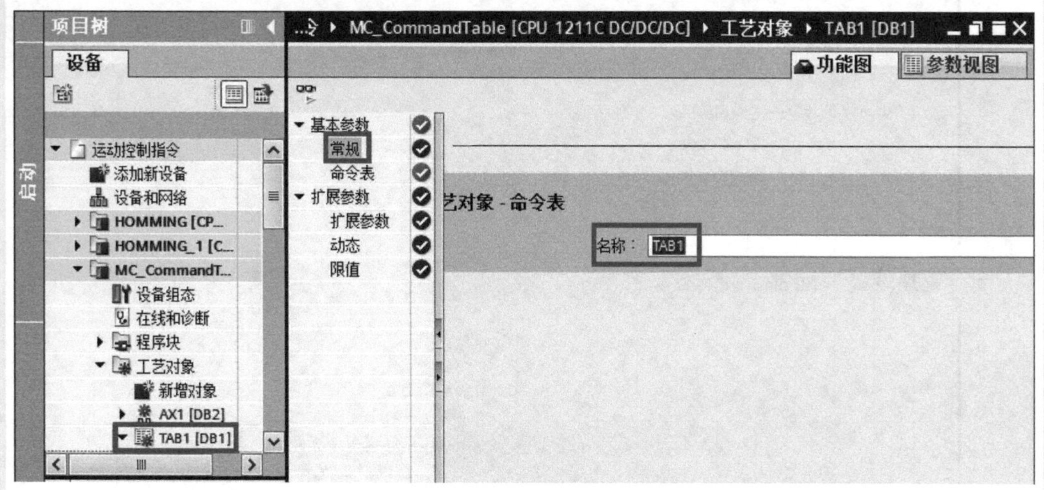

图 4-40 组态常规（例 4-9）

② 如图 4-41 所示，在命令表中输入轴动作顺序。具体说明如下：

a. 步号 1：相对位移为 50mm，速度 25mm/s。

b. 步号 2：等待 2s。

c. 步号 3：相对位移为 0mm，速度 25mm/s。

d. 步号 4：等待 2s。

由此可见，这个命令表就是伺服系统运行的逻辑。

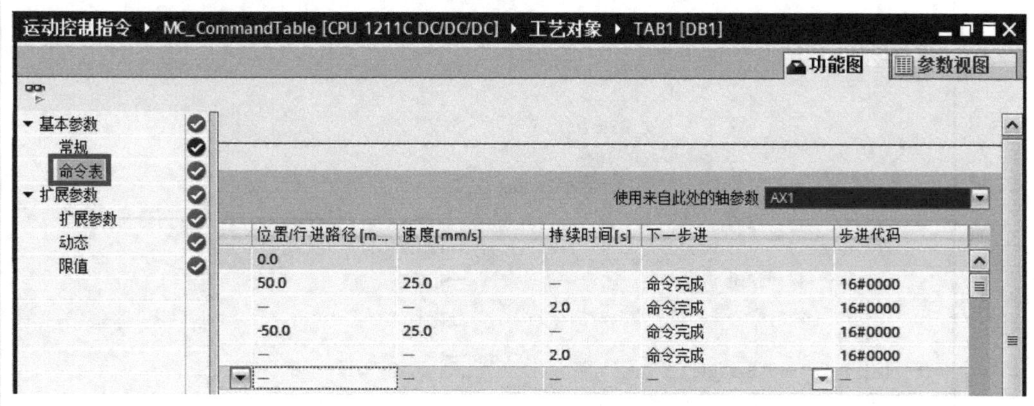

位置/行进路径 [m...	速度 [mm/s]	持续时间 [s]	下一步进	步进代码
0.0				
50.0	25.0	—	命令完成	16#0000
—	—	2.0	命令完成	16#0000
-50.0	25.0	—	命令完成	16#0000
—	—	2.0	命令完成	16#0000
—	—	—	—	—

图 4-41 组态命令表（例 4-9）

③ 新建数据块“DB4”，“DB4”中创建有 Done、OK 等变量，编写梯形图程序如图 4-42 所示。

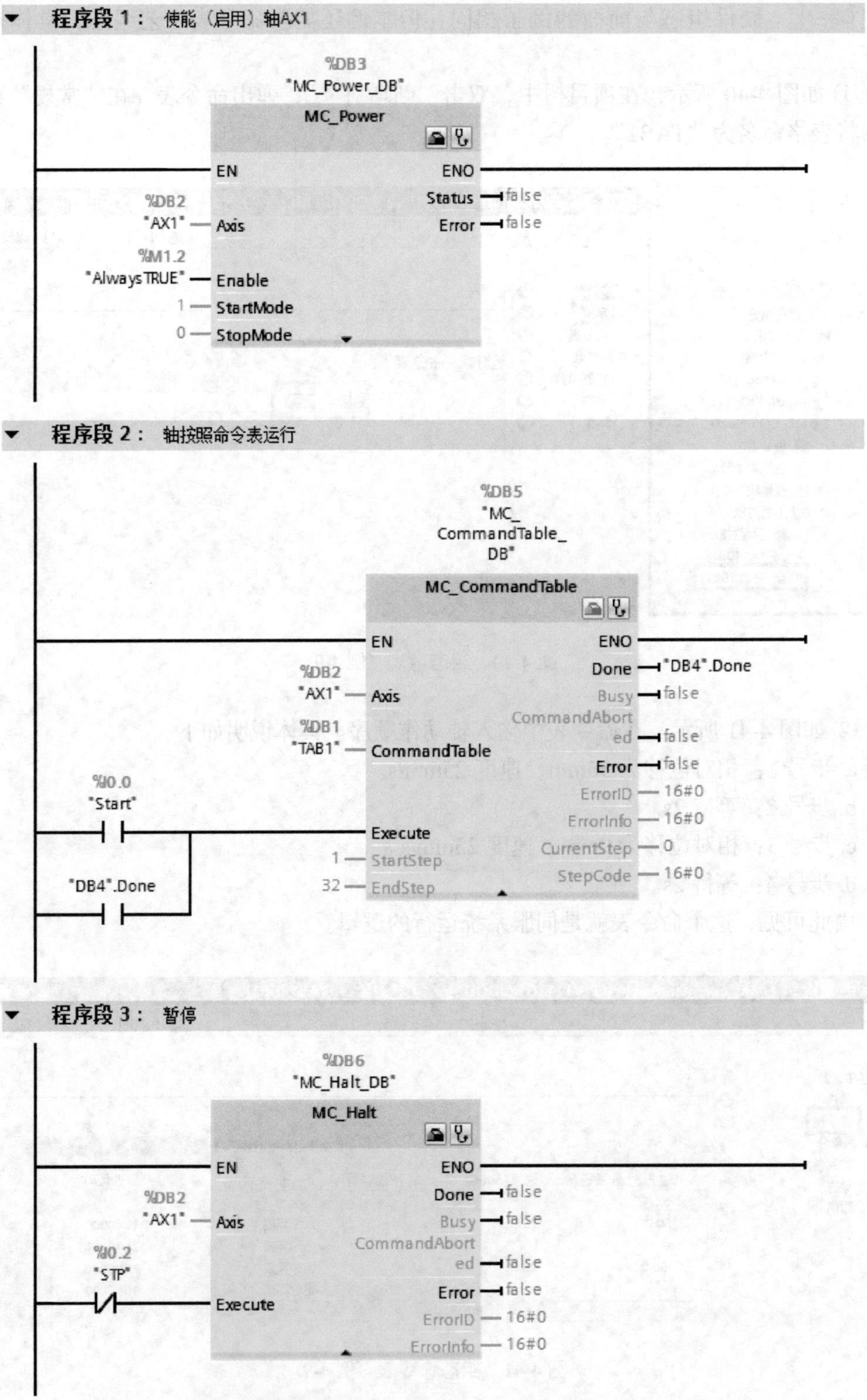

▼ 程序段 1： 使能（启用）轴AX1

%DB3
"MC_Power_DB"
MC_Power
EN — ENO
%DB2 "AX1" — Axis　Status — false
Error — false
%M1.2 "AlwaysTRUE" — Enable
1 — StartMode
0 — StopMode

▼ 程序段 2： 轴按照命令表运行

%DB5
"MC_CommandTable_DB"
MC_CommandTable
EN — ENO
Done — "DB4".Done
%DB2 "AX1" — Axis　Busy — false
CommandAborted — false
%DB1 "TAB1" — CommandTable
Error — false
ErrorID — 16#0
%I0.0 "Start"
"DB4".Done
Execute　ErrorInfo — 16#0
1 — StartStep　CurrentStep — 0
32 — EndStep　StepCode — 16#0

▼ 程序段 3： 暂停

%DB6
"MC_Halt_DB"
MC_Halt
EN — ENO
Done — false
%DB2 "AX1" — Axis　Busy — false
CommandAborted — false
%I0.2 "STP"
Execute　Error — false
ErrorID — 16#0
ErrorInfo — 16#0

图 4-42　按照运动顺序运行轴命令 MC_CommandTable 应用举例梯形图

4.6 S7-1200/1500 PLC 运动控制暂停和故障确认指令及应用

S7-1200/1500PLC 运动控制暂停和故障确认指令及应用

（1）停止轴指令 MC_Halt 介绍

MC_Halt 停止轴指令用于停止轴的运动，当上升沿使能 Execute 后，轴会按照已配置的减速曲线停车。停止轴块具体参数说明见表 4-15。

表 4-15　MC_Halt 停止轴指令的参数

LAD	SCL	各输入 / 输出	参数的含义
MC_Halt EN　ENO Axis　Done Execute　Busy CommandAborted Error ErrorID ErrorInfo	"MC_Halt_DB"（Axis:=_multi_fb_in_, Execute:=_bool_in_, Done=>_bool_out_, Busy=>_bool_out_, CommandAborted=>_bool_out_, Error=>_bool_out_, ErrorID=>_word_out_, ErrorInfo=>_word_out_）;	EN	使能
		Axis	已配置好的工艺对象名称
		Execute	上升沿使能
		Done	1：速度达到零
		Busy	1：正在执行任务
		CommandAborted	1：任务在执行期间被另一任务中止

（2）MC_Reset 错误确认指令介绍

如果存在一个错误需要确认，必须调用错误确认指令，进行复位，例如轴硬件超程，处理完成后，必须复位。其具体参数说明见表 4-16。

表 4-16　MC_Reset 错误确认指令的参数

LAD	SCL	输入 / 输出	参数的含义
MC_Reset EN　ENO Axis　Done Execute　Busy Restart　Error ErrorID ErrorInfo	"MC_Reset_DB"（Axis:=_multi_fb_in_, Execute:=_bool_in_, Restart:=_bool_in_, Done=>_bool_out_, Busy=>_bool_out_, Error=>_bool_out_, ErrorID=>_word_out_, ErrorInfo=>_word_out_）;	EN	使能
		Axis	已配置好的工艺对象名称
		Execute	上升沿使能
		Restart	0：用来确认错误 1：将轴的组态从装载存储器下载到工作存储器
		Done	轴的错误已确认
		Busy	是否忙
		ErrorID	错误 ID 码
		ErrorInfo	错误信息

★【例 4-10】 原理图如图 4-10 所示，当压下 SB2 复位按钮，先确认错误，再回原点，回原点成功后，有标志显示，按停止按钮可以暂停。要求编写控制程序。

【解】 编写梯形图程序如图 4-43 所示。

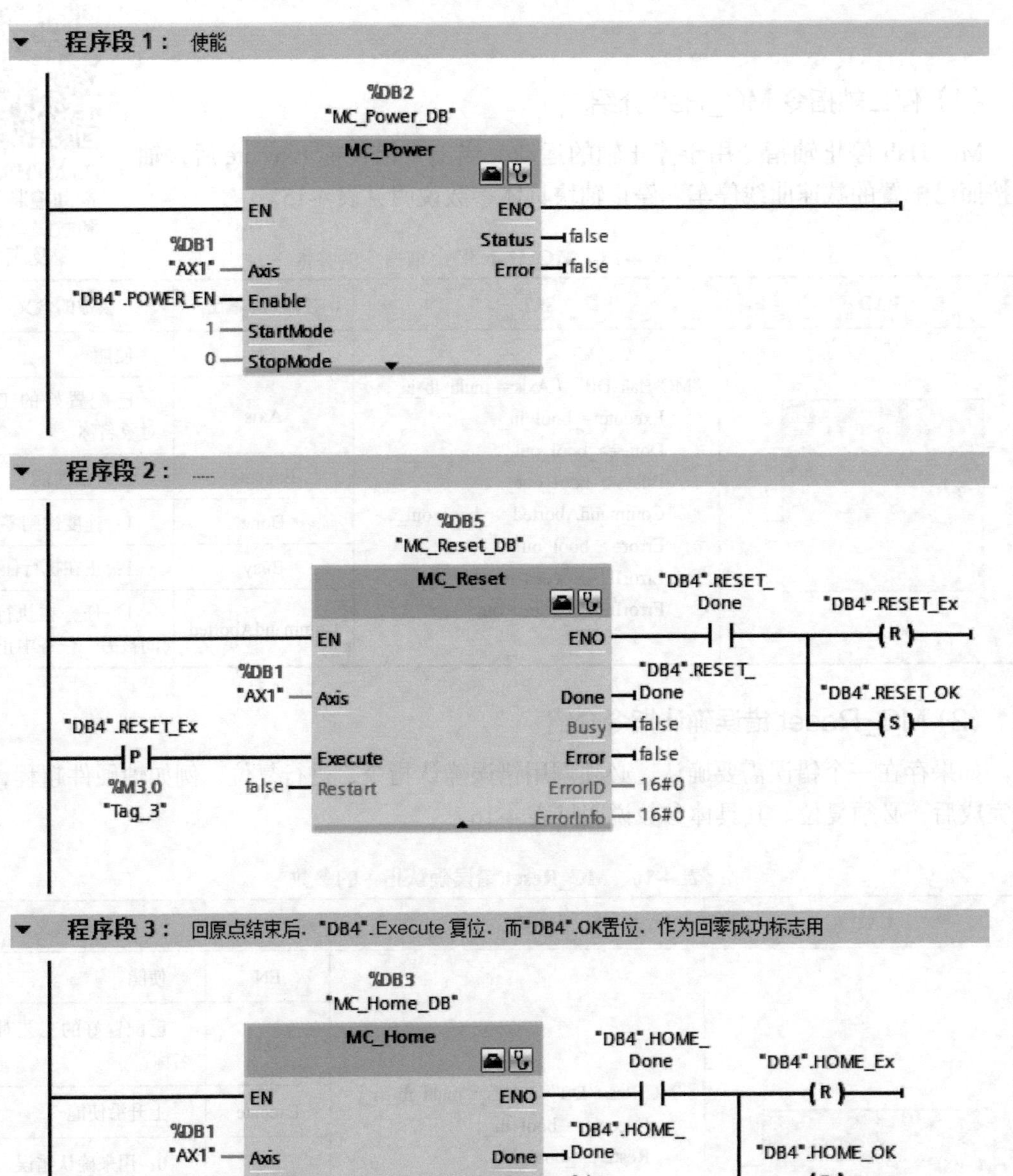

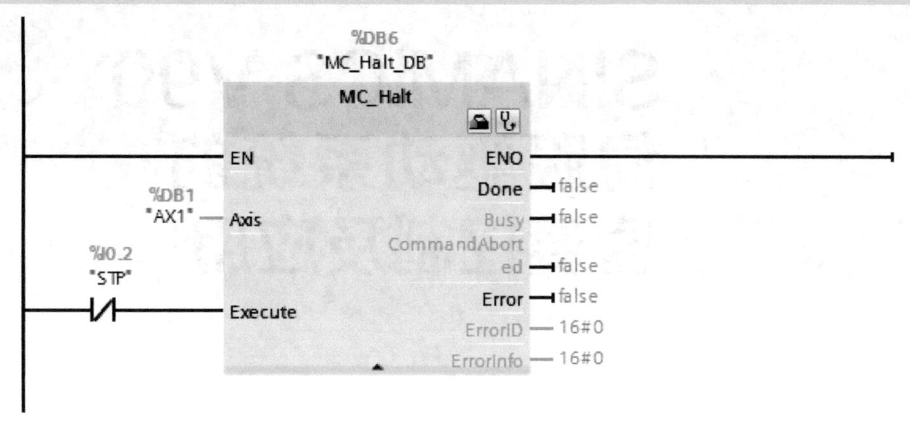

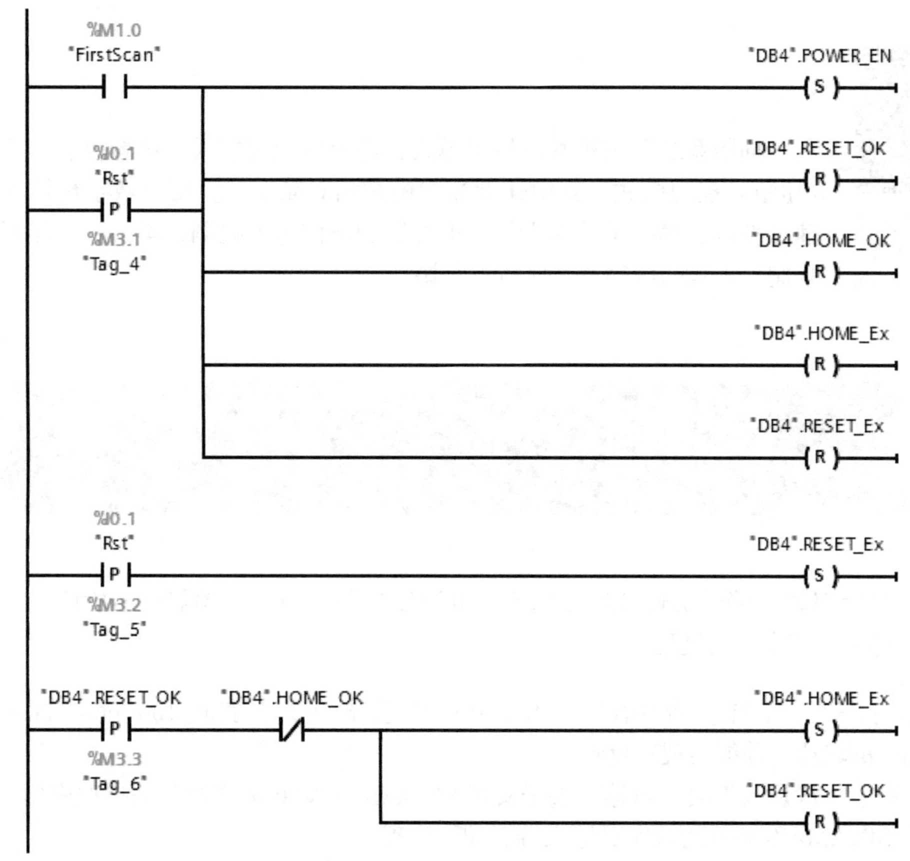

图 4-43 运动控制暂停和故障确认指令应用举例梯形图

第5章 SINAMICS V90 伺服驱动系统的速度控制及应用

基于数字量输入端子实现 SINAMICS V90 速度控制

伺服系统有三种基本控制模式，即速度控制模式、位置控制模式和转矩（扭矩）控制模式。其中速度控制模式相对简单，主要有数字量输入端子的速度控制、模拟量输入端子速度控制和通信速度控制，类似于变频器的速度控制。本章的内容读者应重点掌握。

5.1 基于数字量输入端子实现 SINAMICS V90 速度控制

利用数字量输入端子实现 SINAMICS V90 速度控制类似于变频器的多段调速，以下用一个例子详细介绍实施的过程。

★【例 5-1】 有一台 SINAMICS V90 伺服系统，要求实现 100r/min、200r/min、300r/min 的转速，并能实现正反转。

【解】 这是基于数字量输入端子实现 SINAMICS V90 速度控制的典型应用，只需要使用 SINAMICS V90 的数字量输入端子即可实现。

（1）设计电气原理图

设计电气原理图如图 5-1 所示。

设计此图要注意如下几点。

① CWL 是顺时针超行程限制（正限位），CCWL 是逆时针超行程限制（负限位），应和数字量输入端电源 +24V 短接，如不短接，伺服电动机不运行，除非参数中设置了内部短接（第 3 章已经讲解了）。

② EMGS 是急停按钮，只能是 13 号端子，不可修改，应和数字量输入端电源 +24V 短接，如不短接，伺服电动机不运行，除非参数中设置了内部短接。

③ SON 也应和数字量输入端电源 +24V 短接。

④ 例如：要将 SON、正限位、负限位和急停都强制，则设置参数 p29300=2#01000111（71），那么 SON、正限位、负限位和急停都类似于已经与数字量输入公共端的电源短接了，减少接线的工作量。

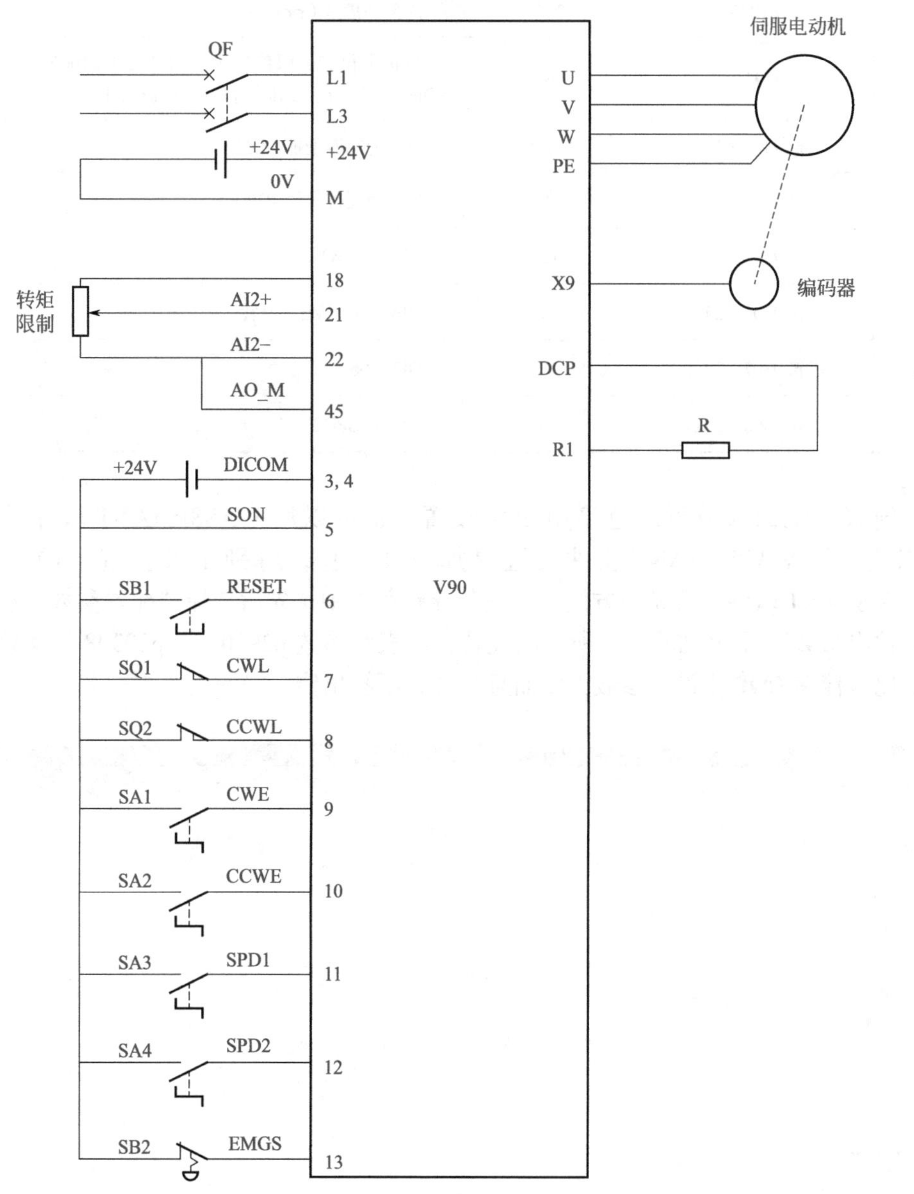

图 5-1　数字量输入端子实现速度控制电气原理图

（2）设置伺服驱动系统的参数

设置伺服驱动系统参数，见表 5-1。

表 5-1　数字量输入端子实现速度控制时设置伺服驱动系统参数（例 5-1）

序号	参数	参数值	说明
1	p29003	2	控制模式：速度控制模式
2	p1001	100	内部速度 1（r/min）
3	p1002	200	内部速度 2（r/min）
4	p1003	300	内部速度 3（r/min）
5	p29300	6	将正限位和反限位禁止。如设为 2#01000111（即 71），则 SON、正限位、反限位和急停都被禁止
6	p29301（2）	1	DI1 为伺服使能 SON
7	p29302（2）	2	DI2 为复位故障 RESET
8	p29305（2）	12	DI5 为 CWE，正转
9	p29306（2）	13	DI6 为 CCWE，反转
10	p29307（2）	15	DI7 为 SPD1
11	p29308（2）	16	DI8 为 SPD2

伺服系统的参数可以直接用 BOP 设置，也可以用 V-ASSISTANT 软件设置，总体来说，用 V-ASSISTANT 软件设置更加方便一些，特别是设置端子的参数，用 V-ASSISTANT 软件设置尤为方便。在任务导航菜单中，先后选择“配置参数”和“配置输入输出参数”，再做如图 5-2 所示的设置，则表示参数 p29301 ～ p29308 的参数设置完成，比直接在 BOP 中设置参数方便而且直观，不易出错。

速度控制模式

端口	DI 1	DI 2	DI 3	DI 4	DI 5	DI 6	DI 7	DI 8	DI 9	DI 10	强制置1
SON	分配										☐
RESET		分配									
CWL			分配								☐
CCWL				分配							☐
G_CHANGE											
TLIM1											☐
TLIM2											
CWE					分配						
CCWE						分配					
ZSCLAMP											
SPD1							分配				☐
SPD2								分配			
SPD3											
SLIM1											
SLIM2											
EMGS									分配		☐

图 5-2　数字量输入端子实现速度控制时配置输入输出参数（例 5-1）

注意　如 p29300 设置为 2#01000111（71），则 SON、正限位、反限位和急停都被禁止，也就是这些端子的硬接线可以不连接，在调试时，特别有用。或者做如图 5-3 所示标号③处的设置，其作用与 p29300=2#01000111(71) 的含义相同。

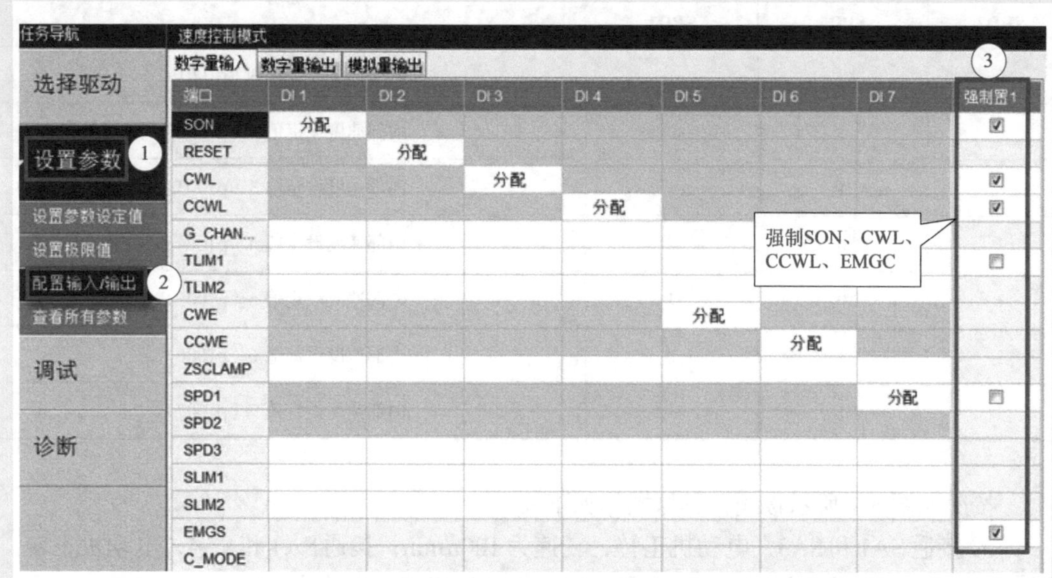

图 5-3　数字量输入端子实现速度控制时配置 p29300 参数（例 5-1）

如图 5-4 所示，设置数字量输入端子控制的 3 个内部速度值：100r/min、200 r/min、300 r/min（图中为 rpm）。

速度控制模式

组别过滤器：所有参数　　搜索：　　出厂值　　保存更改

组	参数号	参数信息	值	单位	值范围	出厂设置
速度控制	p1001	速度固定设定值 1	100.0000	rpm	[-210000，2100...	0.0000
速度控制	p1002	速度固定设定值 2	200.0000	rpm	[-210000，2100...	0.0000
速度控制	p1003	速度固定设定值 3	300.0000	rpm	[-210000，2100...	0.0000
速度控制	p1004	速度固定设定值 4	0.0000	rpm	[-210000，2100...	0.0000
速度控制	p1005	速度固定设定值 5	0.0000	rpm	[-210000，2100...	0.0000
速度控制	p1006	速度固定设定值 6	0.0000	rpm	[-210000，2100...	0.0000
速度控制	p1007	速度固定设定值 7	0.0000	rpm	[-210000，2100...	0.0000
速度控制	p1058	JOG 1 速度设定值	100.0000	rpm	[0，210000]	100.0000
速度控制	p1082	最大速度	3000.0000	rpm	[0，210000]	1500.0000
速度控制	p1083	正旋转方向速度极限	3000.0000	rpm	[0，210000]	210000.0000
速度控制	p1086	负旋转方向速度极限	-3000.0000	rpm	[-210000，0]	-210000.0000

图 5-4　数字量输入端子实现速度控制时配置速度参数（例 5-1）

（3）操作演示

SINAMICS V90 伺服系统共计 8 个速度源可用于速度设定值。可通过数字量输入信号 SPD1、SPD2 和 SPD3 组合选择其一组合，组合见表 5-2。

表 5-2　内部速度组合选择（例 5-1）

数字量信号			说明
SPD3	SPD2	SPD1	
0	0	0	外部模拟量速度设定值（模拟量输入 1）

数字量信号			说明
SPD3	SPD2	SPD1	
0	0	1	内部速度设定值 1（p1001）
0	1	0	内部速度设定值 2（p1002）
0	1	1	内部速度设定值 3（p1003）
1	0	0	内部速度设定值 4（p1004）
1	0	1	内部速度设定值 5（p1005）
1	1	0	内部速度设定值 6（p1006）
1	1	1	内部速度设定值 7（p1007）

按照如图 5-1 所示接线，具体操作如下。

① 接通 SA1 和 SA3，电动机正转，转速为 100r/min；接通 SA1 和 SA4，电动机正转，转速为 200r/min；接通 SA1 、SA3 和 SA4，电动机正转，转速为 300r/min。

② 接通 SA2 和 SA3，电动机反转，转速为 100r/min；接通 SA2 和 SA4，电动机反转，转速为 200r/min；接通 SA2 、SA3 和 SA4，电动机反转，转速为 300r/min。

③ SB1 闭合是为了确认错误。

5.2 基于模拟量输入端子实现 SINAMICS V90 速度控制

基于模拟量输入端子实现 SINAMICS V90 速度控制

利用模拟量输入端子实现 SINAMICS V90 速度控制类似于变频器的模拟量速度给定，以下用一个例子详细介绍实施的过程。

查看表 5-2 知道：当 SPD1、SPD2、SPD3 的端子都断开时，是模拟量速度给定。

★【例 5-2】 有一台 S7-1200 PLC 和 SINAMICS V90 伺服系统，要求实现 S7-1200 PLC 对 SINAMICS V90 伺服系统模拟量速度给定，并能实现正反转。

【解】

（1）设计电气原理图

设计电气原理图如图 5-5 所示，电动机的正反转由 Q0.0 和 Q0.1 确定，转速的大小由 SB1232 输出的模拟量给定。本例 SINAMICS V90 伺服系统的 +24V 使用了一台电源，PLC 的输出端电源和伺服系统的电源 0V 要短接，否则不能形成回路。

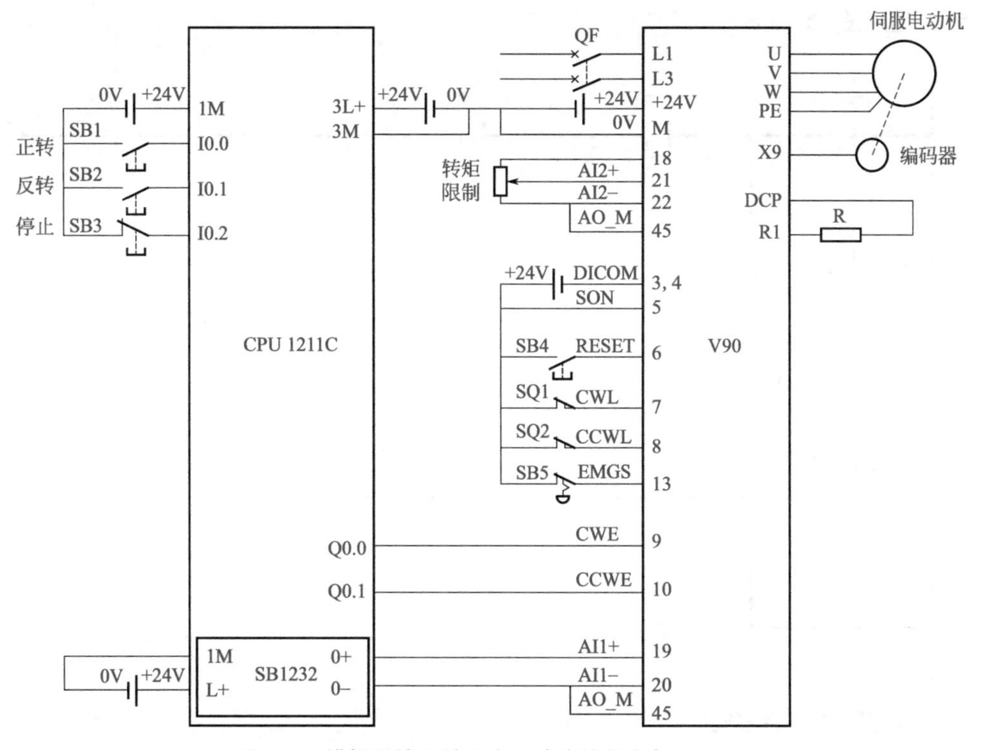

图 5-5　模拟量输入端子实现速度控制电气原理图

（2）设置伺服驱动系统的参数

设置伺服驱动系统参数，见表 5-3。

表 5-3　模拟量输入端子实现速度控制时设置伺服驱动系统参数（例 5-2）

序号	参数	参数值	说明
1	p29003	2	控制模式：速度控制模式
2	p29300	6	将正限位和反限位禁止。如设为 2#01000111（71），则 SON、正限位、反限位和急停都被禁止
3	p29301（2）	1	DI1 为伺服使能 SON
4	p29302（2）	2	DI2 为复位故障 RESET
5	p29305（2）	12	DI5 为 CWE，正转
6	p29306（2）	13	DI6 为 CCWE，反转
7	p29060	3000	指定全模拟量输入（10V）对应的速度设定值，转速 3000r/min
8	p29061	0	模拟量输入 1 的偏移量调整

（3）编写程序

编写梯形图程序如图 5-6 所示。

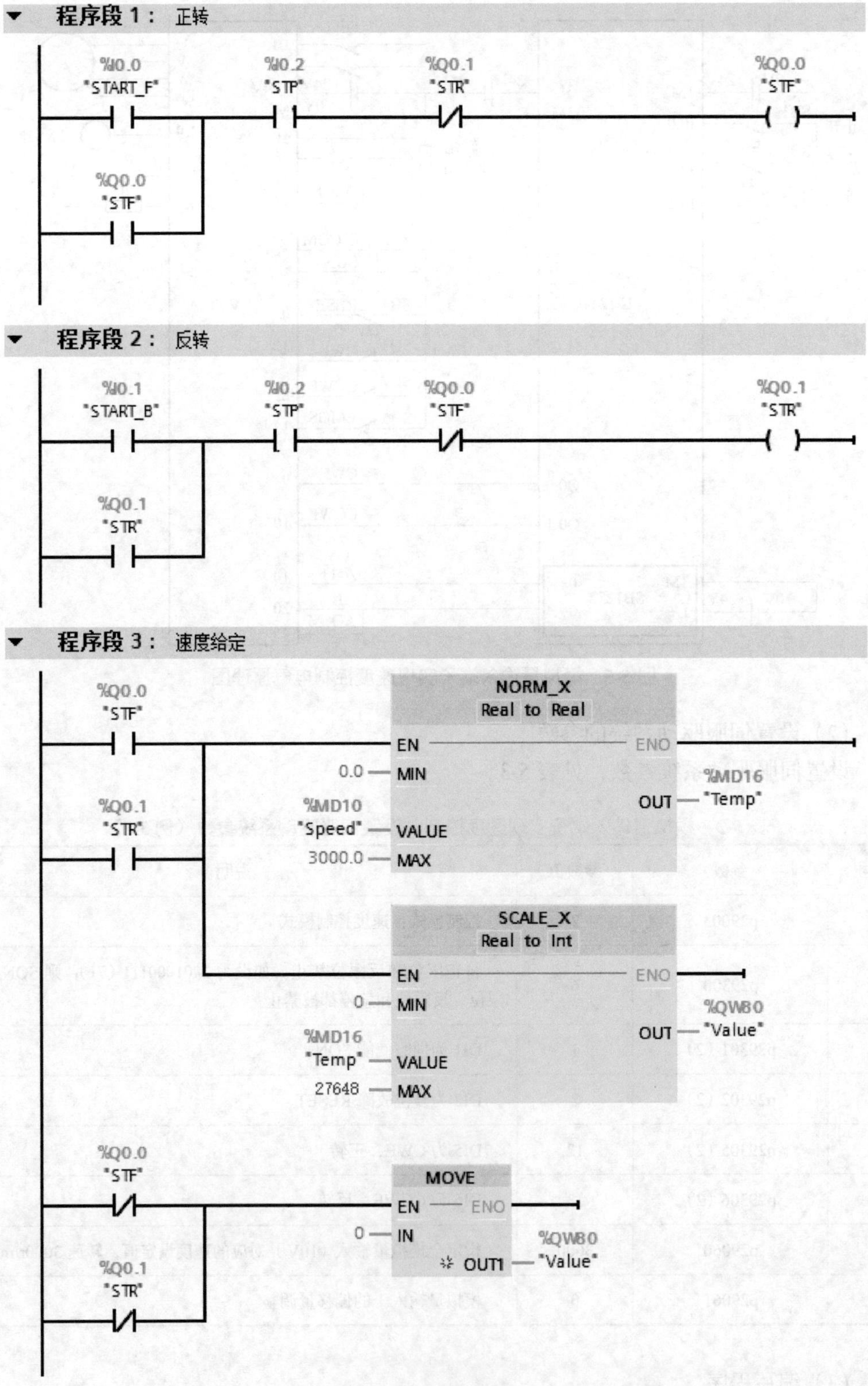

▼ 程序段 1： 正转

▼ 程序段 2： 反转

▼ 程序段 3： 速度给定

图 5-6 模拟量输入端子实现速度控制梯形图（例 5-2）

5.3 S7-1200 通过现场总线与 SINAMICS V90 通信实现速度控制

PLC 与 SINAMICS V90 通信实现速度控制，减少了硬接线控制信号线，这种方案越来越多地被工程实践采用。其中脉冲版本只支持 MODBUS 和 USS 通信，而 PN 版本只支持 PROFINET 通信。由于 USS 通信实时性不佳，而且未开放 PZD，不能使用 TIA Portal 软件中的 USS 库，在 SINAMICS V90 工程实践中，较少采用，因此本书不讲解。

5.3.1 S7-1200 通过 IO 地址控制 SINAMICS V90 实现速度控制

S7-1200 通过 PROFINET 现场总线与 SINAMICS V90 通信实现速度控制有三种方案，分别是：

S7-1200 通过 IO 地址控制 SINAMICS V90 实现速度控制

① 使用标准报文 2 和工艺对象（TO），对 SINAMICS V90 实现速度控制。这种方法与 TO 位置控制类似，在此不讲解；

② S7-1200 通过 IO 地址控制 SINAMICS V90 实现速度控制；

③ S7-1200 通过 FB285 函数块控制 SINAMICS V90 实现速度控制。

先介绍 S7-1200 通过 IO 地址控制 SINAMICS V90 实现速度控制。

★【例 5-3】 用一台 HMI 和 CPU 1211C 对 SINAMICS V90 伺服系统通过 PROFINET 进行无级调速和正反转控制。要求设计解决方案，并编写控制程序。

【解】

（1）软硬件配置

① 1 套 TIA Portal V16。

② 1 套 SINAMICS V90 PN 伺服驱动系统。

③ 1 台 CPU 1211C。

④ 1 根屏蔽双绞线。

原理图如图 5-7 所示，CPU 1211C 的 PN 接口与 SINAMICS V90 伺服驱动器 PN 接口之间用专用的以太网屏蔽电缆连接。

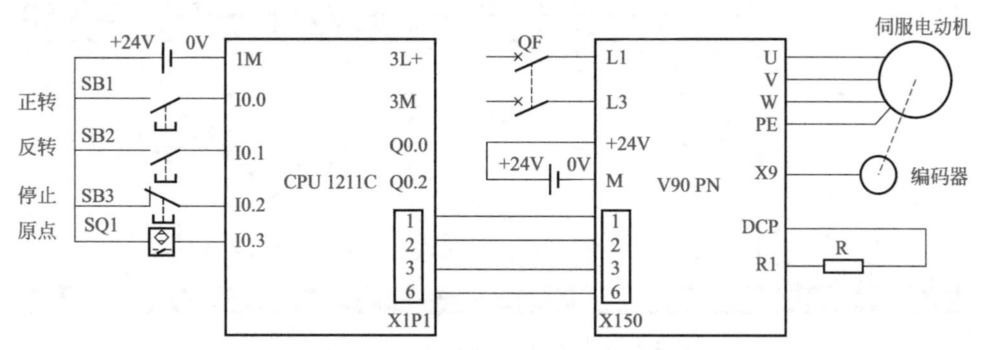

图 5-7 通过 IO 地址控制 V90 实现速度控制原理图

(2) 硬件组态

① 新建项目“PN_1211C”，如图5-8所示，选中“设备和网络”→“设备组态”→“设备视图”，在“硬件目录”中，选中CPU 1211C，并将其拖拽到标记③的位置。

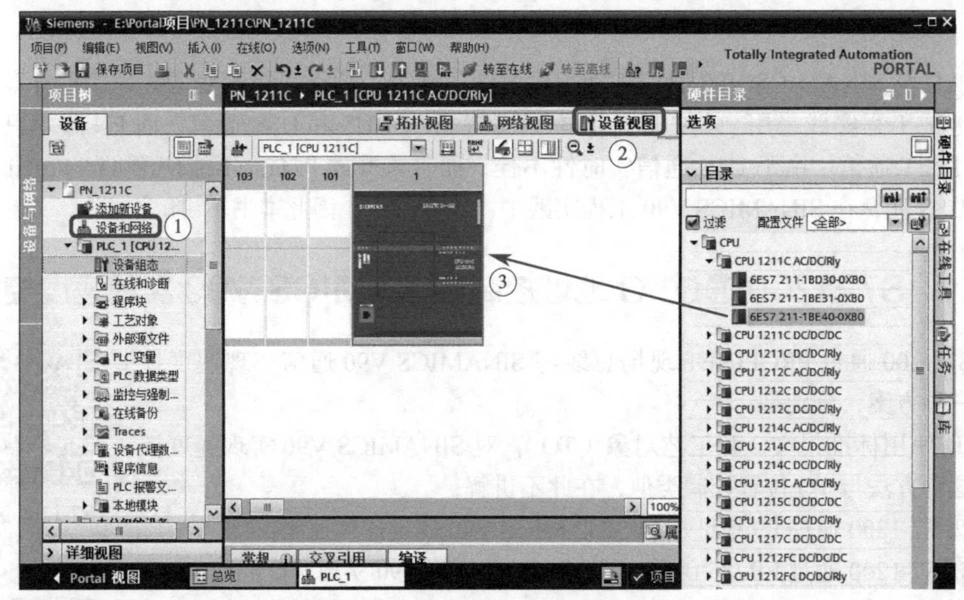

图5-8 新建项目(例5-3)

② 配置PROFINET接口。在“设备视图”中选中“CPU1211C”的图标→“属性”→“以太网地址”，单击“添加新子网”按钮，新建PROFINET网络，如图5-9所示。

图5-9 配置PROFINET接口(例5-3)

③ 安装 GSD 文件。一般 TIA Portal 软件中没有安装 GSD 文件时，无法组态 SINAMICS V90 伺服驱动器，因此在组态伺服驱动器之前，需要安装 GSD 文件（之前安装了 GSD 文件，则忽略此步骤）。在图 5-10 中，单击菜单栏的“选项”→“管理通用站描述文件（GSD）”，弹出安装 GSD 文件的界面如图 5-11 所示，选择 SINAMICS V90 伺服驱动器的 GSD 文件“GSDML-V2.32...”，单击“安装”按钮即可，安装完成后，软件自动更新硬件目录。

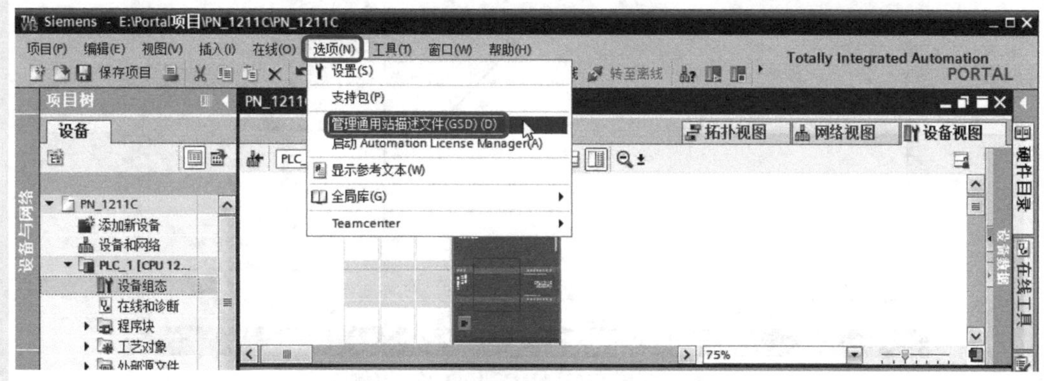

图 5-10　安装 GSD 文件（1）（例 5-3）

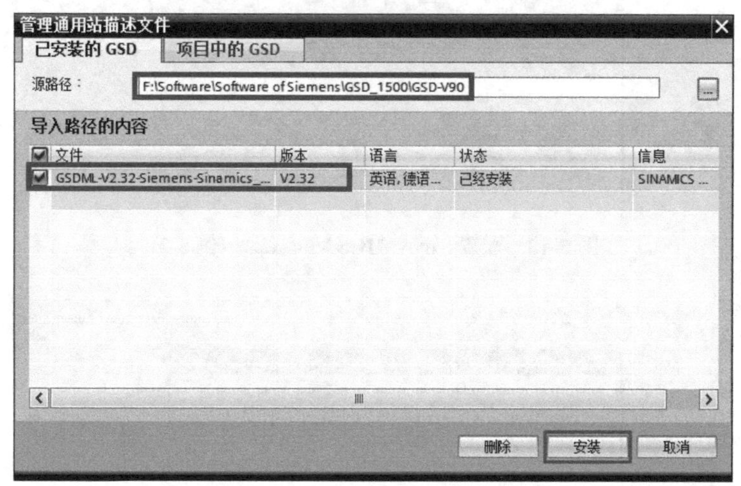

图 5-11　安装 GSD 文件（2）（例 5-3）

④ 配置 SINAMICS V90 伺服驱动器。如图 5-12 所示，展开右侧的硬件目录，选中“其它现场设备”→“PROFINET IO”→“Drives”→“SIEMENS AG”→“SINAMICS”→“SINAMICS V90”，拖拽“SINAMICS V90”到图 5-12 中标记①处的界面。在图 5-13 中，用鼠标左键选中①处的标记（即 PROFINET 接口）按住不放，拖拽到②处的标记（SINAMICS V90 的 PROFINET 接口）松开鼠标。

⑤ 配置通信报文。如图 5-14 所示，选中并双击“SINAMICS V90”，切换到 SINAMICS V90 的“设备视图”中，选中“标准报文 1 PZD 2/2”，并拖拽到图 5-14 中标记①处的位置。注意：PLC 侧选择通信报文 1，那么伺服驱动器侧也要选择报文 1，这一点要特别注意。报文的控制字是 QW78，主设定值是 QW80，详见标记②处。

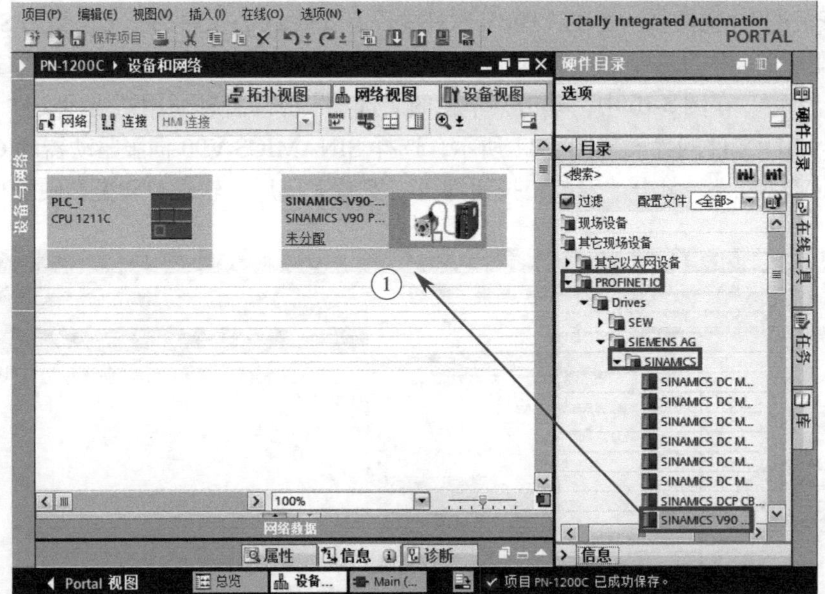

图 5-12 配置 SINAMICS V90（1）（例 5-3）

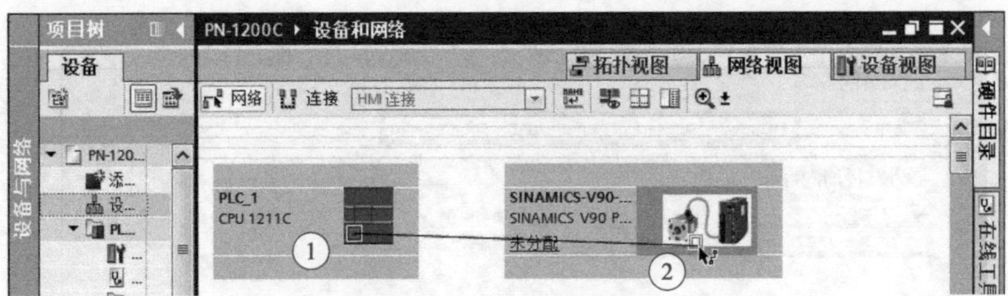

图 5-13 配置 SINAMICS V90（2）（例 5-3）

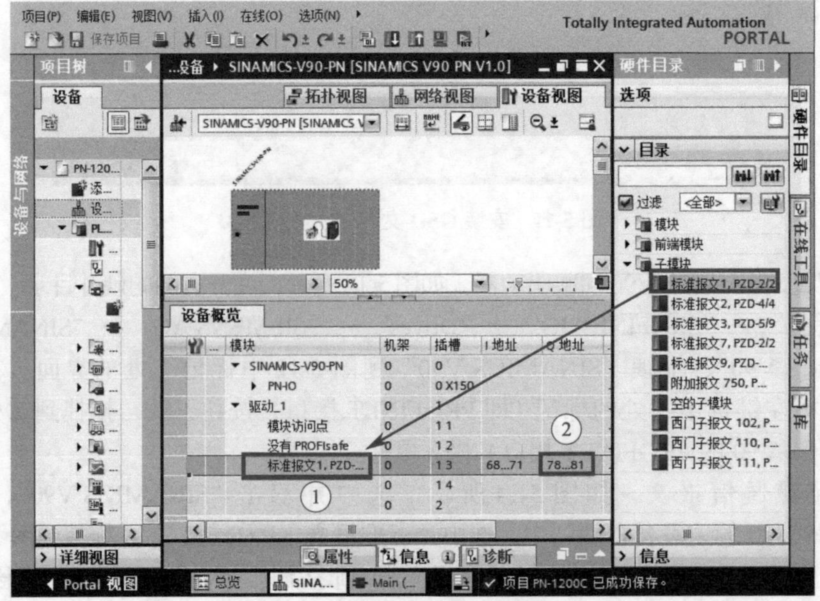

图 5-14 配置通信报文（例 5-3）

（3）分配 SINAMICS V90 的名称和 IP 地址

选中 SINAMICS V90，在设备视图选项卡中，选中“属性”→“常规”→“PROFINET 接口”，查看 IP 地址和 PROFINET 设备名称，如图 5-15 所示。

图 5-15　查看 SINAMICS V90 的名称和 IP 地址（例 5-3）

如果使用 V-ASSISTANT 软件调试，分配 SINAMICS V90 的名称和 IP 地址可以在 V-ASSISTANT 软件中进行，如图 5-16 所示，确保 TIA Portal 中组态时的 SINAMICS V90 的名称和 IP 地址与实际的一致。当然还可以 TIA Portal 软件、PRONETA 软件分配。使用 BOP-2 面板，可根据表 5-4 进行设置参数。

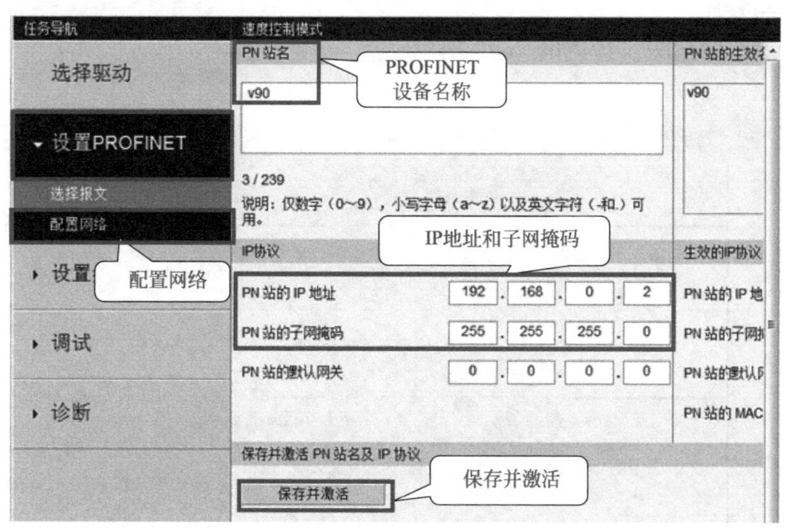

图 5-16　分配 SINAMICS V90 的名称和 IP 地址（例 5-3）

分配变频器的名称和 IP 地址对于成功通信是至关重要的，初学者往往会忽略这一步，从而造成通信不成功。

（4）设置 SINAMICS V90 的参数

设置 SINAMICS V90 的参数十分关键，否则通信是不能正确建立的。SINAMICS V90 参数见表 5-4。

表 5-4 SINAMICS V90 参数（例 5-3）

序号	参数	参数值	说明
1	p922	1	标准报文 1
2	p8921（0）	192	IP 地址：192.168.0.2
	p8921（1）	168	
	p8921（2）	0	
	p8921（3）	2	
3	p8923（0）	255	子网掩码：255.255.255.0
	p8923（1）	255	
	p8923（2）	255	
	p8923（3）	0	
4	p1120	1	斜坡上升时间 1s
5	p1121	1	斜坡下降时间 1s

注意 本例的伺服驱动器设置的是报文 1，与 S7-1200 PLC 组态时选用的报文是一致的（必须一致），否则不能建立通信。

（5）编写程序

编写控制程序如图 5-17 和图 5-18 所示。

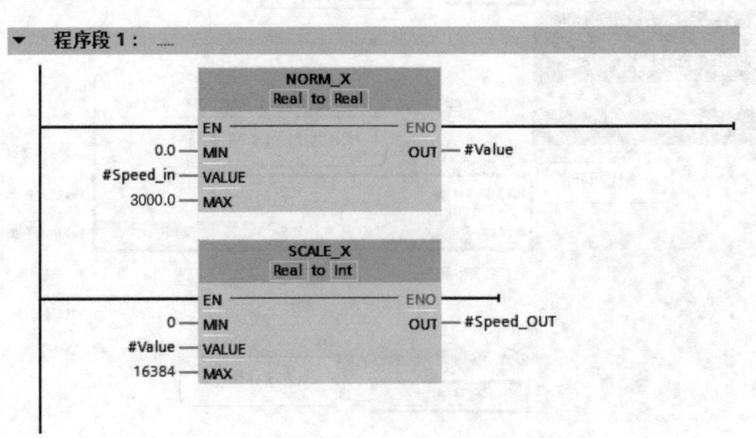

程序段 2： ......

MOVE
EN ENO
#DIR_IN IN OUT1 #DIR_OUT

图 5-17　FC1 中程序（例 5-3）

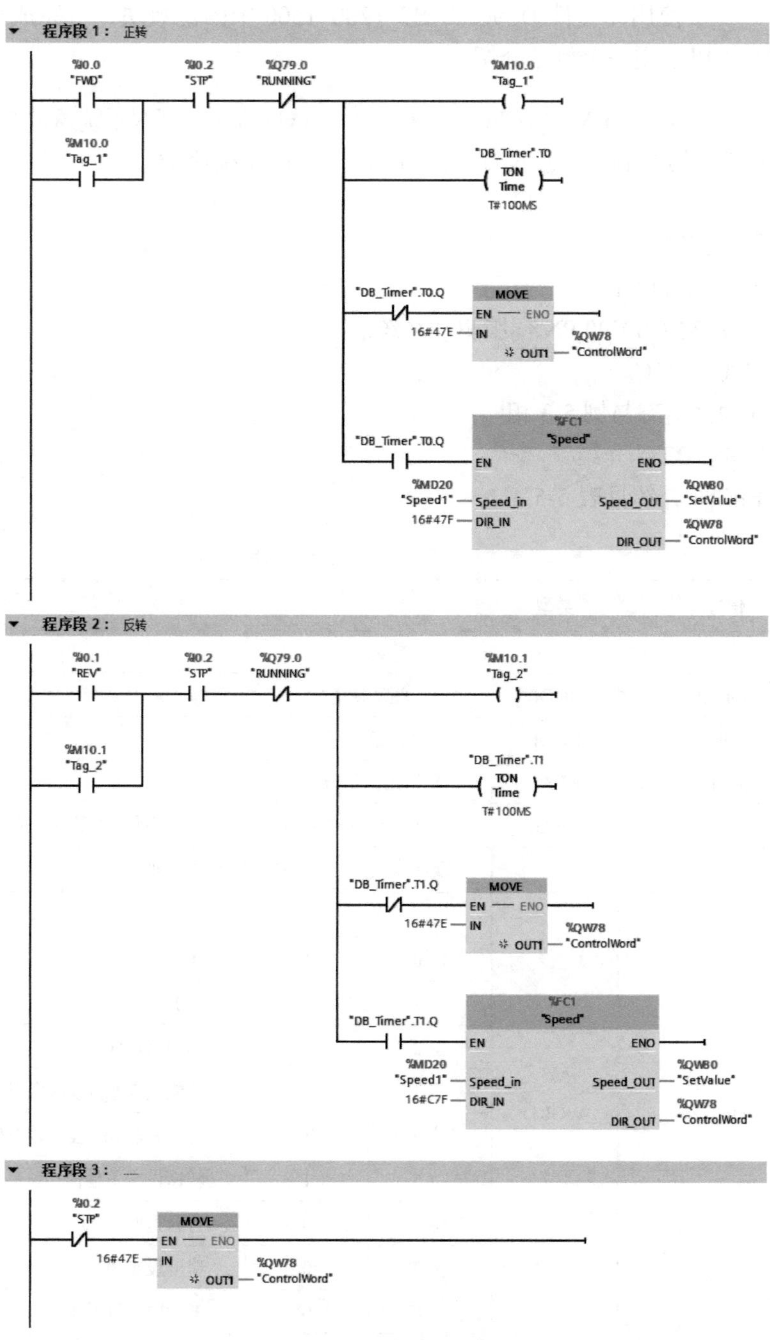

图 5-18　OB1 中的程序（例 5-3）

S7-1200 通过 FB285 函数块控制 SINAMICS V90 实现速度控制

5.3.2 S7-1200 通过 FB285 函数块控制 SINAMICS V90 实现速度控制

S7-1200/1500 PLC 通过 FB285 函数块控制 SINAMICS V90 PN 实现调速，使用的是报文 1，在使用函数块 FB285 前，必须事先安装库文件 DriveLib_S7_1200_1500 或者安装 StartDrive 软件。

使用库文件 DriveLib_S7_1200_1500 中的函数块，可完成速度控制，而且使用比较简便。以下用一个例子介绍。

★【例 5-4】 用一台 HMI 和 CPU 1211C 对 SINAMICS V90 伺服系统通过 PROFINET 进行无级调速和正反转控制。要求设计解决方案，并编写控制程序。

【解】

（1）软硬件配置

① 1 套 TIA Portal V16。

② 1 套 SINAMICS V90 PN 伺服驱动系统。

③ 1 台 CPU 1211C。

原理图和硬件组态与例 5-3 相同。

（2）函数块 FB285 介绍

函数块 FB285 介绍见表 5-5。

表 5-5 函数块 FB285 说明

<table>
<tr><th>序号</th><th>信号</th><th>类型</th><th colspan="3">含义</th></tr>
<tr><td colspan="6">输入</td></tr>
<tr><td>1</td><td>EnableAxis</td><td>BOOL</td><td colspan="3">=1，驱动使能</td></tr>
<tr><td>2</td><td>AckError</td><td>BOOL</td><td colspan="3">驱动故障应答</td></tr>
<tr><td>3</td><td>SpeedSp</td><td>REAL</td><td colspan="3">转速设定值 [rpm]</td></tr>
<tr><td>4</td><td>RefSpeed</td><td>REAL</td><td colspan="3">驱动的参考转速 [rpm]，对应于驱动器中的 p2000 参数</td></tr>
<tr><td rowspan="12">5</td><td rowspan="12">ConfigAxis</td><td rowspan="12">WORD</td><td colspan="3">默认赋值为 16#003F，详细说明如下</td></tr>
<tr><td>位</td><td>默认值</td><td>含义</td></tr>
<tr><td>位 0</td><td>1</td><td>OFF2</td></tr>
<tr><td>位 1</td><td>1</td><td>OFF3</td></tr>
<tr><td>位 2</td><td>1</td><td>驱动器使能</td></tr>
<tr><td>位 3</td><td>1</td><td>使能 / 禁止斜坡函数发生器使能</td></tr>
<tr><td>位 4</td><td>1</td><td>继续 / 冻结斜坡函数发生器使能</td></tr>
<tr><td>位 5</td><td>1</td><td>转速设定值使能</td></tr>
<tr><td>位 6</td><td>0</td><td>打开抱闸</td></tr>
<tr><td>位 7</td><td>0</td><td>速度设定值反向</td></tr>
<tr><td>位 8</td><td>0</td><td>电动电位计升速</td></tr>
<tr><td>位 9</td><td>0</td><td>电动电位计降速</td></tr>
</table>

续表

序号	信号	类型	含义
6	HWIDSTW	HW_IO	V90 设备视图中报文 1 的硬件标识符
7	HWIDZSW	HW_IO	V90 设备视图中报文 1 的硬件标识符
输出			
1	AxisEnabled	BOOL	驱动已使能
2	LockOut	BOOL	驱动处于禁止接通状态
3	ActVelocity	REAL	实际速度 [rpm]
4	Error	BOOL	1= 存在错误
5	Status	INT	16#7002：没错误，功能块正在执行 16#8401：驱动错误 16#8402：驱动禁止启动 16#8600：DPRD_DAT 错误 16#8601：DPWR_DAT 错误
6	DiagID	WORD	通信错误，在执行 SFB 调用时发生错误

注：表中 rpm，即 r/min，转速的单位。

（3）设置伺服驱动器的参数

设置伺服驱动器的参数参见表 5-4。

（4）编写控制程序

编写控制程序如图 5-19 所示。MW50 中是 16#3F，代表使能驱动器和速度设定值，方向为正转；MW50 中是 16#BF，代表使能驱动器和速度设定值，方向为反转。

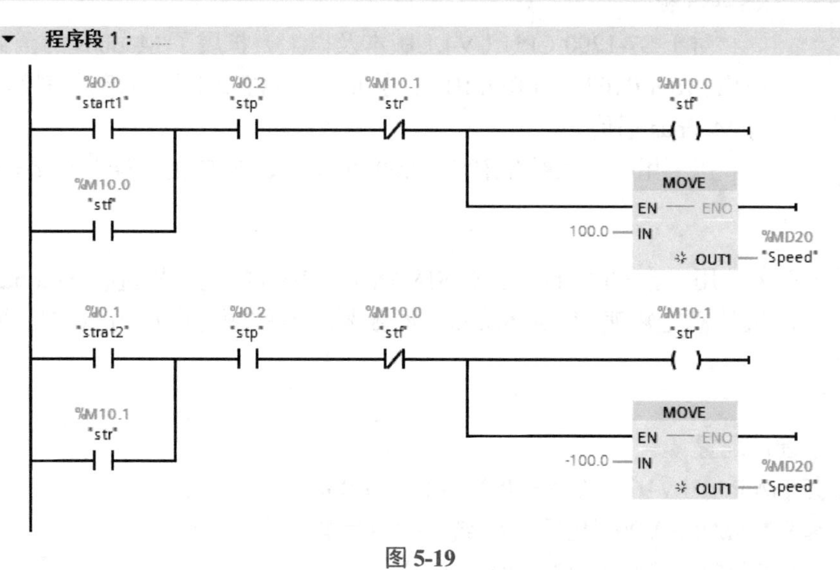

图 5-19

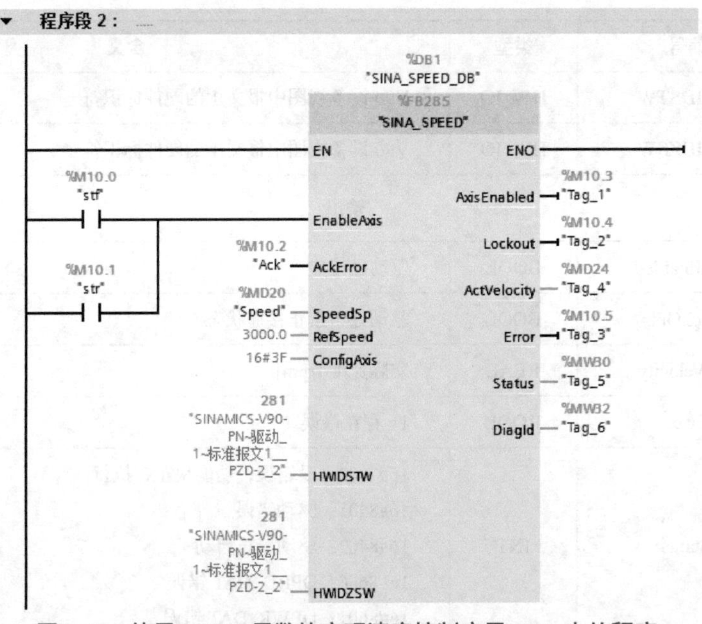

图 5-19　使用 FB285 函数块实现速度控制应用 OB1 中的程序

5.3.3　S7-1200 通过 Modbus 协议与 SINAMICS V90 通信实现速度控制

S7-1200 通过 Modbus 协议与 SINAMICS V90 通信实现速度控制

S7-1200 PLC 的 Modbus 通信需要配置串行通信模块，如 CM 1241（RS-485）、CM 1241 RS-422/RS-485 和 CB 1241 RS-485 板。一个 S7-1200 CPU 中最多可安装三个 CM 1241 或 RS-422/RS-485 模块和一个 CB 1241 RS-485 板。

对于 S7-1200 CPU（V4.1 版本及以上）扩展了 Modbus 的函数块，可以使用 PROFINET 或 PROFIBUS 分布式 I/O 机架上的串行通信模块与设备进行 Modbus 通信。

以下用一个例题介绍 S7-1200 PLC 与 G120C 变频器的 Modbus 通信的实施过程。

★【例 5-5】　用一台 CPU 1211C 对 SINAMICS V90 的电动机进行 Modbus 无级调速，已知电动机的额定转速为 3000r/min，伺服驱动器的额定电压为 200V。要求设计解决方案。

【解】

（1）软硬件配置

① 1 套 TIA Portal V16 和 V-ASSISTANT　V1.06。

② 1 套 SINAMICS V90 伺服驱动系统（脉冲版本）。

③ 1 台 CPU 1211C 和 CM 1241（RS-485）。

④ 1 台电动机。

⑤ 1 根屏蔽双绞线。

接线如图 5-20 所示，CM 1241（RS-485）模块串口的 3 和 8 号端子与 SINAMICS V90 伺服驱动器的 X12 通信口的 3 和 8 号端子相连，PLC 端的终端电阻置于 ON。

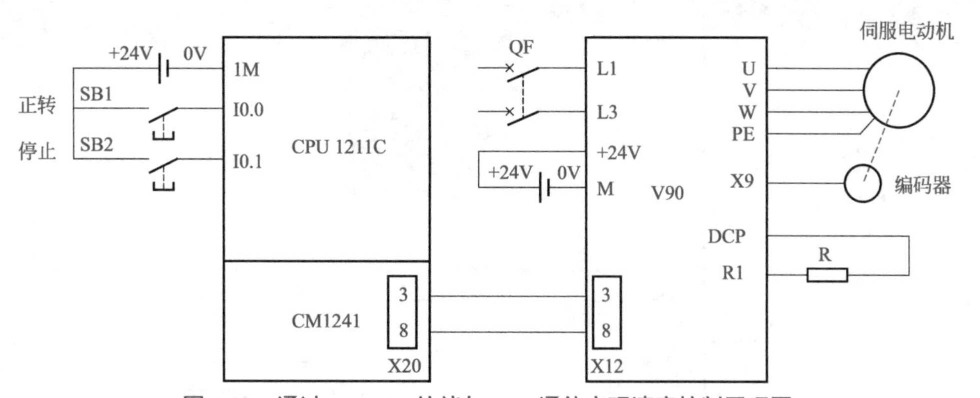

图 5-20　通过 Modbus 协议与 V90 通信实现速度控制原理图

（2）硬件组态

① 新建项目“Modbus_1200”，添加新设备，先把 CPU1211C 拖拽到设备视图，再将 CM 1241（RS-485）通信模块拖拽到设备视图，如图 5-21 所示。

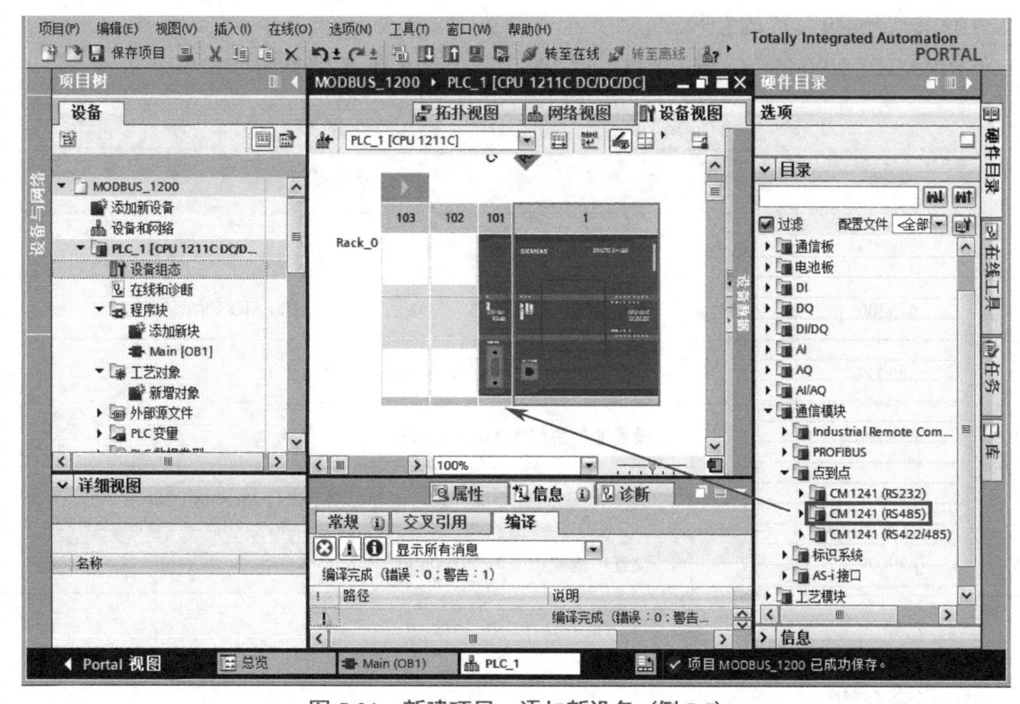

图 5-21　新建项目，添加新设备（例 5-5）

② 选中 CM1241（RS-485）的串口，再选中“属性”→“常规”→“IO-Link”，不修改“IO-Link”串口的参数（也可根据实际情况修改，但变频器中的参数要和此参数一致），如图 5-22 所示。

图 5-22 “IO-Link”串口的参数（例 5-5）

（3）设置伺服系统的参数

SINAMICS V90 的 Modbus-RTU 通信时，需要修改的参数见表 5-6。

表 5-6 Modbus 通信时 SINAMICS V90 的参数（例 5-5）

序号	参数	设定值	功能说明
1	p29003	2	P29003 为速度控制模式
2	p29300	16#47	数字量输入强制信号，SON、前后限位和 EMGS 全部短接
3	p29004	2	设置 SINAMICS V90 的 Modbus 站地址为 1
4	p29007	2	设置通信协议为 Modbus 协议
5	p29008	1	选择 Modbus 控制源，设定值和控制字来自 Modbus PZD
6	p29009	7	设置传输波特率为 19200bit/s

（4）指令介绍和程序编写

1）指令介绍

① Modbus_Comm_Load 指令用于 Modbus-RTU 协议通信的串行通信端口，分配通信参数。主站和从站都要调用此指令，Modbus_Comm_Load 指令输入 / 输出参数见表 5-7。

表 5-7 Modbus_Comm_Load 指令的参数表

LAD	SCL	输入 / 输出	说明
MB_COMM_LOAD EN ENO REQ DONE PORT ERROR BAUD STATUS PARITY FLOW_CTRL RTS_ON_DLY RTS_OFF_DLY RESP_TO MB_DB	"Modbus_Comm_Load_DB"（ REQ：=_bool_in_, PORT：=_uint_in_, BAUD：=_udint_in_, PARITY：=_uint_in_, FLOW_CTRL：=_uint_in_, RTS_ON_DLY：=_uint_in_, RTS_OFF_DLY：=_uint_in_, RESP_TO：=_uint_in_, DONE=>_bool_out_, ERROR=>_bool_out_, STATUS=>_word_out_, MB_DB：=_fbtref_inout_）;	EN	使能
		REQ	上升沿时信号启动操作
		PORT	硬件标识符
		BAUD	波特率
		PARITY	奇偶校验选择： ● 0—无 ● 1—奇校验 ● 2—偶校验
		MB_DB	对 Modbus_Master 或 Modbus_Slave 指令所使用的背景数据块的引用
		DONE	上一请求已完成且没有出错后，DONE 位将保持为 TRUE 一个扫描周期时间
		STATUS	故障代码
		ERROR	是否出错，0 表示无错误，1 表示有错误

使用 Modbus_Comm_Load 指令应注意以下问题。

a. REQ 是上升沿信号有效，不需要高电平一直接通。

b. 波特率和奇偶校验必须与伺服驱动器（表 5-6）和串行通信模块硬件组态（图 5-22）一致。

c. 通常运行一次即可，但波特率等修改后，需要再次运行。PROFINET 或 PROFIBUS 分布式 I/O 机架上的串行通信模块与设备进行 Modbus 通信，需要循环调用此指令。

② Modbus_Master 指令是 Modbus 主站指令，在执行此指令之前，要执行 Modbus_Comm_Load 指令组态端口。将 Modbus_Master 指令插入程序时，自动分配背景数据块。指定 Modbus_Comm_Load 指令的 MB_DB 参数时将使用该 Modbus_Master 背景数据块。Modbus_Master 指令输入 / 输出参数见表 5-8。

使用 Modbus_Master 指令应注意以下问题。

a. Modbus 寻址支持最多 247 个从站（从站编号 1 到 247）。每个 Modbus 网段最多可以有 32 个设备，超出 32 个从站，需要添加中继器。

b. DATA_ADDR 必须查询西门子变频器手册。

2）编写程序　OB100 和 OB1 中的程序如图 5-23 和图 5-24 所示。伺服驱动系统的启停控制如下。

① 程序段 1：当系统上电时，激活 Modbus_Comm_Load 指令，使能完成后，设置了 Modbus 的通信端口、波特率和奇偶校验，如果以上参数需要改变时，需要重新激活 Modbus_Comm_Load 指令。

② 程序段 3：当压下 I0.0 按钮时，因为 MD50 中是 40101，所以 MW56 是主设定值。将 DATA_PTR（MW56）中写入 16#1000，代表速度主设定值。

③ 程序段 4：因为 MD50 中是 40100，40100 代表控制字寄存器号。将 DATA_PTR（MW56）中写入 16#41E，代表伺服驱动系统停车。

④ 程序段 5：将 DATA_PTR（MW56）中写入 16#41F，代表使变频器启动。

⑤ 程序段 6：当压下停止按钮 I0.1 时，因为 MD50 中是 40100，停止信号（16#41E）传送到 MW56 中，伺服驱动系统停机。

⑥ 程序段 8：因为 MD50 中是 40101，所以 MW56 是主设定值。将 DATA_PTR（MW56）中写入 16#0，代表速度主设定值为 0，也是停机信号。

表 5-8　Modbus_Master 指令的参数表

LAD	SCL	输入 / 输出	说 明
MB_MASTER EN　ENO REQ　DONE MB_ADDR　BUSY MODE　ERROR DATA_ADDR　STATUS DATA_LEN DATA_PTR	"Modbus_Master_DB"(REQ：=_bool_in_, MB_ADDR：=_uint_in_, MODE：=_usint_in_, DATA_ADDR：=_udint_in_, DATA_LEN：=_uint_in_, DONE=>_bool_out_, BUSY=>_bool_out_, ERROR=>_bool_out_, STATUS=>_word_out_, DATA_PTR：=variant_inout);	EN	使能
		MB_ADDR	从站地址，有效值为 1 ～ 247
		MODE	模式选择：0—读；1—写
		DATA_ADDR	从站中的寄存器地址
		DATA_LEN	数据长度
		DATA_PTR	数据指针：指向要写入或读取的数据的 M 或 DB 地址（未经优化的 DB 类型）
		DONE	上一请求已完成且没有出错后，DONE 位将保持为 TRUE 一个扫描周期时间
		BUSY	• 0—无 Modbus_Master 操作正在进行 • 1— Modbus_Master 操作正在进行
		STATUS	故障代码
		ERROR	是否出错，0 表示无错误，1 表示有错误

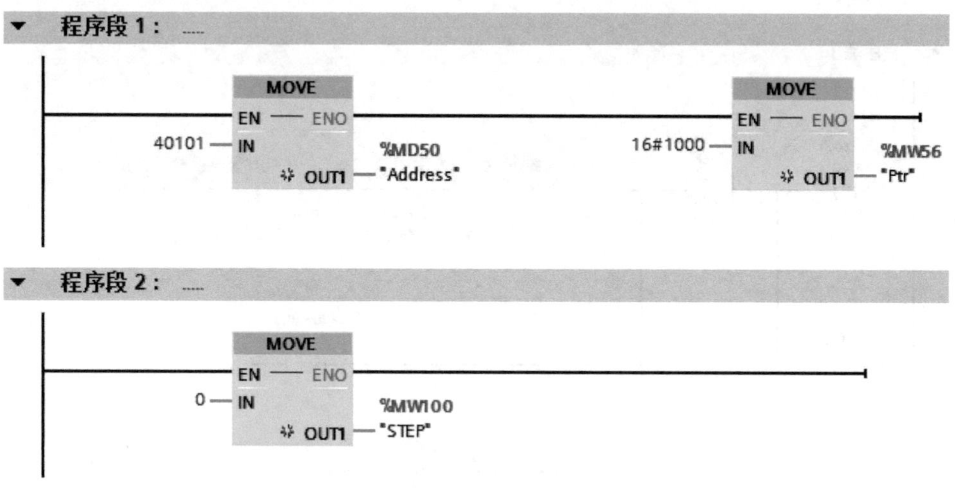

图 5-23　OB100 中的 LAD 程序（例 5-5）

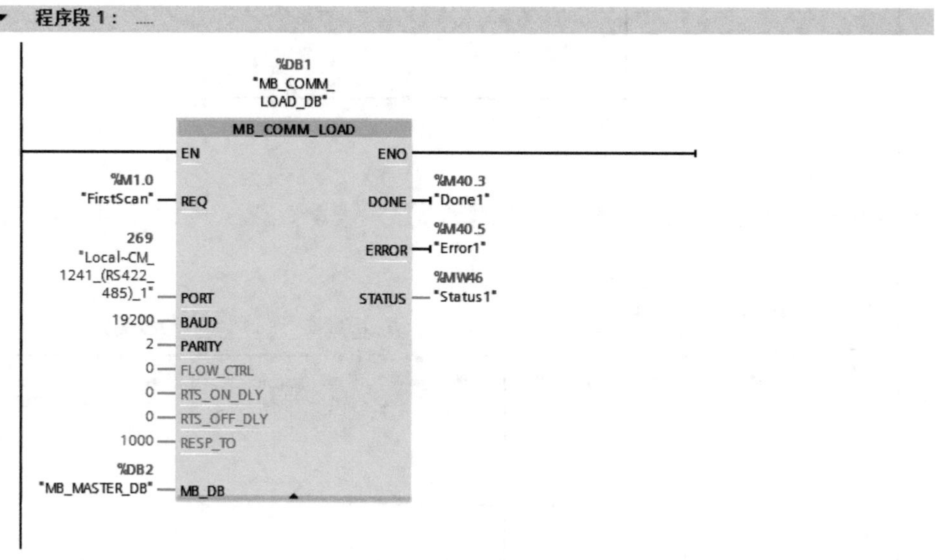

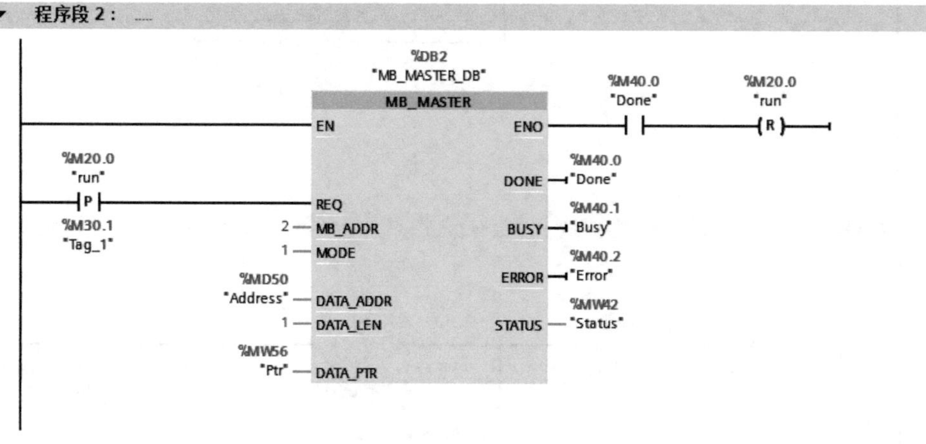

图 5-24

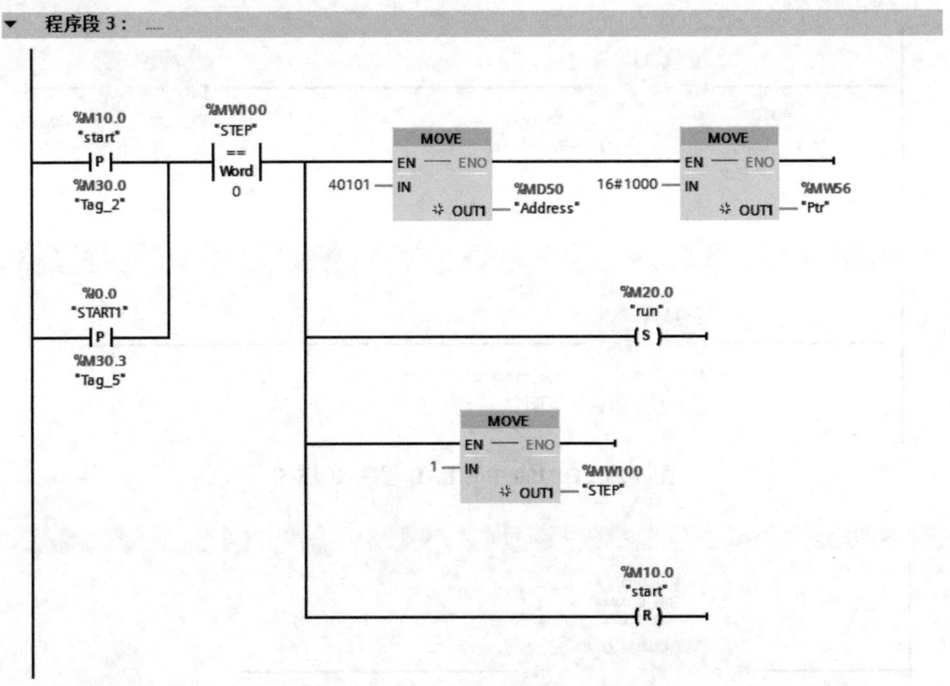

程序段 3： ......
%M10.0
"start"
P
%M30.0
"Tag_2"
%I0.0
"START1"
P
%M30.3
"Tag_5"
%MW100
"STEP"
==
Word
0
MOVE
EN
ENO
40101
IN
OUT1
%MD50
"Address"
16#1000
%MW56
"Ptr"
%M20.0
"run"
S
1
%MW100
"STEP"
%M10.0
"start"
R

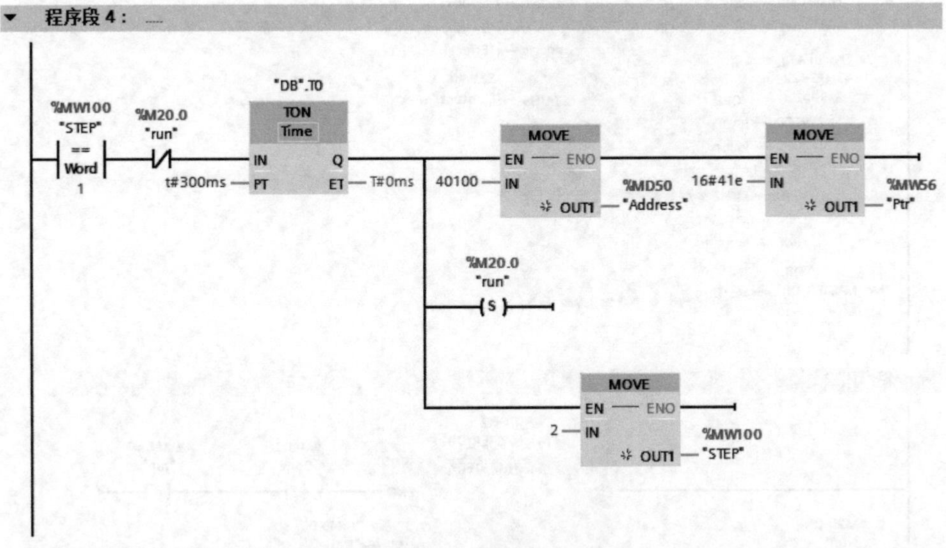

程序段 4： ......
%MW100
"STEP"
==
Word
1
%M20.0
"run"
"DB".T0
TON
Time
IN
Q
t#300ms
PT
ET
T#0ms
MOVE
EN
ENO
40100
IN
OUT1
%MD50
"Address"
16#41e
%MW56
"Ptr"
%M20.0
"run"
S
2
%MW100
"STEP"

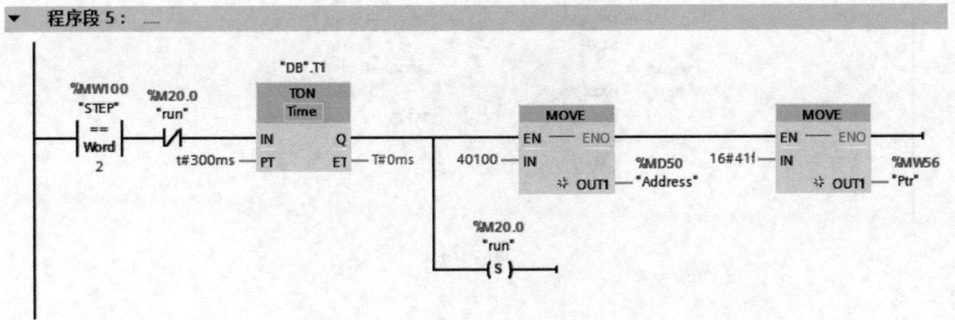

程序段 5： ......
%MW100
"STEP"
==
Word
2
%M20.0
"run"
"DB".T1
TON
Time
IN
Q
t#300ms
PT
ET
T#0ms
MOVE
EN
ENO
40100
IN
OUT1
%MD50
"Address"
16#41f
%MW56
"Ptr"
%M20.0
"run"
S

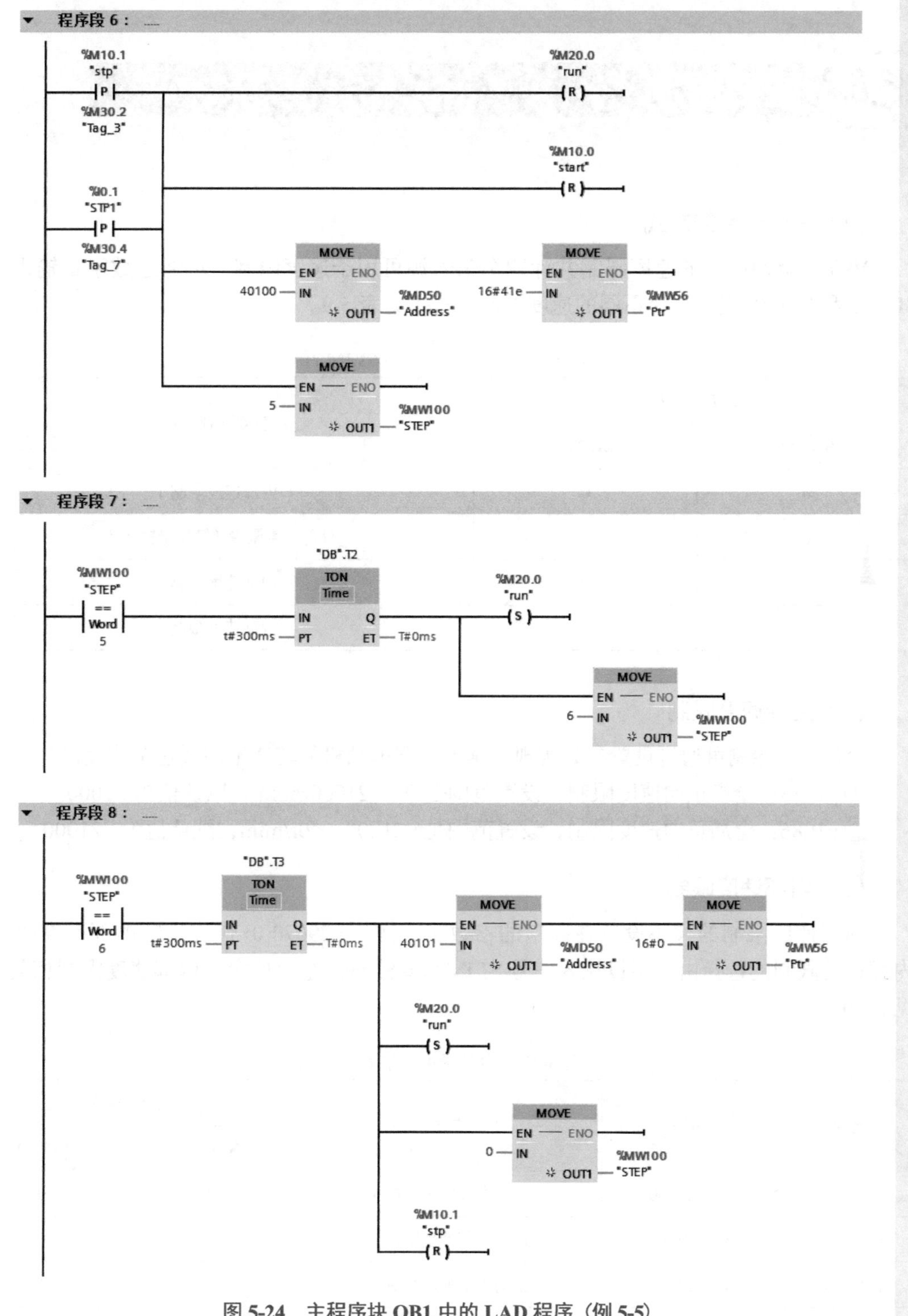

图 5-24 主程序块 OB1 中的 LAD 程序（例 5-5）

注意 要使伺服驱动系统启动，必须先发出停车信号，无论之前变频器是否处于运行状态。

5.4 速度限制

(1) 速度限制的方式

V90 的脉冲版本的速度限制共计四个信号源可用于速度限制。可通过数字量输入信号 SLIM1 和 SLIM2 组合选择不同的速度限制方式，见表 5-9。

表 5-9　输入信号 SLIM1 和 SLIM2 的组合

数字量输入		速度限制方式
SLIM2	SLIM1	
0	0	内部速度限制 1
0	1	外部速度限制（模拟量输入 1）
1	0	内部速度限制 2
1	1	内部速度限制 3

(2) 全局速度限制

全局速度限制可通过设置参数实现，确保伺服电动机的转速不超过这个速度。

① p1083：全局正向速度限制，设置范围是 0 ～ 21000r/mim，默认值为 21000。

② p1086：全局负向速度限制，设置范围是 -21000 ～ 0r/mim，默认值为 -21000。

(3) 内部速度限制

内部速度限制的大小设置在固定的参数中，例如 p29070[0] 代表正向内部速度限制 1，内部速度限制的选择由数字量输入信号 SLIM1 和 SLIM2 组合确定，内部速度限制相关参数见 5-10。

表 5-10　内部速度限制相关参数

参数	范围	描述	数字量输入	
			SLIM2	SLIM1
p20070[0]	0 ～ 21000	正向内部速度限制 1	0	0
p20070[1]	0 ～ 21000	正向内部速度限制 2	1	0
p20070[2]	0 ～ 21000	正向内部速度限制 3	1	1
p20071[0]	-21000 ～ 0	负向内部速度限制 1	0	0
p20071[1]	-21000 ～ 0	负向内部速度限制 2	1	0
p20071[2]	-21000 ～ 0	负向内部速度限制 3	1	1

举例说明，如图 5-25 所示，当 SB5 按钮闭合（即 SLIM2=1），而 SB4 按钮断开（即 SLIM1=0）时，此时为内部速度限制 2，其速度限制由参数 p20070[1] 给定。假设 p20070[1]=2500r/min，则这个速度就是伺服电动机的正向内部速度限制值。

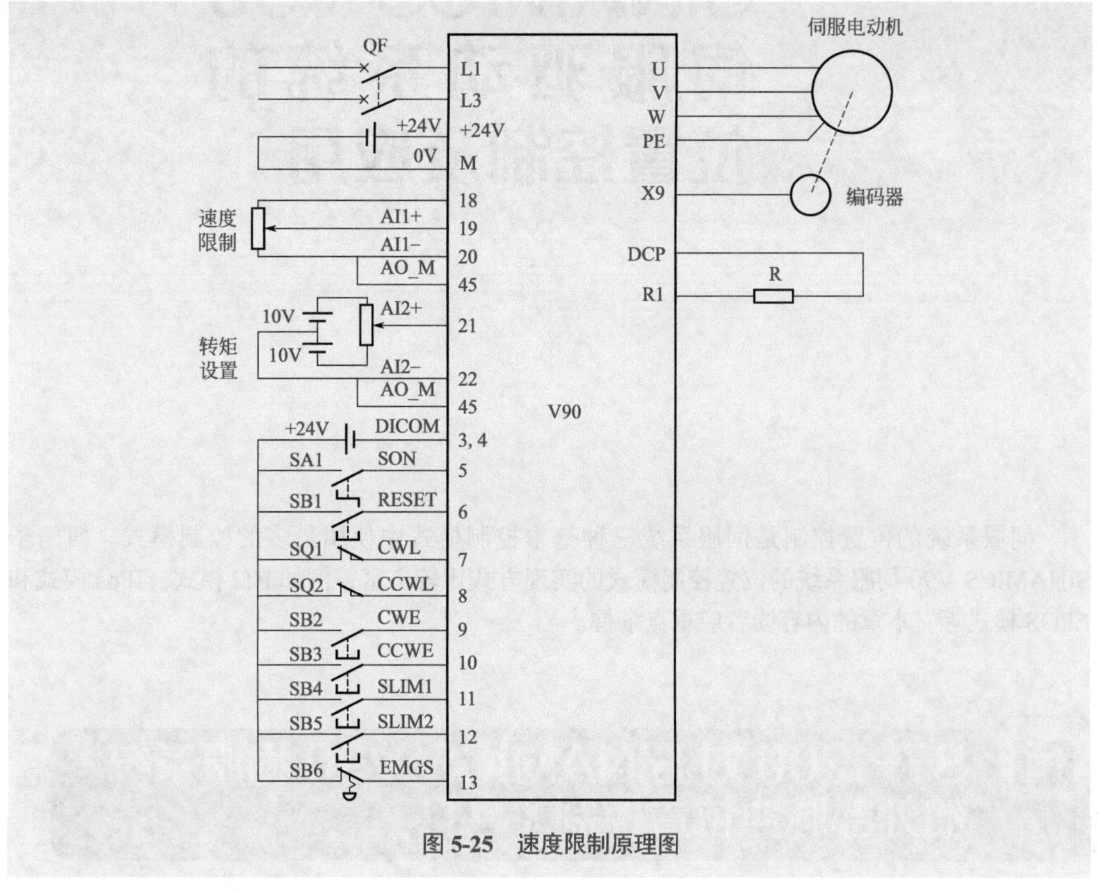

图 5-25　速度限制原理图

（4）外部速度限制

外部速度的由模拟量输入端子给定。p29060 的默认设定值是 3000r/min，对应的模拟量是 10V。

举例说明，如图 5-25 所示，当 SB4 按钮闭合（即 SLIM1=1），而 SB5 按钮断开（即 SLIM2=0）时，此时为外部速度限制，其速度限制由 18、19 和 20 号端子上的模拟量给定。如果 p29060 的设定值是 3000r/min，那么当 19 和 20 号端子上的电压是 5V 时，外部速度限制值是 1500r/min。

SINAMICS V90 伺服驱动系统的位置控制及应用

伺服系统的位置控制是伺服系统三种基本控制模式中使用最多的控制模式。西门子 SINAMICS V90 伺服系统的位置控制模式的实现方式比较丰富，例如 PTI 模式、IPos 模式和 EPOS 模式等。本章的内容读者应重点掌握。

6.1 S7-1200 对 SINAMICS V90 伺服系统的外部脉冲位置控制（PTI）

6.1.1 外部脉冲位置控制（PTI）介绍

外部脉冲位置控制（PTI）介绍

所谓外部脉冲位置控制功能就是通过接收控制器（如 PLC）发来的脉冲的个数确定伺服系统的位移，通过接收控制器发来的脉冲频率确定伺服系统的转速的功能。

西门子脉冲版本的 SINAMICS V90 伺服系统才有外部脉冲位置控制（PTI）功能，能发送脉冲信号的 PLC 都可以控制此类伺服系统，PN 版本没有此功能。以下介绍几个概念。

（1）脉冲输入通道

SINAMICS V90 伺服驱动支持两种设定值脉冲输入通道：

- 24V 单端脉冲输入，常见的 PLC 发出的信号是 24V，因此常用这种输入方式；
- 5V 高速差分脉冲输入（RS-485），这种方式传输距离远，抗干扰能力强。

通过设置参数 p29014 可以选择其中一种通道。此参数为 0 时，为 5V 高速差分脉冲输入（RS-485）；为 1 时，为 24 V 单端脉冲输入。

（2）脉冲输入形式

SINAMICS V90 伺服驱动支持两种设定值脉冲输入形式：

- AB 相脉冲；
- 脉冲 + 方向，这种方式常在 PLC 作为控制器时采用。

两种形式都支持正逻辑和负逻辑。输入形式见表 6-1。

表 6-1　脉冲输入形式

脉冲输入形式	正逻辑 =0		负逻辑 =1	
	正转指令（CW）	反转指令（CCW）	正转指令（CW）	反转指令（CCW）
AB 相脉冲	A B		A B	
脉冲 + 方向	脉冲 方向		脉冲 方向	
p29010 取值	0：脉冲 + 方向，正逻辑 1：AB 相，正逻辑		2：脉冲 + 方向，负逻辑 3：AB 相，负逻辑	

6.1.2　外部脉冲位置控制（PTI）的应用举例

S7-1200 对 SINAMICS V90 伺服系统的外部脉冲位置控制（PTI）

外部脉冲位置控制（PTI）的优势是只要可以发出高速脉冲的控制器都可以控制西门子的 SINAMICS V90 伺服驱动器，因此控制器的选择面（相对于通信模式位置控制）就非常广泛。以下用一个例子介绍外部脉冲位置控制（PTI）的应用。

★【例 6-1】　已知伺服系统的编码器的分辨率是 2500p/s，工作台螺距是 10mm。要求压下启动按钮，正向行走 100mm，停 2s，再正向行走到 200mm，停 2s，返回原点，设计此方案，并编写控制程序。

【解】

（1）设计原理图

设计原理图如图 6-1 所示。

（2）硬件组态

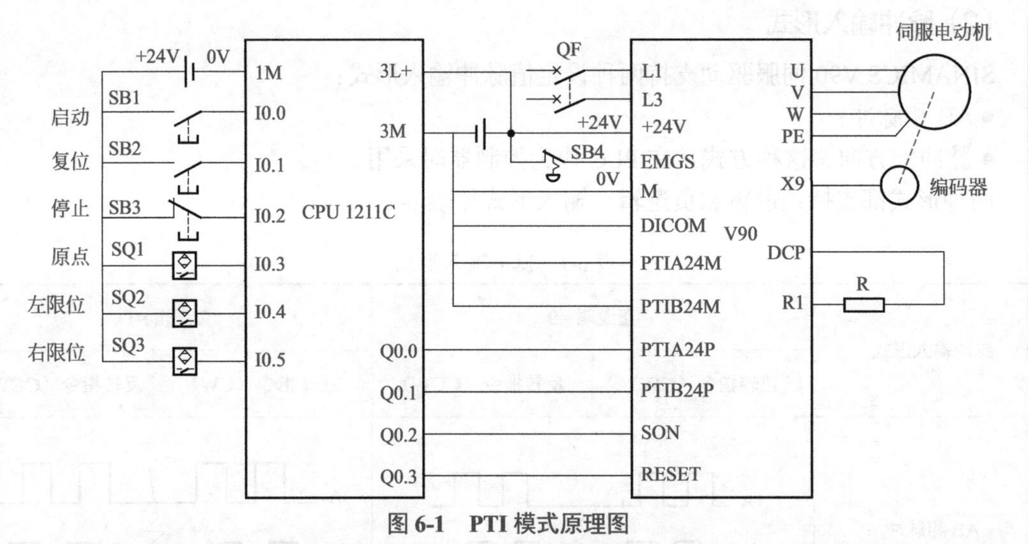

图 6-1　PTI 模式原理图

① 新建项目，添加 CPU。打开 TIA 博途软件，新建项目“MotionControl”，单击项目树中的“添加新设备”选项，添加“CPU 1211C”，如图 6-2 所示。

图 6-2　新建项目，添加 CPU（例 6-1）

② 启用脉冲发生器。在设备视图中，选中“属性”→“常规”→“脉冲发生器（PTO/PWM）”→“PTO1/PWM1”，勾选“启用该脉冲发生器”选项，如图 6-3 所示，表示启用了“PTO1/PWM1”脉冲发生器。

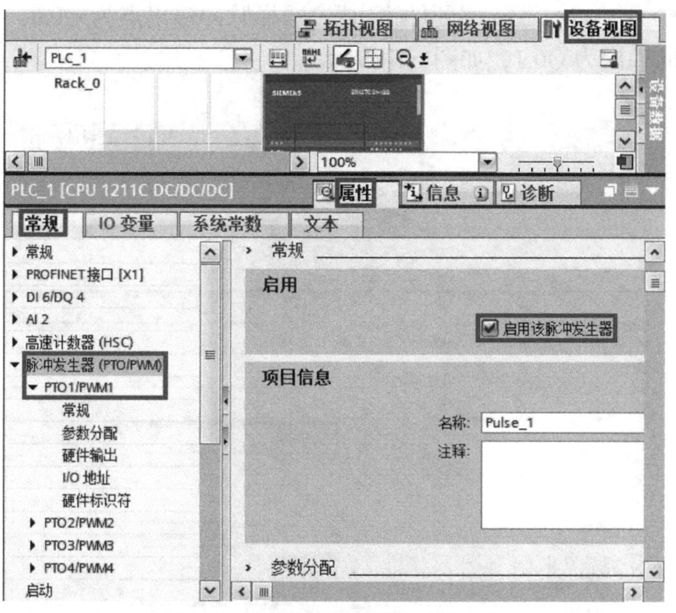

图 6-3　启用脉冲发生器（例 6-1）

③ 选择脉冲发生器的类型。在设备视图中，选中“属性”→“常规”→“脉冲发生器（PTO/PWM）”→“PTO1/PWM1”→“参数分配”，选择信号类型为“PTO（脉冲 A 和方向 B）”，如图 6-4 所示。

信号类型有五个选项，分别是：PWM、PTO（脉冲 A 和方向 B）、PTO（正数 A 和倒数 B）、PTO（A/B 移相）和 PTO（A/B 移相 - 四倍频）。

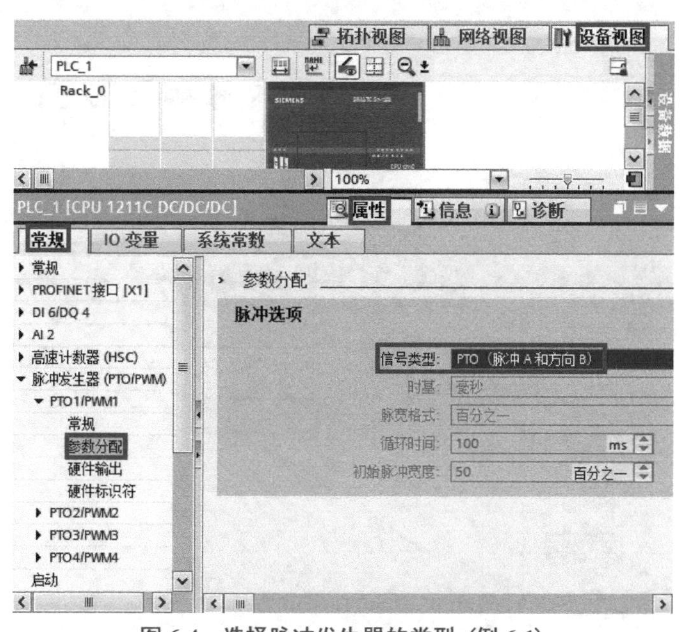

图 6-4　选择脉冲发生器的类型（例 6-1）

④ 配置硬件输出。在设备视图中，选中“属性”→“常规”→“脉冲发生器（PTO/

PWM）”→“PTO1/PWM1”→“硬件输出”，选择脉冲输出点为 Q0.0，勾选“启用方向输出”，选择方向输出为 Q0.1，如图 6-5 所示。

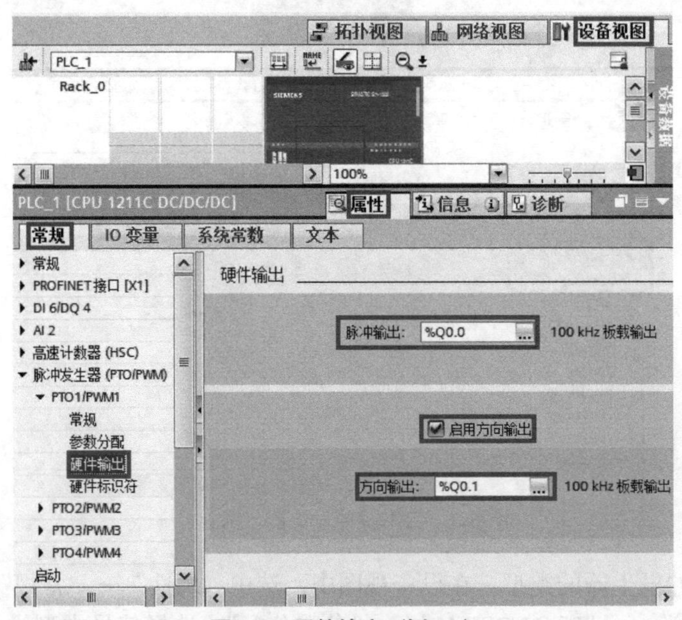

图 6-5　硬件输出（例 6-1）

⑤ 查看硬件标识符。在设备视图中，选中“属性”→“常规”→“脉冲发生器（PTO/PWM）”→“PTO1/PWM1”→“硬件标识符”，可以查看到硬件标识符为 265，如图 6-6 所示，此标识符在编写程序时要用到。

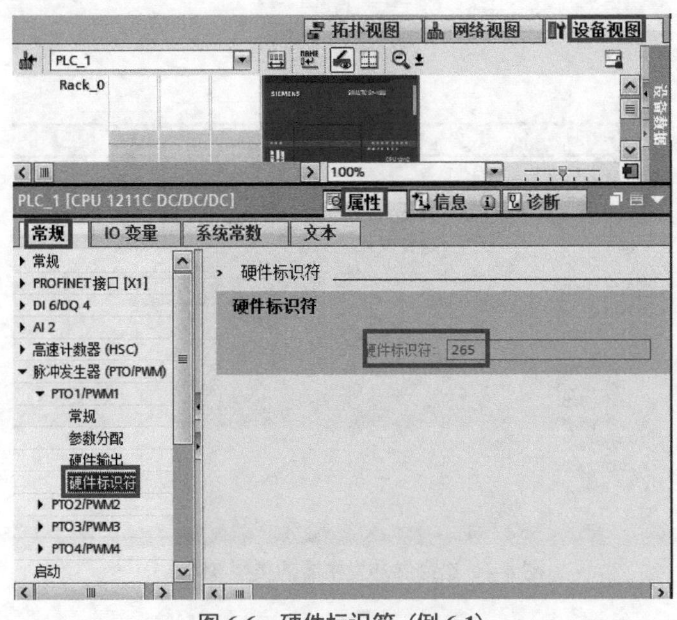

图 6-6　硬件标识符（例 6-1）

(3) 工艺对象“轴”配置

工艺对象“轴”配置是硬件配置的一部分，由于这部分内容非常重要，因此单独进行讲解。

“轴”表示驱动的工艺对象，“轴”工艺对象是用户程序与驱动的接口。工艺对象从用户程序收到运动控制命令，在运行时执行并监视执行状态。“驱动”表示步进电动机加电源部分或者伺服驱动加脉冲接口的机电单元。运动控制中，必须要对工艺对象进行配置才能应用控制指令块。工艺配置包括三个部分：工艺参数配置、轴控制面板和诊断面板。

工艺参数配置主要定义了轴的工程单位（如脉冲数 /min、r/min）、软硬件限位、启动 / 停止速度和参考点的定义等。工艺参数的组态步骤如下：

① 插入新对象。在 TIA Portal 软件项目视图的项目树中，选择“MotionControl”→“PLC_1”→“工艺对象”→“插入新对象”，双击“插入新对象”，如图 6-7 所示，弹出如图 6-8 所示的界面，选择“运动控制”→“TO_PositioningAxis”，单击“确定”按钮，弹出如图 6-9 所示的界面。

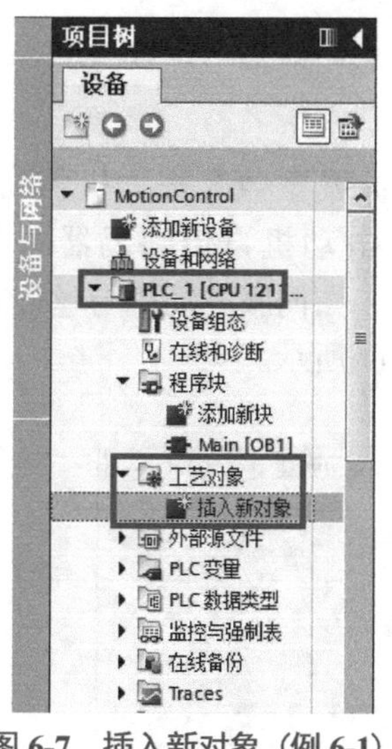

图 6-7　插入新对象（例 6-1）

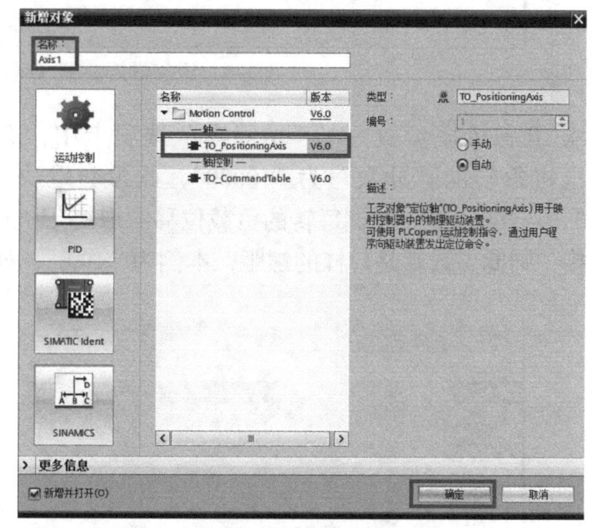

图 6-8　定义工艺对象数据块（例 6-1）

② 配置常规参数。在“功能图”选项卡中，选择“基本参数”→“常规”，“驱动器”项目中有三个选项：PTO（表示运动控制由脉冲控制）、模拟驱动装置接口（表示运动控制由模拟量控制）和 PROFIdrive（表示运动控制由通信控制），本例选择“PTO”选项，测量单位可根据实际情况选择，本例选用默认设置，如图 6-9 所示。

③ 组态驱动器参数。在“功能图”选项卡中，选择“基本参数”→“驱动器”，选择脉冲发生器为“Pulse_1”，其对应的脉冲输出点和信号类型以及方向输出，都已经在硬件配置时定义了，在此不做修改，如图 6-10 所示。

“驱动装置的使能和反馈”在工程中经常用到，当 PLC 准备就绪后输出一个信号到伺服驱动器的使能端子上，通知伺服驱动器，PLC 已经准备就绪。当伺服驱动器准备就绪后发出一个信号到 PLC 的输入端，通知 PLC，伺服驱动器已经准备就绪。本例中没有使用此功能。

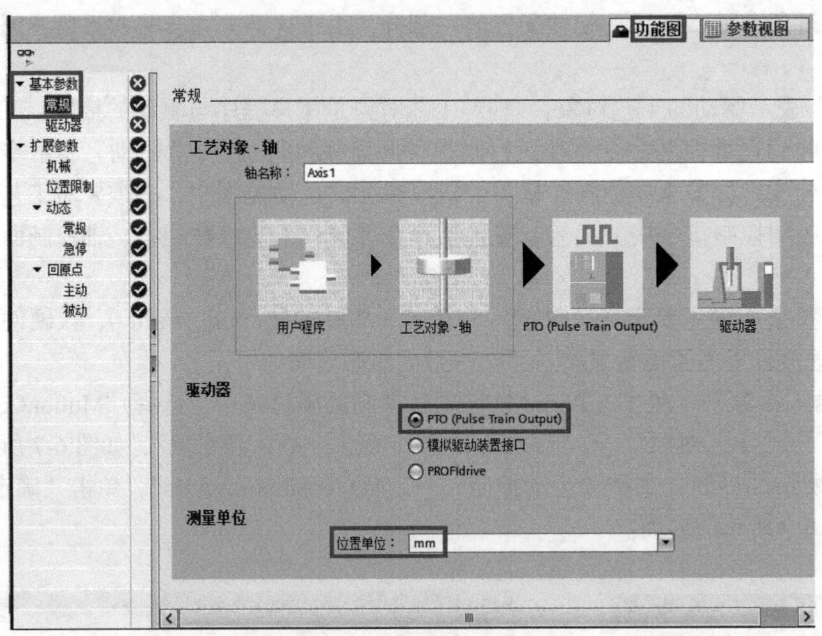

图 6-9　组态常规参数（例 6-1）

④ 组态机械参数。在“功能图”选项卡中，选择“扩展参数”→“机械”，设置“电机每转的脉冲数”为“10000”，此参数取决于伺服电动机自带编码器的参数（2500×4=10000）。“电机每转的负载位移”取决于机械结构，如伺服电动机与丝杠直接相连接，则此参数就是丝杠的螺距，本例为“10.0”，如图 6-11 所示。

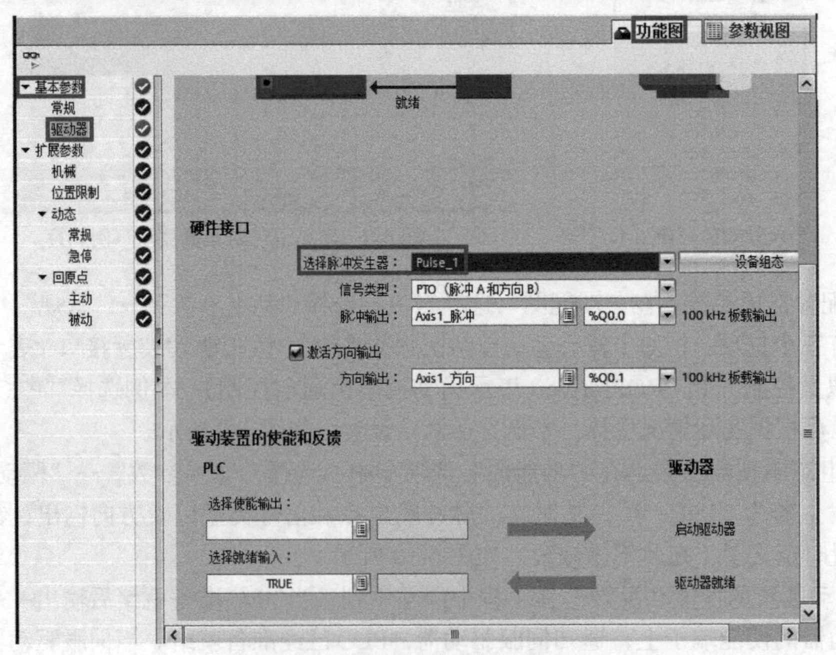

图 6-10　组态驱动器参数（例 6-1）

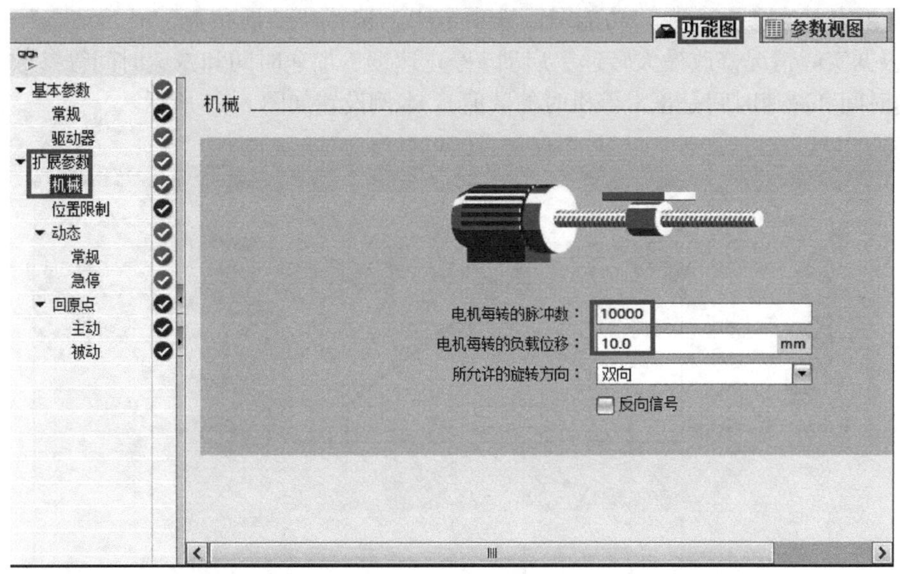

图 6-11　组态机械参数（例 6-1）

⑤ 组态位置限制参数。在“功能图”选项卡中，选择“扩展参数”→“位置限制”，勾选“启用硬件限位开关”和“启用软件限位开关”，如图 6-12 所示。在“硬件下限位开关输入”中选择“I0.4”，在“硬件上限位开关输入”中选择“I0.5”，“选择电平”均为“高电平”，这些设置必须与原理图匹配。由于本例的限位开关在原理图中接入的是常开触点，而且是 PNP 输入接法，因此当限位开关起作用时为“高电平”，所以此处选择“高电平”。如果输入端是 NPN 接法，那么此处也应选择“高电平”，这一点请读者特别注意。

软件限位开关的设置根据实际情况确定，本例下限位置和上限位置分别设置为“-1000.0”和“1000.0”。

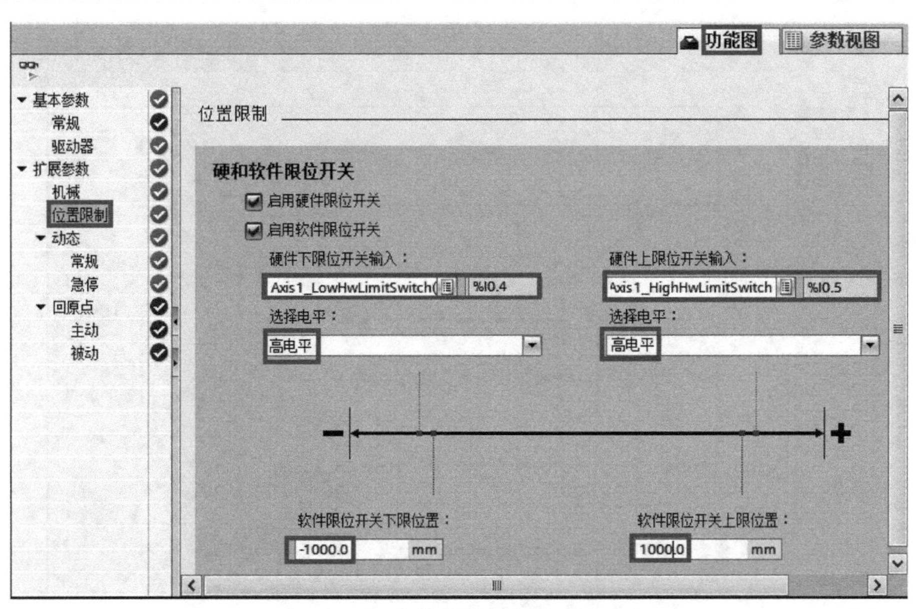

图 6-12　组态位置限制参数（例 6-1）

⑥ 组态动态参数。在“功能图”选项卡中，选择“扩展参数”→“动态”→“常规”，根据实际情况修改最大转速、启动 / 停止速度、加速时间和减速时间等参数（此处的加速时间和减速时间是正常停机时的数值），本例设置如图 6-13 所示。

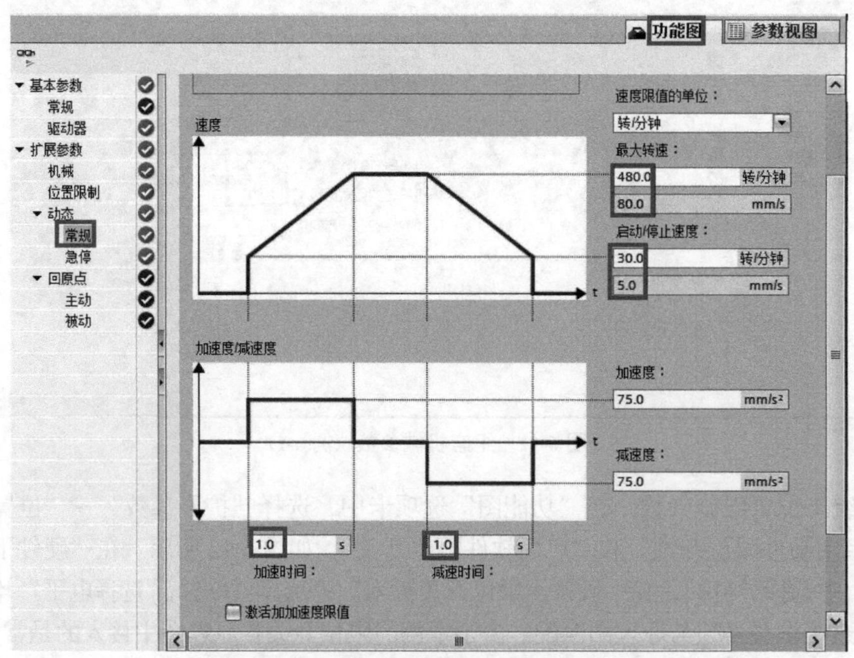

图 6-13　组态动态参数（1）（例 6-1）

在“功能图”选项卡中，选择“扩展参数”→“动态”→“急停”，根据实际情况修改急停减速时间等参数（此处的加速时间和减速时间是急停时的数值），本例设置如图 6-14 所示。

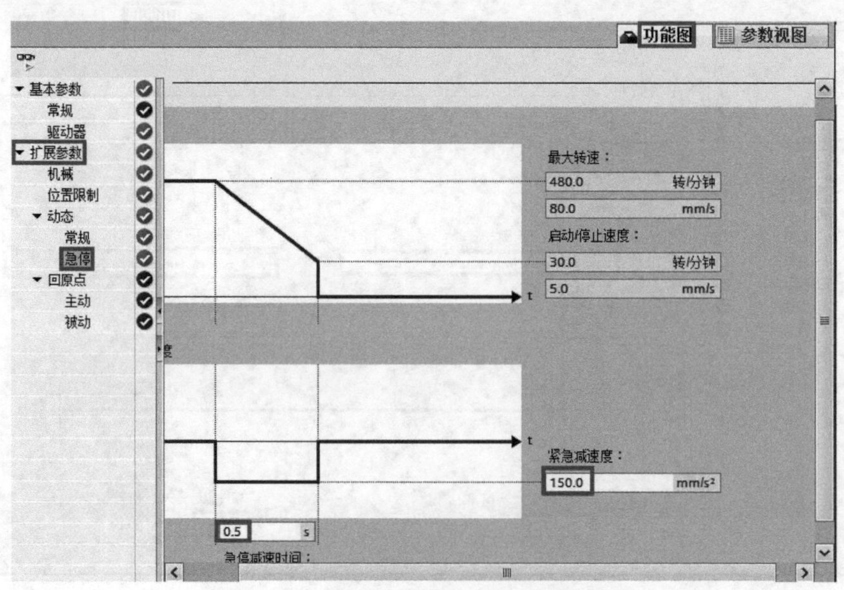

图 6-14　组态动态参数（2）（例 6-1）

⑦ 配置回原点参数。在“功能图”选项卡中，选择“扩展参数”→“回原点”→“主动”，根据原理图选择“输入原点开关”是I0.3。由于输入是PNP电平，所以“选择电平”选项是“高电平”。

“起始位置偏移量”为0.0，表明原点就在I0.3的硬件物理位置上。本例设置如图6-15所示。

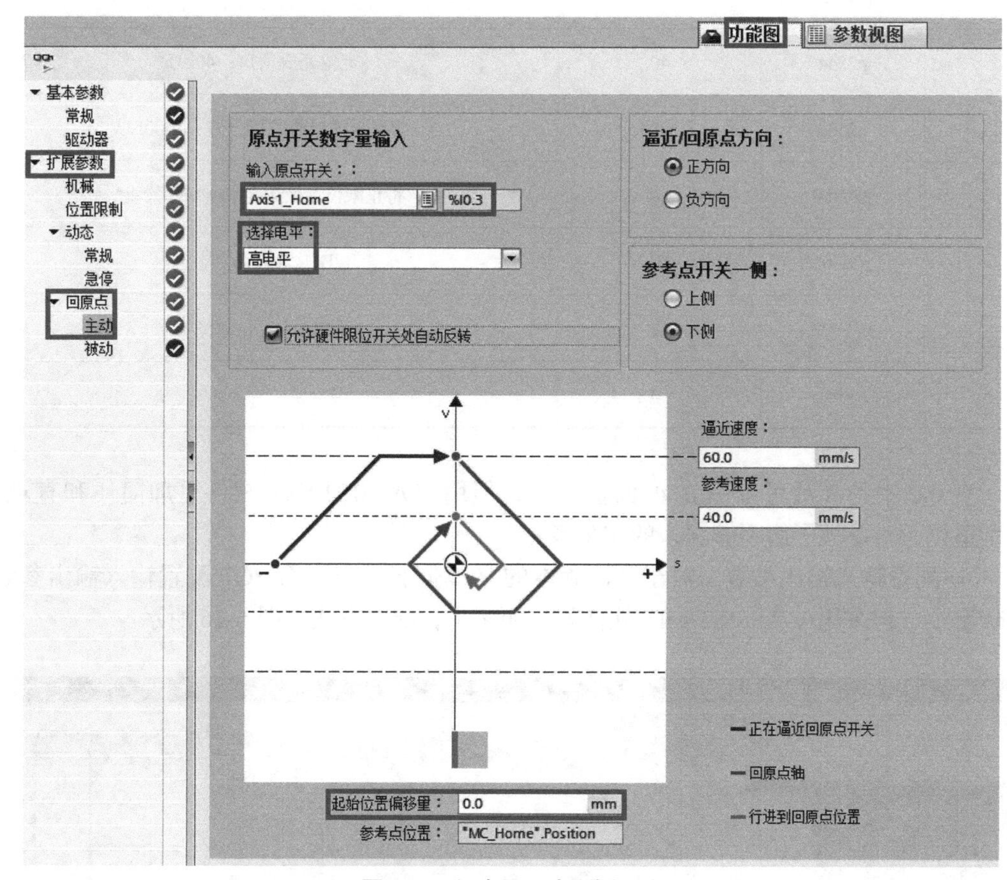

图6-15 组态回原点（例6-1）

（4）设置伺服参数

设置SINAMICS V90伺服驱动参数见表6-2。

因为编码器分辨率是2500p/s，采用四倍频，所以实际分辨率为10000 p/s。使用的脉冲当量为1μm，丝杠是10mm，所以转一圈需要10000个脉冲，因此齿轮比是1:1。

表6-2 SINAMICS V90伺服驱动参数表（例6-1）

序号	参数	参数值	说明
1	p29003	0	控制模式：外部脉冲位置控制PTI
2	p29014	1	脉冲输入通道：24V单端脉冲输入通道
3	p29010	0	脉冲输入形式：脉冲+方向，正逻辑

续表

序号	参数	参数值	说明
4	p29011	0	齿轮比
	p29012	1	
	p29013	1	
5	p2544	40	定位完成窗口：40LU
	p2546	1000	动态跟随误差监控公差：1000LU
6	p29300	16#46	将正限位、反限位和 EMG 禁止
	p29301	1	DI1 为伺服使能
	p29302	2	DI2 为复位故障
	…	…	…

表 6-2 中的参数可以用 BOP 面板设置，但用 V-ASSISTANT 软件更加简便和直观，特别适用于对参数了解不够深入的初学者。

① 配置输入输出参数　对于脉冲版本的 V90 伺服系统，用 BOP 配置输入输出参数比较麻烦，但采用 V-ASSISTANT 软件就方便多了，配置方法如图 6-16 所示。

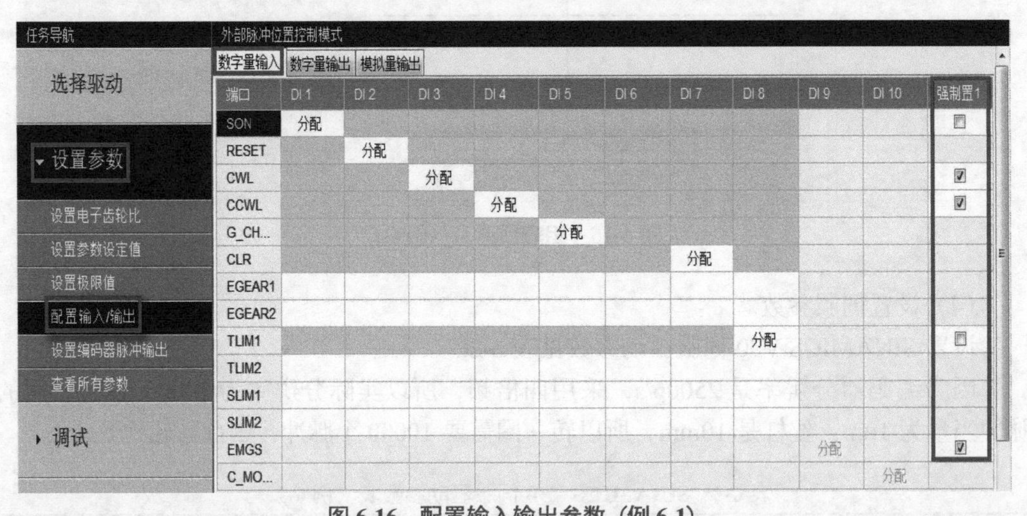

图 6-16　配置输入输出参数（例 6-1）

② 配置齿轮比参数　配置齿轮比参数可以手动计算，也可以利用 V-ASSISTANT 软件自动计算，自动计算的步骤如图 6-17 所示。

（5）编写程序

编写程序如图 6-18 所示。

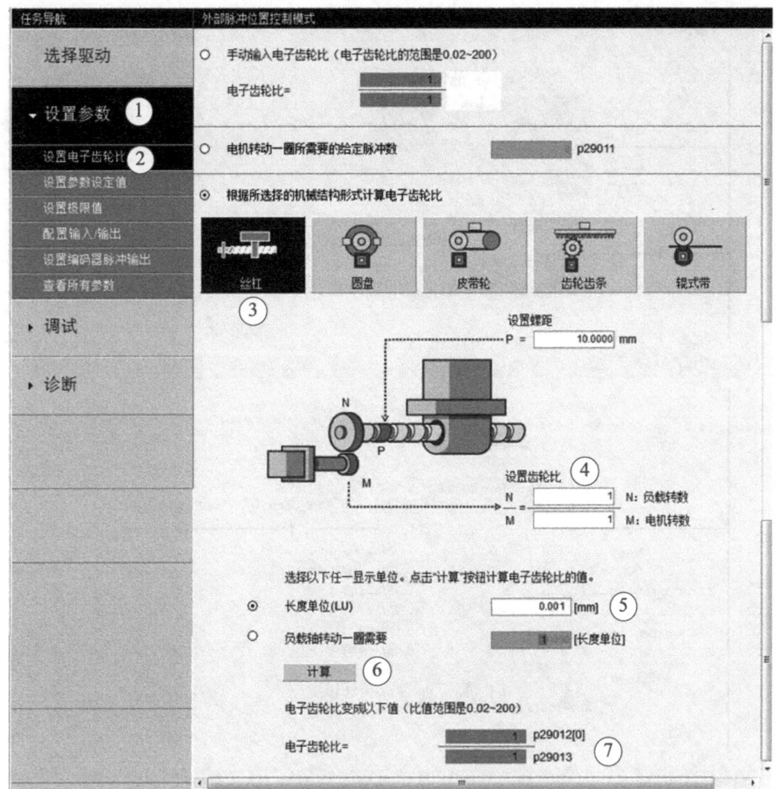

图 6-17 配置齿轮比参数（例 6-1）

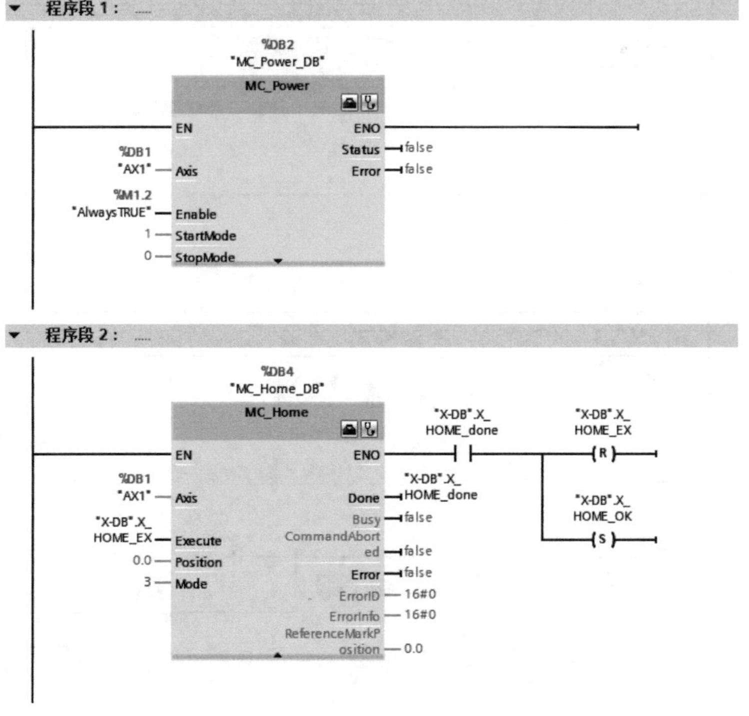

图 6-18

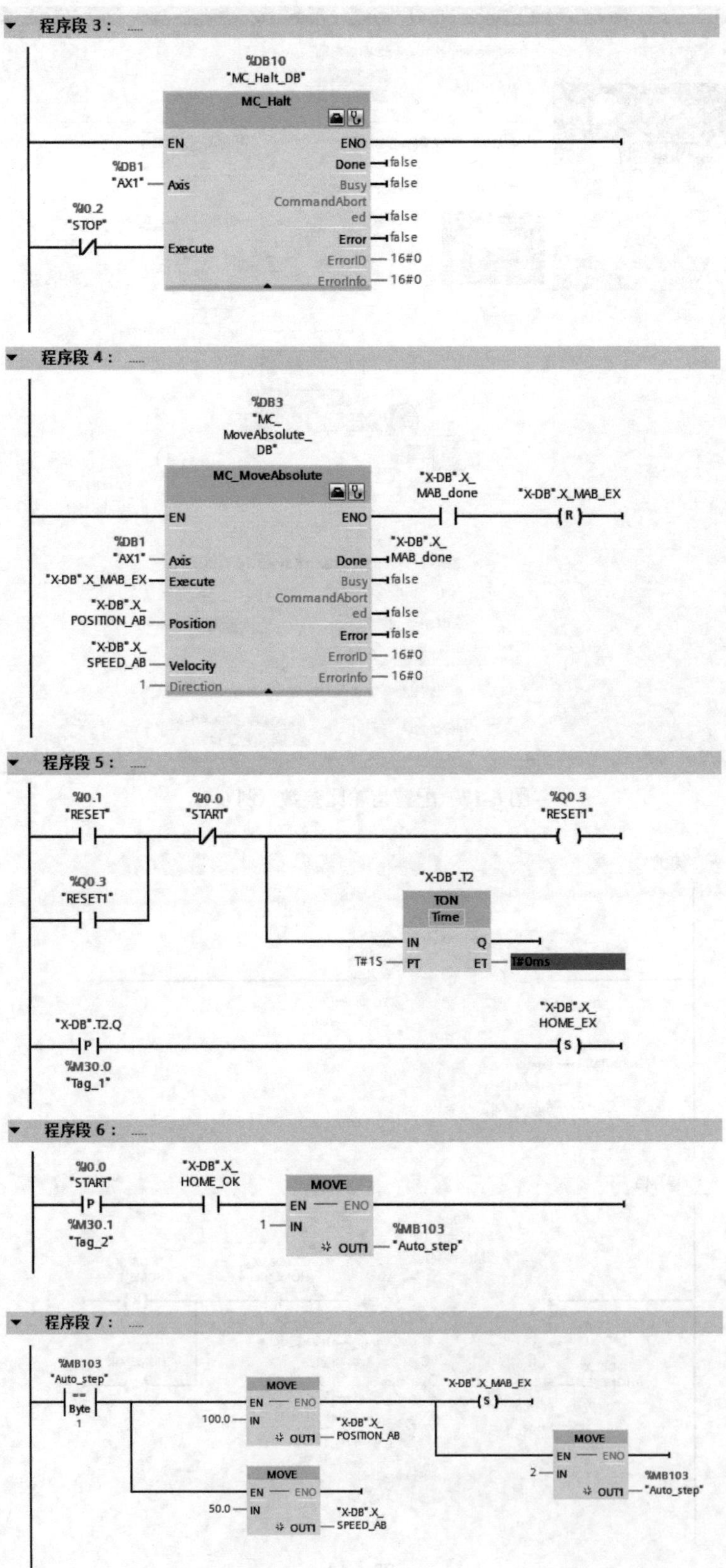

程序段 3：.....
%DB10
"MC_Halt_DB"
MC_Halt
EN
ENO
%DB1
"AX1"
Axis
Done
false
Busy
false
CommandAborted
false
%I0.2
"STOP"
Execute
Error
false
ErrorID
16#0
ErrorInfo
16#0
程序段 4：.....
%DB3
"MC_MoveAbsolute_DB"
MC_MoveAbsolute
"X-DB".X_MAB_done
"X-DB".X_MAB_EX
R
EN
ENO
%DB1
"AX1"
Axis
Done
"X-DB".X_MAB_done
"X-DB".X_MAB_EX
Execute
Busy
false
"X-DB".X_POSITION_AB
Position
CommandAborted
false
Error
false
"X-DB".X_SPEED_AB
Velocity
ErrorID
16#0
1
Direction
ErrorInfo
16#0
程序段 5：.....
%I0.1
"RESET"
%I0.0
"START"
%Q0.3
"RESET1"
%Q0.3
"RESET1"
"X-DB".T2
TON
Time
IN
Q
T#1S
PT
ET
T#0ms
"X-DB".T2.Q
P
%M30.0
"Tag_1"
"X-DB".X_HOME_EX
S
程序段 6：.....
%I0.0
"START"
"X-DB".X_HOME_OK
MOVE
EN
ENO
P
%M30.1
"Tag_2"
1
IN
OUT1
%MB103
"Auto_step"
程序段 7：.....
%MB103
"Auto_step"
==
Byte
1
MOVE
EN
ENO
100.0
IN
OUT1
"X-DB".X_POSITION_AB
"X-DB".X_MAB_EX
S
MOVE
EN
ENO
2
IN
OUT1
%MB103
"Auto_step"
MOVE
EN
ENO
50.0
IN
OUT1
"X-DB".X_SPEED_AB

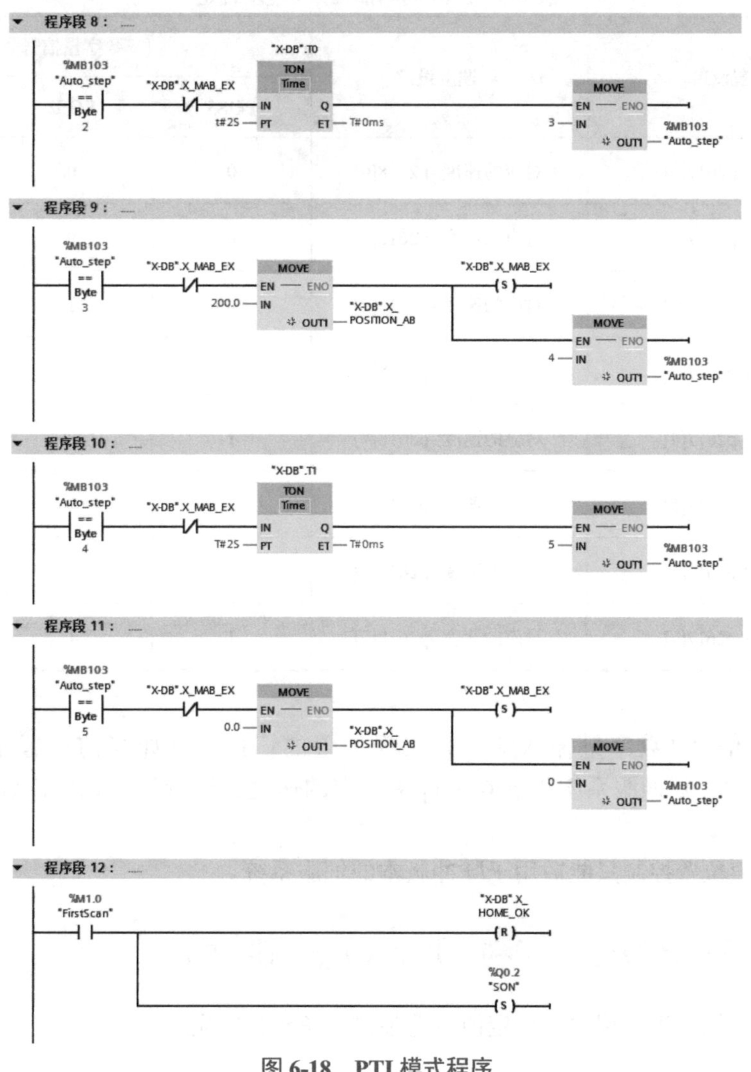

图 6-18　PTI 模式程序

6.2 SINAMICS V90 伺服系统的内部设定值位置控制（IPos）

6.2.1　内部设定值位置控制（IPos）概述

SINAMICS V90 可通过上位机给定脉冲的形式进行位置控制，即 PTI 模式。也可以不用上位机，使用内部设定值位置控制（IPos）模式，由驱动器内部设定的目标位置进行位置控制。SINAMICS V90 最多可设置 8 个位置段。由 p2617[X] 设置位置，p2618[X] 设置速度，p2572 和 p2573 设置最大加 / 减速度。IPos 内部位置 / 速度设定见表 6-3。

表 6-3　IPos 的内部位置 / 速度设定

内部位置设定	速度设定	数字量信号		
		POS3	POS2	POS1
内部位置 1-p2617[0]	对应的速度 -p2618[0]	0	0	0
内部位置 2-p2617[1]	对应的速度 -p2618[1]	0	0	1
内部位置 3-p2617[2]	对应的速度 -p2618[2]	0	1	0
内部位置 4-p2617[3]	对应的速度 -p2618[3]	0	1	1
内部位置 5-p2617[4]	对应的速度 -p2618[4]	1	0	0
内部位置 6-p2617[5]	对应的速度 -p2618[5]	1	0	1
内部位置 7-p2617[6]	对应的速度 -p2618[6]	1	1	0
内部位置 8-p2617[7]	对应的速度 -p2618[7]	1	1	1

由 P-TRG 信号（数字量输入端子）实现位置的切换，例如当前位置是内部位置 1，P-TRG 信号有效，则伺服系统以 p2618[1] 中设定的速度，运行到 p2617[1] 设定的位置（内部位置 2）中。

内部设定值位置控制只能适用于脉冲版本的伺服系统。

6.2.2　内部设定值位置控制（IPos）应用实例

以下用一个例子来介绍内部设定值位置控制（IPos）的应用。

★【例 6-2】　已知伺服系统的编码器的分辨率是 2500p/s，工作台螺距是 10mm。要求压下运行按钮 1 次，正向行走 100mm，压下运行按钮 2 次，再正向行走到 200mm，压下运行按钮 3 次，返回原点，设计控制方案。

【解】

（1）设计原理图

设计电气原理图，如图 6-19 所示。

（2）回参考点设置

在使用 V90 的 IPos 进行定位前，必须进行回参考点操作。如果使用的是绝对值编码器，通过 BOP 面板的设置就可以完成回参考点。如果使用的是增量型编码器，需要设置系统的参考点，V90 支持 5 种回零方式，通过设置参数 p29240 可以选择其中一种模式。

如图 6-20 所示，p29240=0，选择模式 0，在信号 REF 上升沿时，当前位置设为零，伺服驱动回参考点。对于增量编码器的伺服系统，运行绝对运动指令，必须回参考点。

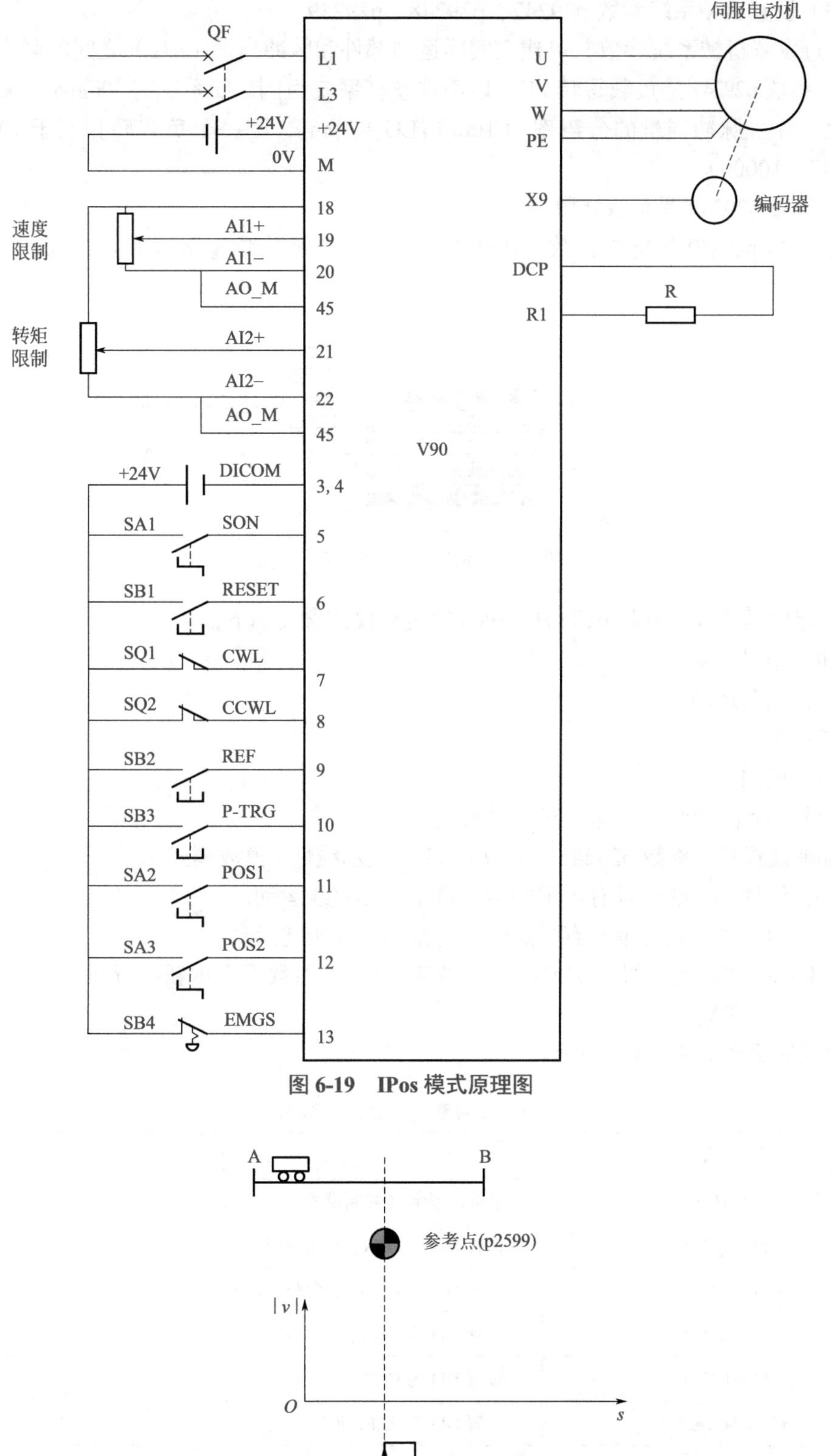

图 6-19　IPos 模式原理图

图 6-20　外部参考点挡块（信号 REF）（p29240=0）回参考点过程

（3）设置机械系统参数 p29247、p29248、p29249

通过设置机械系统参数，可建立实际运动部件和脉冲当量（LU）之间的联系。

① 参数 p29247 是负载每转 LU。以滚珠丝杠系统为例，如系统有 10mm/r（10000μm/r）的节距，并且脉冲当量的分辨率为 1μm（1LU = 1μm），则一个负载转相当于 10000 LU（p29247 = 10000）。

② 参数 p29248 是负载转数。

③ 参数 p29249 是电机转数。如图 6-21 所示，当齿轮减速比是 1 ∶ 1，那么 p29248= p29249=1。

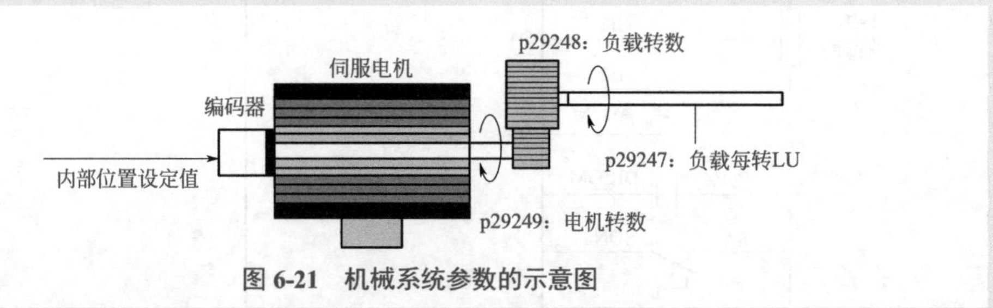

图 6-21　机械系统参数的示意图

④ 定位模式选择参数 p29241。IPos 的运动模式含义如下：

- 0：相对运动。
- 1：绝对运动。
- 2：正向。
- 3：反向。

本例选择 p29241=1，即绝对运动模式。

⑤ 轴模式状态参数 p29245。参数 p29245 表示线性 / 模数模式：

- 0：线性轴，线性轴有限定的运行范围，如直线运动。
- 1：模态轴，模态轴没有限定的运行范围，如旋转运动。

本例选择线性轴，即 p29245=0。设置完 P29245 参数后需重新执行回参考点。

（4）设置参数

设置伺服系统的参数见表 6-4。

表 6-4　伺服系统的参数（例 6-2）

参数设置	说明
p29003=1	p29003 为设置控制模式，等于 1 时为 IPos
p29301[1]=1	设置 DI1 为 SON，伺服使能
p29302[1]=2	设置 DI2 为 RESET，复位故障
p29303[1]=3	设置 DI3 为 CWL，正限位
p29304[1]=4	设置 DI4 为 CCWL，负限位
p29305[1]=24	设置 DI5 为 REF，回零开关
p29306[1]=6	设置 DI6 为 P-TRIG，位置触发
p29307[1]=21	设置 DI7 为 POS1，位置选择位 1

续表

参数设置	说明
p29308[1]=22	设置 DI8 为 POS2，位置选择位 2
p29240=0	设置回零方式
p29241=1	等于 1 时为绝对定位，等于 0 时为相对定位
p29247=10000	10000LU 负载侧转一圈的长度单位
p29249=1	设定减速比
p29248=1	
p2617[X]	设定目标位置 1 ～ 8。p2617[1]=100000，p2617[2]=200000 p2617[3]=0
p2618[X]	设定速度 1 ～ 8。p2618[1]=1000，p2618[2]=1000，p2618[3]= 1000（单位 1000LU/min）
p2572=2000	设定最大加速度（单位 1000LU/s²）
p2573=2000	设定最大减速度（单位 1000LU/s²）
p1083=3000	总体速度限制（正向）（单位 r/min）
p1086=-3000	总体速度限制（负向）（单位 r/min）
p1520= 查询电动机的参数	总体转矩限制（正向）
p1530=0	总体转矩限制（负向）

以下设置参数采用 V-ASSISTANT 软件。

① 分配数字量输入端子的功能如图 6-22 所示，分配完成后，与数字量相关的参数就设置完成了。

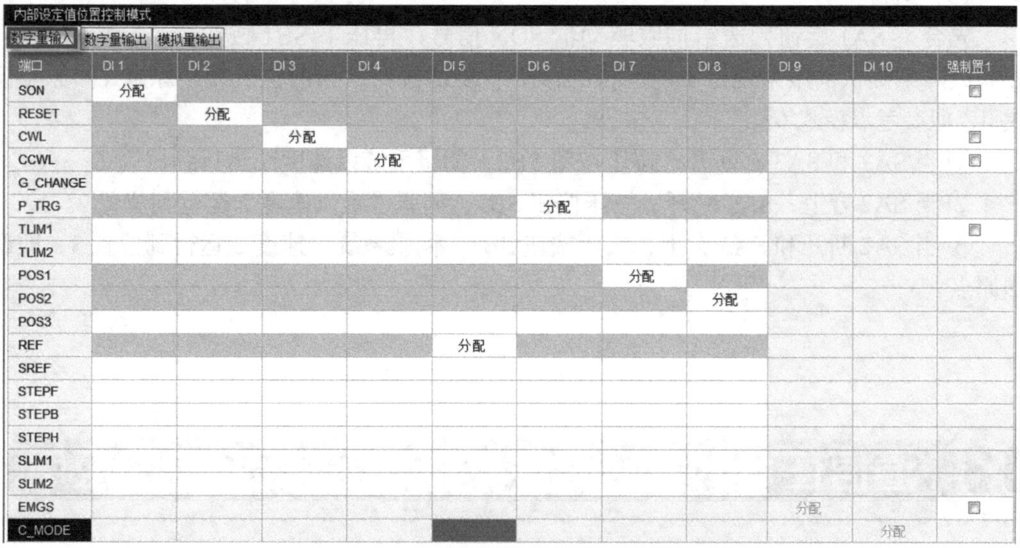

内部设定值位置控制模式

数字量输入　数字量输出　模拟量输出

端口	DI 1	DI 2	DI 3	DI 4	DI 5	DI 6	DI 7	DI 8	DI 9	DI 10	强制置1
SON	分配										
RESET		分配									
CWL			分配								
CCWL				分配							
G_CHANGE											
P_TRG						分配					
TLIM1											
TLIM2											
POS1							分配				
POS2								分配			
POS3											
REF					分配						
SREF											
STEPF											
STEPB											
STEPH											
SLIM1											
SLIM2											
EMGS									分配		
C_MODE										分配	

图 6-22　分配数字量输入的功能（例 6-2）

② 设置回原点类型和电子齿轮比参数如图 6-23 所示，设置内部位置和速度参数如图 6-24 所示，要注意单位。

内部设定值位置控制模式

组别过滤器：所有参数　　搜索：　　出厂值　保存更改

组	参数号	参数信息	值	单位	值范围	出厂设置
位置控制	p29240	选择回参考点模式	0 : DI REF	N.A.	--	1
位置控制	p29241	定位模式选择	1	N.A.	[0 , 3]	0
位置控制	p29242	CLR 脉冲模式	0 : 不清除	N.A.	--	0
位置控制	p29243	位置跟踪功能激活	0 : 位置跟踪功...	N.A.	--	0
位置控制	p29244	绝对值编码器虚拟旋转分辨率	0	N.A.	[0 , 4096]	0
位置控制	p29245	轴模式状态	0	N.A.	[0 , 1]	0
位置控制	p29246	模数补偿范围	1073741824	N.A.	[1 , 2147482...	360000
位置控制	p29247	机械齿轮：每转 LU	10000	N.A.	[1 , 2147483...	10000
位置控制	p29248	机械齿轮：分子	1	N.A.	[1 , 1048576]	1
位置控制	p29249	机械齿轮：分母	1	N.A.	[1 , 1048576]	1

图 6-23　设置回原点类型和电子齿轮比参数（例 6-2）

内部设定值位置控制模式

组别过滤器：所有参数　　搜索：　　出厂值　保存更改

组	参数号	参数信息	值	单位	值范围	出厂设置
位置控制	p2611	EPOS 回参考点参考点逼近速度	300	1000 LU/min	[1 , 40000000]	300
位置控制	p2617[0]	▼ EPOS 运行程序段位置	100000	LU	[-214748264...	0
位置控制	p2617[1]	EPOS 运行程序段位置	200000	LU	[-214748264...	0
位置控制	p2617[2]	EPOS 运行程序段位置	0	LU	[-214748264...	0
位置控制	p2617[3]	EPOS 运行程序段位置	0	LU	[-214748264...	0
位置控制	p2617[4]	EPOS 运行程序段位置	0	LU	[-214748264...	0
位置控制	p2617[5]	EPOS 运行程序段位置	0	LU	[-214748264...	0
位置控制	p2617[6]	EPOS 运行程序段位置	0	LU	[-214748264...	0
位置控制	p2617[7]	EPOS 运行程序段位置	0	LU	[-214748264...	0
位置控制	p2618[0]	▼ EPOS 运行程序段速度	200	1000 LU/min	[1 , 40000000]	600
位置控制	p2618[1]	EPOS 运行程序段速度	200	1000 LU/min	[1 , 40000000]	600
位置控制	p2618[2]	EPOS 运行程序段速度	200	1000 LU/min	[1 , 40000000]	600
位置控制	p2618[3]	EPOS 运行程序段速度	600	1000 LU/min	[1 , 40000000]	600

图 6-24　设置内部位置和速度参数（例 6-2）

（5）运行说明

先合上 SA1 旋钮，送给伺服驱动器 SON 信号；再压下 SB1 按钮，进行故障确认，如有故障不确认伺服系统是不能运行的；压下 SB2 按钮，当前位置就是原点（回原点模式 0，即参考点模式 0）。

① 当 SA2 和 SA3 都断开，按压按钮 SB3，伺服系统以速度 1 运行到位置 1。

② 当 SA2 合上，SA3 断开，按压按钮 SB3，伺服系统以速度 2 运行到位置 2。

③ 当 SA2 断开和 SA3 合上，按压按钮 SB3，伺服系统以速度 3 运行到位置 3，即返回原点。

6.3 通信在 SINAMICS V90 位置控制中的应用

与使用高速脉冲进行定位控制相比，利用通信对伺服系统进行定位（位置）控制，所需的控制硬接线明显要少，一台 PLC 可以控制的伺服系统的台套数也要多，安装、调试和维修都方便，是目前主流的定位控制方式。

6.3.1 S7-1200 PLC 通过 TO 的方式控制 SINAMICS V90 PN 实现定位

S7-1200 PLC 通过 TO 的方式控制 SINAMICS V90 PN 实现定位

众所周知，伺服系统的定位的“三环”控制，通常三环中的位置环、速度环和电流环都在伺服驱动系统中，这些原理在前述章节已经介绍过。本节的内容介绍的是 S7-1200 PLC 通过 TO（工艺对象）的方式控制 SINAMICS V90 PN 实现定位，采用的通信协议是报文 3，而报文 3 是速度通信协议，只用到伺服系统的速度环和电流环，而位置环则在 S7-1200 中。这一点初学者往往不容易理解。以下用一个例子介绍这种通信的实现方法。

★【例 6-3】 已知控制器为 S7-1200，伺服系统的驱动器是 SINAMICS V90 PN，编码器的分辨率是 2500p/s，工作台螺距是 10mm。要求采用 PROFINET 通信实现定位，当压下按钮后行走 100 mm，具备回零功能，设计方案并编写程序。

【解】

（1）设计原理图

设计原理图如图 6-25 所示。

（2）硬件组态

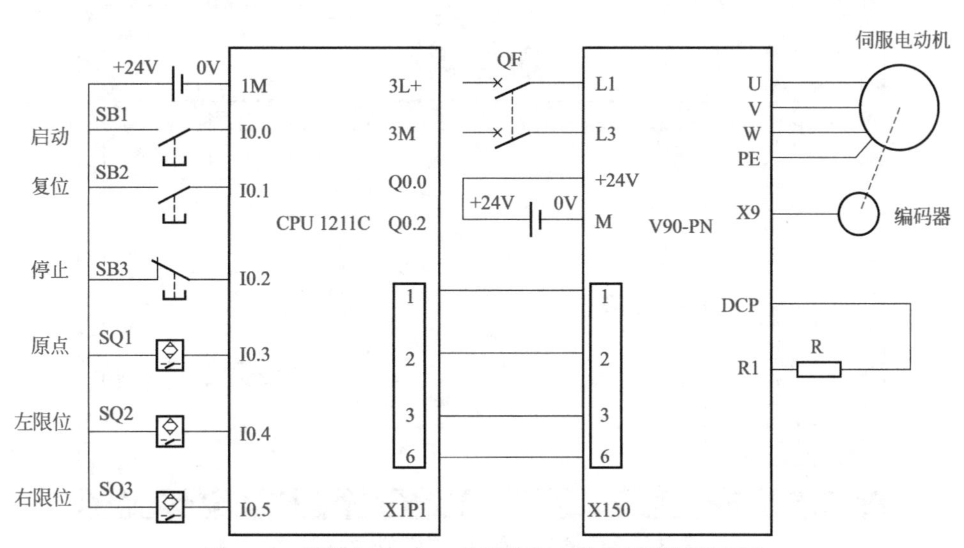

图 6-25 通信在 V90 PN 位置控制中的应用举例原理图

① 新建项目，添加 CPU。打开 TIA 博途软件，新建项目“MotionControl”，单击项目树中的“添加新设备”选项，添加“CPU1211C”，如图 6-26 所示。

② 如图 6-27 所示，在“设备视图”中，选中“属性”→“常规”→“系统和时钟存储器”，勾选“启用系统存储器字节”和“启用时钟存储器字节”。

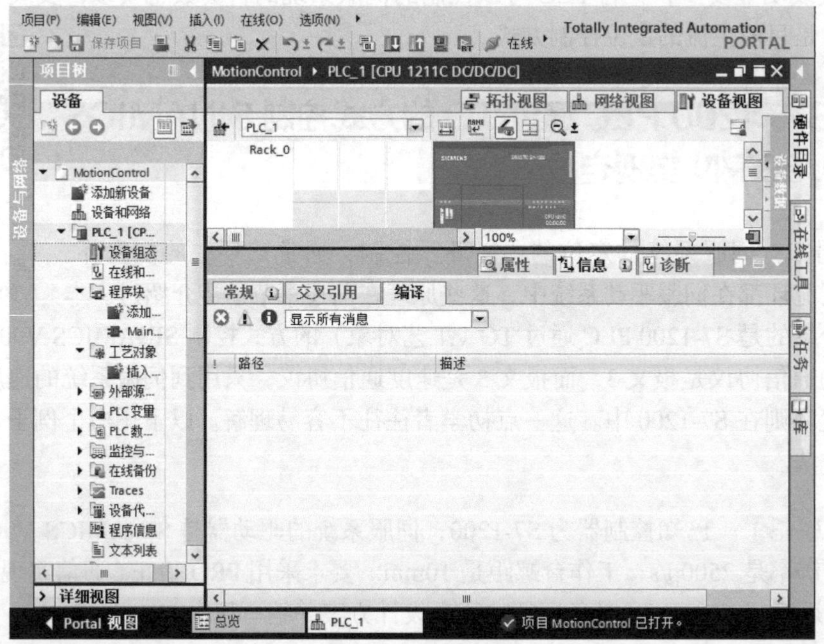

图 6-26　新建项目，添加 CPU（例 6-3）

图 6-27　启用系统存储器字节和启用时钟存储器字节（例 6-3）

③ 网络组态。在图 6-28 中，单击“设备和网络”→“网络视图”，在硬件目录中，将“Other field devices”（其它现场设备）→“PROFINET IO”→“Drivers”→“SIEMENS AG”→“SINAMICS”→“SINAMICS V90 PN V1.0”拖拽到图示标记④位置，用鼠标左键选中标记“A”，按住不放，拖拽到标记“B”，松开鼠标，建立 S7-1200 与 V90 之间的网络连接。

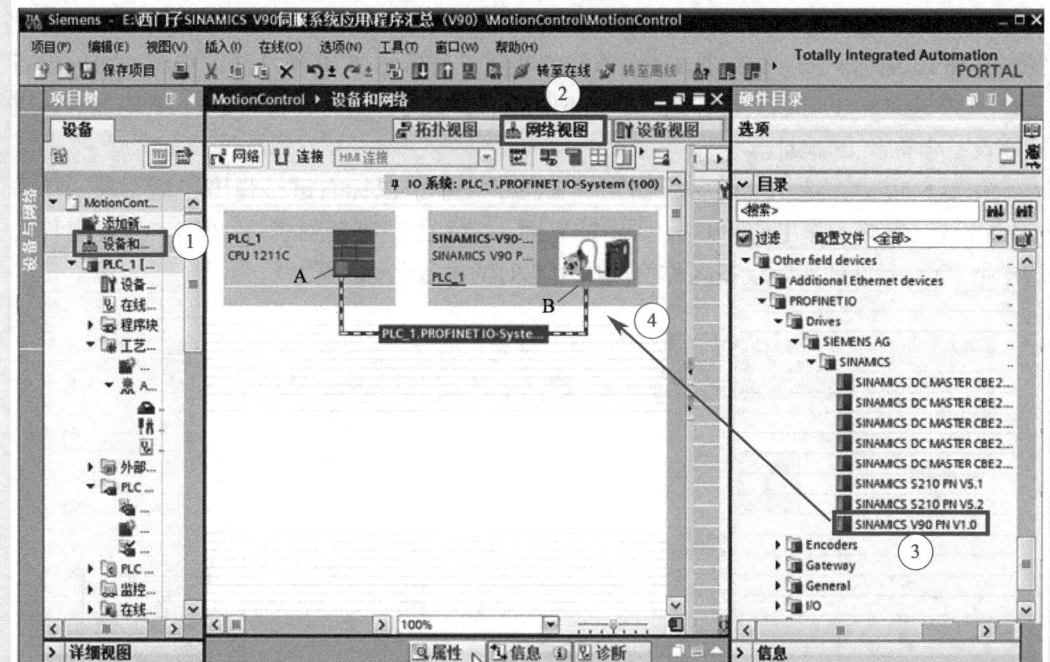

图 6-28　网络组态（例 6-3）

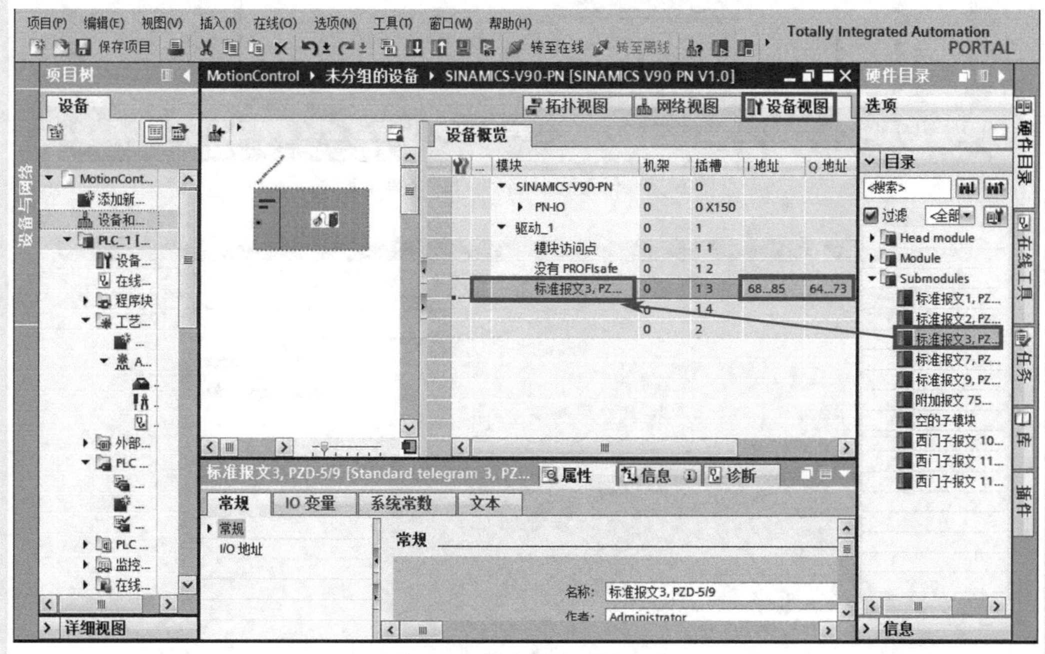

图 6-29　组态报文（例 6-3）

④ 在图 6-28 中双击 V90 的图标，打开 V90 的硬件组态界面，如图 6-29 所示。单击“设备视图”→“设备概览”，在硬件目录中，将“Submodules”（子模块）→“标准报文 3，PZD-5/9”拖拽到如图 6-29 所示的位置。

⑤ 修改 V90 的名称和 IP 地址。PROFINET IO 通信通常需要修改 IO 设备站的设备

名和 IP 地址，这样做的目的是要保证 IO 设备站的实际设备名称和 IP 地址与组态时的设备名称和 IP 地址一致。可以把 IO 设备站的实际设备名称和 IP 地址修改成组态时的设备名称和 IP 地址；也可以直接在组态时，把组态的 IO 设备站的设备名称和 IP 地址修改成实际设备名称和 IP 地址。

在图 6-30 中，选中“设备视图”→“V90”，单击鼠标右键，弹出快捷菜单，单击“分配设备名称”，弹出如图 6-31 所示的界面。先单击“更新列表”，单击“分配名称”，这样把 IO 设备站的实际设备名称修改成组态时的设备名称一致。

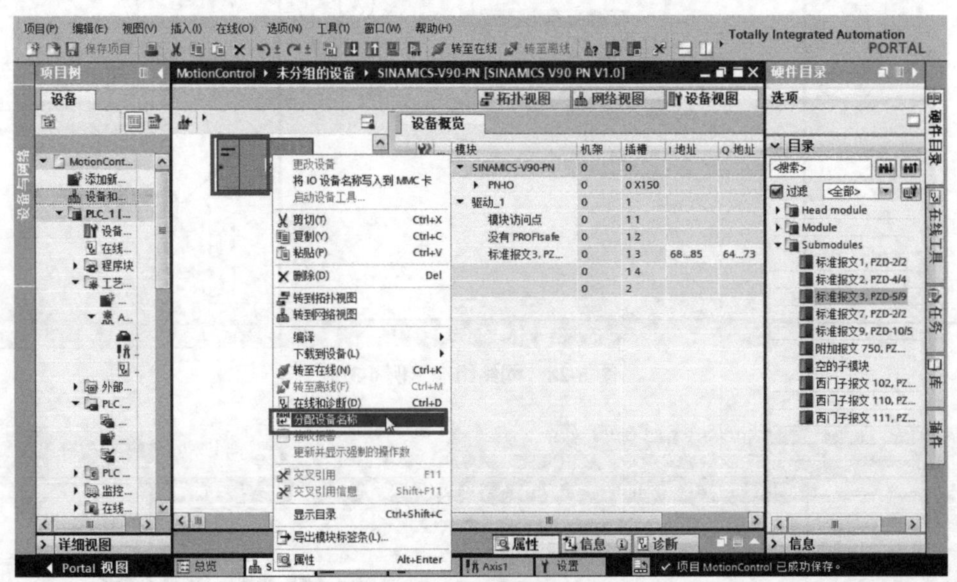

图 6-30　修改设备名称（1）（例 6-3）

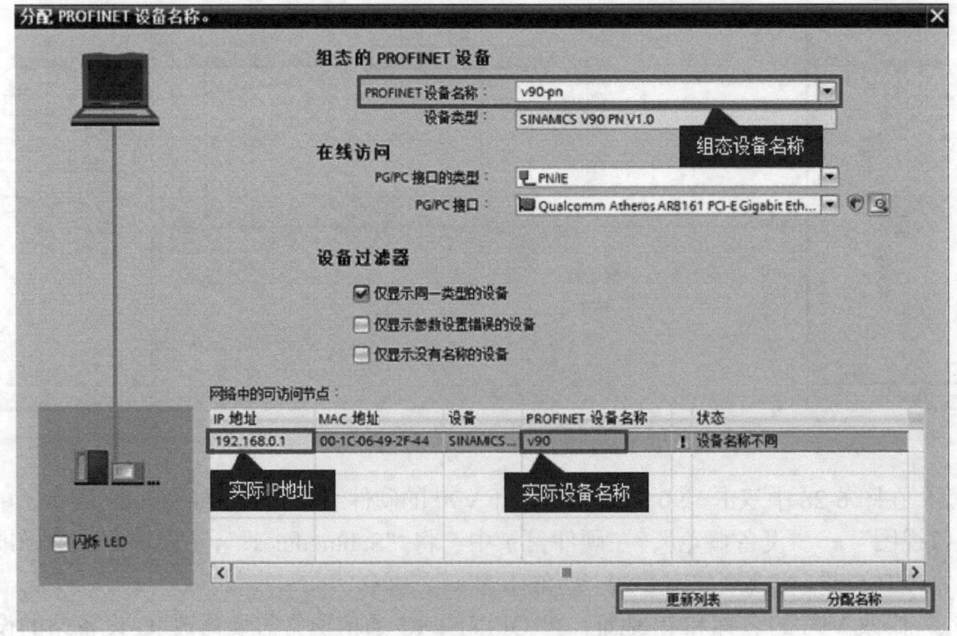

图 6-31　修改设备名称（2）（例 6-3）

⑥ 在图 6-32 中，选中“在线访问”，双击计算机有线网卡下的“更新可访问的设备”，选择“在线和诊断”→“分配 IP 地址”，在“IP 地址”中输入所需的 IP 地址，“子网掩码”中输入“255.255.255.0”，最后单击“分配 IP 地址”按钮即可。

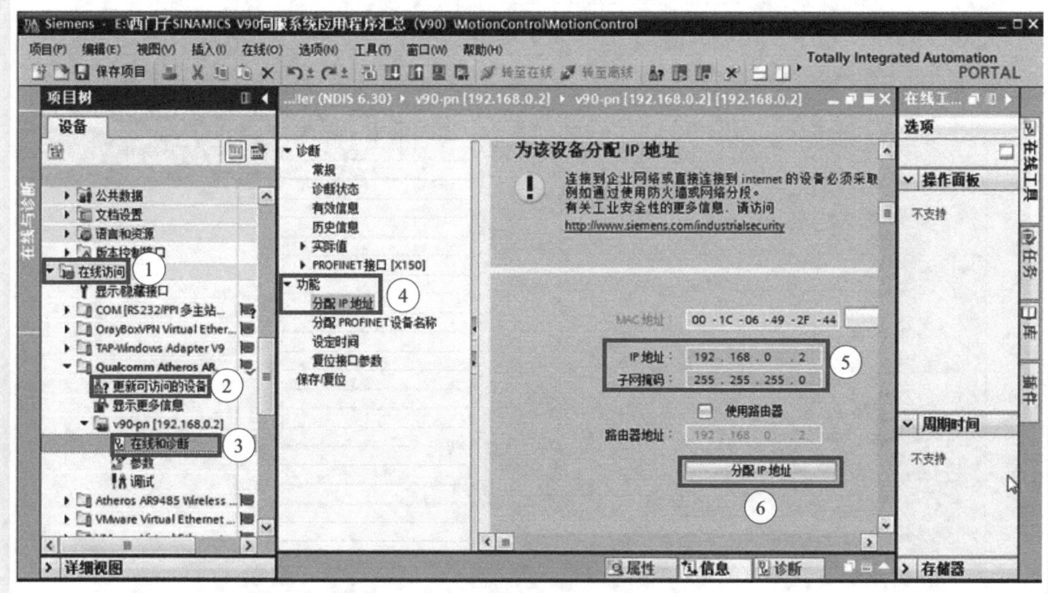

图 6-32 修改设备 IP 地址（例 6-3）

（3）工艺对象“轴”配置

参数配置主要定义了轴的工程单位（如脉冲数 /min、r/min）、软硬件限位、启动 / 停止速度和参考点的定义等。工艺参数的组态步骤如下：

① 插入新对象。在 TIA Portal 软件项目视图的项目树中，选择“Motion Control”→“PLC_1”→“工艺对象”→“插入新对象”，双击“插入新对象”，如图 6-33 所示，弹出如图 6-34 所示的界面，选择“运动控制”→“TO_PositioningAxis”，单击“确定”按钮，弹出如图 6-35 所示的界面。

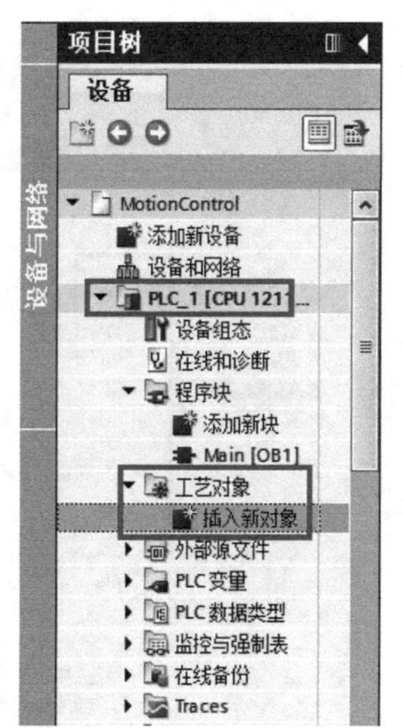

图 6-33 插入新对象（例 6-3）

② 配置常规参数。在“功能图”选项卡中，选择“基本参数”→“常规”，在“驱动器”项目中有三个选项：PTO（表示运动控制由脉冲控制）、模拟驱动装置接口（表示运动控制由模拟量控制）和 PROFIdrive（表示运动控制由通信控制），本例选择“PROFIdrive”选项，测量单位可根据实际情况选择，本例选用默认设置，如图 6-35 所示。

③ 组态驱动器参数。在“功能图”选项卡中，选择“基本参数”→“驱动器”，选择驱动器为“SINAMICS-V90-PN”，如图 6-36 所示。

图 6-34　定义工艺对象数据块（例 6-3）

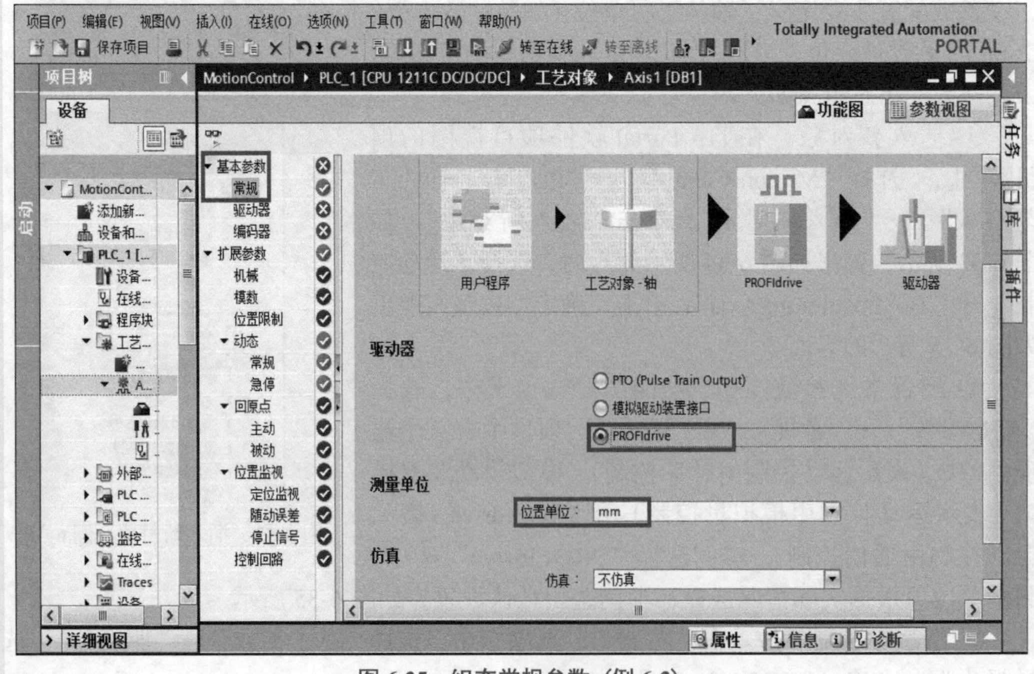

图 6-35　组态常规参数（例 6-3）

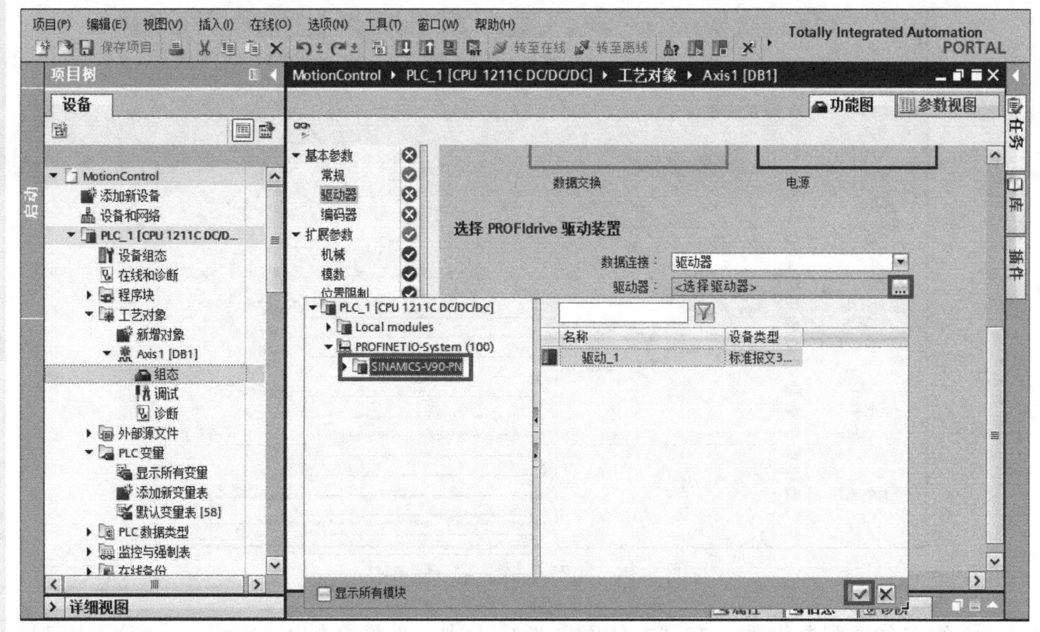

图 6-36　组态驱动器参数（例 6-3）

④ 组态编码器。如图 6-37 所示，先选择 PROFINET/PROFIBUS 上的编码器，再选择“编码器 1”的设备类型为标准报文 3。

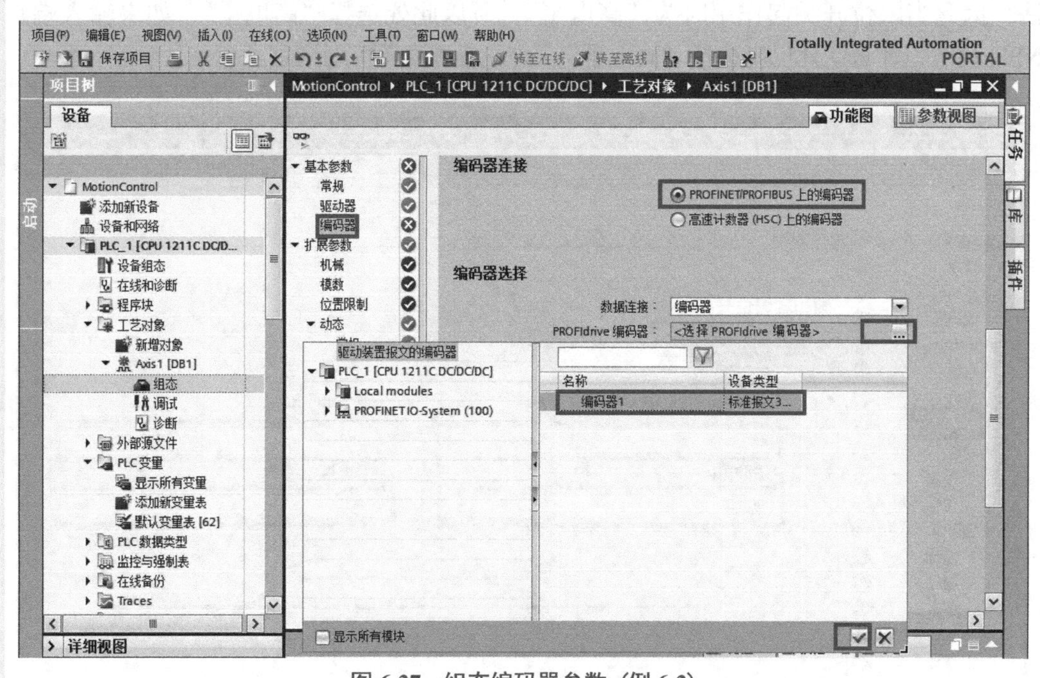

图 6-37　组态编码器参数（例 6-3）

⑤ 组态机械参数。在“功能图”选项卡中，选择“扩展参数”→“机械”，“电机每转的负载位移”取决于机械结构，如伺服电动机与丝杠直接连接，则此参数就是丝杠的螺距，本例为“10.0”，如图 6-38 所示。

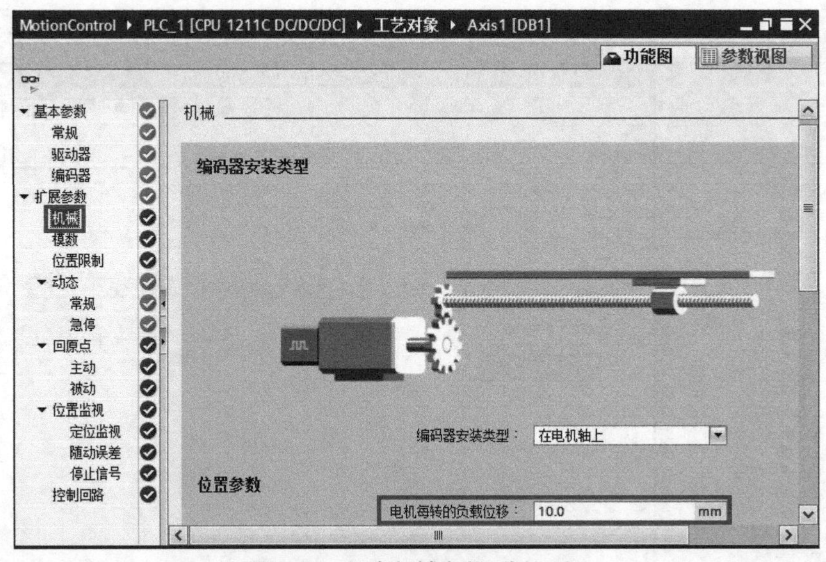

图 6-38　组态机械参数（例 6-3）

⑥ 组态位置限制参数。在“功能图”选项卡中，选择“扩展参数”→“位置限制”，勾选“启用硬件限位开关”，如图 6-39 所示。在“硬件下限位开关输入”中选择“I0.4”，在“硬件上限位开关输入”中选择“I0.5”，选择电平均为“高电平”，这些设置必须与原理图匹配。由于本例的限位开关在原理图中接入的是常开触点，而且是 PNP 输入接法，因此当限位开关起作用时为“高电平”，所以此处选择“高电平”，如果输入端是 NPN 接法，那么此处也应选择“高电平”，这一点请读者特别注意。

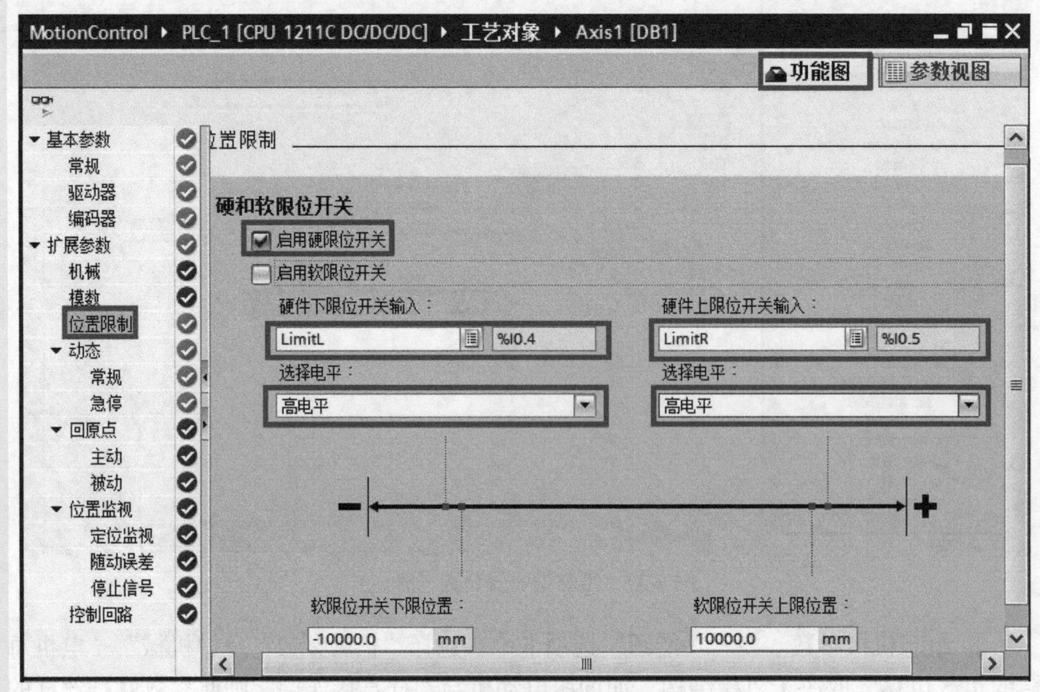

图 6-39　组态位置限制参数（例 6-3）

⑦ 组态动态参数。在“功能图”选项卡中，选择“扩展参数”→“动态”→“常规”，根据实际情况修改最大转速、加速时间和减速时间等参数（此处的加速时间和减速时间是正常停机时的数值），本例设置如图 6-40 所示。

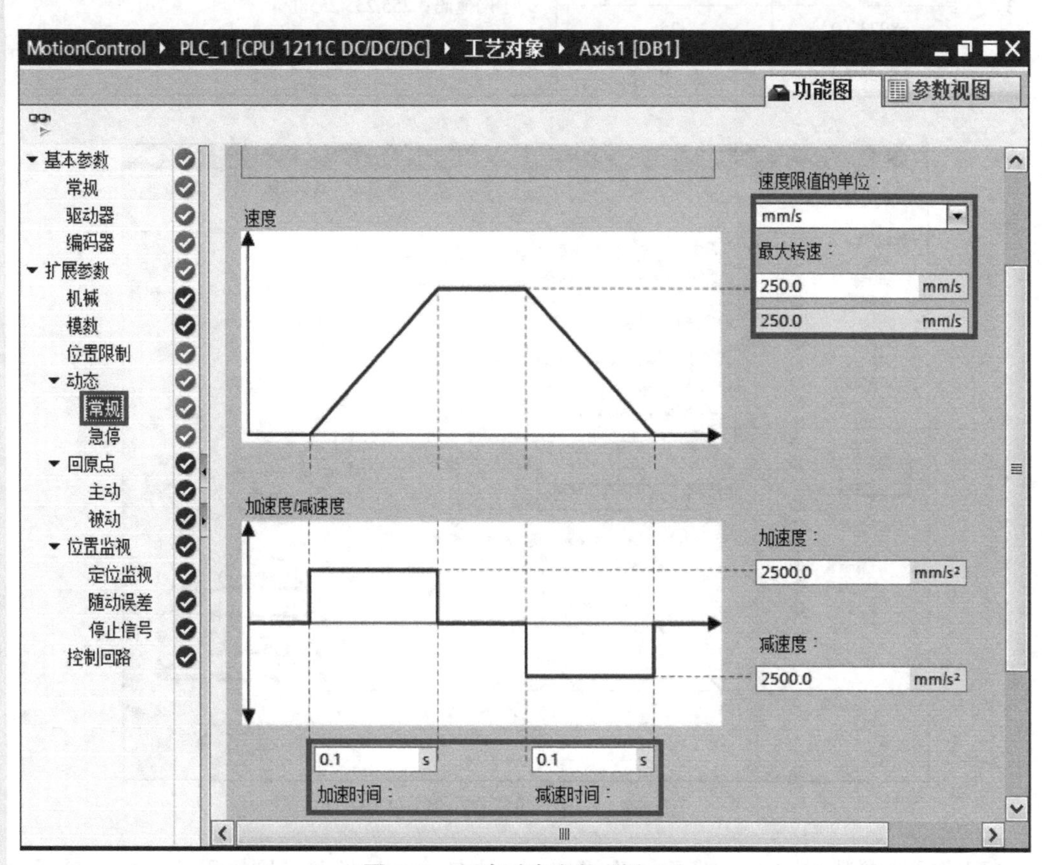

图 6-40　组态动态参数（例 6-3）

⑧ 组态回原点参数。在“功能图”选项卡中，选择“扩展参数”→“回原点”→“主动”，本例设置如图 6-41 所示。

（4）配置伺服驱动器的参数

设置 SINAMICS V90 伺服驱动参数见表 6-5。

表 6-5　SINAMICS V90 伺服驱动参数表（例 6-3）

序号	参数	参数值	说明
1	p922	3	标准报文 3
2	p8921（0）	192	IP 地址：192.168.0.2
	p8921（1）	168	
	p8921（2）	0	
	p8921（3）	2	

续表

序号	参数	参数值	说明
3	p8923（0）	255	子网掩码：255.255.255.0
	p8923（1）	255	
	p8923（2）	255	
	p8923（3）	0	

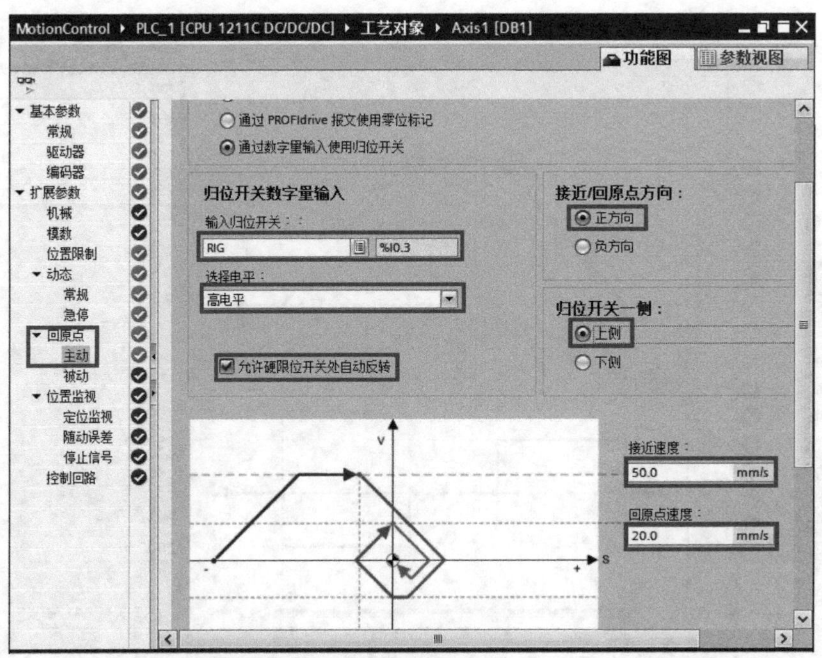

图 6-41　组态回原点（例 6-3）

配置网络参数如图 6-42 所示。先设置 PN 站名、IP 地址和子网掩码等参数，最后单击“保存并激活”按钮。

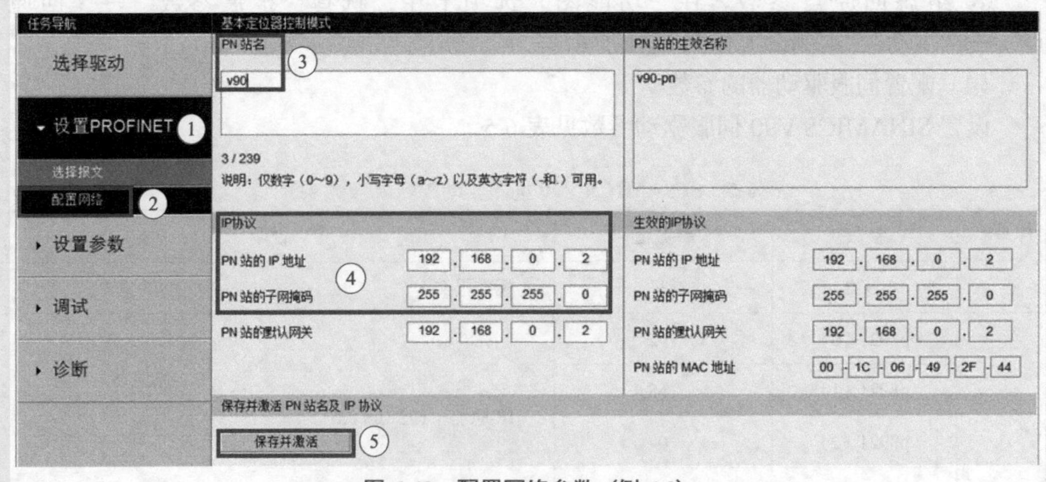

图 6-42　配置网络参数（例 6-3）

（5）编写程序

编写程序如图 6-43 所示。

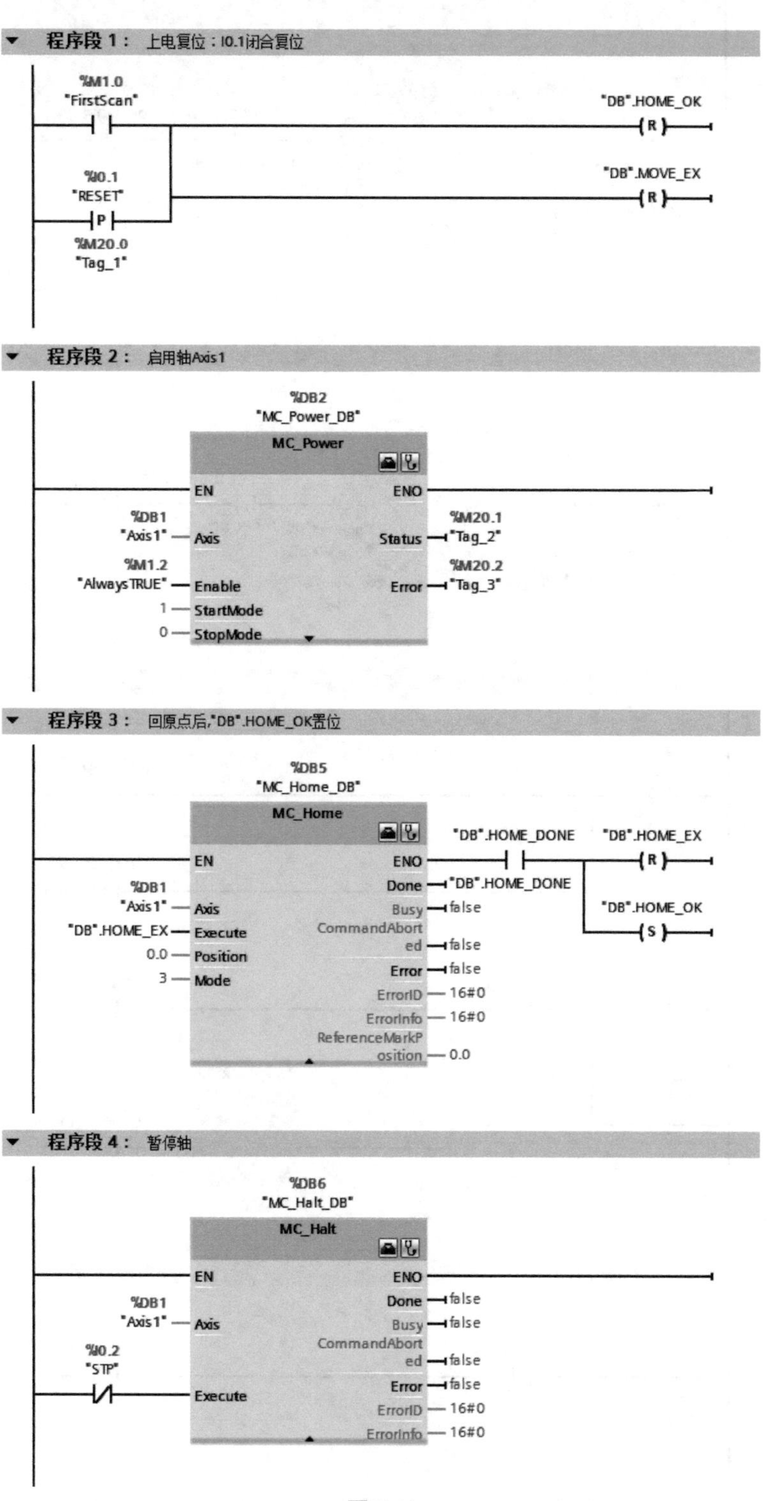

图 6-43

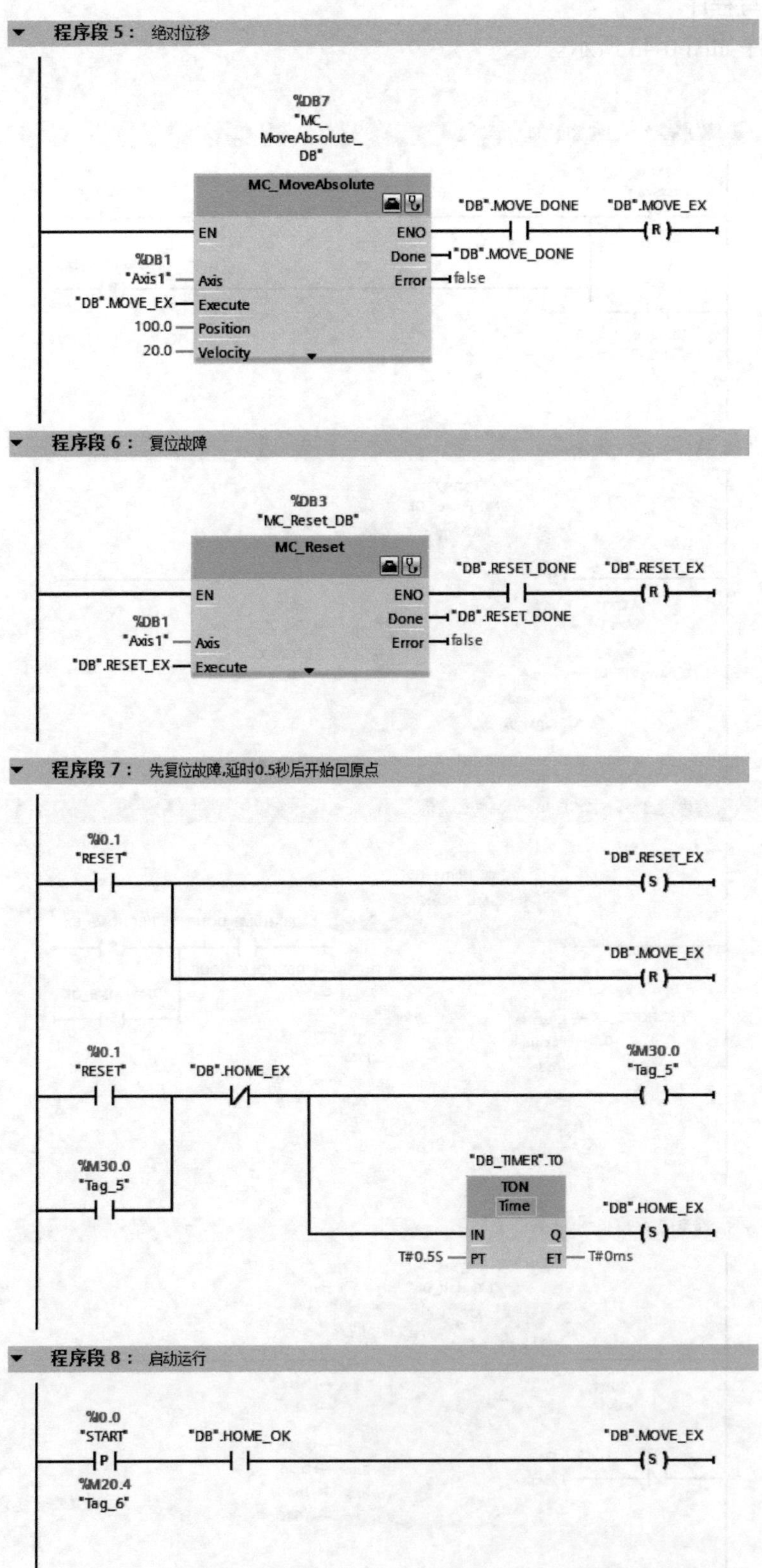

图 6-43　S7-1200 PLC 通过 TO 方式控制 V90 PN 实现定位举例程序

6.3.2 S7-1200 PLC 通过 FB284 函数块控制 SINAMICS V90 PN 实现定位

S7-1200 PLC
通过 FB284
函数块控制
SINAMICS V90
PN 实现定位

S7-1200 PLC 通过 FB284 函数块控制 SINAMICS V90 PN 实现定位，使用的是西门子报文 111，使用函数块 FB284，必须事先安装库文件 DriveLib_S7_1200_1500 或者安装 StartDrive 软件。

使用库文件 DriveLib_S7_1200_1500 中的函数块，可完成回原点、定位控制、点动控制、MDI、速度控制和修改参数等功能，而且使用比较简便。以下用一个例子介绍。

★【例 6-4】 已知控制器为 S7-1200，伺服系统的驱动器是 SINAMICS V90 PN，编码器的分辨率是 2500p/s，工作台螺距是 10mm。要求采用 PROFINET 通信实现定位，要求编写程序实现点动、回零功能，设计此方案并编写程序。

【解】

（1）设计电气原理图

电气原理图参见图 6-25。

（2）硬件组态

硬件组态与例 6-3 基本相同，请读者参考例 6-3，只有一点区别，就是例 6-3 中使用的是“标准报文 3，PZD-5/9”（速度报文，其位置环在 PLC 中），而本例使用的是“西门子报文 111，PZD-12/12”［基本定位（EPOS）报文，三环都在伺服驱动器中］，组态报文如图 6-44 所示。

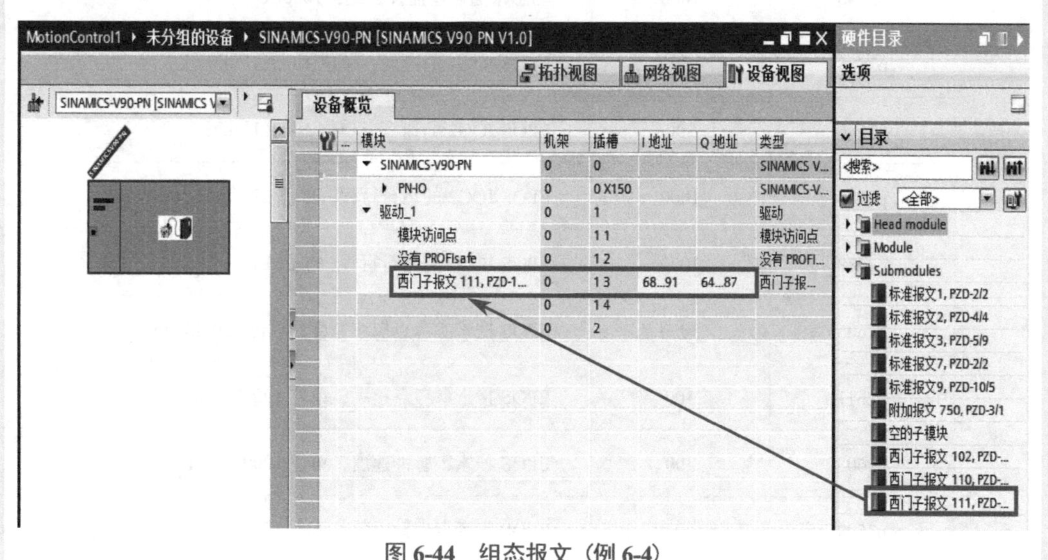

图 6-44 组态报文（例 6-4）

采用基本定位（EPOS）报文定位，不需要进行工艺组态，这一点请读者注意。

（3）设置伺服参数

设置 SINAMICS V90 伺服驱动的参数见表 6-6。

表 6-6 SINAMICS V90 伺服驱动的参数表（例 6-4）

序号	参数	参数值	说明
1	p922	111	西门子报文 111
2	p8921（0）	192	IP 地址：192.168.0.2
	p8921（1）	168	
	p8921（2）	0	
	p8921（3）	2	
3	p8923（0）	255	子网掩码：255.255.255.0
	p8923（1）	255	
	p8923（2）	255	
	p8923（3）	0	
4	p29247	10000	机械齿轮，单位 LU
5	p2544	40	定位完成窗口：40LU
	p2546	1000	动态跟随误差监控公差：1000LU
6	p2585	-300	EPOS JOG1 的速度，单位 1000LU/min
	p2586	300	EPOS JOG2 的速度，单位 1000LU/min
	p2587	1000	EPOS JOG1 的运行行程，单位 LU
	p2588	1000	EPOS JOG2 的运行行程，单位 LU
7	p2605	5000	EPOS 搜索参考点挡块速度，单位 1000LU/min
	p2611	300	EPOS 接近参考点速度，单位 1000LU/min
	p2608	300	EPOS 搜索零脉冲速度，单位 1000LU/min
	p2599	0	EPOS 参考点坐标，单位 LU

这些参数可以用 BOP 面板设置，但使用 V-ASSISTANT 设置更加便利，而且更加直观。

① 配置网络参数（如图 6-45 所示）。先设置 PN 站名、IP 地址和子网掩码等参数，最后单击“保存并激活”按钮。

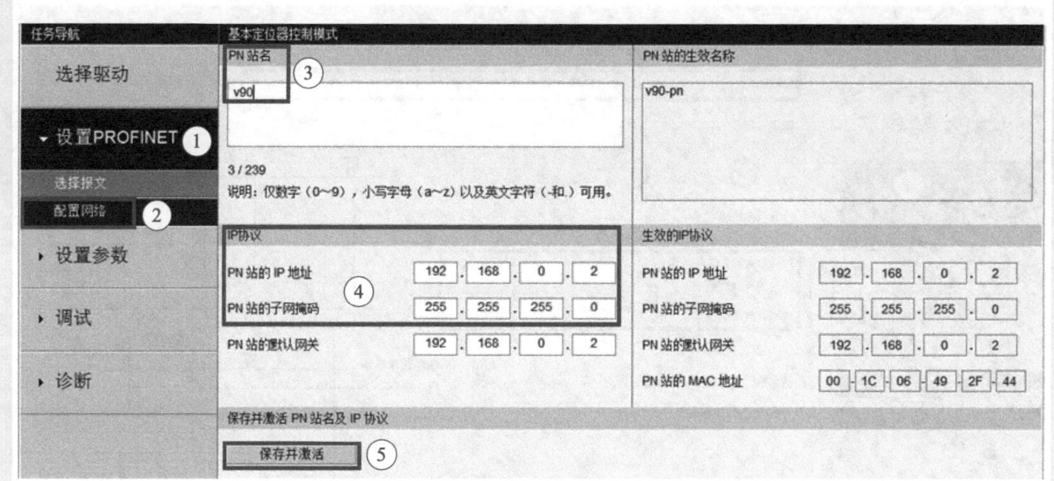

图 6-45　配置网络参数（例 6-4）

② 配置机械齿轮参数（如图 6-46 所示）。这个参数与机械结构、减速器的减速比以及期望的分辨率相关。

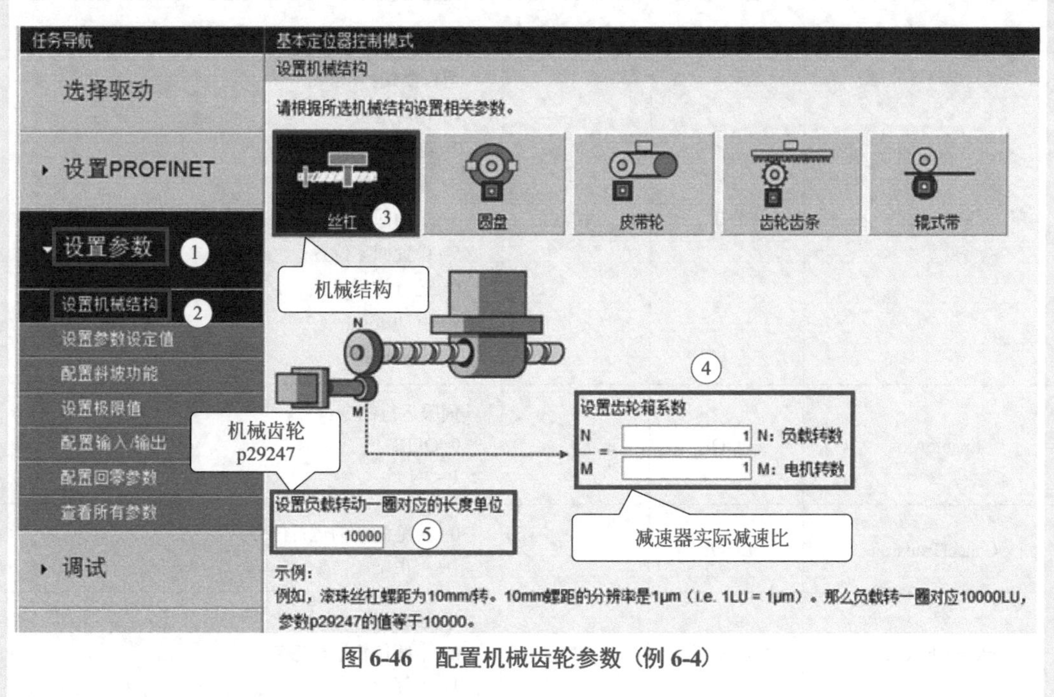

图 6-46　配置机械齿轮参数（例 6-4）

③ 配置回零参数 。回零参数不易理解，但配置回零参数用如图 6-47 所示的画面进行配置就很直观了。

（4）编写程序

① 函数块 FB284 介绍。定位控制时要用到函数块 FB284，其输入输出端子的含义见表 6-7。

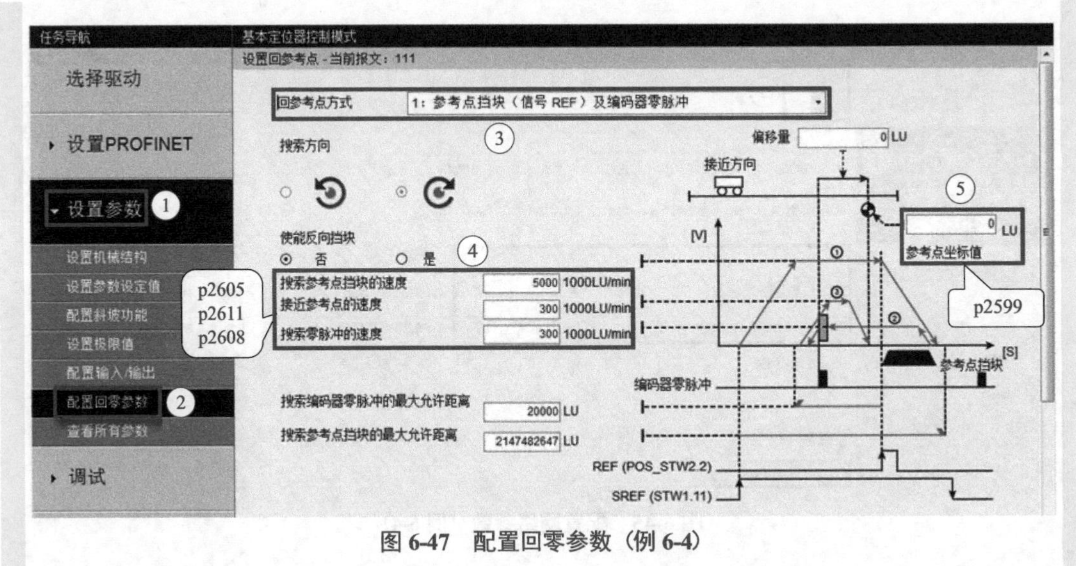

图 6-47　配置回零参数（例 6-4）

表 6-7　FB284 输入输出端子的含义

端子	数据类型	默认值	描述
输入			
ModePos	INT	0	运行模式： 1= 相对定位； 2= 绝对定位； 3= 连续位置运行； 4= 主动回零操作； 5= 设置回零位置； 6= 运行位置块 0 ～ 16； 7= 点动 Jog； 8= 点动增量
EnableAxis	BOOL	0	伺服运行命令： 0=OFF1； 1=ON
CancelTransing	BOOL	1	0= 拒绝激活的运行任务； 1= 不拒绝
IntermediateStop	BOOL	1	中间停止： 0= 中间停止运行任务； 1= 不停止
Positive	BOOL	0	正方向
Negative	BOOL	0	负方向
Jog1	BOOL	0	正向点动（信号源 1）
Jog2	BOOL	0	正向点动（信号源 2）

续表

<table>
<tr><th>端子</th><th>数据类型</th><th>默认值</th><th>描述</th></tr>
<tr><td>FlyRef</td><td>BOOL</td><td>0</td><td>0= 不选择运行中回零；
1= 选择运行中回零</td></tr>
<tr><td>AckError</td><td>BOOL</td><td>0</td><td>故障复位</td></tr>
<tr><td>ExecuteMode</td><td>BOOL</td><td>0</td><td>激活定位工作或接收设定点</td></tr>
<tr><td>Position</td><td>DINT</td><td>0[LU]</td><td>对于运行模式，直接设定位置值 [LU] / MDI 或运行的块号</td></tr>
<tr><td>Velocity</td><td>DINT</td><td>0[LU/min]</td><td>MDI 运行模式时的速度设置 [LU/min]</td></tr>
<tr><td>OverV</td><td>INT</td><td>100[%]</td><td>所有运行模式下的速度倍率 0 ～ 199%</td></tr>
<tr><td>OverAcc</td><td>INT</td><td>100[%]</td><td>直接设定值 /MDI 模式下的加速度倍率
0 ～ 100%</td></tr>
<tr><td>OverDec</td><td>INT</td><td>100[%]</td><td>直接设定值 /MDI 模式下的减速度倍率
0 ～ 100%</td></tr>
<tr><td>ConfigEPOS</td><td>DWORD</td><td>0</td><td>可以通过此端子传输 111 报文的 STW1、STW2、EPosSTW1 和 EPosSTW2 中的位，传输位的对应关系如下表所示：
<table>
<tr><th>ConfigEPos 位</th><th>111 报文位</th></tr>
<tr><td>ConfigEPos.%X0</td><td>STW1.%X1</td></tr>
<tr><td>ConfigEPos.%X1</td><td>STW1.%X2</td></tr>
<tr><td>ConfigEPos.%X2</td><td>EPosSTW2.%X14</td></tr>
<tr><td>ConfigEPos.%X3</td><td>EPosSTW2.%X15</td></tr>
<tr><td>ConfigEPos.%X4</td><td>EPosSTW2.%X11</td></tr>
<tr><td>ConfigEPos.%X5</td><td>EPosSTW2.%X10</td></tr>
<tr><td>ConfigEPos.%X6</td><td>EPosSTW2.%X2</td></tr>
<tr><td>ConfigEPos.%X7</td><td>STW1.%X13</td></tr>
<tr><td>ConfigEPos.%X8</td><td>EPosSTW1.%X12</td></tr>
<tr><td>ConfigEPos.%X9</td><td>STW2.%X0</td></tr>
<tr><td>ConfigEPos.%X10</td><td>STW2.%X1</td></tr>
<tr><td>ConfigEPos.%X11</td><td>STW2.%X2</td></tr>
<tr><td>ConfigEPos.%X12</td><td>STW2.%X3</td></tr>
<tr><td>ConfigEPos.%X13</td><td>STW2.%X4</td></tr>
<tr><td>ConfigEPos.%X14</td><td>STW2.%X7</td></tr>
</table>
</td></tr>
</table>

续表

<table>
<tr><th>端子</th><th>数据类型</th><th>默认值</th><th>描述</th></tr>
<tr><td>ConfigEPOS</td><td>DWORD</td><td>0</td><td>续表
<table>
<tr><th>ConfigEPos 位</th><th>111 报文位</th></tr>
<tr><td>ConfigEPos.%X15</td><td>STW1.%X14</td></tr>
<tr><td>ConfigEPos.%X16</td><td>STW1.%X15</td></tr>
<tr><td>ConfigEPos.%X17</td><td>EPosSTW1.%X6</td></tr>
<tr><td>ConfigEPos.%X18</td><td>EPosSTW1.%X7</td></tr>
<tr><td>ConfigEPos.%X19</td><td>EPosSTW1.%X11</td></tr>
<tr><td>ConfigEPos.%X20</td><td>EPosSTW1.%X13</td></tr>
<tr><td>ConfigEPos.%X21</td><td>EPosSTW2.%X3</td></tr>
<tr><td>ConfigEPos.%X22</td><td>EPosSTW2.%X4</td></tr>
<tr><td>ConfigEPos.%X23</td><td>EPosSTW2.%X6</td></tr>
<tr><td>ConfigEPos.%X24</td><td>EPosSTW2.%X7</td></tr>
<tr><td>ConfigEPos.%X25</td><td>EPosSTW2.%X12</td></tr>
<tr><td>ConfigEPos.%X26</td><td>EPosSTW2.%X13</td></tr>
<tr><td>ConfigEPos.%X27</td><td>STW2.%X5</td></tr>
<tr><td>ConfigEPos.%X28</td><td>STW2.%X6</td></tr>
<tr><td>ConfigEPos.%X29</td><td>STW2.%X8</td></tr>
<tr><td>ConfigEPos.%X30</td><td>STW2.%X9</td></tr>
</table>
可通过此方式传输硬件限位使能、回零 开关信号等给 V90。注意：如果程序里对此端子进行了变量 分配，则必须保证 ConfigEPos.%X0 和 ConfigEPos.%X1 都为 1 时驱动器才能运行</td></tr>
<tr><td>HWIDSTW</td><td>HW_IO</td><td>0</td><td>V90 设备视图中报文 111 的硬件标识符</td></tr>
<tr><td>HWIDZSW</td><td>HW_IO</td><td>0</td><td>V90 设备视图中报文 111 的硬件标识符</td></tr>
<tr><td colspan="4">输出</td></tr>
<tr><td>Error</td><td>BOOL</td><td>0</td><td>1= 错误出现</td></tr>
<tr><td>Status</td><td>Word</td><td>0</td><td>显示状态</td></tr>
<tr><td>DiagID</td><td>WORD</td><td>0</td><td>扩展的通信故障</td></tr>
</table>

续表

端子	数据类型	默认值	描述
ErrorId	INT	0	运行模式错误 / 块错误： 0= 无错误； 1= 通信激活； 2= 选择了不正确的运行模式； 3= 设置的参数不正确； 4= 无效的运行块号； 5= 驱动故障激活； 6= 激活了开关禁止； 7= 运行中回零不能开始
AxisEnabled	BOOL	0	驱动已使能
AxisError	BOOL	0	驱动故障
AxisWarn	BOOL	0	驱动报警
AxisPosOk	BOOL	0	轴的目标位置到达
AxisRef	BOOL	0	回零位置设置
ActVelocity	DINT	0 LU/min	当前速度（LU/min）
ActPosition	DINT	0 LU/min	当前位置 LU
ActMode	INT	0	当前激活的运行模式
EPosZSW1	WORD	0	EPOS 的 ZSW1 的状态
EPosZSW2	WORD	0	EPOS 的 ZSW2 的状态
ActWarn	WORD	0	当前的报警代码
ActFault	WORD	0	当前的故障代码

在全局库中，把函数块 FB284 拖拽到程序编辑区的方法，如图 6-48 所示。

② 编写回原点程序。使用函数块 FB284 回原点，有几个关键参数要再次强调，ModePos=4 表示主动回零操作；ConfigEPOS 的 ConfigEPos.%X0 表示 OFF2 停止，应设置为 1 才能运行；ConfigEPOS 的 ConfigEPos.%X1 表示 OFF3 停止，应设置为 1 才能运行；ConfigEPOS 的 ConfigEPos.%X6 是零点开关信号。

在本例中，I0.3 是零点信号，赋值给 M33.6，就是 ConfigEPOS 的 ConfigEPos.%X6。MW10=4 表示主动回零操作。MD16 和 MD12 无需设置。M33.0=MM33.1=1 表示伺服系统处于可以运行的状态。

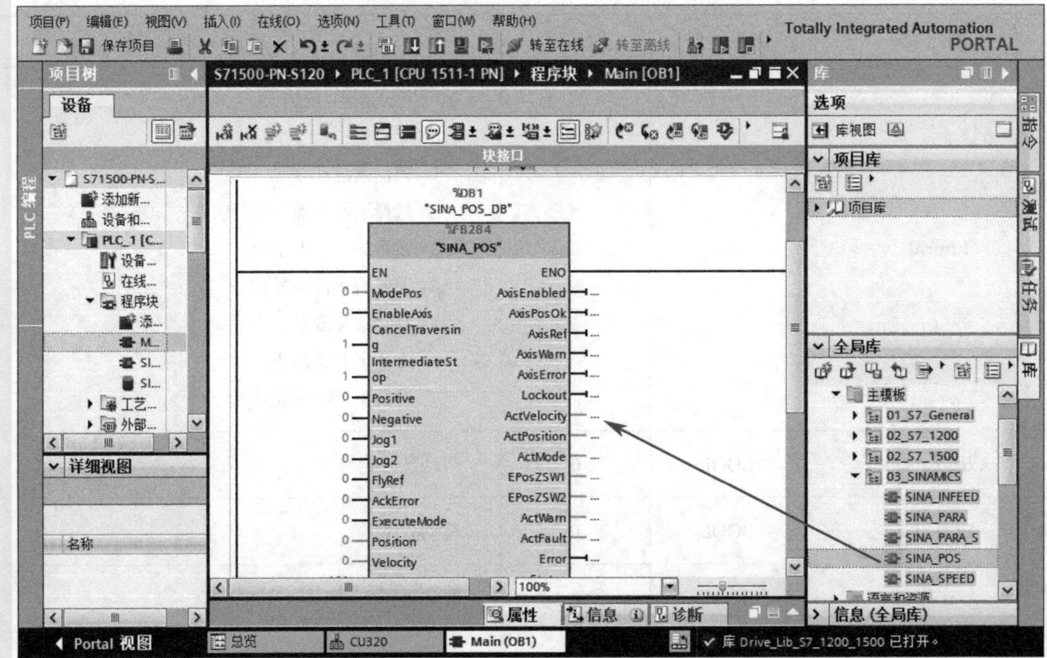

图 6-48 插入函数块 FB284（例 6-4）

编写回原点程序，如图 6-49 所示。

程序段 1： 初始化

%M1.0 "FirstScan"　%M2.0 "EnAxis" (R)

MOVE EN ENO　0 IN　OUT1 %MB50 "Step"

MOVE EN ENO　0 IN　OUT1 %MB51 "Step1"

程序段 2： 赋值给Epos

%I0.3 "Origin"　%M33.6 "Origin1"

%M2.6 "Flag"　%M33.0 "OFF2"

%M33.1 "OFF3"

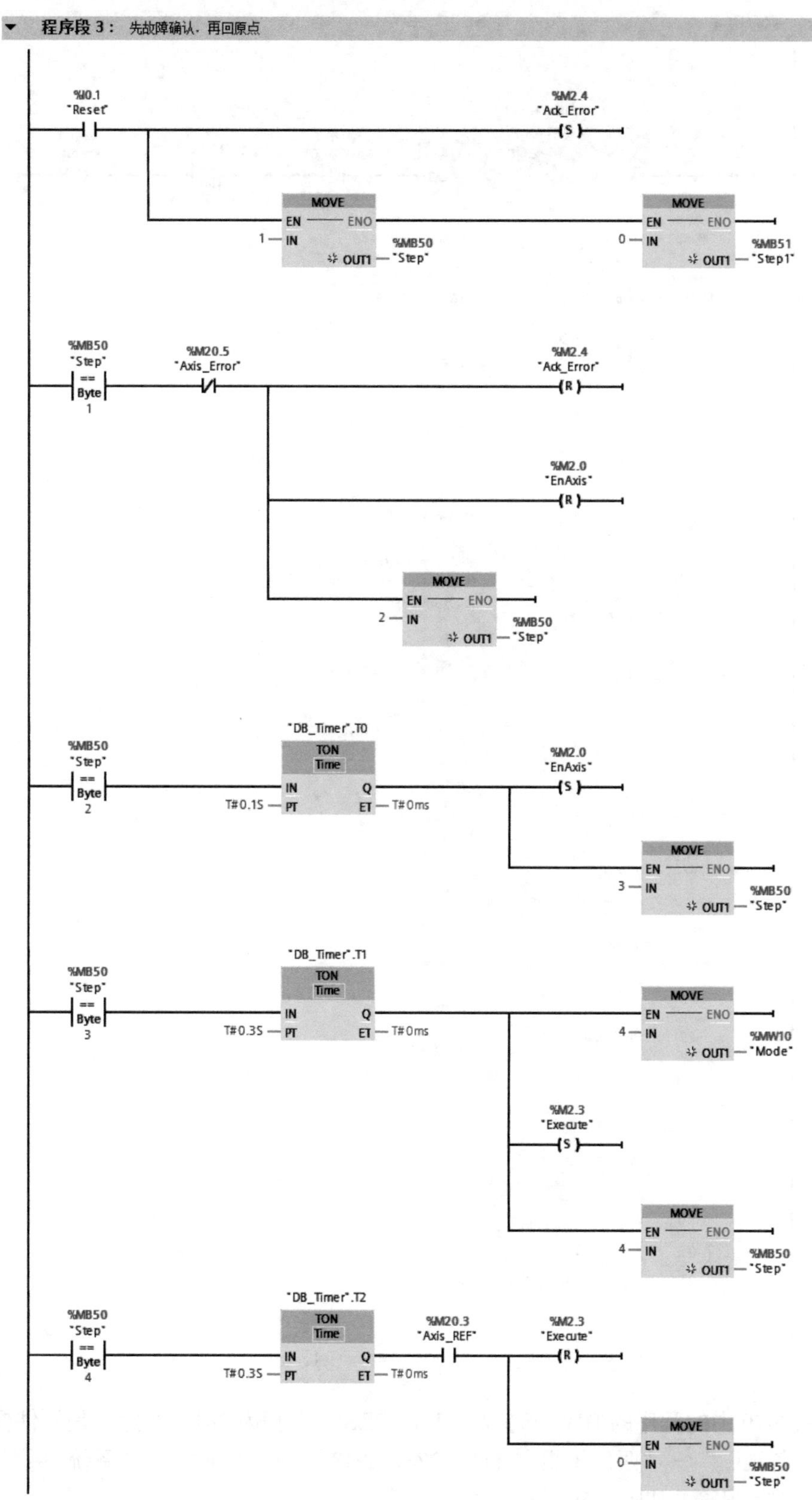

程序段 3： 先故障确认，再回原点
%I0.1
"Reset"
%M2.4
"Ack_Error"
S
MOVE
EN
ENO
1
IN
%MB50
"Step"
OUT1
MOVE
EN
ENO
0
IN
%MB51
"Step1"
OUT1
%MB50
"Step"
==
Byte
1
%M20.5
"Axis_Error"
%M2.4
"Ack_Error"
R
%M2.0
"EnAxis"
R
MOVE
2
%MB50
"Step"
"DB_Timer".T0
TON
Time
IN
Q
PT
ET
T#0.1S
T#0ms
%MB50
"Step"
==
Byte
2
%M2.0
"EnAxis"
S
MOVE
3
%MB50
"Step"
"DB_Timer".T1
TON
Time
T#0.3S
T#0ms
%MB50
"Step"
==
Byte
3
MOVE
4
%MW10
"Mode"
%M2.3
"Execute"
S
MOVE
4
%MB50
"Step"
"DB_Timer".T2
TON
Time
T#0.3S
T#0ms
%MB50
"Step"
==
Byte
4
%M20.3
"Axis_REF"
%M2.3
"Execute"
R
MOVE
0
%MB50
"Step"

图 6-49

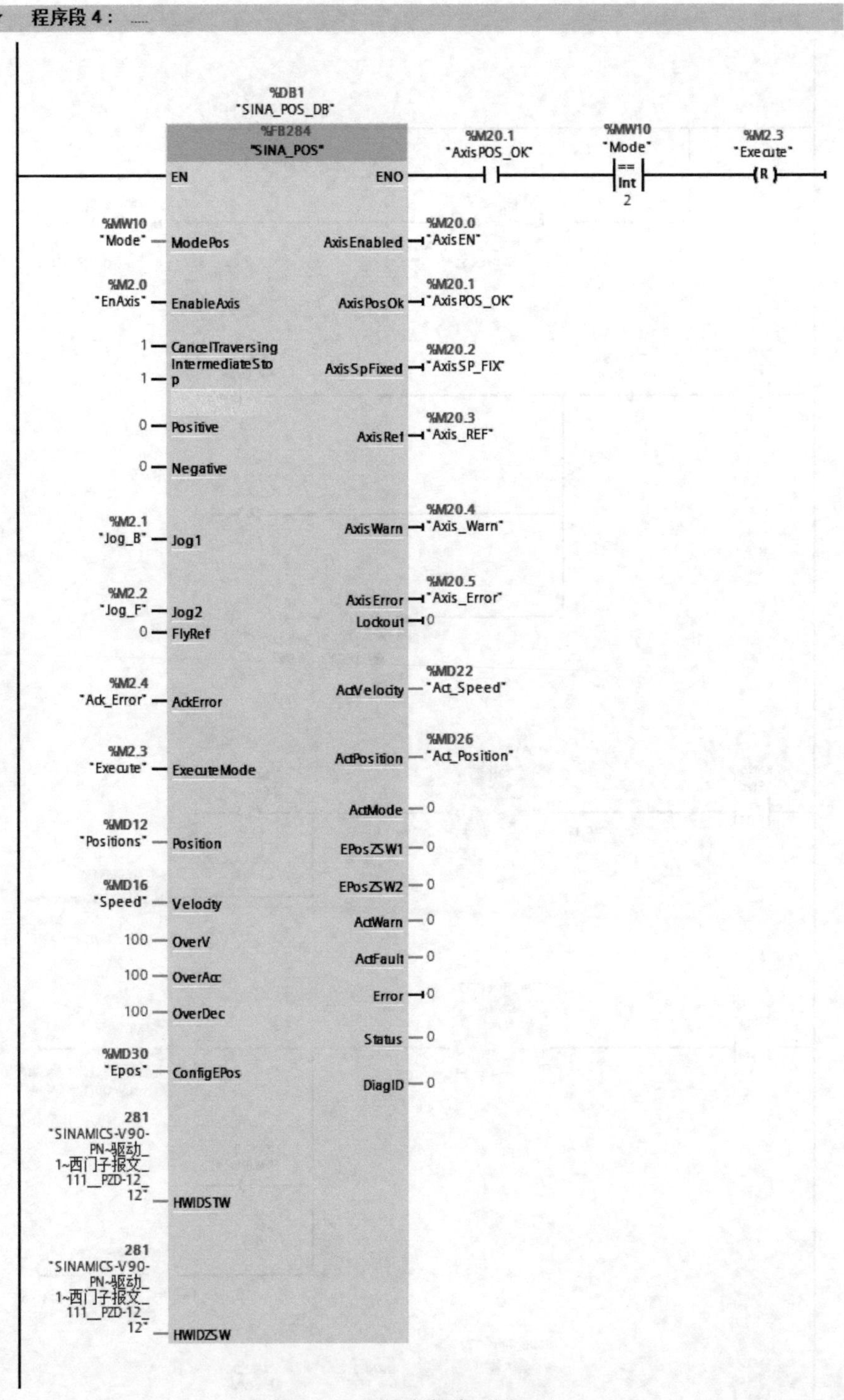

图 6-49　回原点程序（例 6-4）

在图 6-49 中的程序的 HWIDSTW 和 HWIDZSW 管脚为 281，实际上是硬件标识符，选中“设备视图”→“西门子报文 111，PZD-12/12”→“属性”→“系统参数”，就可以看到硬件标识符，如图 6-50 的标记⑤处。

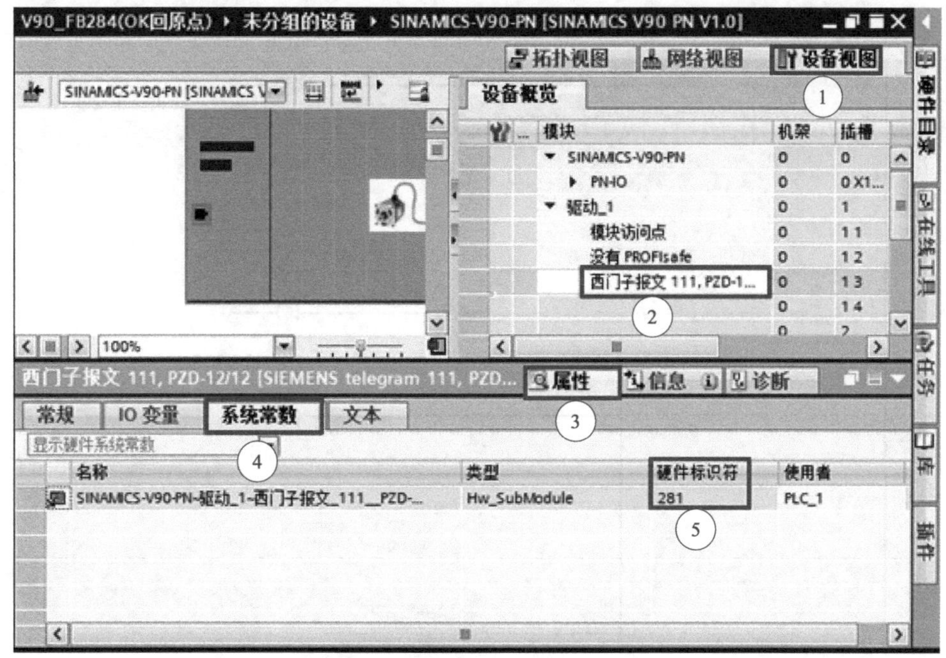

图 6-50　查看硬件标识符（例 6-4）

③ 编写点动程序。编写点动程序如图 6-51 所示。

程序段 1：......

%M1.0 "FirstScan"　%M2.0 "EnAxis" (R)

MOVE：EN　ENO；0 — IN；OUT1 — %MB50 "Step"

程序段 2：赋值给Epos

%I0.3 "Origin"　%MB3.6 "Origin1" ( )

%M2.6 "Flag"　%MB3.0 "OFF2" ( )

%MB3.1 "OFF3" ( )

图 6-51

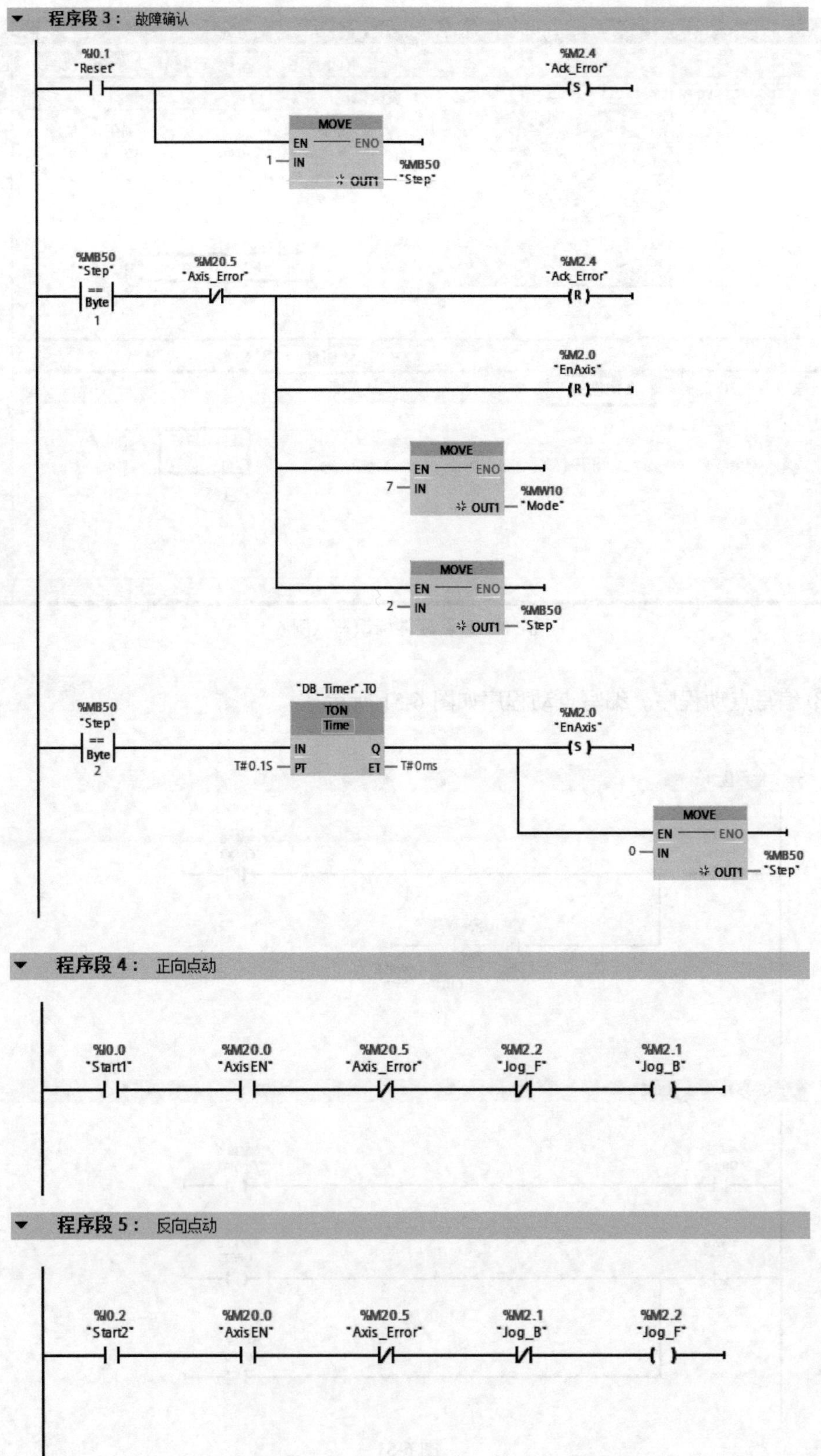

程序段 3： 故障确认
%I0.1
"Reset"
%M2.4
"Ack_Error"
S
MOVE
EN
ENO
1
IN
%MB50
OUT1
"Step"
%MB50
"Step"
==
Byte
1
%M20.5
"Axis_Error"
%M2.4
"Ack_Error"
R
%M2.0
"EnAxis"
R
MOVE
EN
ENO
7
IN
%MW10
OUT1
"Mode"
MOVE
EN
ENO
2
IN
%MB50
OUT1
"Step"
"DB_Timer".T0
TON
Time
%MB50
"Step"
==
Byte
2
IN
Q
T#0.1S
PT
ET
T#0ms
%M2.0
"EnAxis"
S
MOVE
EN
ENO
0
IN
%MB50
OUT1
"Step"
程序段 4： 正向点动
%I0.0
"Start1"
%M20.0
"AxisEN"
%M20.5
"Axis_Error"
%M2.2
"Jog_F"
%M2.1
"Jog_B"
程序段 5： 反向点动
%I0.2
"Start2"
%M20.0
"AxisEN"
%M20.5
"Axis_Error"
%M2.1
"Jog_B"
%M2.2
"Jog_F"

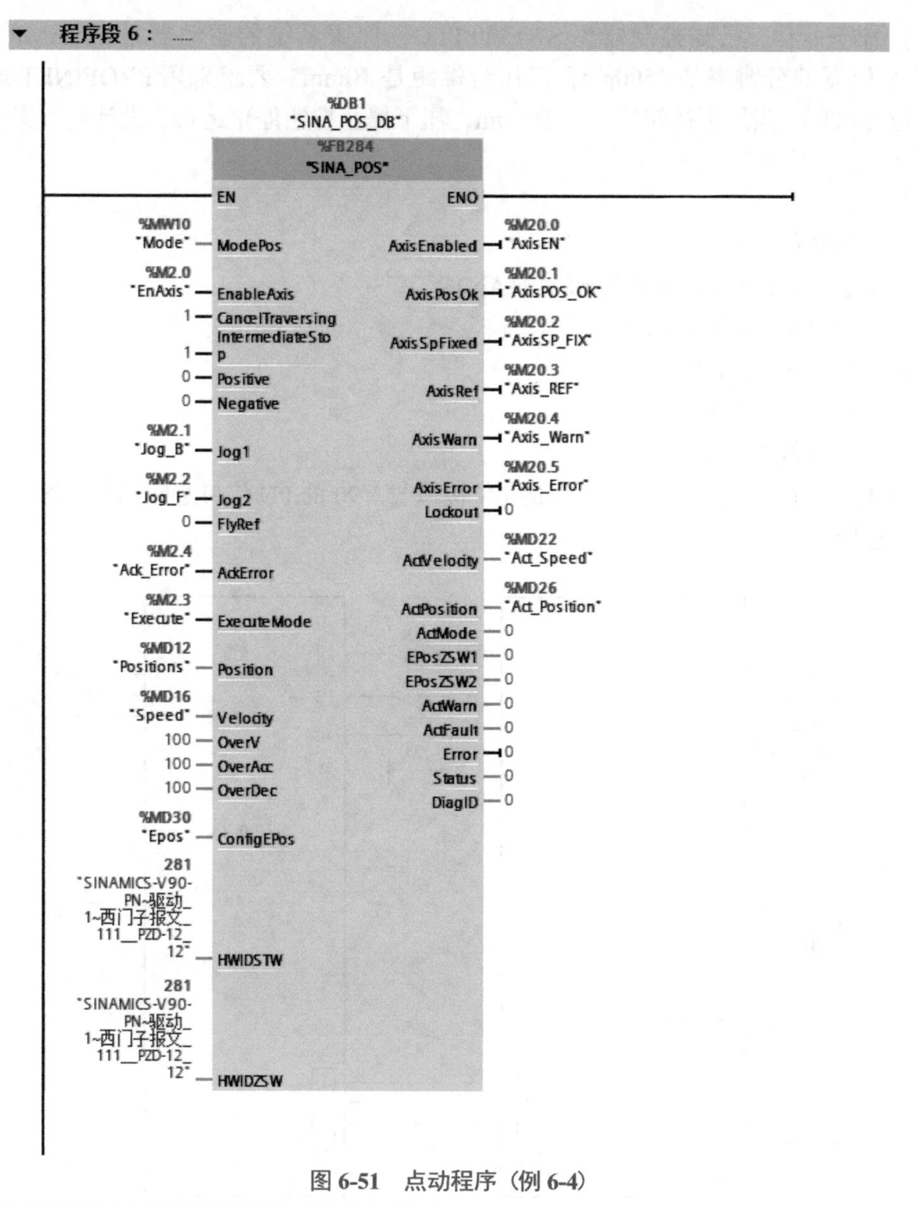

图 6-51 点动程序（例 6-4）

6.3.3 S7-1500 PLC 通过 TO 的方式控制 SINAMICS V90 PN 实现定位控制（IRT）

对实时性要求最高的是运动控制，PROFINET IO 的等时同步实时（IRT）通信中，100 个节点以下要求响应时间是 1ms（而实时通信 RT 通常需要 5 ～ 10ms），抖动误差不大于 1μs。等时数据传输需要特殊交换机（如 SCALANCE X-200 IRT）。

S7-1500 PLC 有等时同步功能，而 S7-1200 PLC 无等时同步功能。以下用一个例子介绍等时同步控制的实现方法。

★【例6-5】 已知控制器为S7-1500 PLC，伺服系统的驱动器是SINAMICS V90 PN，编码器的分辨率是2500p/s，工作台螺距是10mm。要求采用PROFINET通信实现定位（IRT），当压下按钮后行走50 mm，压下停止按钮停止运行，设计此方案并编写程序。

【解】

（1）软硬件配置

① 1套TIA Portal V16和V-ASSISTANT。

② 1台V90 PN伺服驱动器。

③ 1台CPU 1511-1PN。

④ 1台伺服电动机。

⑤ 1根屏蔽双绞线。

接线如图6-52所示，CPU 1511的PN接口与V90的PN接口之间用专用的以太网屏蔽电缆连接。

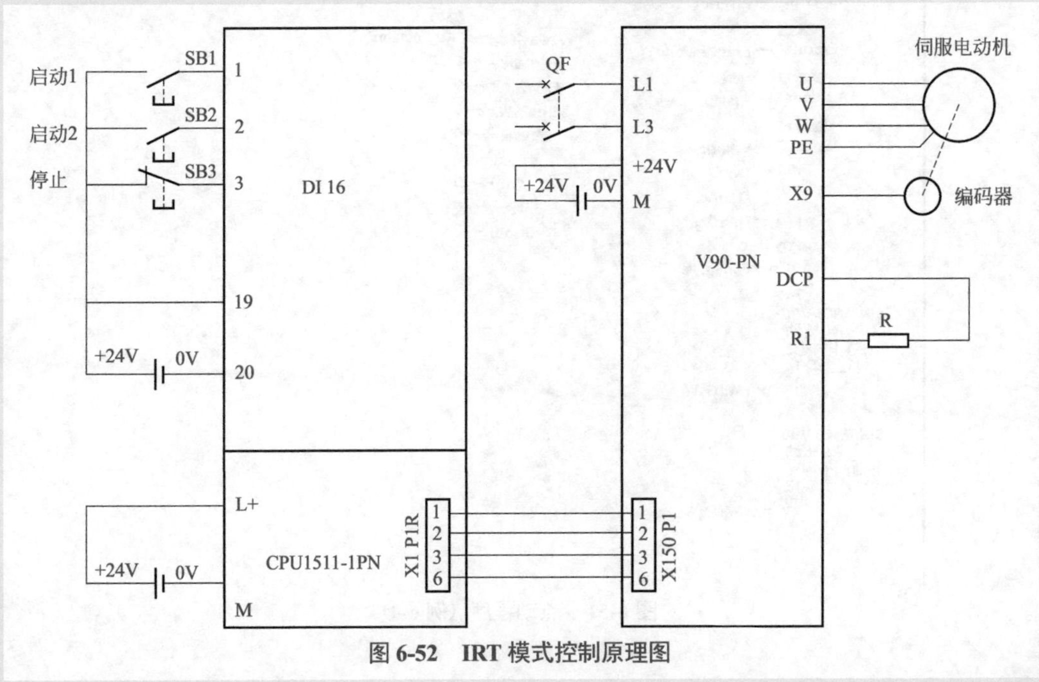

图6-52 IRT模式控制原理图

（2）硬件和网络组态

① 新建项目，添加CPU。打开TIA博途软件，新建项目“同步实时”，单击项目树中的“添加新设备”选项，添加“CPU 1511T-1 PN”，勾选“启用系统存储器字节”和“启用时钟存储器字节”，如图6-53所示。

② 网络组态。进行网络组态，必须先安装SINAMICS V90 PN的HSP文件（HSP_V16_0185_001_Sinamics_V90_PN_1.4.isp16），此文件在西门子的官方网站上免费下载，组态过程如图6-54所示。由于SINAMICS V90 PN的GSD文件中无报文105，所以网络组态不能使用GSD组态。按照图6-55修改发送时钟。注意发送时钟修改为“2ms”，否则有可能出错。

图 6-53 新建项目，添加 CPU（例 6-5）

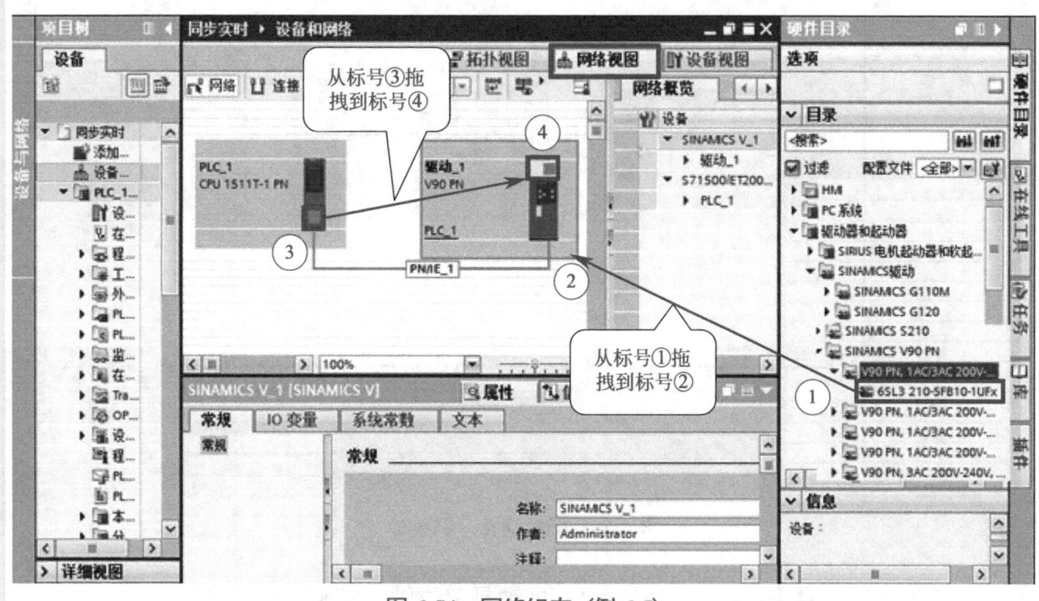

图 6-54 网络组态（例 6-5）

③ 拓扑连接。在拓扑视图中，进行拓扑连接，如图 6-56 所示。GSD 组态时，并无这个步骤。

④ 添加报文。在设备视图中，选择 V90，按照如图 6-57 所示选择报文。注意报文为“西门子报文 105”，此报文有 DSC（动态伺服控制）功能，是速度报文，可以用于速度控制和位置控制，是西门子公司推荐使用的报文。

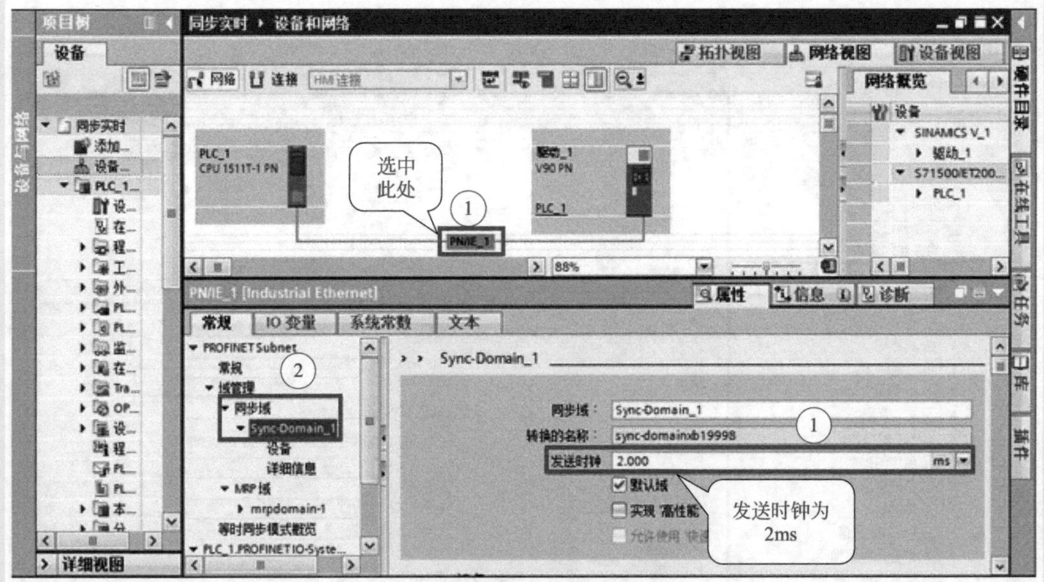

图 6-55　修改发送时钟（例 6-5）

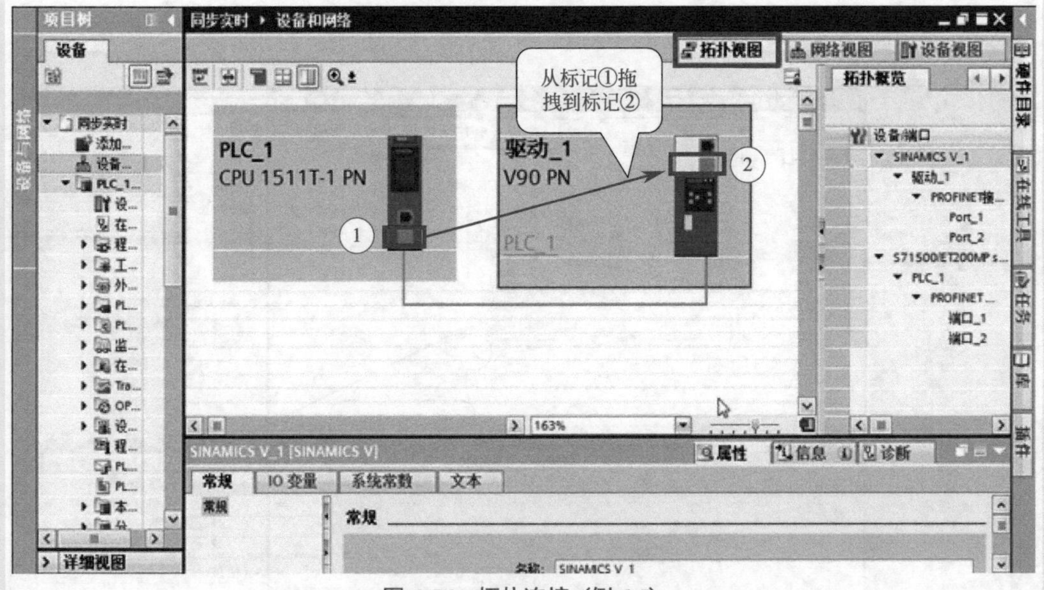

图 6-56　拓扑连接（例 6-5）

⑤ 工艺组态。要添加两个工艺对象，虚轴是定位轴，实轴是同步轴。

a. 创建定位轴。添加工艺对象 AX1，选择为定位轴，将其定义为“虚轴”和“线性”，如图 6-58 所示。

b. 创建同步轴。添加工艺对象 AX2，为同步轴，将其定义为“实轴”和“线性”。选中“驱动装置”，单击图标“...”，选择“驱动_1”，单击按钮“✓”，如图 6-59 所示。

按照如图 6-60 所示，进行主值互连。

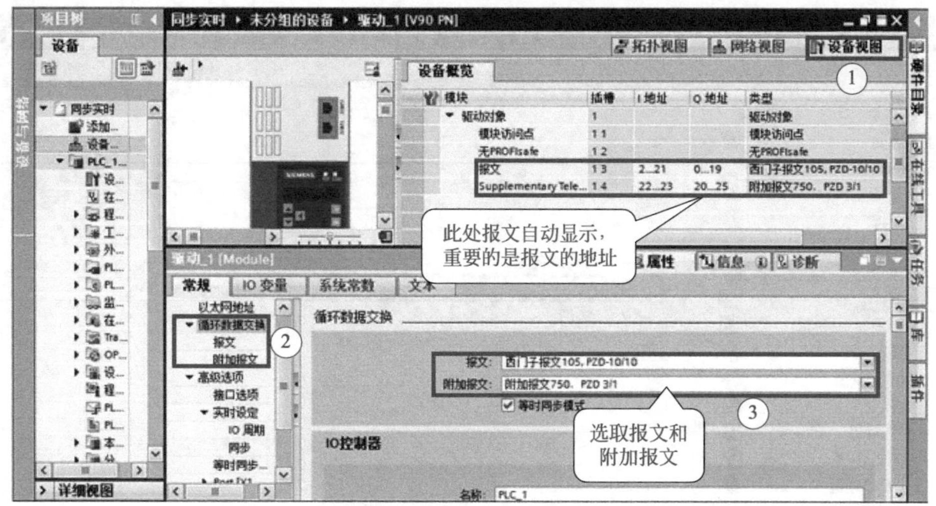

图 6-57　添加报文（例 6-5）

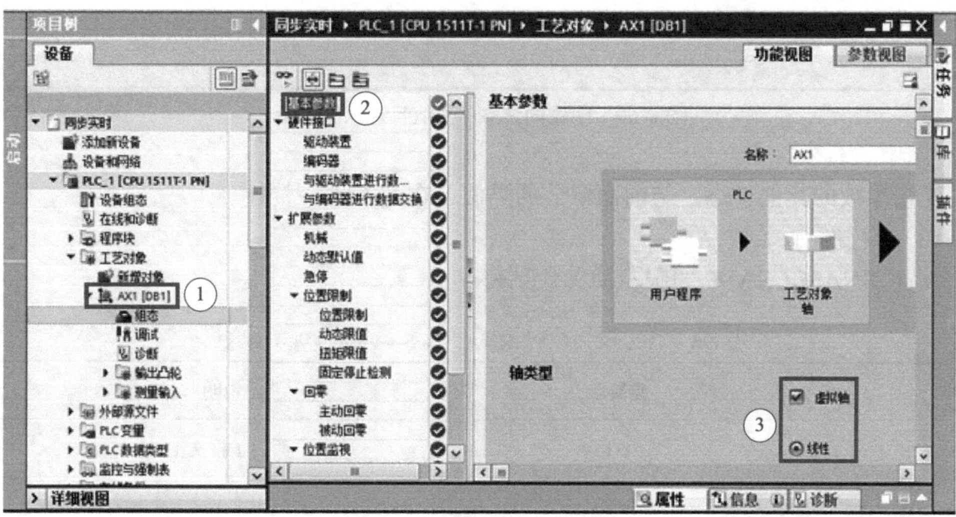

图 6-58　创建定位轴（例 6-5）

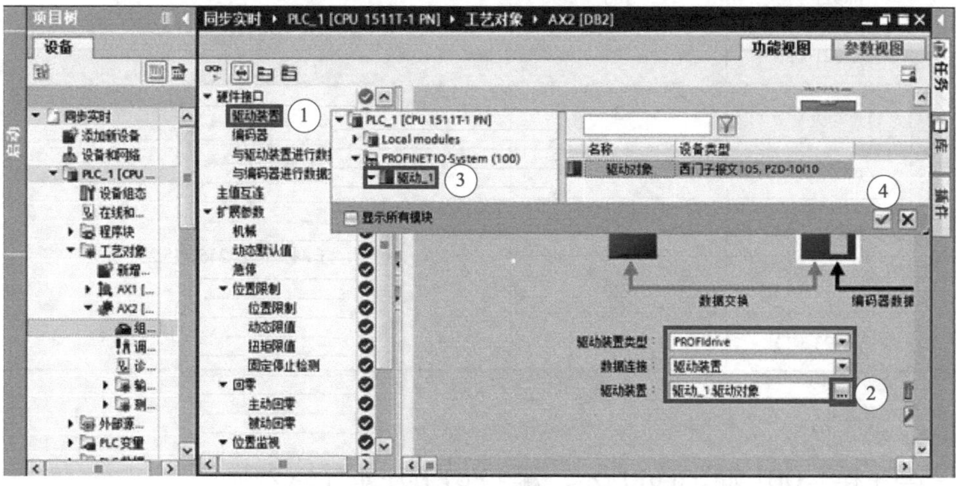

图 6-59　创建同步轴 - 驱动装置（例 6-5）

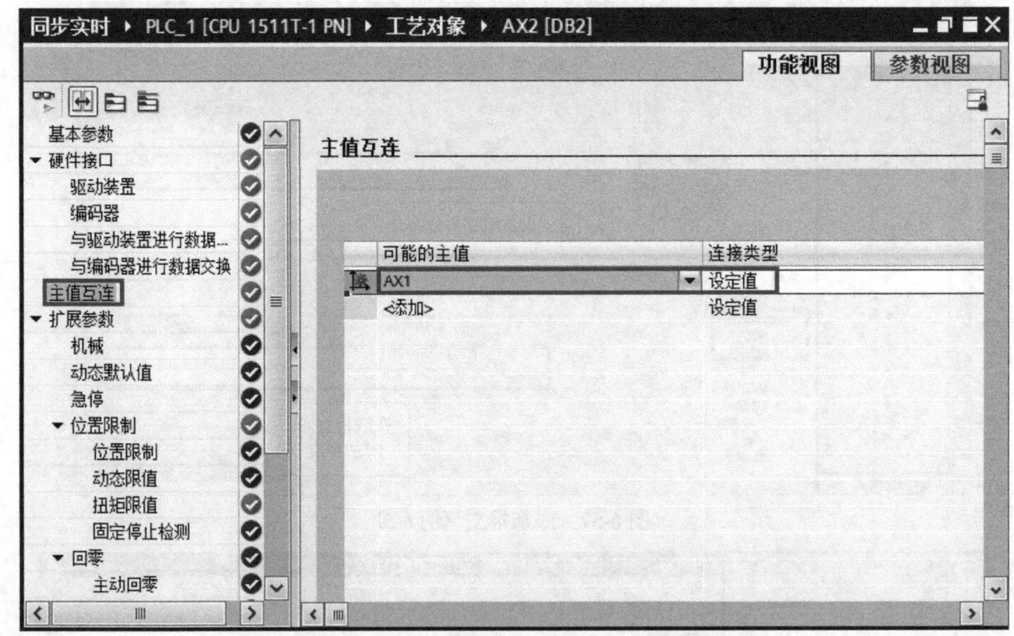

图 6-60　创建同步轴 - 主值互连（例 6-5）

工艺参数的其他组态，与前面章节的类似，在此不一一赘述。

（3）设置伺服参数

设置 SINAMICS V90 伺服驱动参数见表 6-8。

表 6-8　IRT 模式控制 SINAMICS V90 伺服驱动参数

序号	参数	参数值	说明
1	p922	111	西门子报文 111
2	p8921（0）	192	IP 地址：192.168.0.2
	p8921（1）	168	
	p8921（2）	0	
	p8921（3）	2	
3	p8923（0）	255	子网掩码：255.255.255.0
	p8923（1）	255	
	p8923（2）	255	
	p8923（3）	0	

（4）编写程序

编写主程序 OB1 如图 6-61 所示，编写 FB1 程序如图 6-62 所示。

▼ 程序段 1：……

%DB3
"FB1_DB"
%FB1
"FB1"
EN ENO

图 6-61 主程序 OB1（例 6-5）

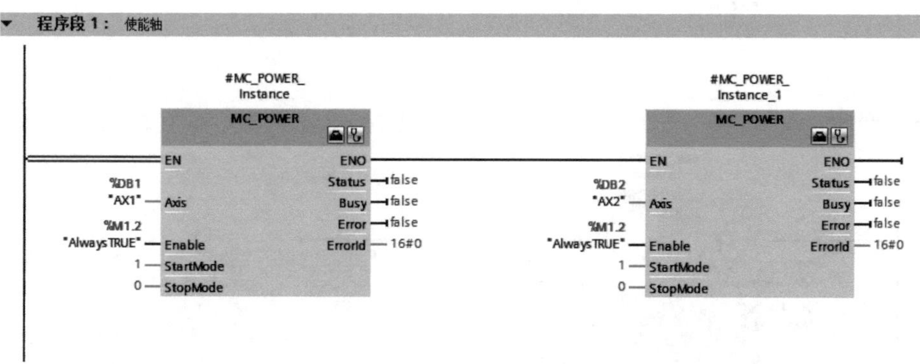

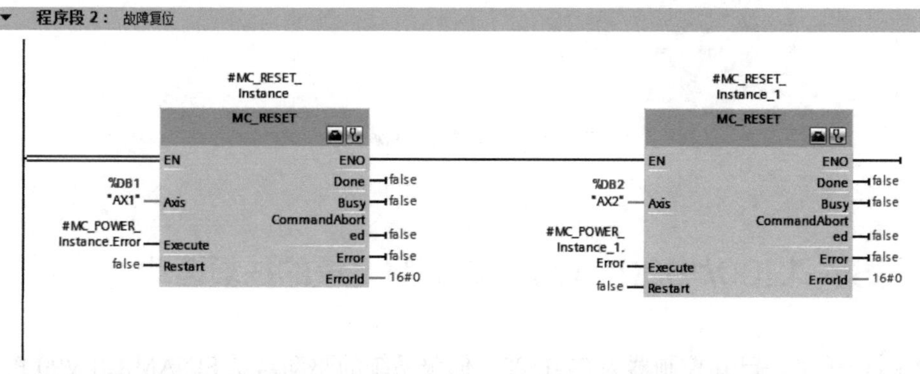

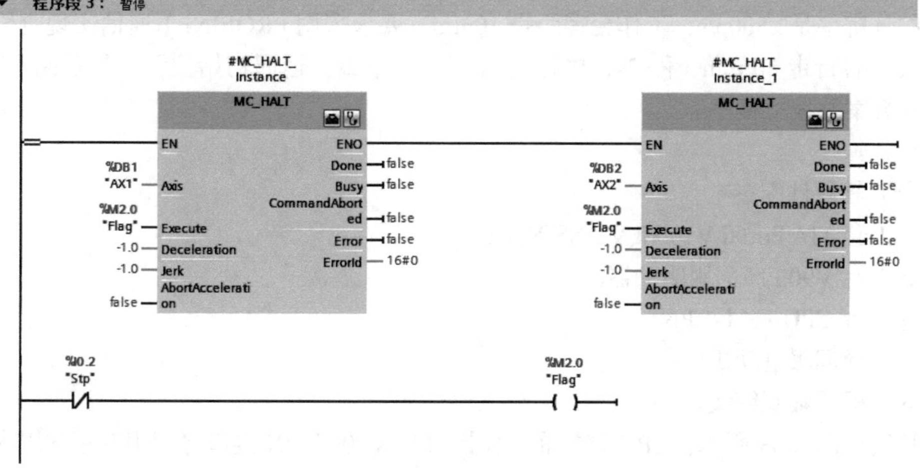

图 6-62

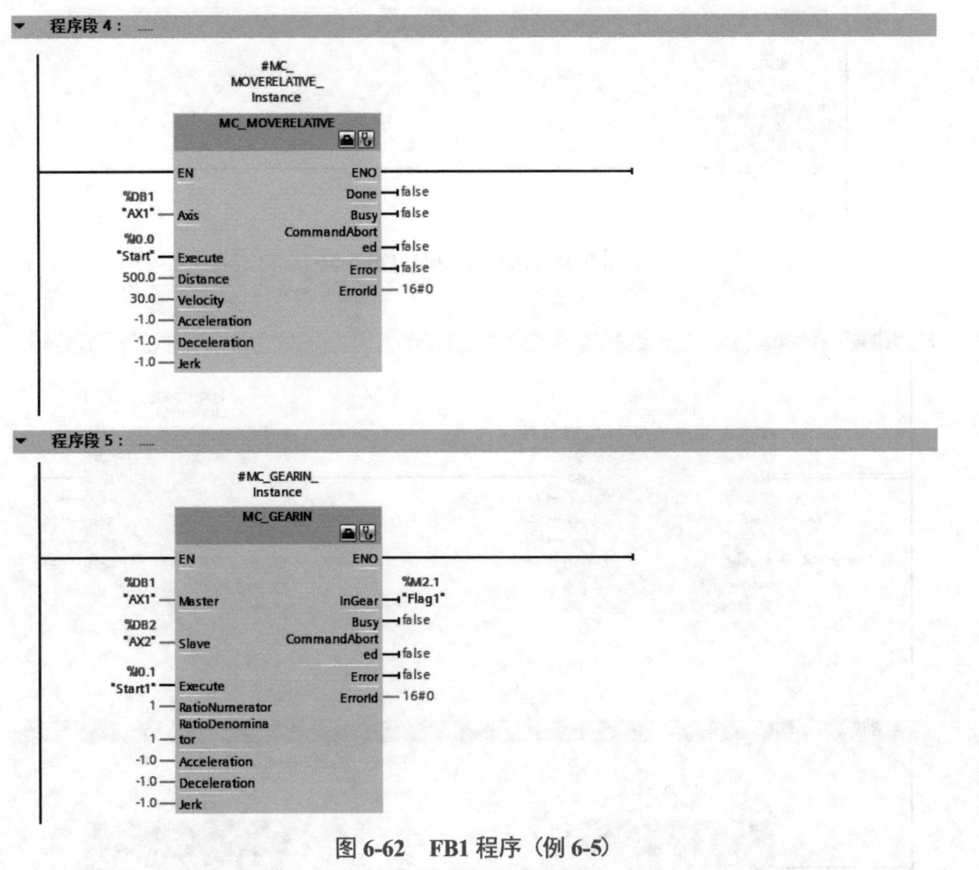

图 6-62　FB1 程序（例 6-5）

6.3.4　S7-1200/1500 PLC 控制伺服系统的往复运动

★【例 6-6】　已知控制器为 S7-1500，伺服系统的驱动器是 SINAMICS V90 PN，编码器的分辨率是 2500p/s，工作台螺距是 10mm。要求采用 PROFINET 通信实现定位，当压下按钮后行走 50 mm，停 2s，再行走 50 mm，停 2s，返回初始位置，具备回零功能，设计此方案并编写程序。

【解】

（1）软硬件配置

① 1 套 TIA Portal V16 和 V-ASSISTANT。

② 1 台 V90 PN 伺服驱动器。

③ 1 台 CPU 1511-1 PN。

④ 1 台伺服电动机。

⑤ 1 根屏蔽双绞线。

接线如图 6-63 所示，CPU 1511 的 PN 接口与 V90 的 PN 接口之间用专用的以太网屏蔽电缆连接。

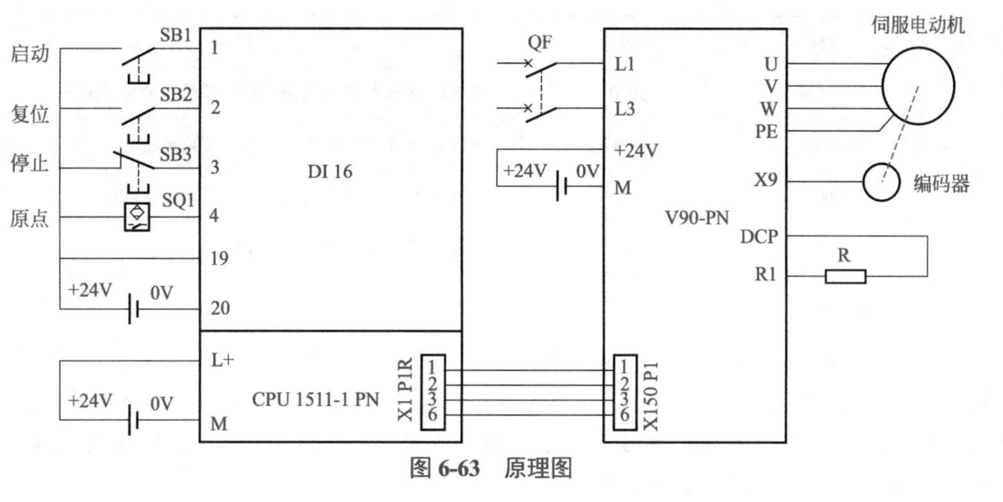

图 6-63　原理图

（2）硬件组态

硬件组态参考例 6-3。

（3）设置伺服参数

设置 SINAMICS V90 伺服驱动参数见表 6-9。

表 6-9　SINAMICS V90 伺服驱动参数表

序号	参数	参数值	说明
1	p922	111	西门子报文 111
2	p8921（0）	192	IP 地址：192.168.0.2
	p8921（1）	168	
	p8921（2）	0	
	p8921（3）	2	
3	p8923（0）	255	子网掩码：255.255.255.0
	p8923（1）	255	
	p8923（2）	255	
	p8923（3）	0	
4	p29247	10000	机械齿轮，单位 LU
5	p2544	40	定位完成窗口：40LU
	p2546	1000	动态跟随误差监控公差：1000LU
6	p2585	-300	EPOS Jog1 的速度，单位 1000LU/min
	p2586	300	EPOS Jog2 的速度，单位 1000LU/min
	p2587	1000	EPOS Jog1 的运行行程，单位 LU
	p2588	1000	EPOS Jog2 的运行行程，单位 LU

序号	参数	参数值	说明
7	p2605	5000	EPOS 搜索参考点挡块速度，单位 1000LU/min
	p2611	300	EPOS 接近参考点速度，单位 1000LU/min
	p2608	300	EPOS 搜索零脉冲速度，单位 1000LU/min
	p2599	0	EPOS 参考点坐标，单位 LU

（4）编写程序

使用函数块 FB284 回原点，有几个关键参数要再次强调，ModePos=4 表示主动回零操作，ModePos=2 表示绝对定位；ConfigEPOS 的 ConfigEPos.%X0 表示 OFF2 停止，应设置为 1 才能运行；ConfigEPOS 的 ConfigEPos.%X1 表示 OFF3 停止，应设置为 1 才能运行；ConfigEPOS 的 ConfigEPos.%X6 是零点开关信号。

在本例中，I0.3 是零点信号赋值给 M33.6，就是 ConfigEPOS 的 ConfigEPos.%X6。MW10=4 表示主动回零操作。M33.0=MM33.1=1 表示伺服系统处于可以运行的状态。MD16 是运行速度，单位是 1000LU/min，MD12 是位移，单位是 LU。10000LU 相当于 10mm，所以 50000LU 是 50mm。注意速度设置为 6000，实际是 6000×1000LU/min=100mm/s。

程序如图 6-64 所示。

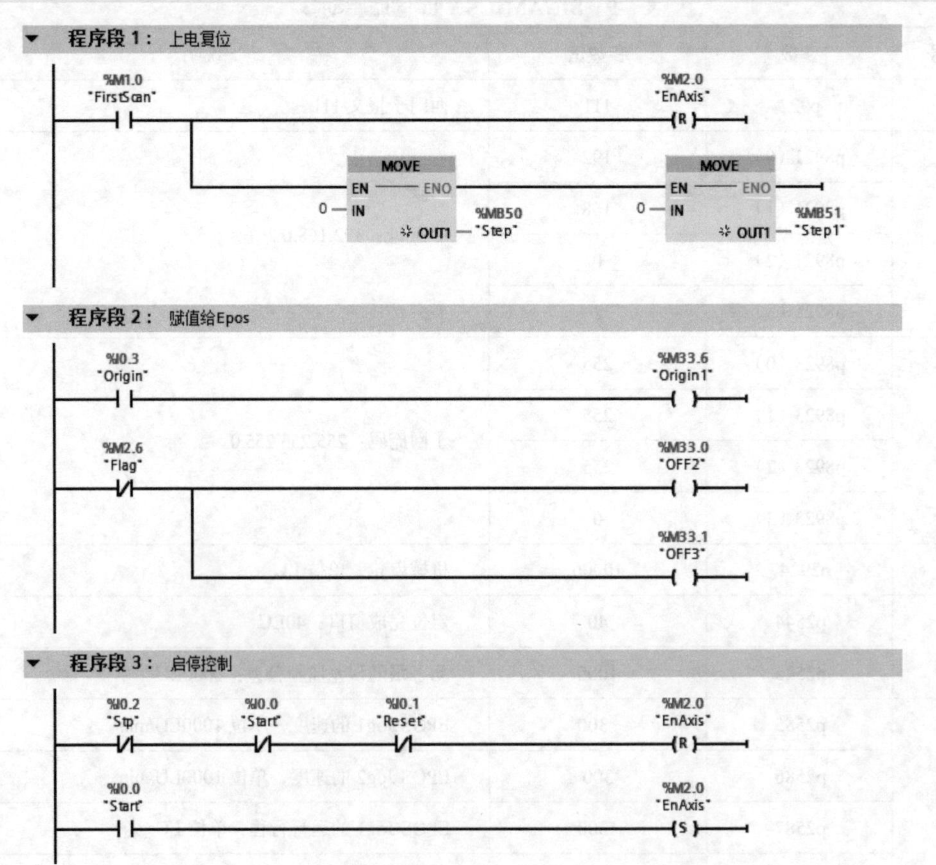

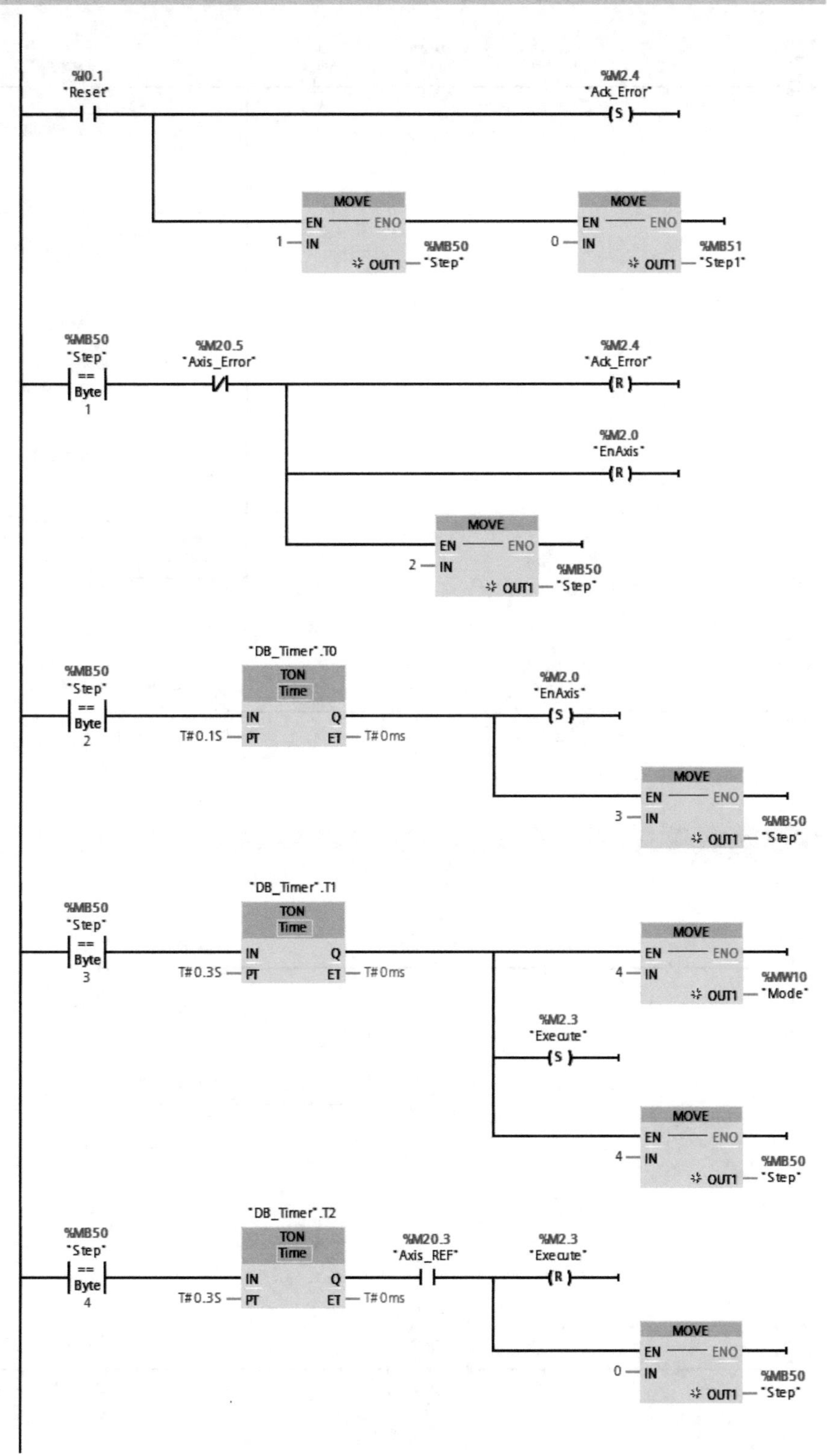
程序段 4： 先确认故障，再复位
%I0.1
"Reset"
%M2.4
"Ack_Error"
S
MOVE
EN
ENO
1
IN
OUT1
%MB50
"Step"
MOVE
EN
ENO
0
IN
OUT1
%MB51
"Step1"
%MB50
"Step"
==
Byte
1
%M20.5
"Axis_Error"
%M2.4
"Ack_Error"
R
%M2.0
"EnAxis"
R
MOVE
EN
ENO
2
IN
OUT1
%MB50
"Step"
"DB_Timer".T0
TON
Time
%MB50
"Step"
==
Byte
2
IN
Q
T#0.1S
PT
ET
T#0ms
%M2.0
"EnAxis"
S
MOVE
EN
ENO
3
IN
OUT1
%MB50
"Step"
"DB_Timer".T1
TON
Time
%MB50
"Step"
==
Byte
3
IN
Q
T#0.3S
PT
ET
T#0ms
MOVE
EN
ENO
4
IN
OUT1
%MW10
"Mode"
%M2.3
"Execute"
S
MOVE
EN
ENO
4
IN
OUT1
%MB50
"Step"
"DB_Timer".T2
TON
Time
%MB50
"Step"
==
Byte
4
IN
Q
T#0.3S
PT
ET
T#0ms
%M20.3
"Axis_REF"
%M2.3
"Execute"
R
MOVE
EN
ENO
0
IN
OUT1
%MB50
"Step"

图 6-64

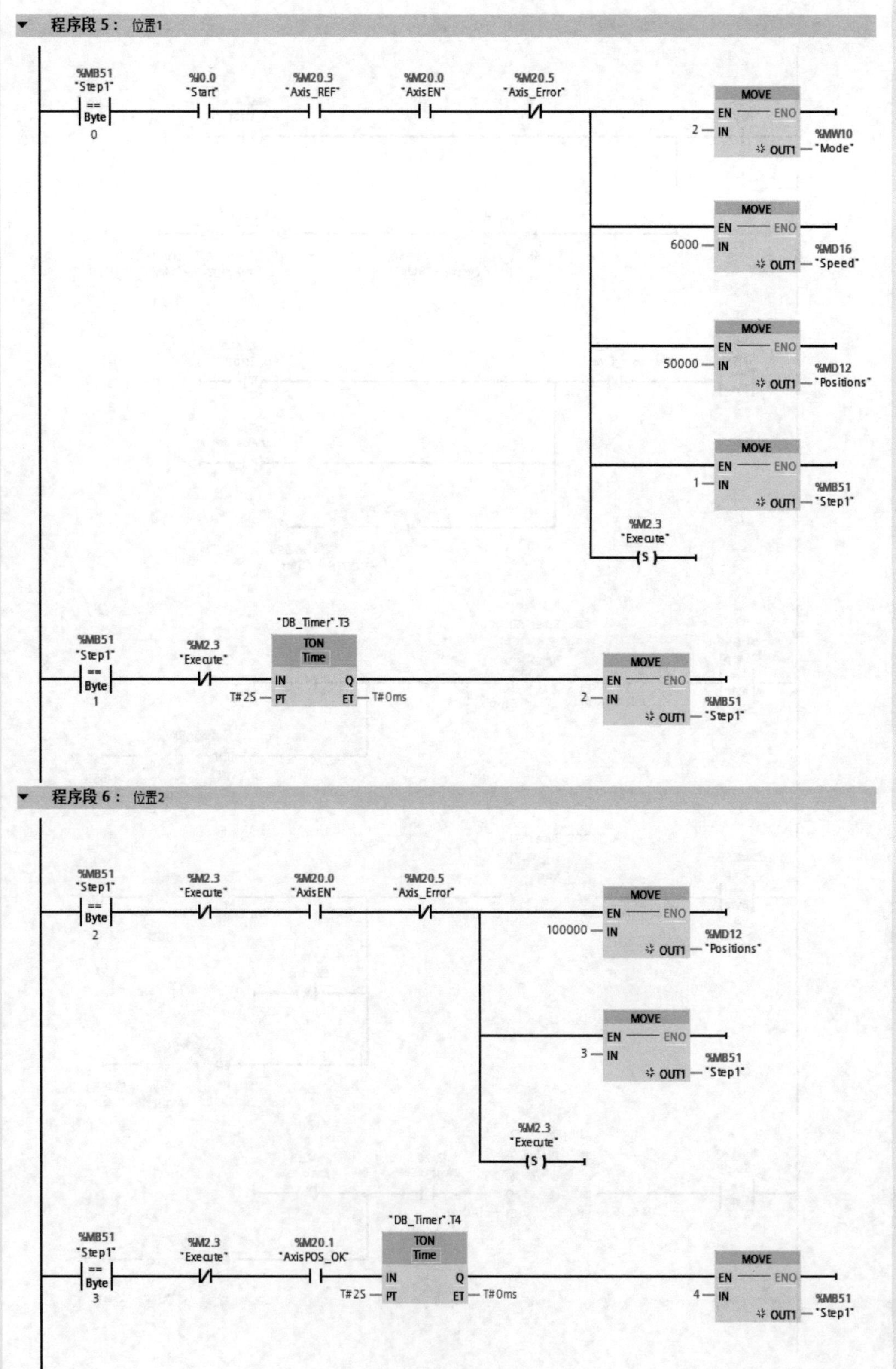

程序段 5： 位置1
%MB51
"Step1"
==
Byte
0
%I0.0
"Start"
%M20.3
"Axis_REF"
%M20.0
"AxisEN"
%M20.5
"Axis_Error"
MOVE
EN
ENO
2
IN
OUT1
%MW10
"Mode"
6000
%MD16
"Speed"
50000
%MD12
"Positions"
1
%MB51
"Step1"
%M2.3
"Execute"
S
"DB_Timer".T3
TON
Time
Q
PT
ET
T#2S
T#0ms
程序段 6： 位置2
100000
3
%M20.1
"AxisPOS_OK"
"DB_Timer".T4
4

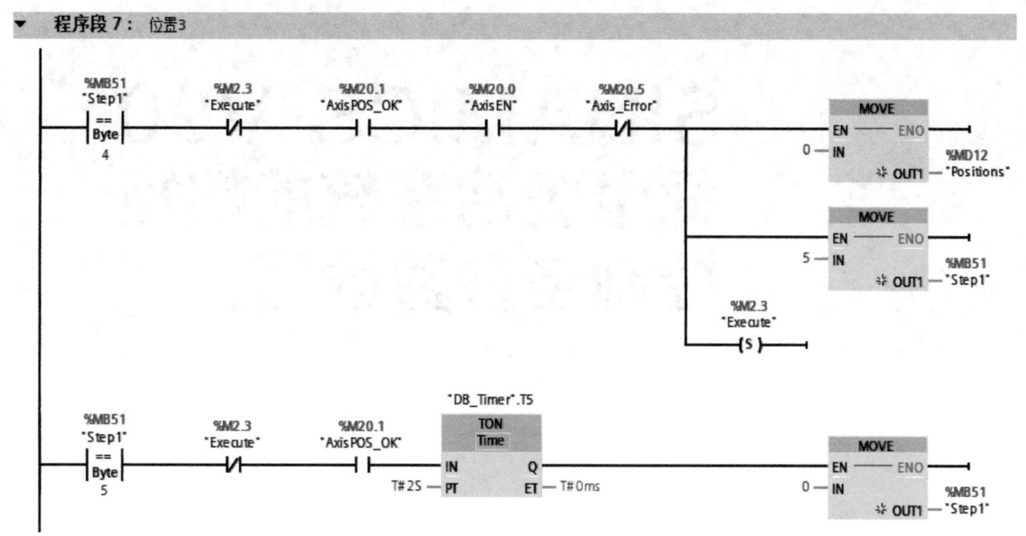

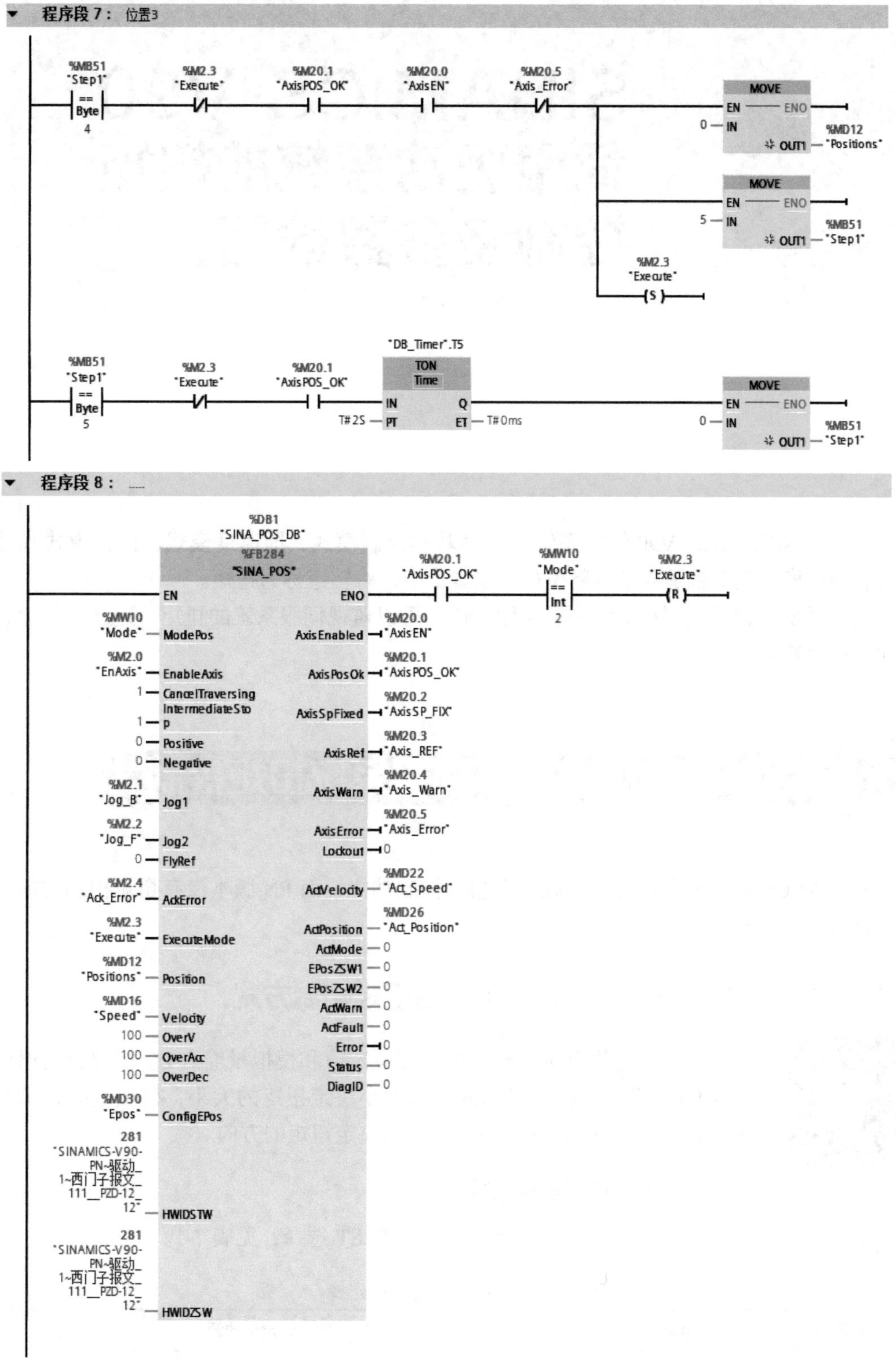

程序段 7： 位置3
%MB51 "Step1" == Byte 4
%M2.3 "Execute"
%M20.1 "AxisPOS_OK"
%M20.0 "AxisEN"
%M20.5 "Axis_Error"
MOVE EN ENO 0 IN OUT1 %MD12 "Positions"
MOVE EN ENO 5 IN OUT1 %MB51 "Step1"
%M2.3 "Execute" S
"DB_Timer".T5
%MB51 "Step1" == Byte 5
%M2.3 "Execute"
%M20.1 "AxisPOS_OK"
TON Time IN Q T#2S PT ET T#0ms
MOVE EN ENO 0 IN OUT1 %MB51 "Step1"

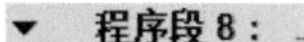

程序段 8： ......
%DB1 "SINA_POS_DB"
%FB284 "SINA_POS"
EN ENO
%M20.1 "AxisPOS_OK"
%MW10 "Mode" == Int 2
%M2.3 "Execute" R
%MW10 "Mode" ModePos
%M2.0 "EnAxis" EnableAxis
1 CancelTraversing
1 IntermediateStop
0 Positive
0 Negative
%M2.1 "Jog_B" Jog1
%M2.2 "Jog_F" Jog2
0 FlyRef
%M2.4 "Ack_Error" AckError
%M2.3 "Execute" ExecuteMode
%MD12 "Positions" Position
%MD16 "Speed" Velocity
100 OverV
100 OverAcc
100 OverDec
%MD30 "Epos" ConfigEPos
281 "SINAMICS-V90-PN~驱动_1~西门子报文_111__PZD-12_12" HWIDSTW
281 "SINAMICS-V90-PN~驱动_1~西门子报文_111__PZD-12_12" HWIDZSW
AxisEnabled %M20.0 "AxisEN"
AxisPosOk %M20.1 "AxisPOS_OK"
AxisSpFixed %M20.2 "AxisSP_FIX"
AxisRef %M20.3 "Axis_REF"
AxisWarn %M20.4 "Axis_Warn"
AxisError %M20.5 "Axis_Error"
Lockout 0
ActVelocity %MD22 "Act_Speed"
ActPosition %MD26 "Act_Position"
ActMode 0
EPosZSW1 0
EPosZSW2 0
ActWarn 0
ActFault 0
Error 0
Status 0
DiagID 0

图 6-64 程序

SINAMICS V90 伺服驱动系统的扭矩控制及参数读写

西门子 SINAMICS V90 伺服系统有三种基本控制模式，即速度模式、位置模式和转矩模式。转矩模式其实就是能量控制模式。在本章中，将转矩称为扭矩。

伺服系统参数的读写在工程中有实用价值，可以监视伺服系统的扭矩、速度、位置、电流和电压等参数。

7.1 SINAMICS V90 伺服系统扭矩控制

SINAMICS V90 伺服系统脉冲版本有扭矩控制功能，而 PN 版本没有扭矩控制功能，但可以进行扭矩限制。

7.1.1 SINAMICS V90 伺服系统的扭矩控制方式

SINAMICS V90 伺服系统的扭矩控制方式

扭矩设定值有两个源，即内部设定值和模拟量输入 2。内部设定值由参数 p29043 设定，模拟量输入 2 的大小决定扭矩的大小，模拟量的正负与启停使能信号（CCWE 和 CWE）共同决定扭矩的方向。

（1）扭矩设定源的选择

扭矩设定源由数字量输入端子 TEST 选择，见表 7-1。

表 7-1　扭矩设定源的选择

信号	电平	扭矩设定值的源
TSET	0（默认值）	模拟量扭矩设定值（模拟量输入 2）
	1	内部扭矩设定值（p29043）

如图 7-1 所示，SB4 按钮的开合决定扭矩设定源，当 SB4 断开时，由模拟量输入 2 扭矩设定值决定。当 SB4 闭合时，由参数 p29043 的内部扭矩设定值决定。

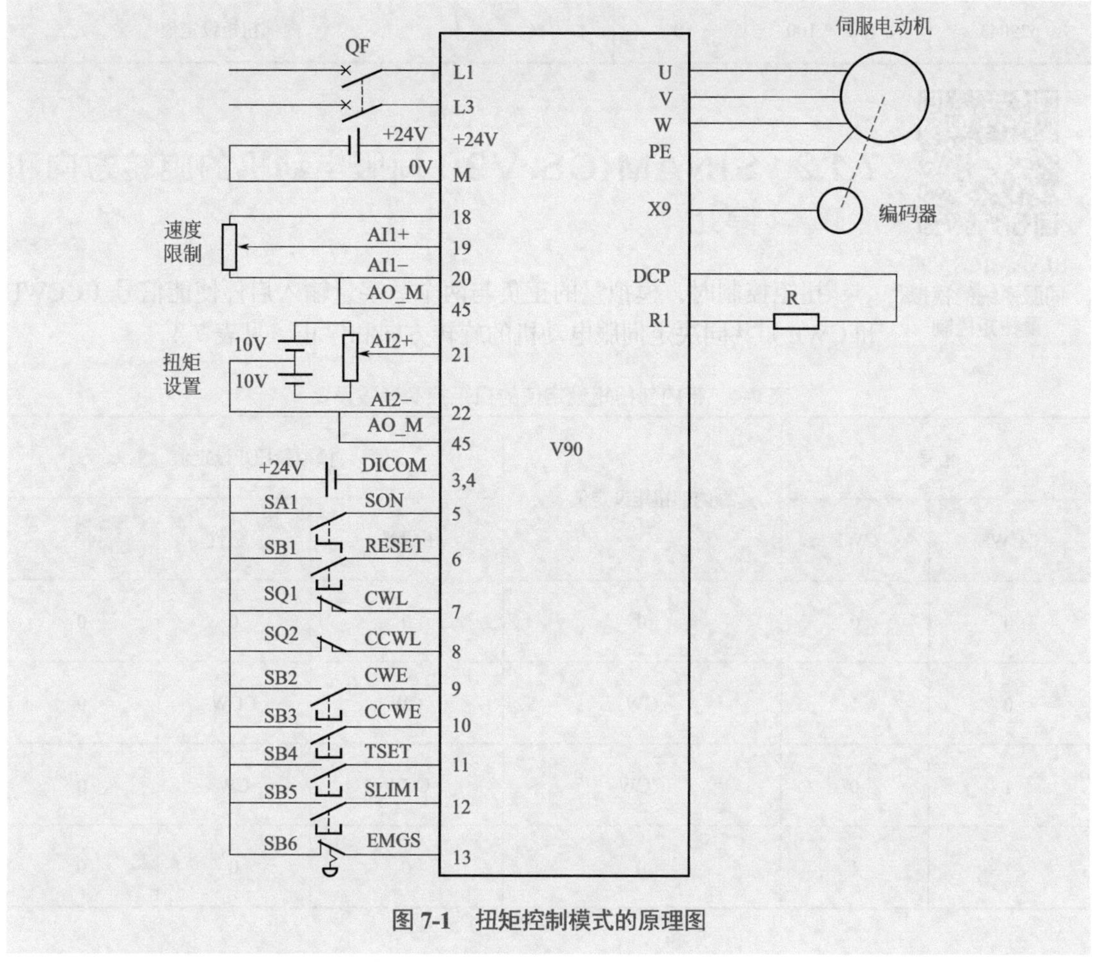

图 7-1　扭矩控制模式的原理图

（2）带外部模拟量扭矩设定值的扭矩控制

如图 7-1 所示的扭矩模式下，数字量输入信号 TSET 处于低电位，则模拟量输入 2 的模拟量电压用作扭矩设定值。

模拟量输入 2 的模拟量电压对应设定的扭矩值定标（p29041[0]），见表 7-2。如 p29041[0]= 100%，10V 模拟量输入电压对应额定扭矩；如 p29041[0] = 50%，10V 模拟量输入值对应 50% 额定扭矩。

表 7-2　p29041 扭矩值定标

参数	范围	默认值	单位	描述
p29041[0]	0 ～ 100	100	%	模拟量扭矩设定值定标（对应 10 V）

（3）带内部扭矩设定值的扭矩控制参数设置

带内部扭矩设定值的扭矩控制参数设置见表 7-3。

表 7-3　带内部扭矩设定值的扭矩控制参数设置

参数	范围	默认值	单位	描述
p29043	−100 ～ 100	0	%	内部扭矩设定值

SINAMICS V90 伺服系统的模拟量扭矩控制

7.1.2　SINAMICS V90 伺服电动机的旋转方向和停止

扭矩控制时，模拟量的正负与两个数字量输入启停使能信号（CCWE 和 CWE）共同决定伺服电动机的旋转方向和停止，见表 7-4。

表 7-4　带内部扭矩设定值的扭矩控制参数设置

信号		内部扭矩设定值	模拟量扭矩设定值		
CCWE	CWE		+ 极性	- 极性	0 V
0	0	0	0	0	0
0	1	CW	CW	CCW	0
1	0	CCW	CCW	CW	0
1	1	0	0	0	0

如图 7-1 所示，结合表 7-4 可知，当按钮 SB2 和 SB3 同时断开或者同时闭合时，停止转动。当 SB2 闭合，给定的是正极性电压，则为正转，给定的是负极性电压则为反转。当 SB3 闭合，给定的是正极性电压，则为反转，给定的是负极性电压则为正转。

★【例7-1】　用一台 CPU 1211C 对 SINAMICS V90 伺服系统进行扭矩和正反转控制。要求设计解决方案，并编写控制程序。

【解】

（1）软硬件配置

① 1 套 TIA Portal V16。

② 1 套 SINAMICS V90 伺服驱动系统。

③ 1 台 CPU 1211C 和 SB1232。

（2）设计电气原理图

设计电原理图如图 7-2 所示。

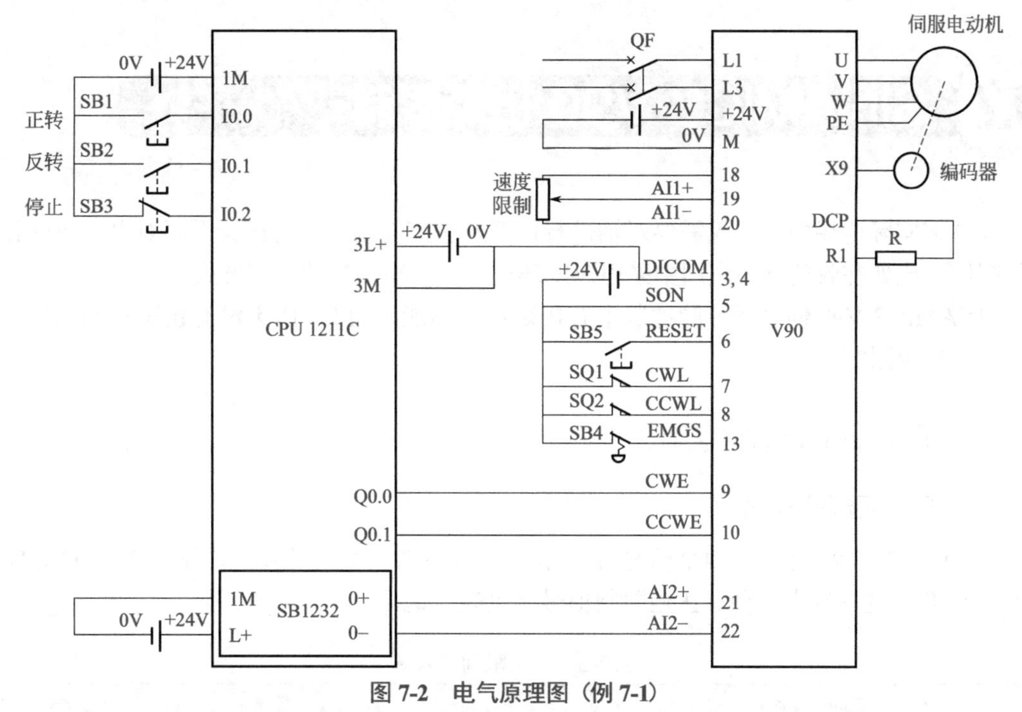

图 7-2 电气原理图（例 7-1）

编写程序如图 7-3 所示。

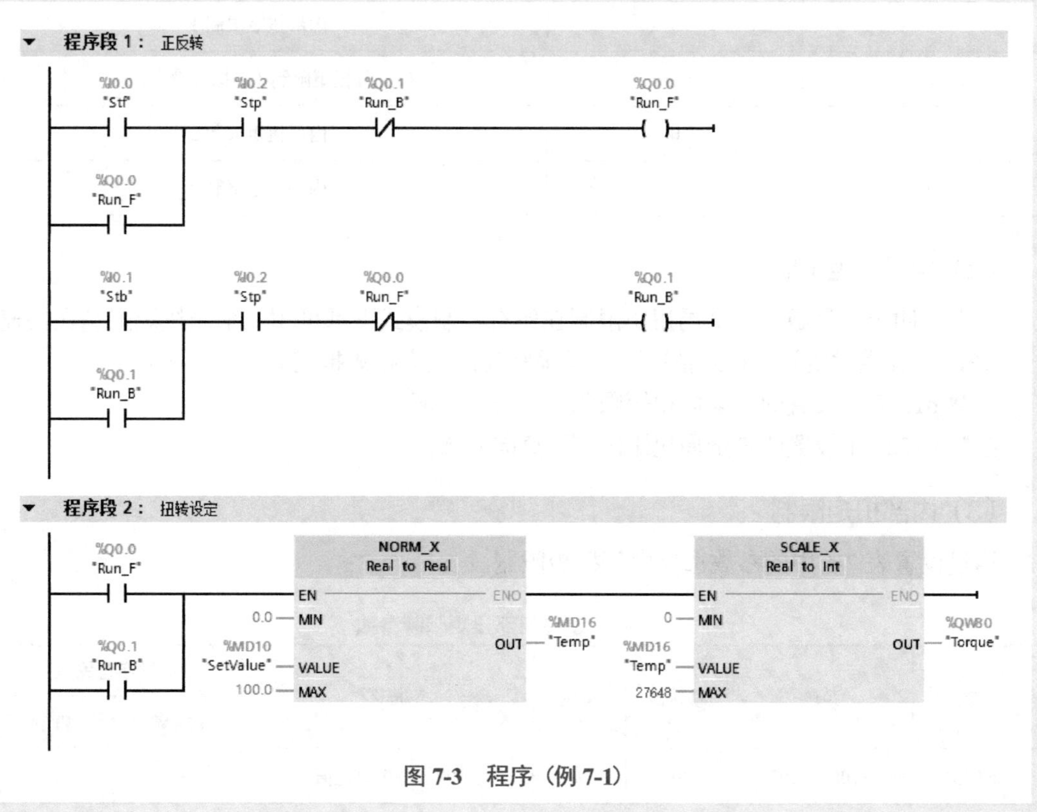

图 7-3 程序（例 7-1）

7.2 SINAMICS V90 扭矩限制

在许多实际应用中，不仅需要对轴进行位置及速度控制，有时还会需要对电动机的扭矩进行限制，比如在收放卷的应用中采用速度环饱和加扭矩限幅的控制方式。

SINAMICS V90 伺服系统脉冲版本有扭矩控制功能，而 PN 版本没有扭矩控制功能，但可以进行扭矩限制。

7.2.1 扭矩限制基本应用

（1）扭矩限制信号源

SINAMICS V90 总共有四个信号源可用于扭矩限制。可通过数字量输入信号 TLIM1 和 TLIM2 组合，选择其中一种。扭矩限制信号源见表 7-5。

表 7-5 扭矩限制信号源

数字量输入		扭矩限制
TLIM2	TLIM1	
0	0	内部扭矩限制 1
0	1	外部扭矩限制（模拟量输入 2）
1	0	内部扭矩限制 2
1	1	内部扭矩限制 3

（2）全局扭矩限制

除上述四个信号源外，全局扭矩限制在所有控制模式下都可用。全局扭矩限制在快速停止（OFF3）发生时生效。在此情况下，伺服驱动以最大扭矩抱闸。

参数 p1520 中设置的是全局扭矩限制（正向）数值。

参数 p1521 中设置的是全局扭矩限制（负向）数值。

（3）内部扭矩限制

通过设置表 7-6 中的参数选择内部扭矩限制。

表 7-6 设置内部扭矩限制参数

参数	范围	默认值	单位	描述	数字量输入	
					TLIM2	TLIM1
p29043	-100 ～ 100	0	%	内部扭矩设定值	—	—
p29050[0]	-150 ～ 300	300	%	内部扭矩限制 1（正向）	0	0

续表

参数	范围	默认值	单位	描述	数字量输入	
					TLIM2	TLIM1
p29050[1]	-150 ～ 300	300	%	内部扭矩限制 2（正向）	1	0
p29050[2]	-150 ～ 300	300	%	内部扭矩限制 3（正向）	1	1
p29051[0]	-300 ～ 150	-300	%	内部扭矩限制 1（负向）	0	0
p29051[1]	-300 ～ 150	-300	%	内部扭矩限制 2（负向）	1	0
p29051[2]	-300 ～ 150	-300	%	内部扭矩限制 3（负向）	1	1

（4）外部扭矩限制

通过设置表 7-7 中的参数，设置外部扭矩限制，模拟量是 AI2。

表 7-7　设置外部扭矩限制参数

参数	范围	默认值	单位	描述	数字量输入	
					TLIM2	TLIM1
p29041[1]	0 ～ 300	300	%	模拟量扭矩限制定标（10 V 对应的值）	0	1

例如，p29041[1] 为 100%，则扭矩限制值和模拟量输入之间的关系如图 7-4 所示，如 5V 的模拟量输入对应额定扭矩的 50%，10V 对应额定扭矩的 100%。

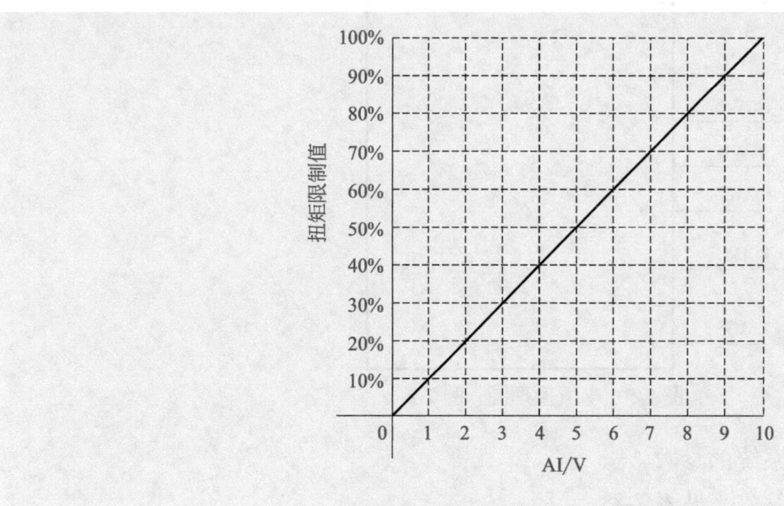

图 7-4　扭矩限制值与 AI 的对应关系

（5）扭矩限制到达（TLR）

产生的扭矩已达到正向扭矩限制、负向扭矩限制或模拟量扭矩限制的扭矩值时，信号 TLR 输出。

★【例 7-2】 有一台 SINAMICS V90 伺服系统，要求对 SINAMICS V90 伺服系统模拟量速度给定和模拟量扭矩限制，并能实现正反转，请设计电气原理图并设置伺服驱动器参数。

【解】

（1）设计电气原理图

设计电气原理图如图 7-5 所示。

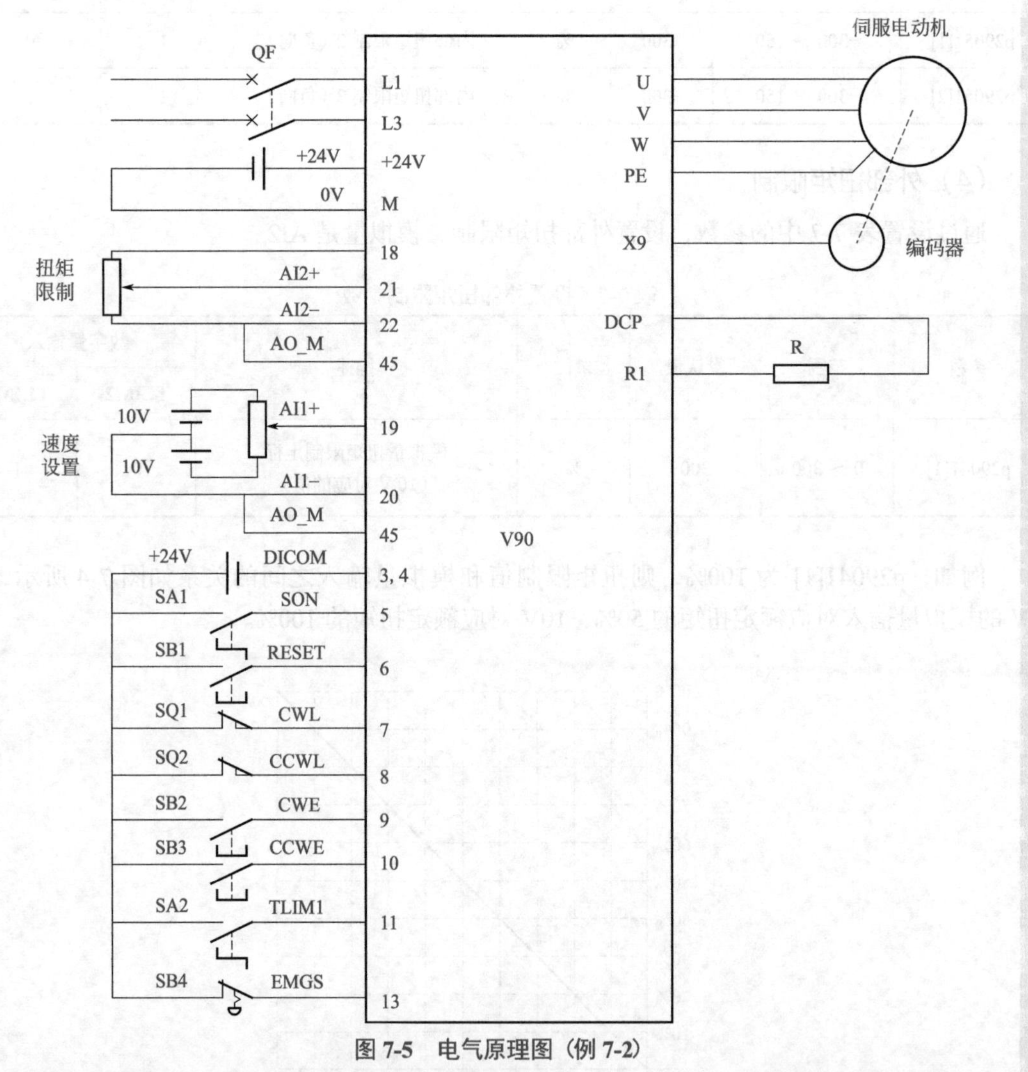

图 7-5　电气原理图（例 7-2）

（2）设置伺服驱动系统的参数

设置伺服驱动系统参数，见表 7-8。

表 7-8　设置伺服驱动系统参数（例 7-2）

序号	参数	参数值	说明
1	p29003	2	控制模式：速度控制模式

续表

序号	参数	参数值	说明
2	p29300	6	将正限位和反限位禁止。如设为 2#01000111（即 71），则 SON、正限位和反限位、急停都被禁止
3	p29301（2）	1	DI1 为伺服使能 SON
4	p29302（2）	2	DI2 为复位故障 RESET
5	p29305（2）	12	DI5 为 CWE，正转
6	p29306（2）	13	DI6 为 CCWE，反转
7	p29307（2）	10	DI7 为 TLIM1，TLIM2 为 0、TLIM1 为 1 表示外部模拟量 AI2 扭矩限制
8	p29060	3000	指定全模拟量输入（10V）对应的速度设定值，转速 3000r/min
9	p29061	0	模拟量输入 1 的偏移量调整
10	p29041[1]	100	模拟量扭矩限制定标（10 V 对应的值），即 10V 对应额定扭矩的 100%

7.2.2 扭矩限幅及附加扭矩给定应用

在 7.1.1 节中介绍了扭矩限制（限幅）基本应用，本节将介绍用编程和通信的方法实现扭矩限幅及附加扭矩给定。

如果使用 S7-1500（T）PLC 和 V90 PN 组成的控制系统，可以通过控制命令“MC_TorqueLimiting”来激活并指定力矩 / 扭矩限制，通过“MC_TorqueRange”命令为工艺对象的驱动装置指定扭矩上下限，通过“MC_TorqueAdditive”命令为工艺对象的驱动装置指定一个附加扭矩。以下用一个例题进行介绍。

★【例 7-3】 有一台 SINAMICS V90 PN 伺服系统，要求对 SINAMICS V90 伺服系统进行扭矩限幅及附加扭矩给定，请设计电气原理图并编写程序。

【解】

（1）软硬件配置

① 1 套 TIA Portal V16 和 V-ASSISTANT。

② 1 台 V90 PN 伺服驱动器。

③ 1 台 CPU 1511-1 PN。

④ 1 台伺服电动机。

⑤ 1 根屏蔽双绞线。

接线参见图 6-52，CPU 1511 的 PN 接口与 V90 的 PN 接口之间用专用的以太网屏蔽电缆连接。CPU 不能使用 S7-1200 PLC。

（2）硬件组态、网络组态和工艺组态

① TIA Portal V16 中必须安装 SINAMICS V90 PN 的 HSP 文件。硬件组态、网络组态参考 6.3.3 节。

② 工艺组态。添加工艺对象 AX1，选择为定位轴，将其定义为“实轴”和“线性”，如图 7-6 所示。

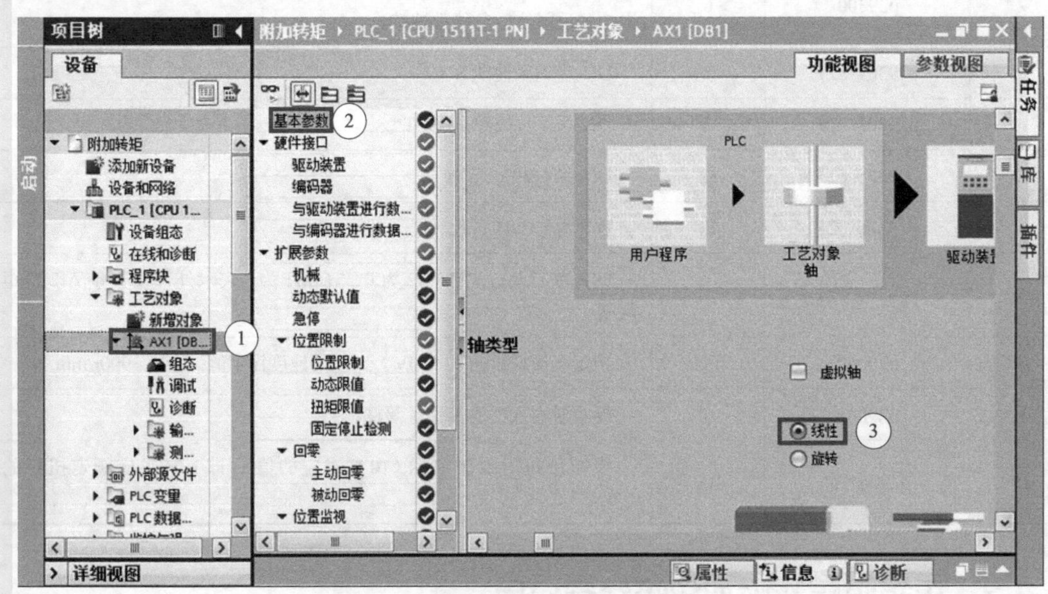

图 7-6　添加工艺对象 AX1（例 7-3）

选中“驱动装置”，单击图标“...”，勾选“显示所有模块”（只有勾选这个选项，才可以看到附件报文 750），选择“驱动_1”，单击按钮“✓”，如图 7-7 所示。

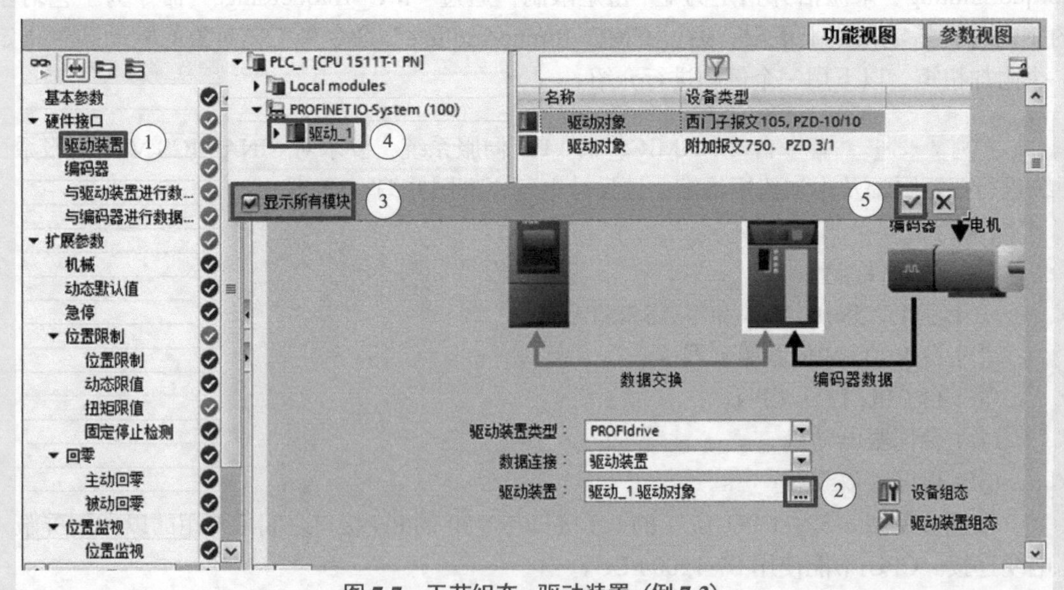

图 7-7　工艺组态 - 驱动装置（例 7-3）

选中“与驱动装置进行数据交换”，按照图 7-8 所示，选择驱动装置报文和附加报文。

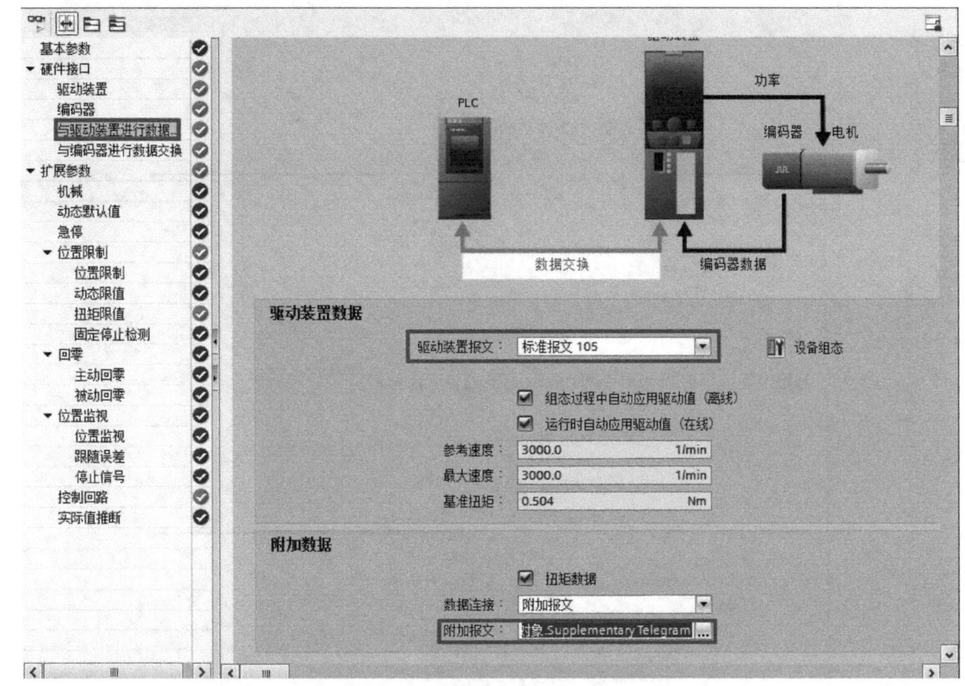

图 7-8 工艺组态 - 与驱动装置进行数据交换（例 7-3）

（3）编写程序

编写主程序 OB1 如图 7-9 所示，编写 FB1 程序如图 7-10 所示。使用 FB1 函数块，减少了背景数据块的使用，在工程中较为常用。

图 7-9 OB1 中的程序（例 7-3）

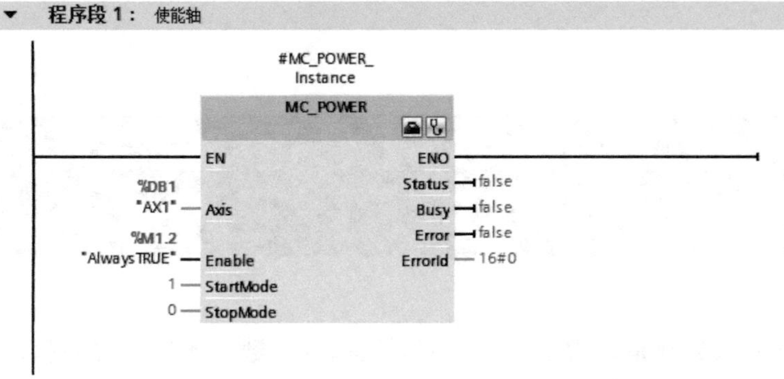

图 7-10

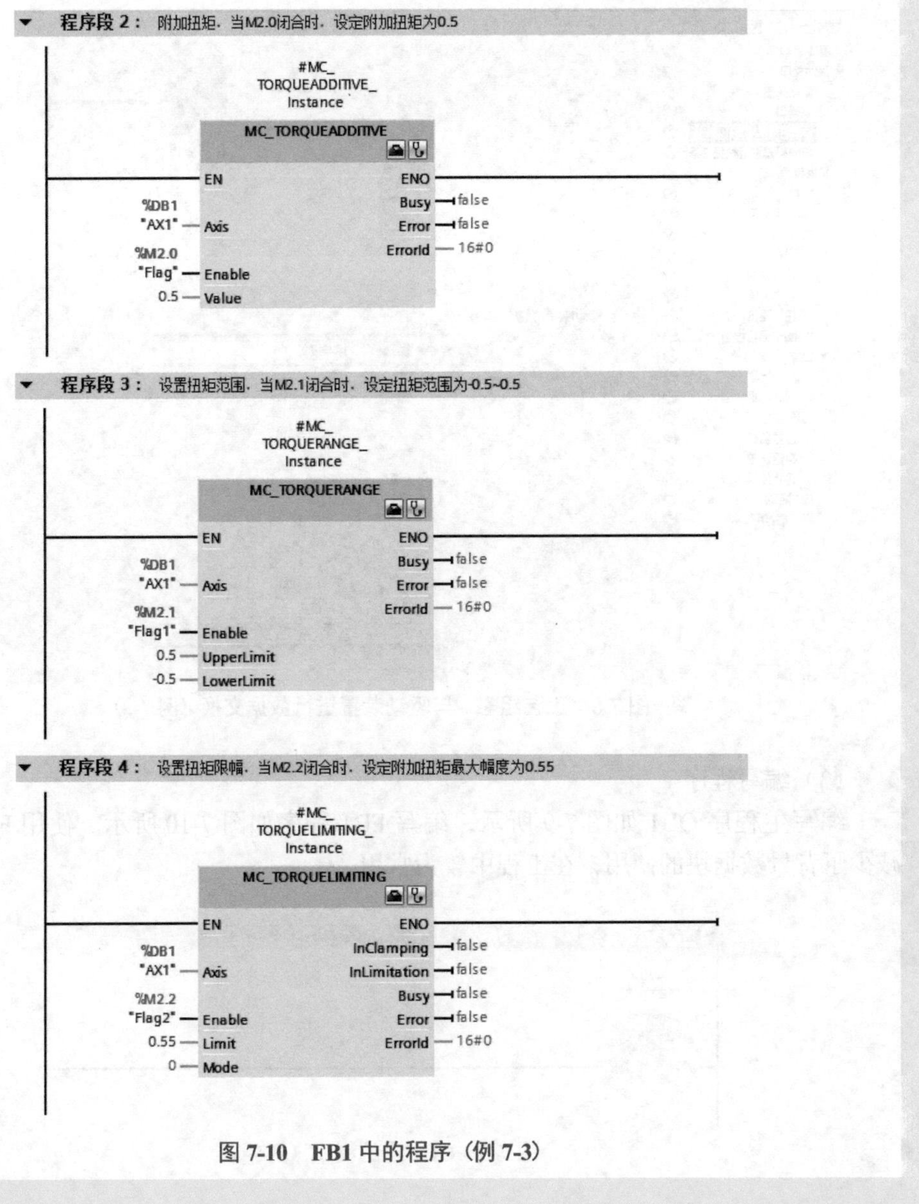

图 7-10 FB1 中的程序（例 7-3）

7.3 S7-1200/1500 PLC 运动控制轴参数读写及应用

实时读取和写入参数是非常重要的。实时读取的参数，比如位移和速度不仅用于监视，还用于程序的控制，严格地讲，轴参数的读写都要借助通信报文。

7.3.1 直接用通信报文读写参数

(1) 用报文 1 中的控制字和状态字读写参数

以 5.3.1 节为例讲解。其网络组态如图 7-11 所示，通信报文是“标准报文 1”。

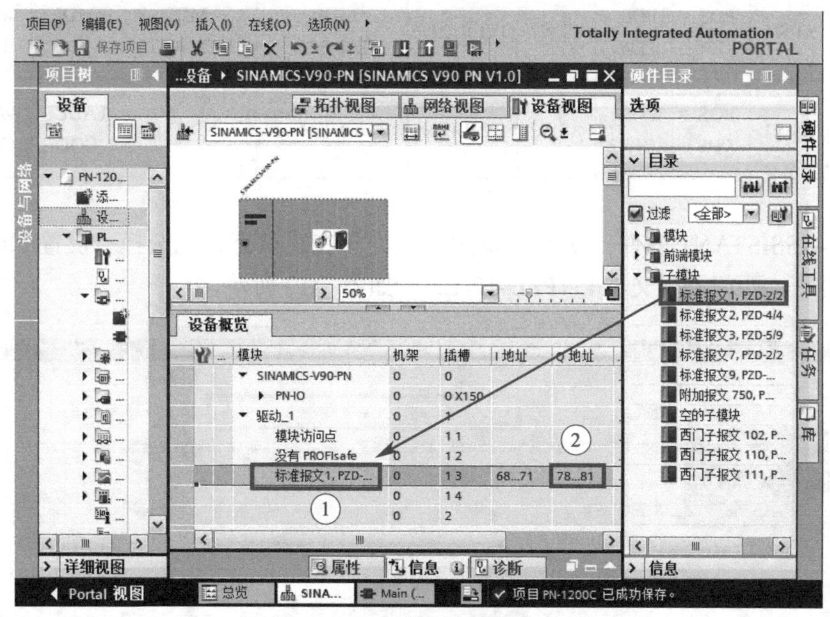

图 7-11　配置通信报文

很明显，QW78 是控制字，QW80 是主设定值，修改 QW80 就可以改变伺服电动机的转速。IW68 是状态字，从 IW68 的数值可以监控电动机的启动、停止、点动和正反转等状态，IW70 是速度监控值，从 IW70 的数值可以监控电动机的实时速度。一个控制字 / 状态字读写参数实例如图 7-12 所示。

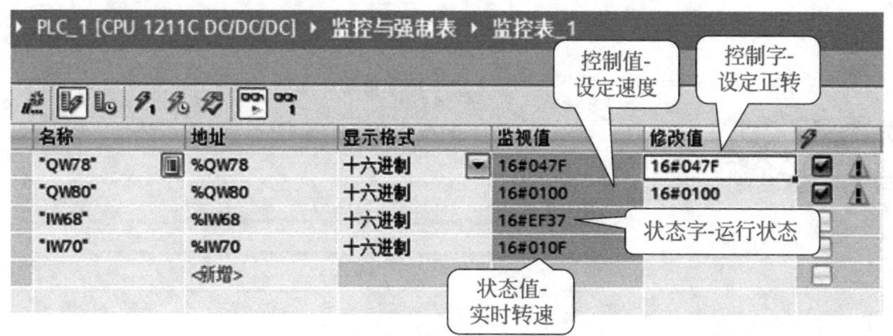

图 7-12　控制字 / 状态字读写参数实例

其他的报文控制字和状态字也能读写参数。

(2) 用报文 111 读取实时扭矩值或电流值

报文 111 的结构见表 7-9，报文 111 的控制字和状态字都有 12 个字长，前 11 个字都有具体含义，第 12 个字（PZD12）的含义可以由用户定义，例如状态字的第 12 个字可以定义为实际电流值或实际扭矩值。

表 7-9　报文 111 的结构

报文 111	PZD1	PZD2	PZD3	PZD4	PZD5	PZD6	PZD7	PZD8	PZD9	PZD10	PZD111	PZD12
MDI 运行方式中的基本定位器（EPos）	STW1	POS_STW1	POS_STW2	STW2	OVERRIDE	MDI_TARPOS		MDI_VELOCITY		MDI_ACC	MDI_DEC	USER
	ZSW1	POS_ZSW1	POS_ZSW2	ZSW2	MELDW	XIST_A		NIST_B		FAULT_CODE	WARN_CODE	USER

打开 V-ASSISTANT 软件，使 V90 伺服系统处于在线状态，先选择“设置 PROFINET”，然后选择“111：西门子报文 111，PZD-12/12”，如图 7-13 所示。

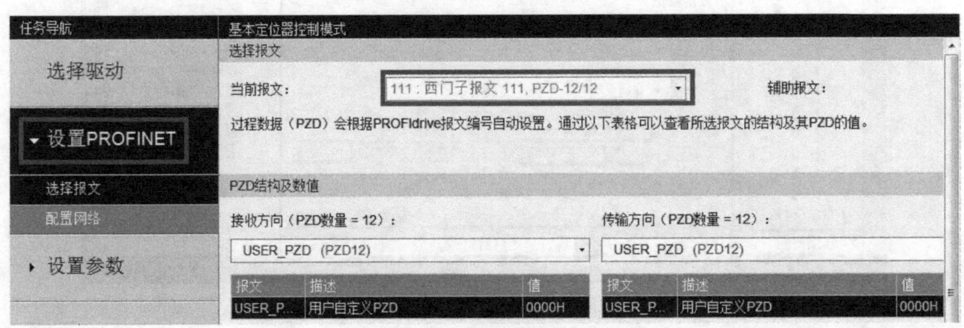

图 7-13　选择通信报文 111

修改参数 p29151 的方法如图 7-14 所示。参数修改完成后，通信报文 111 的状态字的第 12 个字定义为“实际扭矩”，这样监控第 12 个字就可以监控实际扭矩了。

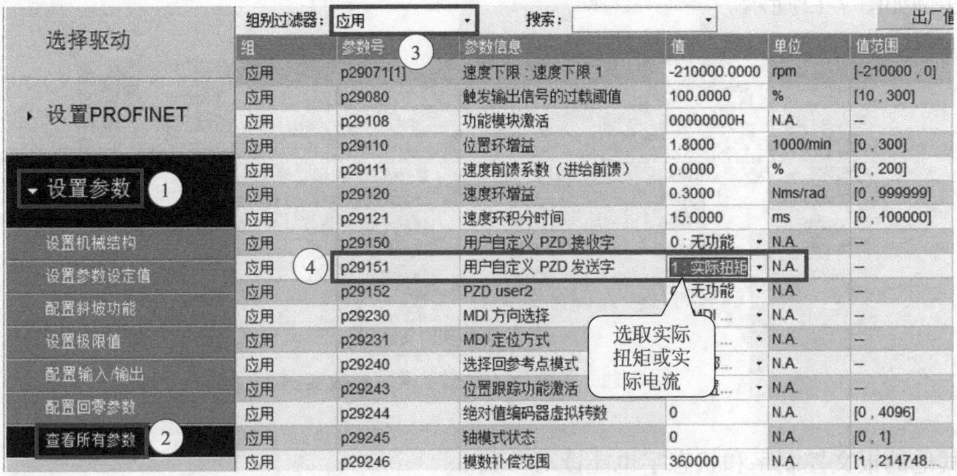

图 7-14　修改参数 p29151

监控报文 111 的第 12 个字有两种方法，第一种方法最简单，只要打开 V-ASSISTANT 软件，并使 V90 处于在线状态，如图 7-15 所示，USER_PZD 中显示的就是实时扭矩。

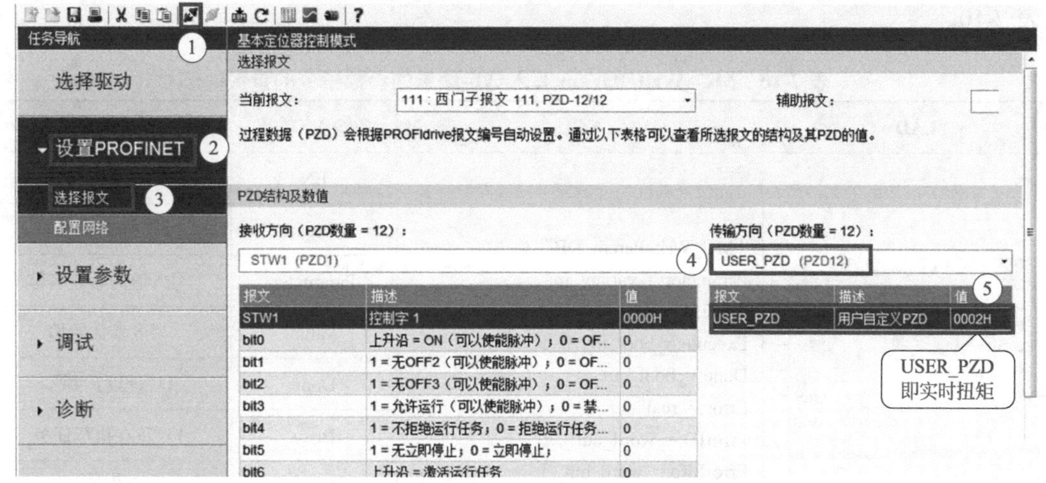

图 7-15　V-ASSISTANT 软件中显示实时扭矩

另一种方法就是在 TIA Portal 中的监控表里监控。首先要知道报文 111 中的第 12 个字的地址（如图 7-16 所示），然后在监控表里监控即可（如图 7-17 所示）。

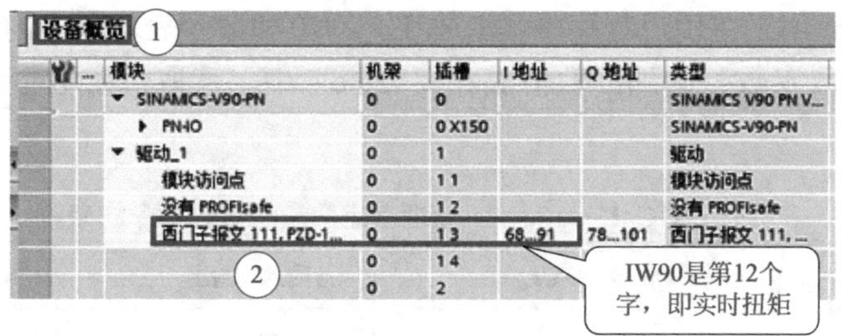

图 7-16　报文 111 中的第 12 个字的地址

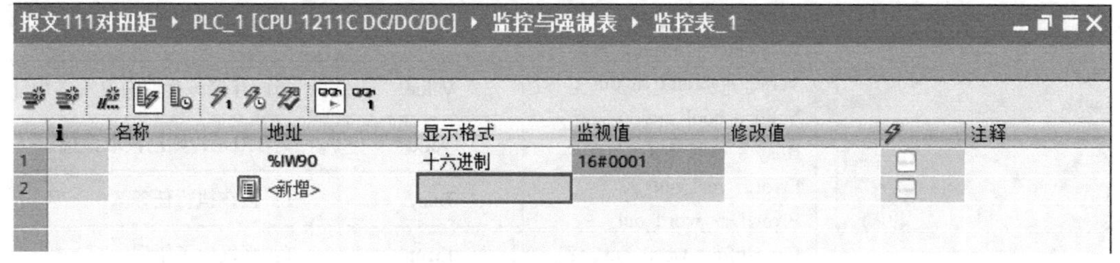

图 7-17　在监控表里监控扭矩

7.3.2　用通信指令块读写参数

通信指令块可以非常方便地读写 V90（PN 版本）的参数。以下将介绍两条读写参数的指令 MC_WriteParam（写参数）和 MC_ReadParam（读参数）。

（1）写入选定数量的参数指令 MC_WriteParam 介绍

MC_WriteParam 用于写入选定数量的参数，当上升沿使能 Execute 后，在用户程序中写入或是更改轴工艺对象和命令表对象中的变量参数。写入选定数量的参数具体参数说明见表 7-10。

表 7-10　MC_WriteParam 写入选定数量的参数指令的参数

LAD	SCL	各输入 / 输出	参数的含义
MC_WriteParam Bool EN　ENO Execute　Done Parameter　Busy Value　Error ErrorID ErrorInfo	"MC_WriteParam_DB"(Parameter:=_variant_in_, Value:=_variant_in_, Execute:=_bool_in_, Done:=_bool_out_, Error:=_real_out_, ErrorID:=_word_out_, ErrorInfo:=_word_out_);	EN	使能
		Execute	上升沿使能
		Parameter	写入值的参数名称
		Value	写入参数的值
		Done	1：速度达到零
		Busy	1：正在执行任务
		Error	1：发生了错误
		ErrorID	错误 ID

（2）读参数指令指令 MC_ReadParam 介绍

MC_ReadParam 用于在用户程序中读取轴工艺对象和命令表对象中的变量，当启动信号 Enable 有效后，读取参数，读到的数值放在"Value"中。读取选定数量的参数具体参数说明见表 7-11。

表 7-11　MC_ReadParam 读取选定数量的参数指令的参数

LAD	SCL	各输入 / 输出	参数的含义
MC_ReadParam Bool EN　ENO Enable　Valid Parameter　Busy Value　Error ErrorID ErrorInfo	"MC_ReadParam_DB"(Enable:=_bool_in_, Parameter:=_variant_in_, Value:=_variant_in_out_, Valid:=_bool_out_, Busy:=_bool_out_, Error:=_real_out_, ErrorID:=_word_out_, ErrorInfo:=_word_out_);	EN	使能
		Enable	启动信号
		Parameter	读取值的参数名称
		Value	指向存储该读取值位置的指针
		Valid	为 TRUE，则已读取该值
		Busy	1：正在执行任务
		Error	1：则发生了错误
		ErrorID	错误 ID

可以读写的部分常用参数，见表 7-12。

表 7-12　可以读写的部分常用参数

序号	参数	含义
	轴的位置和速度变量	
1	<轴名称>.Position	轴的位置设定值
2	<轴名称>.ActualPosition	轴的实际位置

续表

序号	参数	含义
3	< 轴名称 >.Velocity	轴的速度设定值
4	< 轴名称 >.ActualVelocity	轴的实际速度
回原点变量		
1	< 轴名称 >.Homing.AutoReversal	主动归位期间激活硬限位开关处的自动反向
2	< 轴名称 >.Homing.ApproachDirection	主动归位期间的逼近方向和归位方向
3	< 轴名称 >.Homing.ApproachVelocity	主动归位期间轴的逼近速度
4	< 轴名称 >.Homing.ReferencingVelocity	主动归位期间轴的归位速度
单位变量		
1	< 轴名称 >.Units.LengthUnit	参数的已组态测量单位
机械变量		
1	< 轴名称 >.Mechanics.LeadScrew	每转的距离
轴 StatusPositioning 变量		
1	< 轴名称 >.StatusPositioning.Distance	轴距目标位置的当前距离
2	< 轴名称 >.StatusPositioning.TargetPosition	轴的目标位置
轴的 DynamicDefaults 变量		
1	< 轴名称 >.DynamicDefaults.Acceleration	轴的加速度
2	< 轴名称 >.DynamicDefaults.Deceleration	轴的减速度
3	< 轴名称 >.DynamicDefaults.EmergencyDeceleration	轴的急停减速度
4	< 轴名称 >.DynamicDefaults.Jerk	轴加速斜坡和减速斜坡期间的冲击
PositionLimitsSW 变量		
1	< 轴名称 >.PositionLimitsSW.Active	软限位开关激活
2	< 轴名称 >.PositionLimitsSW.MinPosition	软限位开关下限位
3	< 轴名称 >.PositionLimitsSW.MaxPosition	软限位开关上限位
PositionLimitsHW 变量		
1	< 轴名称 >.PositionLimitsHW.Active	硬限位开关激活
2	< 轴名称 >. PositionLimitsHW.MinSwitchLevel	选择到达下限硬限位开关时 CPU 输入端存在的信号电平
3	< 轴名称 >. PositionLimitsHW.MinSwitchAddress	下限硬限位开关的符号输入地址（内部参数）
4	< 轴名称 >.PositionLimitsHW.MaxSwitchLevel	选择到达上限硬限位开关时 CPU 输入端存在的信号电平
5	< 轴名称 >.PositionLimitsHW.MaxSwitchAddress	上限硬限位开关的输入地址（内部参数）

★【例 7-4】 原理图参见图 6-52，要求编写控制程序实现写入参数和读取参数。

【解】

编写梯形图程序如图 7-18 所示。

当 I0.0 闭合时，伺服系统开始运行。当 M50.1 闭合时，MD20 中显示实时的位置数值。当 M50.0 闭合，写入参数（激活软限位），写入参数的数值是 M10.0 的数值。

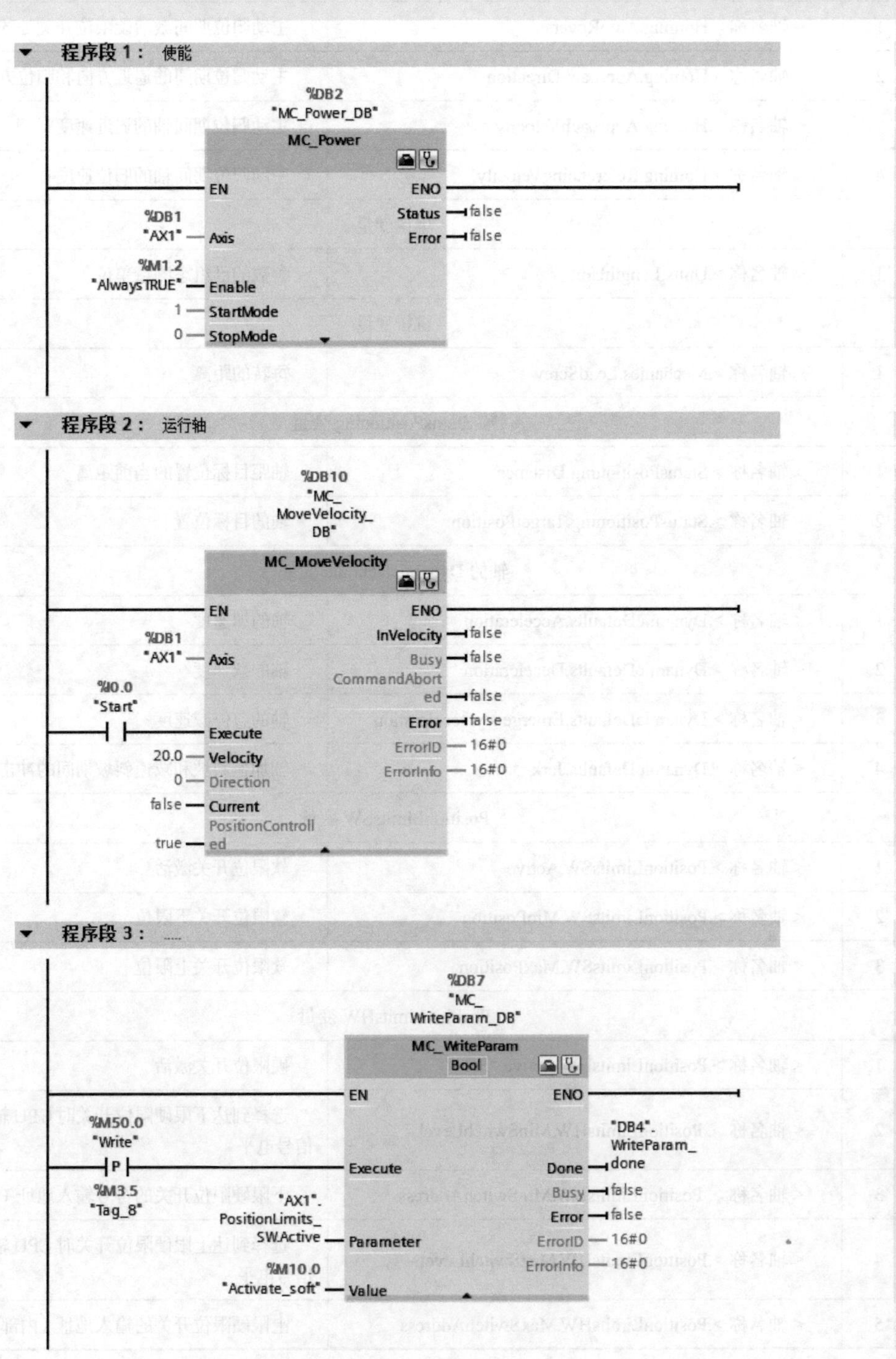

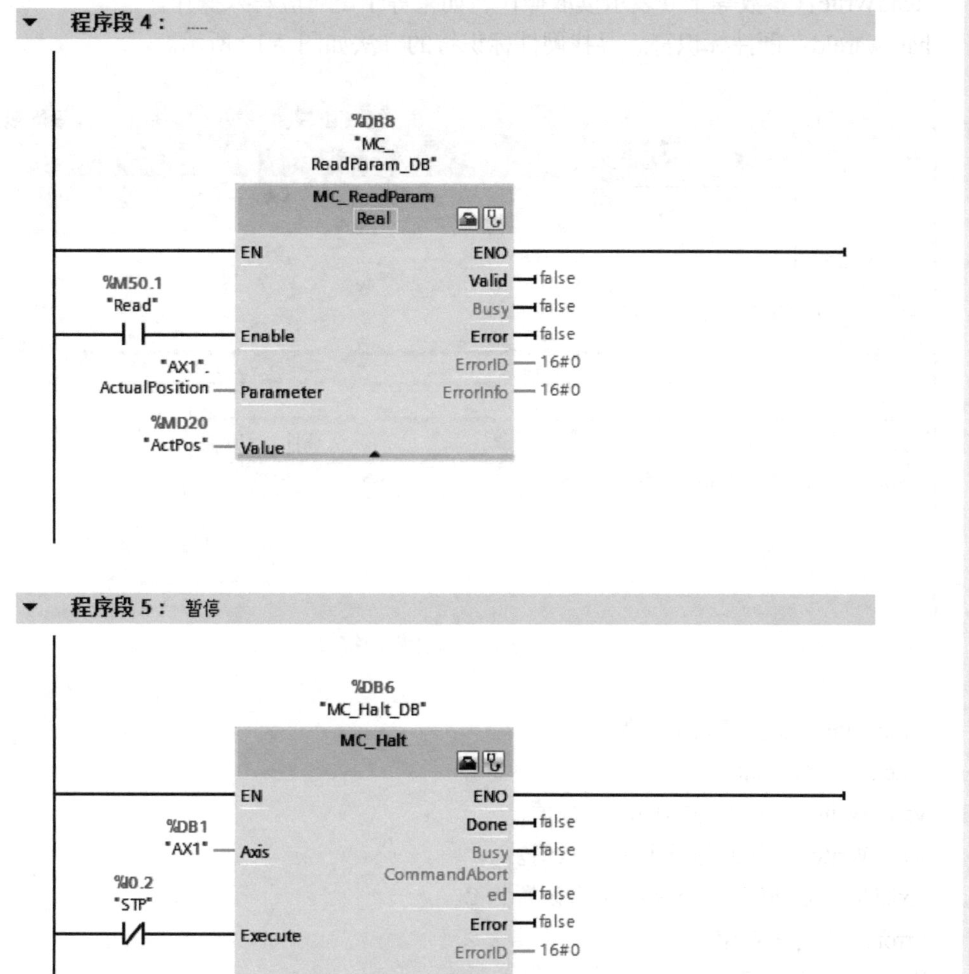

图 7-18 梯形图（例 7-4）

此外，在程序中直接写入“AX1”.ActualPosition 获得的也是实时的位置值。

7.3.3 用库函数块 FB286/FB287 读写参数

安装 Startdrive 软件后，在 TIA 博途软件中自动安装 Drive_lib 库文件，也可以在西门子官方网站上下载 Drive_lib 库文件并安装，库中包含非周期通信功能块“SINA_PARA”（FB286）及“SINA_PARA_S”（FB287），可实现驱动器参数的读 / 写操作，用户只需要指定参数号、参数下标，以及将要写入的参数值（仅对于写操作），在执行程序块后，相应的读 / 写操作将自动地执行。以下仅介绍 FB287。

（1）参数说明

Start: 在参数操作过程中 start 的上升沿会启动参数操作任务。

ReadWrite：参数等于 0 表示读取操作，如果等于 1 对应写入操作。

hardwareId：硬件标识符。寻找硬件标识符的方法如图 7-19 所示。

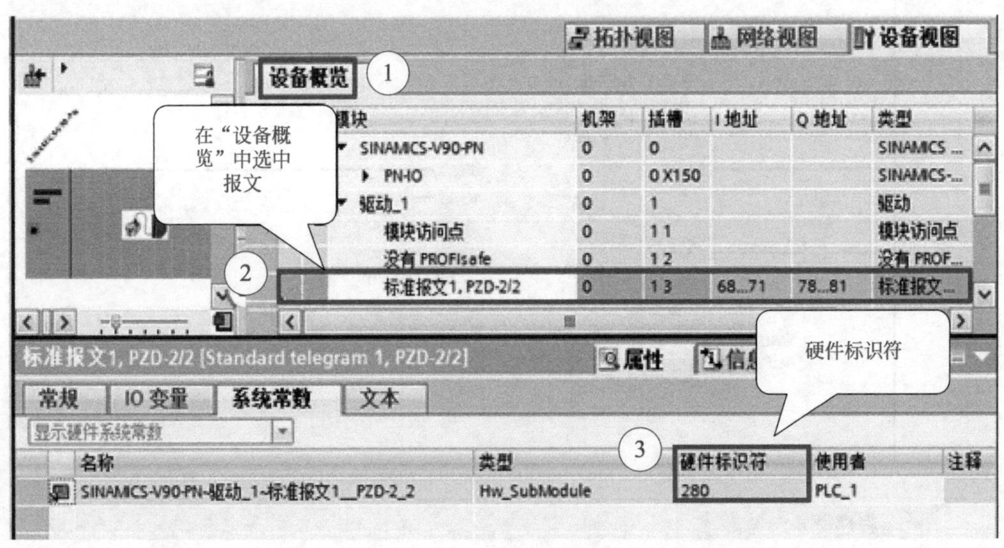

图 7-19　硬件标识符

Parameter：需要读写的参数号。

Index：参数下标。

ValueWrite1：此处写实型的参数值。

ValueWrite2：此处写整型的参数值。

AxisNo：驱动编号，V90 PN 需设置为 2。

Error：出错标志位。

ErrorId：错误 ID。

Busy：当写入参数执行时为 1，如果完成或者故障后变成 0。

Done：任务执行完成，可以用于编写程序时复位请求使用。

Ready：程序块没有执行读或写操作，处于准备状态。

DiagId: 返回值。

ValueRead1：此处读实型的参数值。

ValueRead2：此处读整型的参数值。

Format：所读参数的格式。

ErrorNo：错误代码。

（2）应用举例

★【例 7-5】　编写控制程序，实现读取参数 p1120。

【解】

p1120 是斜坡上升时间，编写程序如图 7-20 所示。当将 M20.0 修改为“TRUE”时，p1120 的值读取到 MD42 中，本例为 1.0。

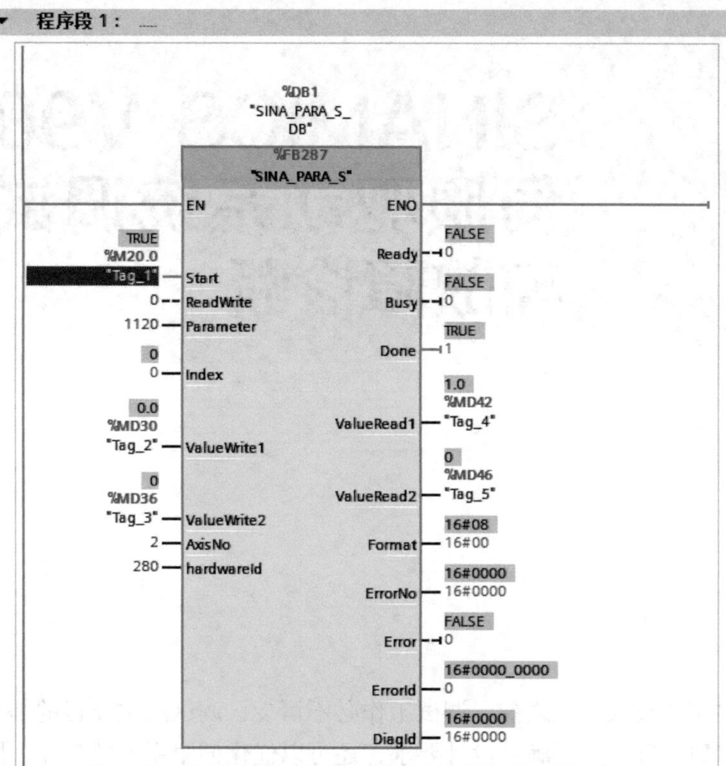
程序段 1：
%DB1
"SINA_PARA_S_
DB"
%FB287
"SINA_PARA_S"
EN
ENO
TRUE
%M20.0
"Tag_1"
Start
0
ReadWrite
1120
Parameter
0
0
Index
0.0
%MD30
"Tag_2"
ValueWrite1
0
%MD36
"Tag_3"
ValueWrite2
2
AxisNo
280
hardwareId
FALSE
Ready
0
FALSE
Busy
0
TRUE
Done
1
1.0
%MD42
"Tag_4"
ValueRead1
0
%MD46
"Tag_5"
ValueRead2
16#08
Format
16#00
16#0000
ErrorNo
16#0000
FALSE
Error
0
16#0000_0000
ErrorId
0
16#0000
DiagId
16#0000

图 7-20 程序（例 7-5）

第8章 SINAMICS V90伺服驱动系统调试与故障诊断

伺服系统在正式投入使用之前，调试工作必不可少，调试的主要目的是验证伺服系统的配置、安装和参数设置等是否满足设计要求，还可以优化伺服系统的功能，因此调试工作非常重要。

伺服系统发生故障是在所难免的，准确诊断故障和快速排除故障，可以极大地提高生产效率，因此在工程实践中极具价值。

8.1 SINAMICS V90伺服系统的调试

调试 SINAMICS V90 伺服系统可以用三种方法，即 BOP 基本操作面板、V-ASSISTANT 软件和 TIA Portal 软件，以下将分别讲解。

8.1.1 用 BOP 调试 SINAMICS V90 伺服系统

BOP 基本操作面板内置于 SINAMICS V90 伺服系统上，BOP 可以设置伺服系统的参数，也可以对伺服系统进行调试。以下介绍 BOP 基本操作面板，在 Jog 模式下进行调试 SINAMICS V90 伺服系统。

（1）调试的目的

当驱动首次上电时，可以通过 BOP 或工程工具 SINAMICS V-ASSISTANT 进行试运行，以检查：

① 主电源是否已正确连接；

② DC 24 V 电源是否已正确连接；

③ 伺服驱动与伺服电动机之间的电缆（电动机动力电缆、编码器电缆、抱闸电缆）是否已正确连接；

④ 电动机速度和转动方向是否正确。

（2）调试的步骤

调试的步骤见表 8-1。

表 8-1 调试的步骤

步骤	描述	备注
①	连接必要的设备并且检查接线	必须连接以下电缆： ● 电动机动力电缆 ● 编码器电缆 ● 抱闸电缆 ● 主电源电缆 ● DC 24 V 电缆 检查： ● 设备或电缆是否有损坏 ● 连接的电缆是否受到较大的压力、负载或拉力 ● 连接的电缆是否紧靠锋利的边缘 ● 电源输入是否在允许的范围内 ● 所有的端子是否均已正确连接并固定 ● 所有已连接的系统组件是否已良好接地
②	打开 DC 24V 电源	
③	检查伺服电动机类型 ● 如果伺服电动机带有增量式编码器，输入电动机 ID（p29000） ● 如果伺服电动机带有绝对值编码器，伺服驱动可以自动识别伺服电动机	如未识别到伺服电动机，则会发生故障 F52984。 电动机 ID 可参见电动机铭牌
④	检查电动机旋转方向 默认运行方向为 CW（顺时针）。如有必要，可通过设置参数 p29001 更改运行方向	p29001=0：CW p29001=1：CCW
⑤	检查 Jog 速度 默认 Jog 速度为 100r/min。可通过设置参数 p1058 更改显示	为使能 Jog 功能，必须将参数 p29108 的位 0 置为 1，而后保存参数设置并重启驱动；否则，该功能的相关参数 p1058 被禁止访问
⑥	通过 BOP 保存参数	
⑦	打开主电源	
⑧	清除故障和报警	
⑨	使用 BOP，进入 Jog 菜单功能，按向上或向下键运行伺服电动机 如使用工程工具，则使用 Jog 功能运行伺服电动机	

具体操作参考作者制作的视频。

8.1.2 用 V-ASSISTANT 软件调试 SINAMICS V90 伺服系统

用 V-ASSISTANT 软件修改 SINAMICS V90 伺服的 IP 地址

用 V-ASSISTANT 软件调试 SINAMICS V90 伺服系统，以下用速度模式为例讲解，调试过程与 8.1.1 节类似，只是采用的工具不同而已。以下将详细说明。

步骤①、②和 8.1.1 节相同，以下从步骤③开始。

③ 打开 V-ASSISTANT 软件，将伺服驱动器的 mini-USB 接口与计算机的 USB 接口连接起来，如果是首次连接，计算机会自动安装 USB 驱动程序。V-ASSISTANT 软件自动连接 V90 伺服驱动器，连接完成后，单击“确定”按钮，在弹出的如图 8-1 所示的界面中，选中“任务导航”→“设置参数”→“查看所有参数”，查看参数 p29000 的参数值与电动机铭牌上的 ID 值是否一致，如不一致则按照电动机的铭牌修改，此参数是立即生效的参数。

组	参数号	参数信息	值	单位	值范围	出厂设置
应用	p29000	电机 ID	46	N.A.	[0，65535]	0
应用	p29001	电机旋转方向取反	0：方向...	N.A.	--	0
应用	p29002	BOP 显示选择	0：速度	N.A.	--	0
应用	p29003	控制模式	2：S	N.A.	--	2
应用	p29005	制动电阻容量百分比报警阈值	100.0000	%	[1，100]	100.0000
应用	p29006	电源电压	230	V	[200，480]	400
数据	r29018[0]	OA版本：固件版本	10401	N.A.	--	--
应用	p29020[0]	优化：动态系数：一键自动...	26	N.A.	[1，35]	26
应用	p29021	优化：模式选择	0：禁用	N.A.	--	0
应用	p29022	优化：总惯量与电机惯量之比	1.0861	N.A.	[1，10000]	1.0000
应用	p29023	优化：一键自动优化配置	0007H	N.A.	--	0007H
应用	p29024	优化：实时自动优化配置	004CH	N.A.	--	004CH
应用	p29025	优化：通用配置	0014H	N.A.	--	0004H
应用	p29026	优化：测试信号持续时间	2000	ms	[0，5000]	2000
应用	p29027	优化：电机旋转角度限制	360	°	[0，30000]	0

图 **8-1** 设置电动机的 ID

④ 设置 PROFINET 网络参数。如图 8-2 所示，选中“任务导航”→“设置 PROFINET”→“配置网络”，设置 PN 站名，本例为“V90”，设置 PN 站 IP 地址，本例为“192.168.0.2”，设置子网掩码，本例为“255.255.255.0”，注意 PN 站名和 PN 站 IP 地址必须与 PLC 中组态的完全一致，否则通信不能建立。之后单击“保存并激活”按钮。这些参数需要重启驱动器才能生效。

PROFINET 网络参数也可以在参数列表中修改。

⑤ 设置扭矩限制和转速限制。如图 8-3 所示，选中“任务导航”→“参数设置”→“设置极限值”，在此界面中可以设置扭矩限制和最大速度限制。扭矩，即为转矩，在图中用扭矩表示。图中速度单位 rpm，即为 r/min。

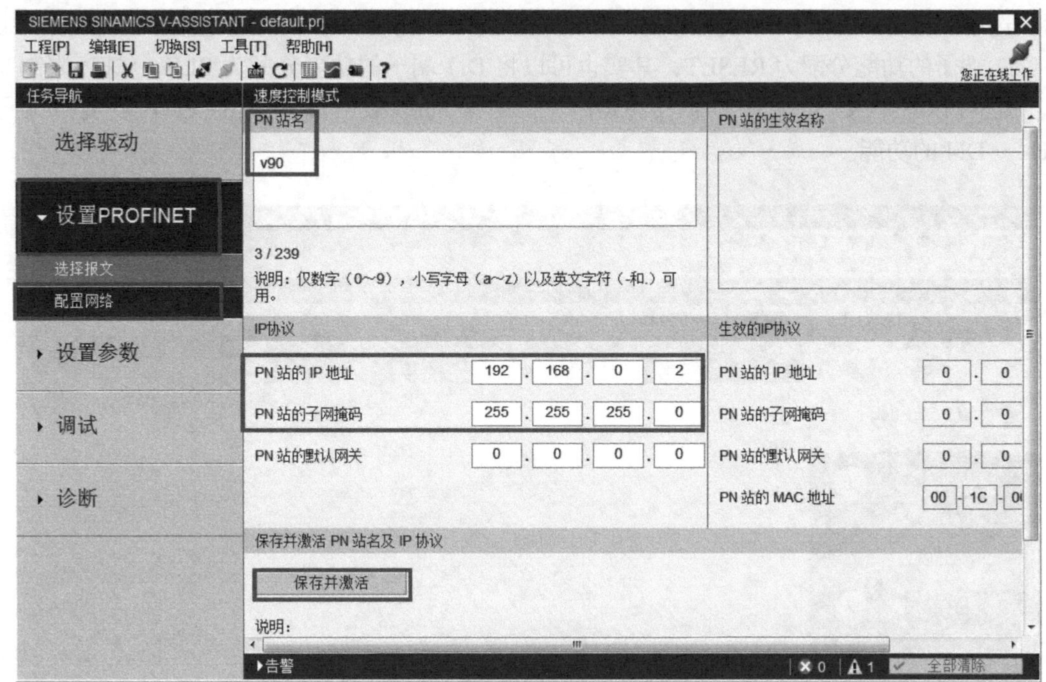

图 8-2　设置 PROFINET 网络参数

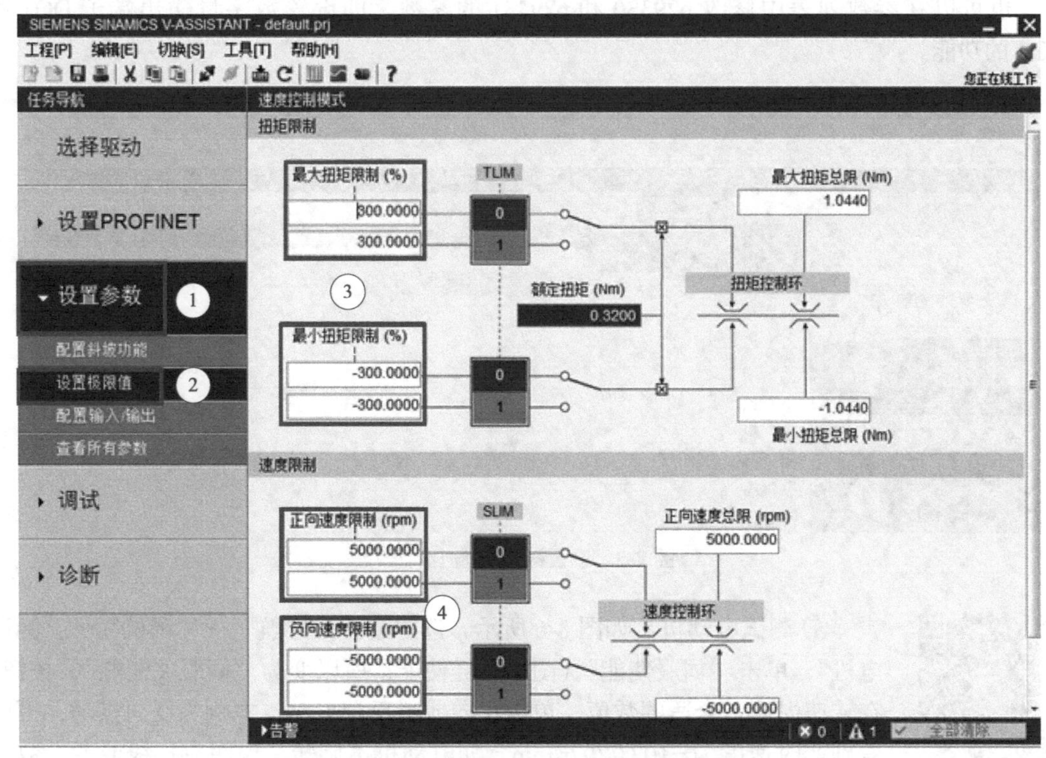

图 8-3　设置扭矩限制和转速限制

⑥ 设置数字量输入输出端子。PN 版本的伺服驱动器的 X8 接口的端子相比脉冲版本的要少很多，这些数字量输入和输出端子有默认的设置功能，也可以自定义功能。如图 8-4 所

示，选中“任务导航”→“设置参数”→“配置输入 / 输出”→“数字量输入”，例如默认将 DI1 端子的功能分配为 RESET，其实也可以将 DI1 端子的功能分配为 SLIM（速度限制）。

也可以在参数列表中修改 p29301 ～ p29304 的参数，即使设置数字量输入端子 DI1 ～ DI4 的功能。

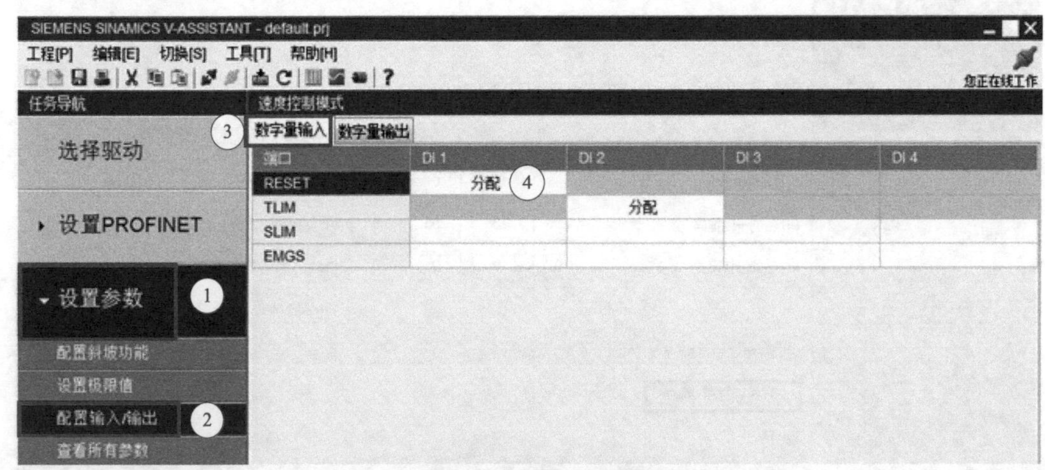

图 8-4　设置数字量输入输出端子

如图 8-5 所示为设置数字量输出端子界面，其设置方法与设置数字量输入的方法类似。

也可以在参数列表中修改 p29330 和 p29331 的参数，即设置数字量输出端子 DO1 和 DO2 的功能。

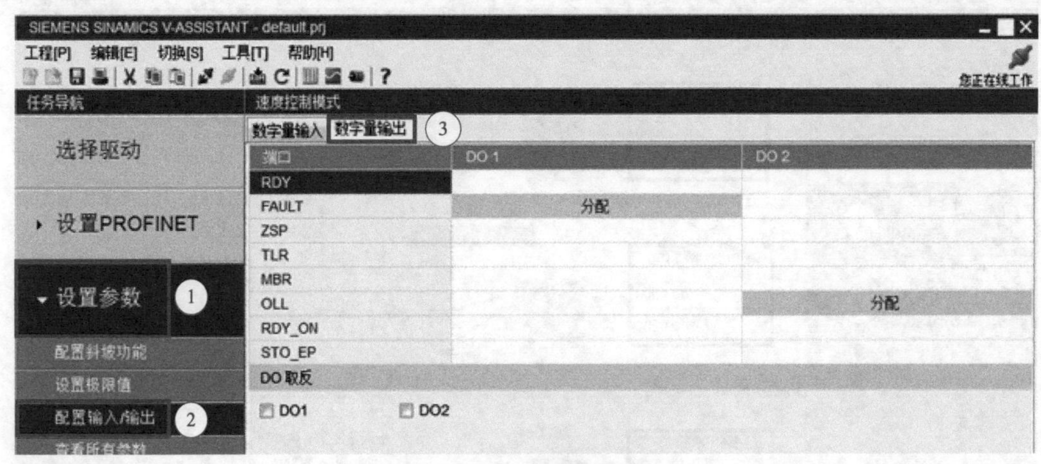

图 8-5　设置数字量输出端子

用 V-ASSISTANT 软件调试 SINAMICS V90 伺服电动机

⑦ 测试电动机。如图 8-6 所示，选中“任务导航”→“调试”→“测试电机”，单击“伺服使能”（图中已经使能，所以变为“伺服关使能”）按钮，在转速中输入合适的数值，单击正向或者反向点动，本例为反向点动，可以看到实时速度为 -102.7707r/min。如电动机不旋转，说明有接线或者参数设置错误，则还需要检查。如电动机已经旋转，则要查看正转或者反转的方向是否与所需的方向一致，如不一致则可修改图 8-1 中的电动机的方向参数 p29001，将其修改为 1。

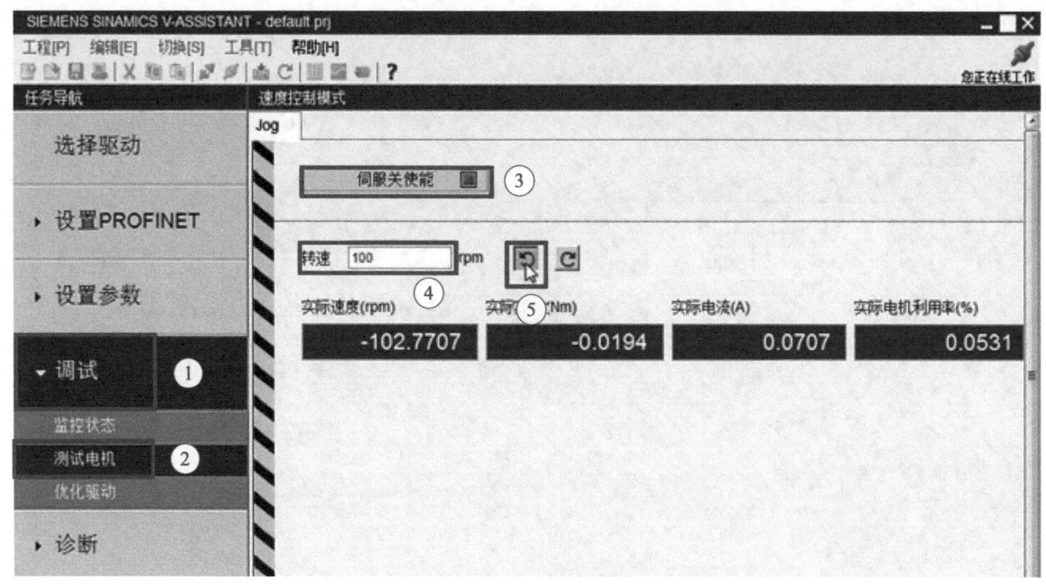

图 8-6　测试电动机（V-ASSISTANT 软件调试）

8.1.3　用 TIA Portal 软件调试 SINAMICS V90 伺服系统

用 TIA Portal 软件调试 SINAMICS V90 伺服系统需要安装 HSP 文件，此文件可以在西门子的官方网站上免费下载。此外，在调试之前，还需要组态 PLC 和 V90 伺服系统，相关内容在 3.2.3 节中已经介绍过了，因此以下的介绍的内容将不包含组态的相关内容，直接从调试开始。

① 打开 TIA Portal 软件，组态 PLC 与 V90 伺服系统。

② 将伺服驱动器切换到在线状态。选中“驱动 _1”→“调试”，单击工具栏中的“转至在线”按钮，如图 8-7 所示。之后弹出如图 8-8 所示的界面，PG/PC 接口的类型选择“PN/IE”，即以太网，PG/PC 接口选择为读者计算机的有线网卡，不同计算机可能不同。单击“开始搜索”按钮，当找到伺服驱动器后，单击“转至在线”按钮。

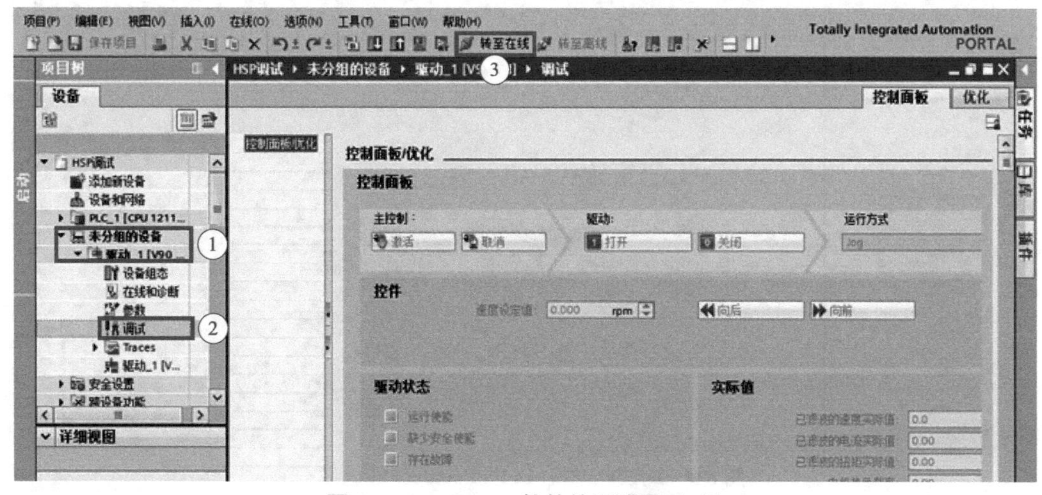

图 8-7　TIA Portal 软件的调试界面（1）

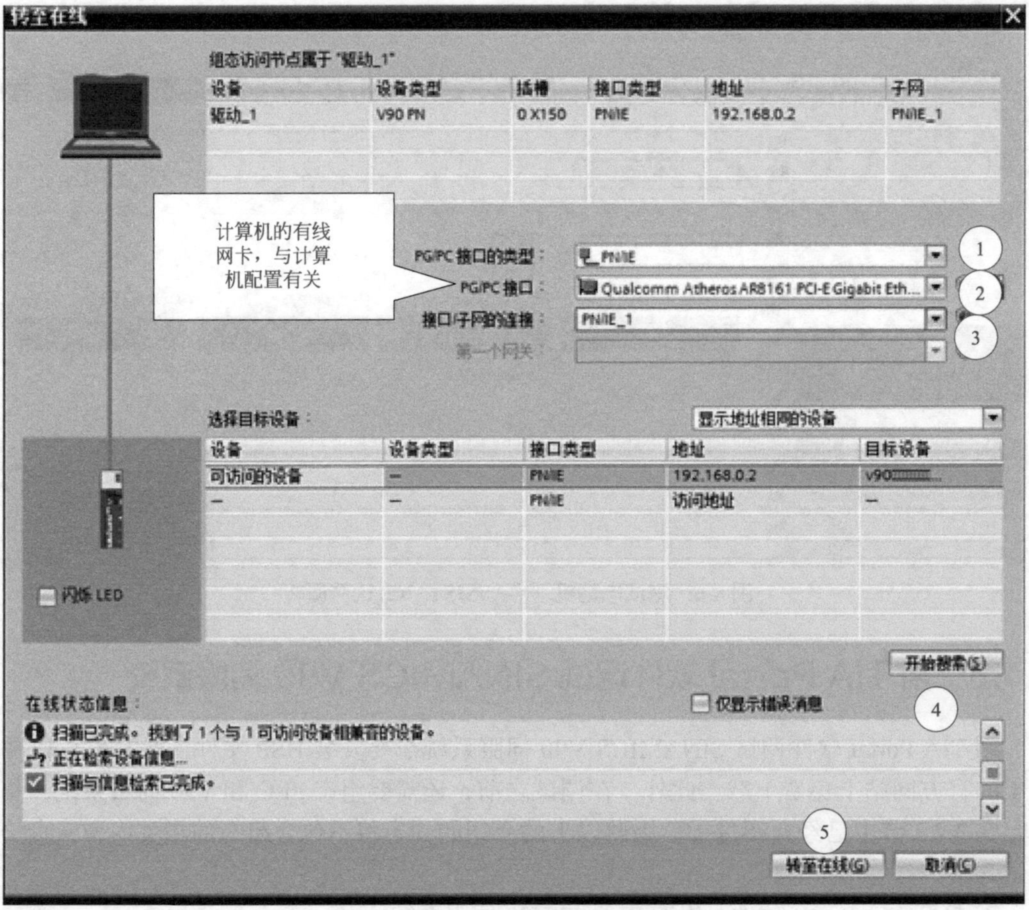

图 8-8　TIA Portal 软件的调试界面（2）

③ 测试电动机。如图 8-9 所示，先打开“激活”按钮，再单击“打开”按钮，此时伺服

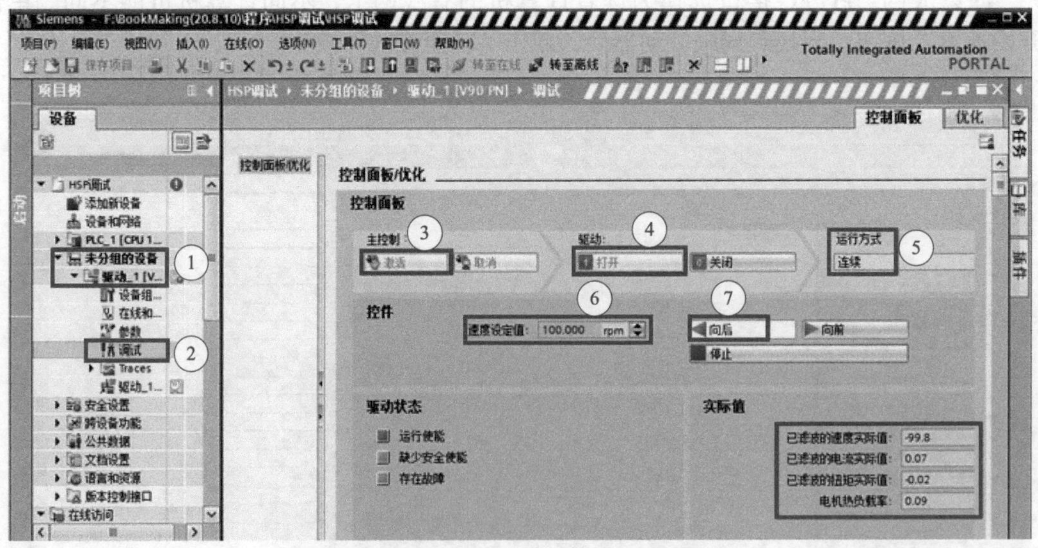

图 8-9　测试电动机（TIA Portal 软件调试）

电动机已经励磁，可以听到定子磁场吸合转子的声音，选择“运行方式”（本例为连续），输入希望运行的速度，最后单击“向后”或者“向前”按钮，如正常则电动机应旋转。如电动机不旋转说明有接线或者参数设置错误，则还需要检查。如电动机已经旋转则要查看正转或者反转的方向是否与所需的方向一致，如不一致则可修改图 8-1 中的电动机的方向参数 p29001，将其修改为 1。

8.1.4 SINAMICS V90 伺服系统的一键优化

SINAMICS V90 伺服系统的一键优化

（1）一键自动优化的概念

SINAMICS V90 PN 提供两种自动优化模式：一键自动优化和实时自动优化。自动优化功能可以通过机械负载惯量比（p29022）自动优化控制参数，并设置合适的电流滤波器参数来抑制机械的机械谐振。可以通过设置不同的动态因子来改变系统的动态性能。

一键自动优化通过内部运动指令估算机械的负载惯量和机械特性。为达到期望的性能，在使用上位机控制驱动运行之前，可以多次执行一键自动优化。特别是初学者，对伺服系统的参数不熟悉，使用一键优化具有很大的优势。

（2）一键自动优化的前提条件

① 机械负载惯量比未知，需要进行估算，但负载的惯量变化不大，例如伺服系统驱动的是装载小车，那么小车中装载的货物的重量变化不能太大。

② 电动机在顺时针和逆时针方向上均可旋转，因为一键优化过程中，伺服电动机要正向和反向旋转。有的系统只能单向旋转，那么就不能采用一键优化方案了。

③ 电动机旋转位置（p29027 定义一圈为 360°）在机械允许的范围之内，在一键优化时，最好将电动机驱动负载（如小车），置于运行轨迹的中间位置，主要防止一键优化测试时，电动机运行超程。

a. 对于带绝对值编码器的电动机：位置限制由 p29027 决定。

b. 对于带增量式编码器的电动机：在优化开始时必须允许电动机有两圈的自由旋转。

（3）一键自动优化的实现

一键自动优化有三种实现方法：通过 BOP 基本操作面板设置参数操作、通过 TIA 博途软件中的驱动调试进行操作和通过 V-ASSISTANT 调试软件操作。以下介绍最后一种方法。

① 首先将伺服系统驱动的负载（如小车）移动到运行轨迹的中间位置，以防止一键优化过程中，负载碰到限位开关，即超程。

② 打开 V-ASSISTANT 调试软件，使 V90 伺服驱动系统处于在线状态（方法已经在前述章节中介绍过）。如图 8-10 所示，选中“任务导航”→“调试”→“优化驱动”→“一键自动优化”，选择“用户调整的响应等级”为“26”，即为中级；选择“位置幅值（角度）”为“360°”，也就是电动机可以正转和反转 1 圈，也可以适当调整得大一点；单击“启动一键自动优化”和“伺服使能”按钮，一键自动优化开始。一键优化过程中，伺服系统要正向和反向移动，而且有振动，这都是正常现象。

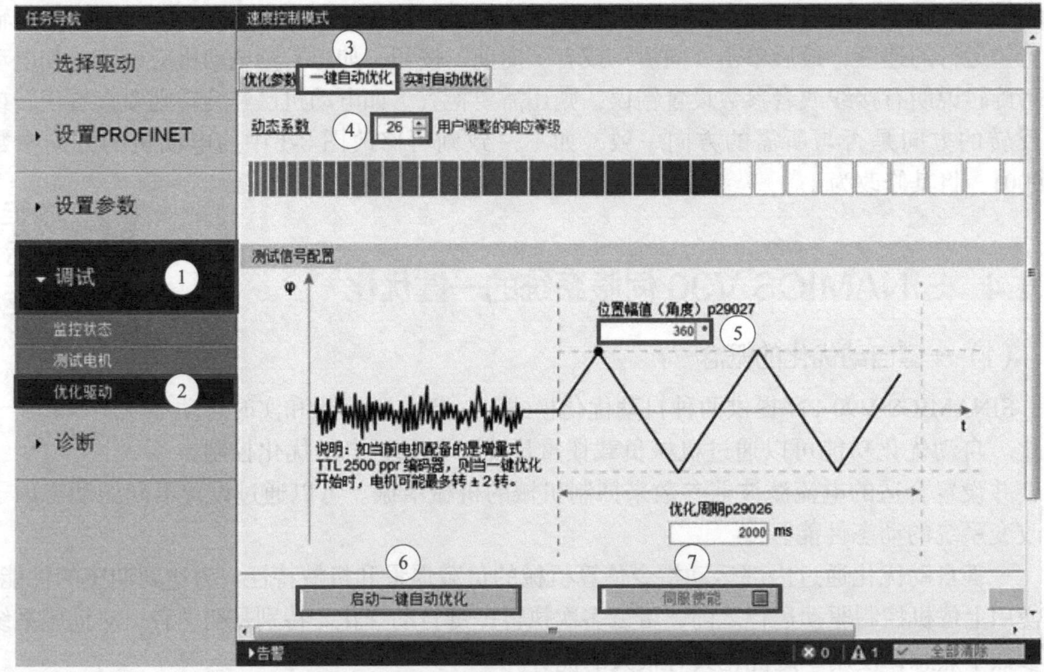

图 8-10　启动一键优化

③ 当自动一键优化结束后，V-ASSISTANT 调试软件自动弹出如图 8-11 所示的界面，如果不需要调整参数，单击“接受”按钮，之后保存参数如图 8-12 所示。一键自动优化完成。

优化结果确认

参数号	参数信息	值	旧值	单位
p29022	优化：总惯量与电机惯量之比	1.0797	1.0861	N.A.
p29110	位置环增益	1.8000	1.8000	1000/min
p29111	速度前馈系数（进给前馈）	0.0000	0.0000	%
p29120	速度环增益	0.0038	0.0021	Nms/rad
p29121	速度环积分时间	13.2704	15.0000	ms
p1414	速度设定值滤波器激活	1	1	N.A.
p1415	速度设定值滤波器 1 类型	2	2	N.A.
p1417	速度设定值滤波器 1 分母固有频率	100.0000	100.0000	Hz
p1418	速度设定值滤波器 1 分母衰减	0.9000	0.9000	N.A.
p1419	速度设定值滤波器 1 分子固有频率	100.0000	100.0000	Hz
p1420	速度设定值滤波器 1 分子衰减	0.9000	0.9000	N.A.

放弃　　接受

图 8-11　一键优化后的参数列表

图 8-12　一键优化后的参数的保存

8.1.5 SINAMICS V90 伺服系统的实时自动优化

SINAMICS V90 伺服系统的实时自动优化

实时自动优化可以在上位机控制驱动运行时自动估算机械负载惯量，并据此实时设置最优控制参数。在电动机伺服使能后，实时自动优化功能一直有效。若不需要持续估算负载惯量，可以在系统性能结束后禁用该功能。

（1）使用实时自动优化的前提条件

① 伺服驱动器必须由上位机控制。

② 当机械移动至不同位置时，机械实际负载惯量不同。

③ 确保电动机有多次加速和减速，推荐使用阶跃式指令。

④ 机械在运行时，机械谐振频率会发生变化。

（2）实时自动优化的实现

① 首先将伺服系统驱动的负载（如小车）移动到运行轨迹的中间位置，以防止实时自动优化过程中，负载碰到限位开关，即超程。

② 打开 V-ASSISTANT 调试软件，使 V90 伺服驱动系统处于在线状态（方法已经在前面章节中介绍过)。如图 8-13 所示，选中“任务导航”→“调试”→“优化驱动”→“实时自动优化”，选择“用户调整的响应等级”为“26”，即为中级；单击“启动实时自动优化”按钮，实时自动优化开始。

实时自动优化完成后，接受和保存参数即可。

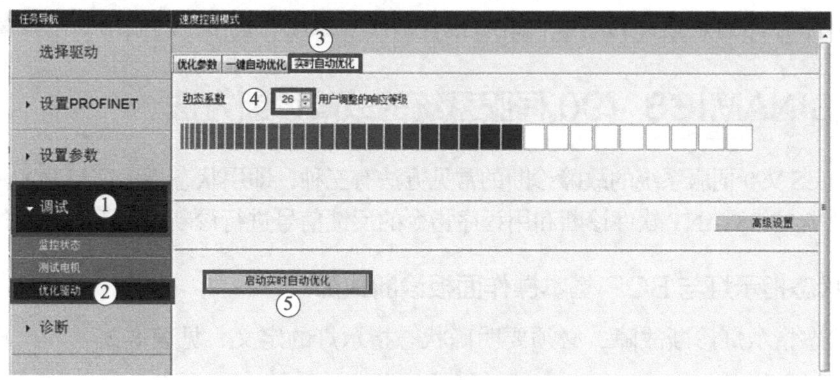

图 8-13 启动实时自动优化

8.2 SINAMICS V90 伺服系统的报警与故障诊断

8.2.1 故障和报警的概念

（1）故障

故障具有如下特点。

① 表示为 Fxxxxx，例如 F30001 表示功率单元过流。

② 会导致故障响应。

③ 在消除原因后必须应答，否则伺服系统停机，不能继续工作。

④ 通过控制单元和 LED RDY 显示状态信息，此时 RDY 灯呈红色缓慢闪烁。

⑤ 通过 PROFINET 状态字 ZSW1.3 显示状态。PLC 在读取伺服驱动的状态字时，也可以判断是否有故障产生。如 ZSW1.3=1 表示产生了至少一个故障。

⑥ 记录在故障缓冲器中，即参数 r945[0..63] 中，例如当发生故障 F31100，代码 31100 装载到 r945 数组中。注意数组中可以存储多个故障代码，实际就是发生故障的历史信息。r949[0..63] 中存储的是故障的数值。

（2）报警

报警具有如下特点。

① 表示为 Axxxxx，例如 A7480 表示轴位于正向软限位开关的位置。

② 对驱动设备不产生进一步影响。

③ 在消除原因后报警会自动复位，不需要应答。

④ 通过控制单元和 LED RDY 显示状态信息，此时 RDY 灯呈红色缓慢闪烁。

⑤ 通过 PROFINET 状态字 ZSW1.7 显示状态。PLC 在读取伺服驱动的状态字时，也可以判断是否有报警。如 ZSW1.7=1 表示产生了至少一个报警。

⑥ 记录在报警缓冲器中，即参数 r2122[0..63] 中，例如当有报警 A8526 时，代码 8526 装载到 r2122 数组中。注意数组中可以存储多个报警代码，实际就是发生报警的历史信息。r2124[0..63] 中存储的是报警的序号，最后报警的序号最小，即 0，倒数第二个报警号为 1。

8.2.2 SINAMICS V90 伺服系统的故障诊断方法

SINAMICS V90 伺服系统的故障诊断的常见方法有三种，即用状态指示灯与 BOP 基本操作面板诊断、用 V-ASSISTANT 软件诊断和用程序指令的反馈信号进行诊断，以下将分别进行介绍。

（1）状态指示灯与 BOP 基本操作面板诊断故障

要用状态指示灯诊断故障，必须要明确状态指示灯的定义，见表 8-2。

表 8-2 状态指示灯的定义

状态指示灯	颜色	状态	描述
RDY	—	灭	控制板无 24 V 直流输入
	绿色	常亮	驱动处于“伺服开启”状态
	红色	常亮	驱动处于“伺服关闭”状态或启动状态
		以 1 Hz 频率闪烁	存在报警或故障
	绿色和黄色	以 2 Hz 频率交替闪烁	驱动识别
COM	绿色	常亮	PROFINET 通信工作在 IRT 状态
		以 0.5 Hz 频率闪烁	PROFINET 通信工作在 RT 状态
		以 2 Hz 频率闪烁	微型 SD 卡 /SD 卡正在工作（读取或写入）
	红色	常亮	通信故障（优先考虑 PROFINET 通信故障）

根据表 8-2，一些现象就可以进行诊断了，举例如下。

① 现象 1：RDY 灯处于熄灭状态。可能原因：伺服驱动器 24 V 直流输入。

② 现象 2：RDY 灯处于以 1 Hz 频率闪烁状态，红色。可能原因：存在报警或故障。就需要查询故障代码，对故障进行具体诊断。

③ 现象 3：RDY 灯处于常亮状态，红色。可能原因：驱动处于“伺服关闭”状态。不要以为红色指示就是故障。此时，如 BOP 面板上显示“S OFF”表示伺服驱动系统处于关闭状态，只要没有报警或者故障代码，说明伺服系统处于正常状态，只要给伺服系统发出工作信号，这个红灯就会变成绿灯。

④ 现象 4：RDY 灯处于绿色和黄色，以 2Hz 频率交替闪烁状态。可能原因：驱动处于启动状态。此时只需要等待变为红色或者绿色，再做判断。

⑤ 现象 5：COM 灯处于红色常亮状态。可能原因：驱动的通信存在故障。需要注意的是在确认通信故障时，最好把 USB 通信线拔出。

状态指示灯显示的故障信息不够详细，还需要用其他的方法进一步诊断故障。

当伺服系统有报警或者故障时在 BOP 基本操作面板上会显示故障代码，每一种故障代码都代表一种故障信息，可以通过此代码在手册中查询相关的故障信息的具体含义。BOP 显示故障代码的含义见表 8-3。

表 8-3　BOP 显示故障代码的含义

数据显示	描述	示例	备注
Fxxxxx	故障代码	F 7985	只有一个故障（无圆点）
F.xxxxx.	第一个故障的故障代码	F. 7985.	有多个故障（有两个圆点）
Fxxxxx.	故障代码	F 7985.	有多个故障（有一个圆点）
Axxxxx	报警代码	A30016	只有一个报警（无圆点）
A.xxxxx.	第一个报警的报警代码	A.30016.	有多个报警（有两个圆点）
Axxxxx.	报警代码	A30016.	有多个报警（有一个圆点）

例如：BOP 面板上显示 F 7950，表示只有一个故障，查询 V90 的手册，可以看到故障原因是“电动机参数出错”，进一步查找可能的原因，电动机参数有 p0304、 p0305、p0307、p0308、 p0309 和 p0311 等，需要注意排查，看有无错误的设置。

例如：BOP 面板上显示 A.30016.，表示有多个报警代码的第一个报警，查询 V90 的手册，可以看到报警原因是“负载电源关闭”，进一步查找可能的原因，可能是直流母线电压过低。

其他的报警和故障的处理方法类似，在此不逐一说明。

(2) 用 V-ASSISTANT 软件诊断故障

用 V-ASSISTANT 软件诊断故障比较直观，将 V90 处于在线状态，故障和报警是在 V-ASSISTANT 软件的下侧，如图 8-14 所示，红色“⊗”是故障，图中的代码“31117”和“52983”都是故障代码。黄色“⚠”表示报警，图中的代码“8526”和“7576”都是报警代码。

▾告警　　　　全部清除

类型	告警编号	名称	值
⊗	52983	没有检测到编码器	0
⊗	31117	编码器 1：转换信号 A、B 和 R 出错	458752
⚠	8526	PROFIdrive：无循环连接	0
⚠	7576	驱动：由于故障无编码器运行生效	0

图 8-14　测试电动机 V-ASSISTANT 软件诊断故障

关于故障代码和报警代码的详细含义可以查看 V90 伺服系统的手册，也可以直接查看 V-ASSISTANT 软件的帮助，帮助里也有详细说明，与 V90 手册是一致的。

(3) 用程序指令的反馈信号诊断故障

西门子的很多指令都有反馈信息，借助这些反馈信息也可以进行故障诊断。例如使用了西门子的驱动库中的函数块 FB284，如图 8-15 所示，其反馈中，端子 ActWarn 反馈的是当前的报警代码，端子 ActFault 反馈的是当前的故障代码。

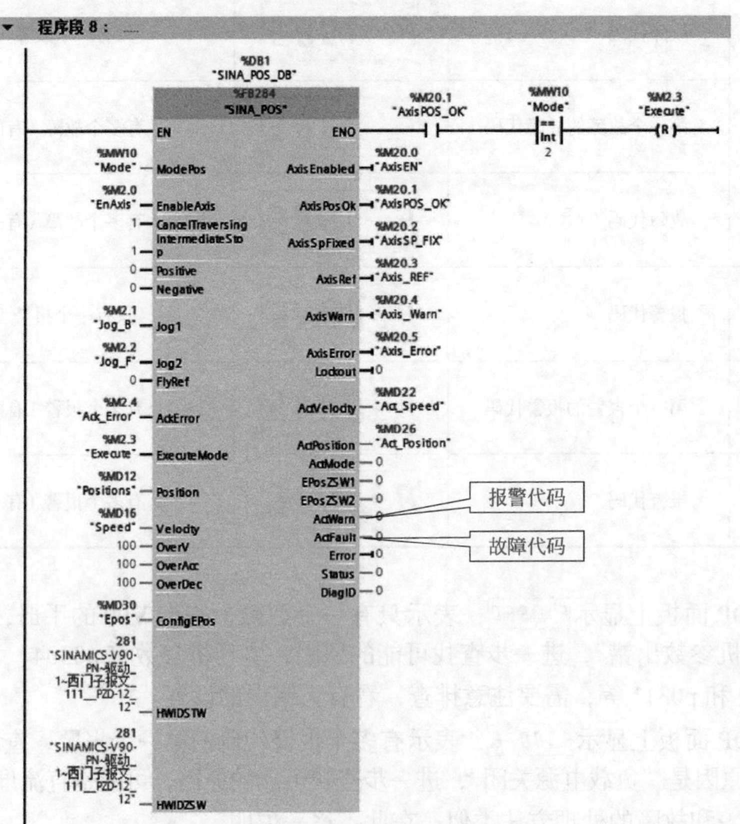

图 8-15　程序指令的反馈信号诊断故障

8.2.3 SINAMICS V90 伺服系统的常见故障

SINAMICS V90 伺服驱动器的说明书和 V-ASSISTANT 软件的帮助有故障和警告列表，这些列表中有故障和警告的详细描述和解决方案。以下介绍几个常见的故障。

故障报警 1：故障代码 F7900，电动机堵转 / 速度控制器到限。

分析：这是常见的故障，即电动机堵转（电动机不旋转）。

① 有两个相关的参数要先查看，一是 p2175（电动机堵转速度阈值），也就是当电动机速度低于此数值时启动故障消息 F7900，所以此数值不能太小。二是 p2177（电动机堵转延时），默认值是 0.5s，当堵转时间超过 0.5s 时，启动故障消息 F7900，因此这个时间也不能太小。

② 对于脉冲版本的伺服驱动器。首先要检查如下项目。

a. 检查伺服电动机是否能自由旋转，即是否机械卡死，如电动机配有抱闸，抱闸是否能正常打开。

b. 如果是 PTI 模式运行，用 V-ASSISTANT 软件检查转矩（图中用扭矩表示）幅值中的 TLIM1 和 TLIM2 设置是否正确，如图 8-16 所示（图中为 300%，这是最大值）。如果转矩限幅是模拟量给定时，检查参数 p1520、p1521 的绝对值是否过小。

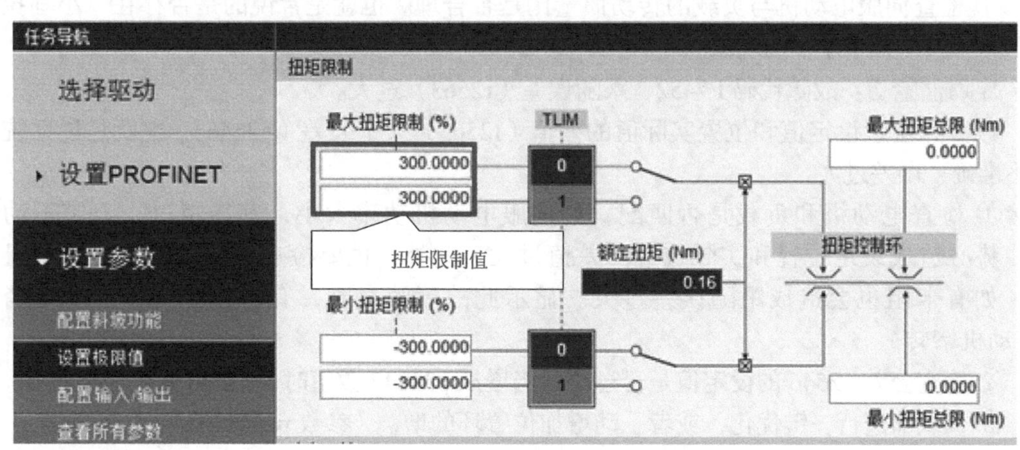

图 8-16 TLIM1 和 TLIM2 设置

c. 检查 U、V、W 三相线的线序是否正确，不可改变线序。

d. 更换一台电动机，检查编码器是否有故障。

③ 对于 PN 版本的伺服驱动器。首先要检查如下项目。

a. 检查伺服电动机是否能自由旋转，即是否机械卡死，如电动机配有抱闸，抱闸是否能正常打开。

b. 如果是 EPos（基本定位）模式运行，用 V-ASSISTANT 软件检查转矩幅值中的 TLIM1（p29050）和 TLIM2（p29051）设置是否正确，如图 8-17 所示（图中为 300%，这是最大值）。如果转矩限幅是模拟量给定时，检查参数 p1520、p1521 的绝对值是否过小。速度模式下无此故障。

c. 检查 U、V、W 三相线的线序是否正确，不可改变线序。

d. 更换一台电动机，检查编码器是否有故障。

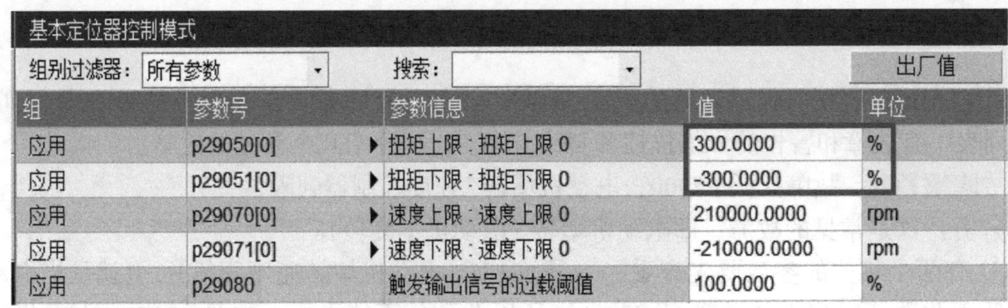

组	参数号	参数信息	值	单位
应用	p29050[0]	▶ 扭矩上限 : 扭矩上限 0	300.0000	%
应用	p29051[0]	▶ 扭矩下限 : 扭矩下限 0	-300.0000	%
应用	p29070[0]	▶ 速度上限 : 速度上限 0	210000.0000	rpm
应用	p29071[0]	▶ 速度下限 : 速度下限 0	-210000.0000	rpm
应用	p29080	触发输出信号的过载阈值	100.0000	%

图 8-17 TLIM1 和 TLIM2 设置

故障报警 2：电动机运行时有啸叫声、负载振动大。

分析：从机械和电气两个方向进行分析、判断。

① 首先检查伺服电动机与负载（滚珠丝杠）连接是否可靠，联轴器的螺钉是否有松动，然后检查伺服电动机的轴和负载的轴是否同心，这一点特别重要。

② 可能是参数设置不合理，用 V-ASSISTANT 软件进行自动优化。自动优化不仅可以消除参数配置不合理产生的啸叫，而且还可以提高运行精度。

③ 可能是系统超调，减小速度环的比例增益（参数 p29120）。

④ 检查伺服电动机与负载的转动惯量比是否合理。也就是常说的是否存在“小马拉大车”和“大马拉小车”的现象。

故障报警 3：故障代码 F7452，跟随误差（r2563）过大。

分析：位置设定值和位置实际值的差值（r2563）大于公差（p2546)。也就是说系统运行不准确，误差过大。

① 检查电动机和负载是否匹配，如伺服电动机功率太小，其转矩过小，带不动负载，势必造成设定位置和实际位置的差值过大。此外，也要检查机械系统是否有卡阻现象，如有卡阻也会造成跟随误差过大。显示此故障消息时，有时也会产生 F7900 消息（电动机堵转）。

② 检查公差 p2546 的设定值是否过小，当增加 p29247 数值时，p2546 数值也要增加。

③ 带载荷进行一键优化，或者手动增加位置环的增益（参数 p29110)。

④ 对于 PN 版本，如果是 EPos（基本定位）模式运行时，V90 的报文与 PLC 组态的报文不一致时，也会产生此故障消息。

故障报警 4：报警代码 A8526，PROFIdrive 无循环连接。

分析：A8526 是非常常见的报警，主要检查 PROFINET 通信硬件连接、设置和软件组态，具体如下：

① 拔下 USB 调试电缆，并观察伺服驱动器上的 COM 指示灯是否为红色，如为红色则为通信故障。

② 检查 PLC 与驱动器之间的硬件连接是否中断，检查 PN 接口的指示灯是否亮，如不亮表示 PN 通信电缆断开了，没有连接好。

③ 检查 V90 是否分配了 PN 站名、PN 站 IP 地址和子网掩码，而且 PN 站名、PN 站 IP 地址必须与 PLC 中组态的完全一致。检查的方法是先将 V90 伺服系统处于在线状态（在 TIA Portal 软件中），如图 8-18 所示，左侧是 V90 的实际的 PN 站 IP 地址和 PN 站名，右侧的是设置的 PN 站 IP 地址和 PN 站名，两者要完全一致，图中所示是一致的。

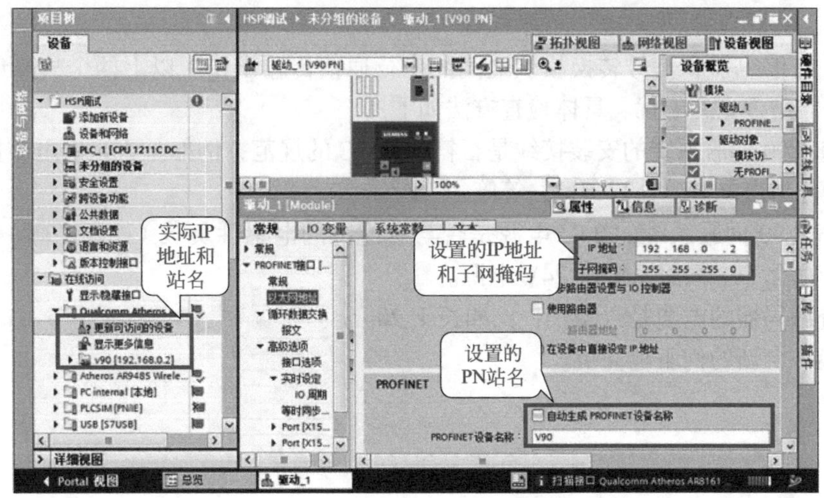

图 8-18　检查 PN 站名、PN 站 IP 地址（1）

也可以用 V-ASSISTANT 软件检查 PN 站名、PN 站 IP 地址，如图 8-19 所示。

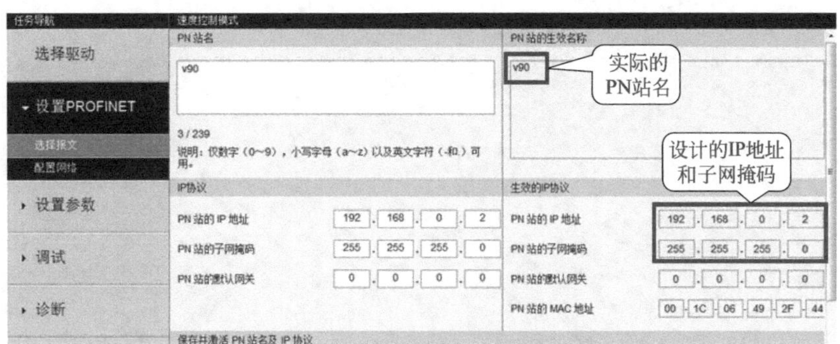

图 8-19　检查 PN 站名、PN 站 IP 地址（2）

故障报警 5：报警代码 A1932，DSC（动态伺服控制）中缺少 Drive Bus 总线时钟周期等时同步。

分析：检查 V90 的 p0922 中设置的报文是否 PLC 组态中设置一致，比如 V90 的 p0922 中设置的报文是 105，而 PLC 中设置是 3，很明显报文设置不一致。同时，PLC 侧硬件组态时，要激活等时同步功能。

故障报警 6：故障代码 F7995，电动机识别失败。

分析：对于带增量式编码器的电动机，电动机需要伺服首次启动时识别磁极位置。若电动机已处于运行状态（负载意外带动电动机运行），则位置识别可能失败。对于绝对值编码器，不会产生此故障消息。

垂直负载容易带动电动机意外运行，所以垂直负载采用绝对值编码器或者带抱闸的电动机以避免产生此故障。检查方案如下。

① 检查编码器的接线是否正确。

② 检查电动机使能时，是否有外力导致负载意外移动，此时意外移动负载是不允许的。

③ 更换新的伺服电动机。

故障报警 7：故障代码 F31110，串行通信故障；故障代码 F31111，绝对值编码器内部错误。

分析：在编码器和信号转换模块之间的串行通信传输出错。以上两个故障最重要的就是检查编码器是否受到干扰。具体检查方法如下：

① 检查 V90 伺服系统的安装接线是否符合 EMC 的规范，例如是否正确可靠接地，编码器的电缆是否与强电电缆分开布置，等等。

② 检查 V90 伺服系统的 24V 电源是否与有冲击的电感性负载（如电磁阀、继电器等）公用，应单独给 V90 伺服系统供 24V 电源。

③ 检查编码器的电缆是否超长，比如长于 20m。

④ 更换一台新的伺服电动机。

第9章 SINAMICS V90 伺服驱动系统工程应用

SINAMICS V90 伺服驱动器，特别是 PN 版本，由于具有很高的性价比，在工程中得到了广泛的应用，以下将列举两个工程实例，一个实例用脉冲版本伺服驱动器，一个实例用 PN 版本伺服驱动器，供读者学习和移植。

9.1 定长剪切机的控制系统

第一个例题，即定长剪切机的控制系统，采用相对定位指令编写程序，不需要回参考点，使用一套脉冲版本的伺服驱动系统，此伺服系统也可以用其他的脉冲型伺服系统代替，总体比较简单，适合入门级读者学习。

★【例 9-1】 有一台定长剪切机，要求每次剪切的长度是 200mm，剪切机送料由 SINAMICS V90 伺服系统完成，控制器为 CPU 1212C，每次剪切完成后进行下一次送料。控制系统有手动送料控制和手动剪切功能，压下停止按钮后完成一次工作循环后停止工作。要求设计原理图，并编写控制程序。

【解】

（1）设计原理图

设计电气原理图如图 9-1 所示。

（2）硬件和工艺组态

① 新建项目，添加 CPU。打开 TIA 博途软件，新建项目“定长剪切机”，单击项目树中的“添加新设备”选项，添加“CPU 1212C”，勾选“启用该脉冲发生器”，如图 9-2 所示。

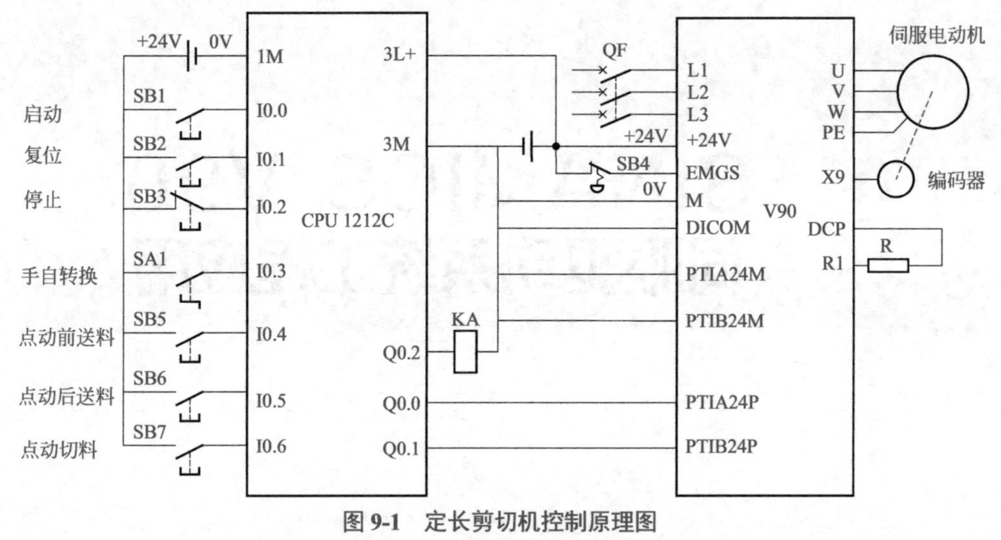

图 9-1 定长剪切机控制原理图

图 9-2 新建项目，添加 CPU（例 9-1）

② 添加工艺对象，命名为“Ax1”，工艺对象中组态的参数对保存在数据块中，本例将使用相对定位指令，不需要回参考点，所以组态相对容易，组态过程参考前述章节。工艺组态 - 机械如图 9-3 所示，这里参数的设置与机械结构有关，本例的含义是伺服电动机接收到 10000 个脉冲转 1 圈，电动机每转一圈，送料 100mm。

（3）设置伺服驱动器的参数

设置伺服驱动器参数，见表 9-1。

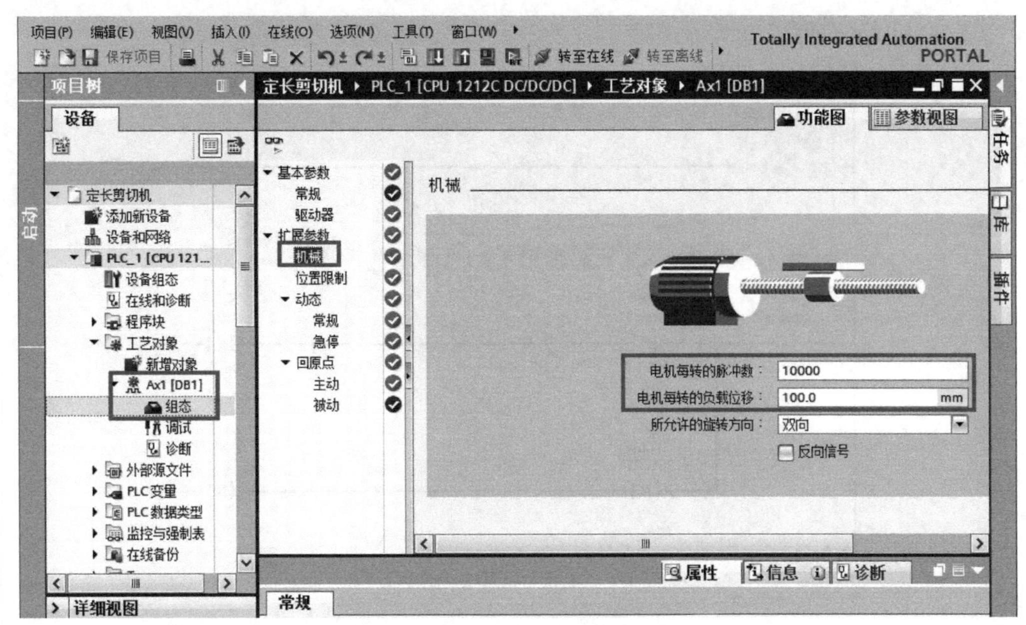

图 9-3 工艺组态 - 机械（例 9-1）

表 9-1 伺服驱动器参数（例 9-1）

序号	参数	参数值	说明
1	p29003	0	控制模式：外部脉冲位置控制 PTI
2	p29014	1	脉冲输入通道：24V 单端脉冲输入通道
3	p29010	0	脉冲输入形式：脉冲 + 方向，正逻辑
4	p29011	0	齿轮比
	p29012	1	
	p29013	1	
5	p2544	40	定位完成窗口：40LU
	p2546	1000	动态跟随误差监控公差：1000LU
6	p29300	16#47	将正限位、反限位和伺服 ON 禁止
	p29302	2	DI2 为复位故障
	…	…	…

表 9-1 中的参数可以用 BOP 面板设置，但用 V-ASSISTANT 软件更加简便和直观，特别适用于对参数了解不够深入的初学者。

（4）编写程序

主程序 OB1 如图 9-4 所示，运动控制程序块 FB1 如图 9-5 所示。

▼ 程序段 1：……

%DB2
"Motion_DB"
%FB1
"Motion"
EN ENO

▼ 程序段 2：点动剪切

%I0.3
"Manual"
%I0.6
"Start1"
P
%M3.0
"Tag_2"
%Q0.2
"KA"
S
%I0.6
"Start1"
N
%M3.1
"Tag_3"
%Q0.2
"KA"
R

图 9-4　主程序 OB1（例 9-1）

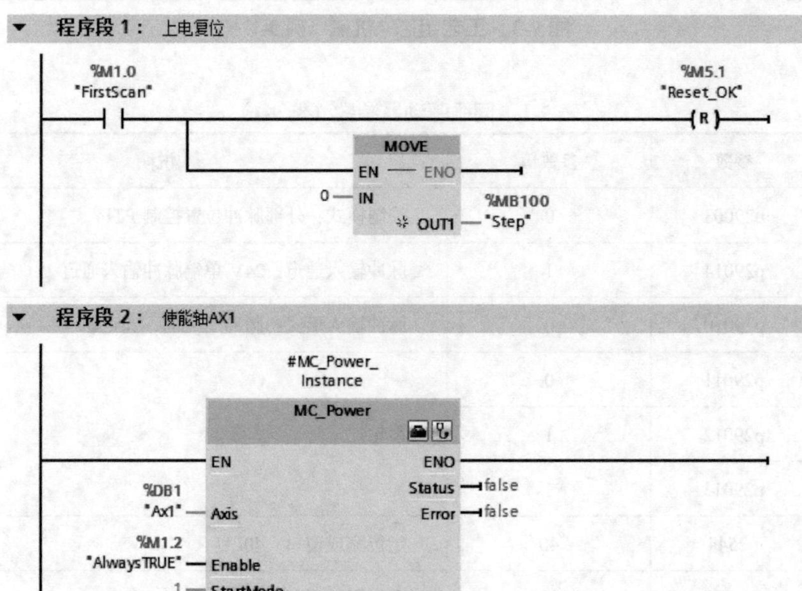

▼ 程序段 3：对伺服系统复位

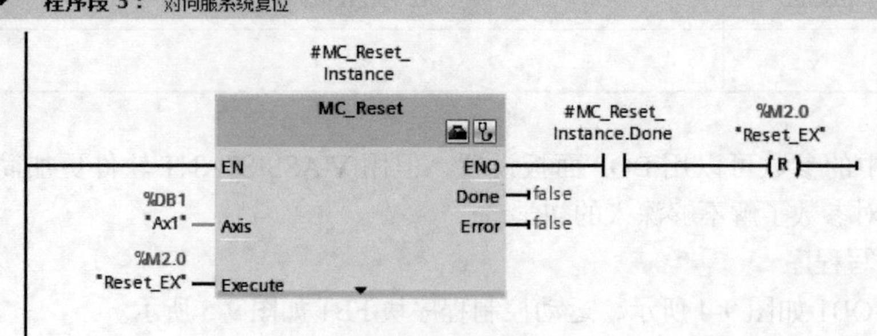

程序段 4： 相对定位运动

#MC_MoveRelative_Instance
MC_MoveRelative
%I0.3 "Manual"
EN ENO
#MC_MoveRelative_Instance.Done
%M2.4 "Move_EX" (R)
%DB1 "Ax1" — Axis
Done — false
Error — false
%M2.4 "Move_EX" — Execute
200.0 — Distance
50.0 — Velocity

程序段 5： 点动伺服送料

#MC_MoveJog_Instance
MC_MoveJog
%I0.3 "Manual"
EN ENO
%DB1 "Ax1" — Axis
InVelocity — false
Error — false
%I0.4 "Stf" — JogForward
%I0.5 "Str" — JogBackward
30.0 — Velocity

程序段 6： 伺服系统暂停

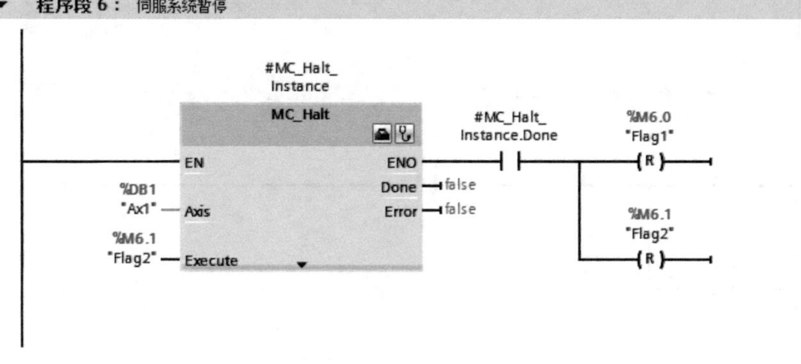

程序段 7： 伺服系统开始复位

%I0.1 "Reset"
%M2.0 "Reset_EX" (S)
#MC_Reset_Instance.Done
%M5.1 "Reset_OK" (S)

图 9-5

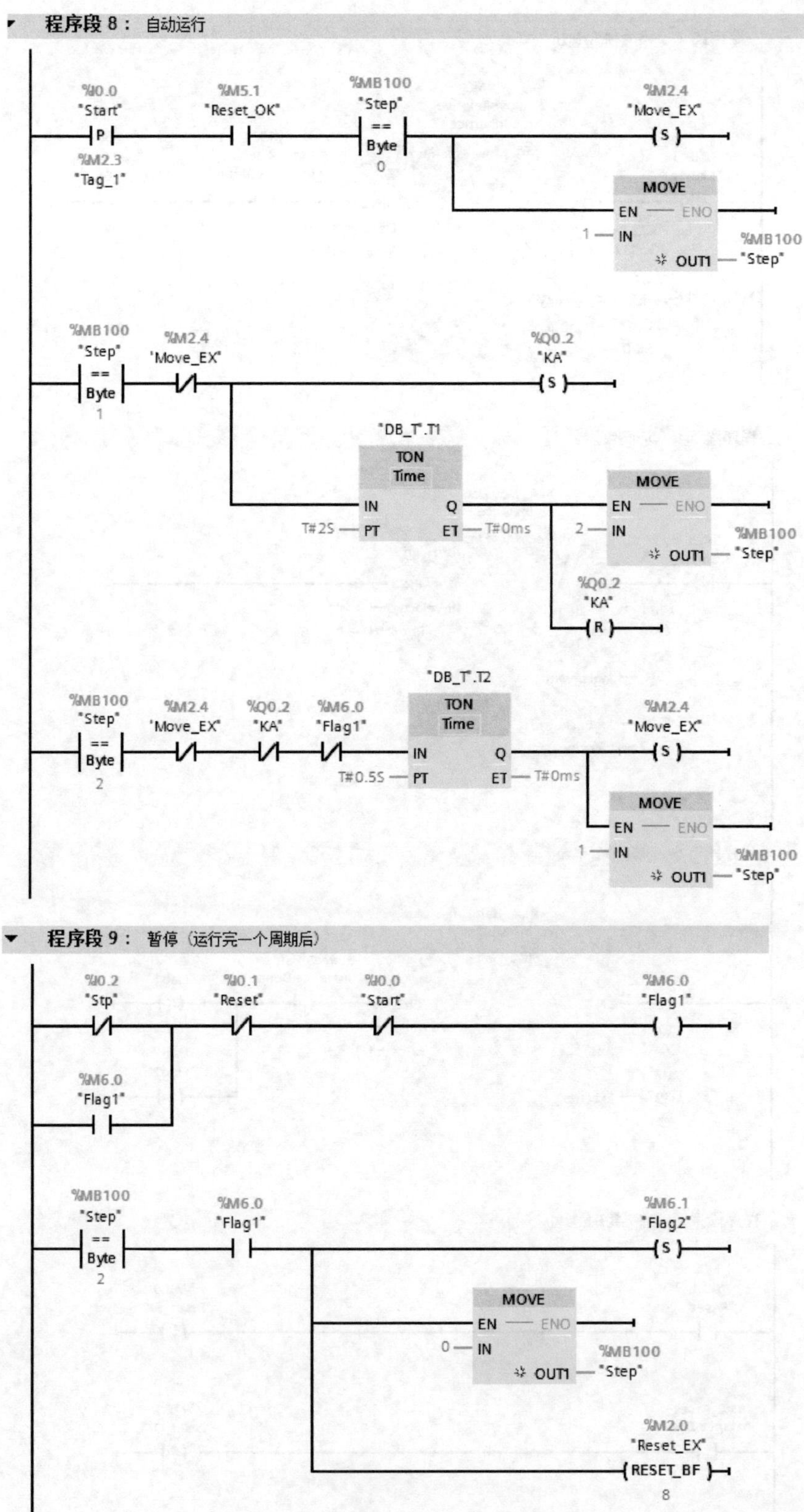

图 9-5 运动控制程序块 FB1（例 9-1）

9.2 涂胶机的控制系统

第二个例题，即涂胶机的控制系统，采用绝对定位指令编写程序，需要回参考点，使用两套 PN 版本的伺服驱动系统，需要 PROFINET 通信。此外，需要掌握伺服系统同步功能，总体比较复杂，适合提高级读者学习。

★【例 9-2】 有一台涂胶机，控制器为 CUP 1511-1 PN，伺服系统为 SINAMICS V90 PN，涂胶机的运行轨迹是直角三角形（默认两条直角边长为 400mm 和 200mm，可以在 HMI 中修改），其运行轨迹如图 9-6 所示，要求设计电气控制系统，并编写程序。

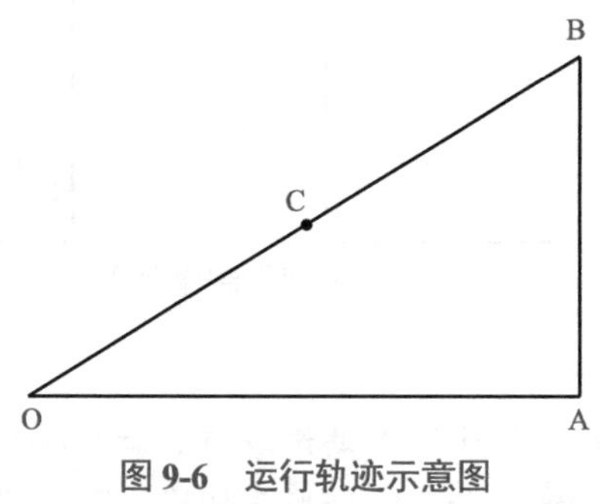

图 9-6 运行轨迹示意图

【解】 分析问题如下。

因为运行轨迹是三角形，所以需要两台伺服系统。技术关键点就是要解决两套伺服系统的同步问题，有四种同步方案供选择。

① 方案 1：两套伺服系统均选用脉冲型版本，一台伺服系统的高速脉冲输出作为另一台伺服系统的高速脉冲输入，可以保证两套伺服系统同步，而且同步性能较好。其缺点是，当三角形轨迹变化后，需要修改伺服系统的参数，对使用者的要求较高。

② 方案 2：采用主轴和从轴同步的方案，其优点是同步效果好，使用便利，缺点是成本略高。

③ 方案 3：当涂胶机在三角形的斜边涂胶时，只要保证两套伺服系统，同时从起点开始运行，同时到达终点，即可保证同步。这是简单易行方案，但运行的精度不高，要求高时不宜采用。

④ 方案 4：当涂胶机在三角形的斜边涂胶时，保证两套伺服系统，同时从起点开始运行，同时到达终点，斜边分段插补（即斜边分多段运行），提高了同步性能。这套方案，精度有大幅的提高，程序编写较方案 3 复杂。本例采用此方案。

（1）设计原理图

设计电气原理图如图 9-7 所示。

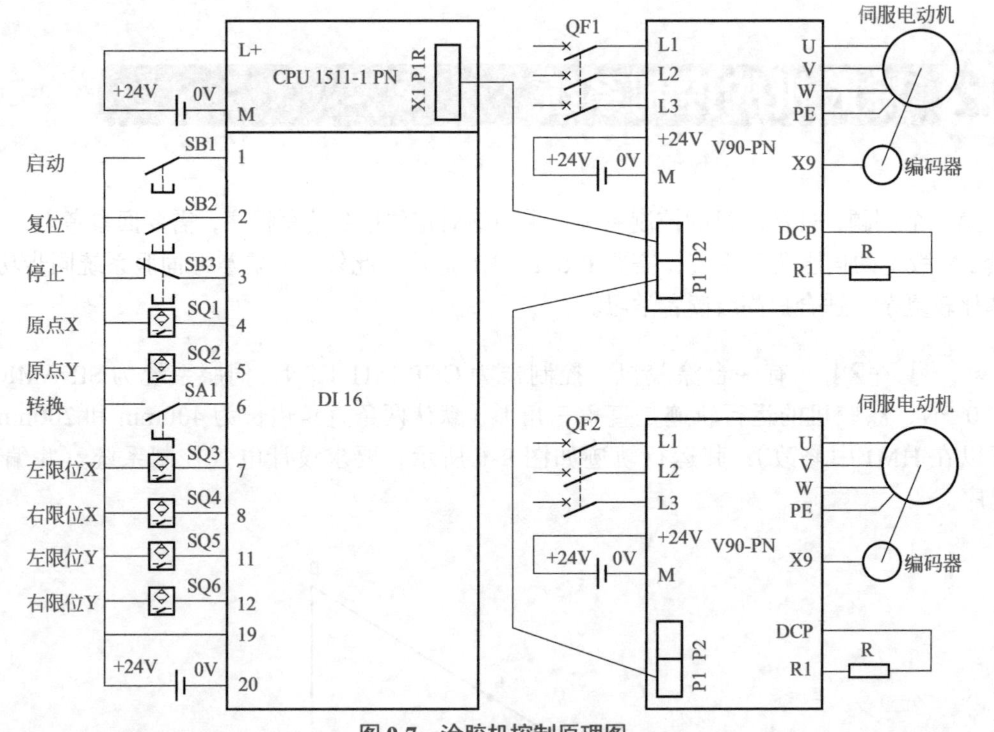

图 9-7　涂胶机控制原理图

（2）硬件和工艺组态

① 新建项目，添加 CPU。打开 TIA 博途软件，新建项目“涂胶机 1”，单击项目树中的“添加新设备”选项，添加“CPU 1511-1 PN”，勾选“启用系统存储器字节”和“启用时钟存储器字节”，如图 9-8 所示。

图 9-8　新建项目，添加 CPU（例 9-2）

② 网络组态。网络组态如图 9-9 所示，通信报文采用报文 3，配置方法如图 9-10 所示，注意此处的报文必须与伺服驱动器中设置的报文一致，否则通信不能建立。

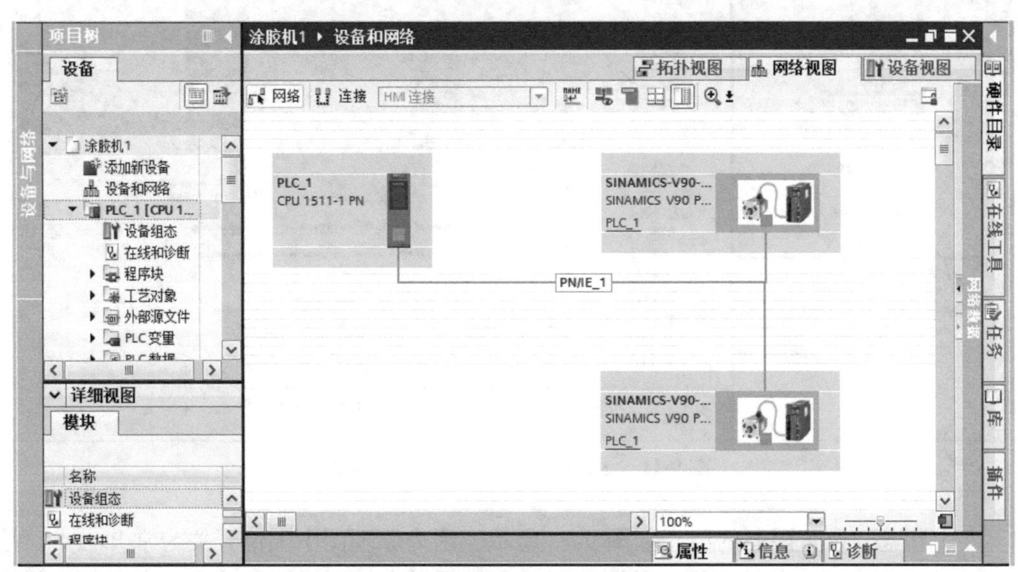

图 9-9　网络组态（1）（例 9-2）

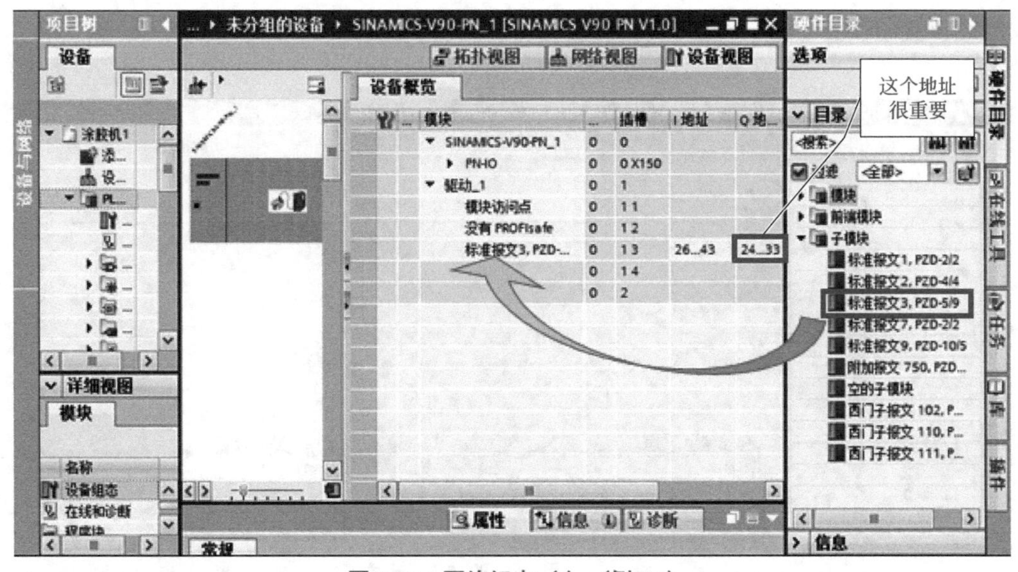

图 9-10　网络组态（2）（例 9-2）

③ 添加工艺对象，命名为“AX1”和“AX2”，工艺对象中组态的参数对保存在数据块中，本例将使用绝对定位指令，需要回参考点。工艺组态 - 驱动装置组态如图 9-11 所示，因为伺服驱动器是 PN 版本，所以驱动器的类型选择为“PROFIdrive”。

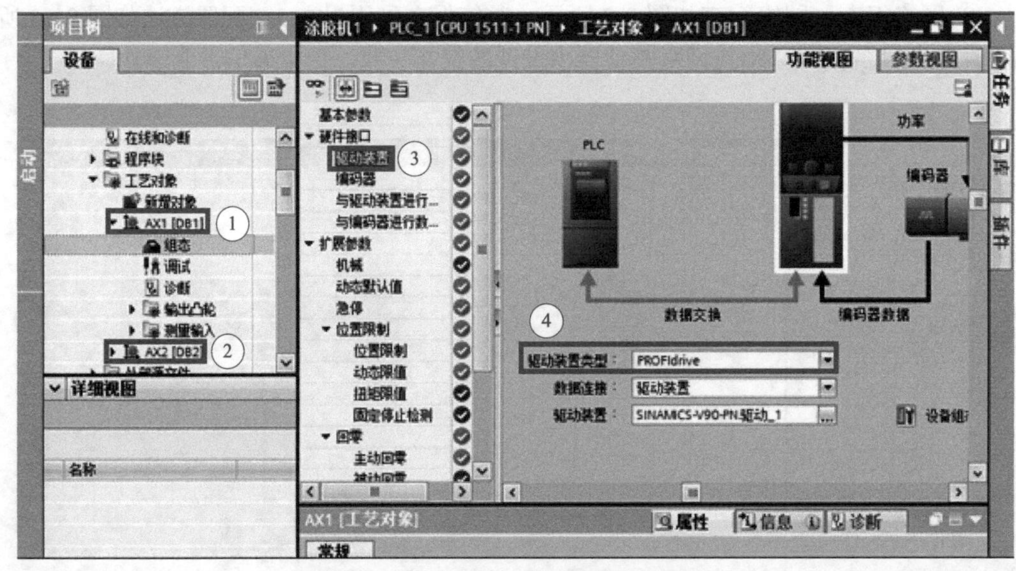
图 9-11　工艺组态 - 驱动装置（例 9-2）

工艺组态 - 位置限制的组态如图 9-12 所示，因为原理图中限位开关为常开触点，故标记③处为高电平，如原理图中的限位开关为常闭触点，则标记③处为低电平，工程实践中，限制开关选用常闭触点的更加常见。顺便指出，虽然实际工程中，位置限制可以起到保护作用，有时还能参与寻找参考点（不是一定），但在实验和调试时，并非一定需要组态位置限制。

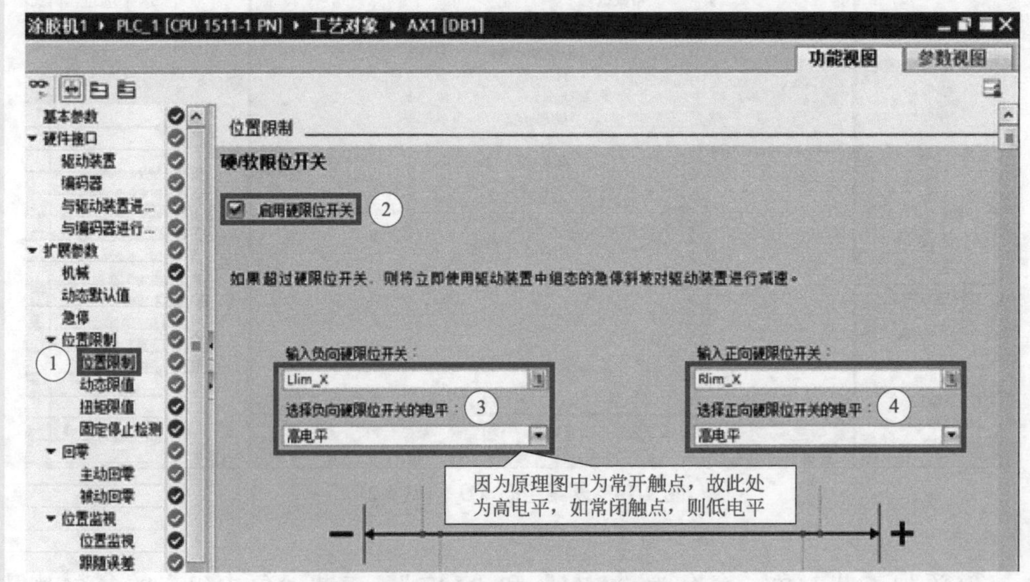

图 9-12　工艺组态 - 位置限制（例 9-2）

工艺组态 - 主动回零的组态如图 9-13 所示，因为原理图中限位开关为常开触点，故标记③处为高电平，如原理图中的限位开关为常闭触点，则标记③处为低电平。在

图 9-13 中，如负载在参考点（零点、原点）的左侧，向正方向寻找参考点，那么不需要正负限位开关参与寻找参考点。如果负载在参考点的左侧，向负方向寻找参考点，那么需要负限位开关（左侧限位开关）参与寻找参考点。

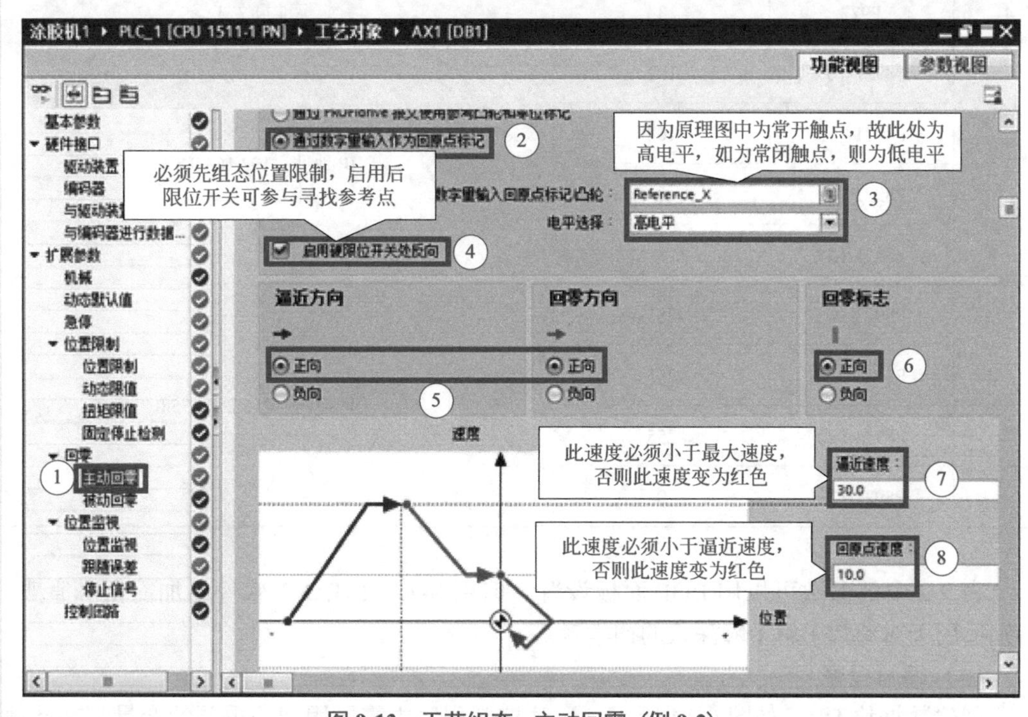

图 9-13　工艺组态 - 主动回零（例 9-2）

（3）设置伺服驱动器的参数

设置伺服驱动器参数，见表 9-2。

表 9-2　伺服驱动器参数（例 9-2）

序号	参数	参数值	说明
伺服系统 1			
1	P922	3	标准报文 3
2	P8921（0）	192	IP 地址：192.168.0.2
	P8921（1）	168	
	P8921（2）	0	
	P8921（3）	2	
3	P8923（0）	255	子网掩码：255.255.255.0
	P8923（1）	255	
	P8923（2）	255	
	P8923（3）	0	

续表

序号	参数	参数值	说明
伺服系统 2			
4	P922	3	标准报文 3
5	P8921（0）	192	IP 地址：192.168.0.3
	P8921（1）	168	
	P8921（2）	0	
	P8921（3）	3	
6	P8923（0）	255	子网掩码：255.255.255.0
	P8923（1）	255	
	P8923（2）	255	
	P8923（3）	0	

表 9-2 中的参数可以用 BOP 面板设置，但用 V-ASSISTANT 软件更加简便和直观，特别适用于对参数了解不够深入的初学者。

（4）编写程序

创建数据块 DB，如图 9-14 所示。运动控制程序中需要用到的重要的变量都在此数据块中。

DB

	名称	数据类型	起始值
1	▼ Static		
2	Home_X_OK	Bool	false
3	Home_Y_OK	Bool	false
4	▶ Flag	Array[0..10] ...	
5	Speed_X	LReal	40.0
6	Speed_Y	LReal	20.0
7	Position_X	LReal	400.0
8	Position_Y	LReal	200.0
9	Reset_EX	Bool	false
10	Home_EX	Bool	false
11	Move_X_EX	Bool	false
12	Move_Y_EX	Bool	false
13	Length_X	LReal	0.0
14	Length_Y	LReal	0.0

图 9-14　数据块 DB

启动程序块 OB100 如图 9-15 所示，主要用于初始化。主程序 OB1 如图 9-16 所示。

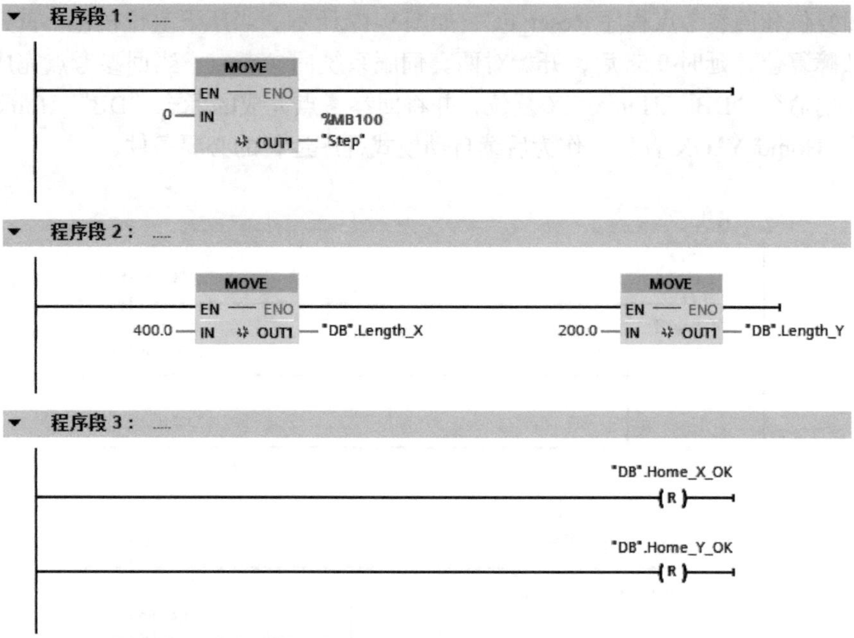

程序段 1：......

MOVE: EN — ENO; 0 — IN; OUT1 — %MB100 "Step"

程序段 2：......

MOVE: EN — ENO; 400.0 — IN; OUT1 — "DB".Length_X

MOVE: EN — ENO; 200.0 — IN; OUT1 — "DB".Length_Y

程序段 3：......

"DB".Home_X_OK —(R)—

"DB".Home_Y_OK —(R)—

图 9-15　启动程序块 OB100（例 9-2）

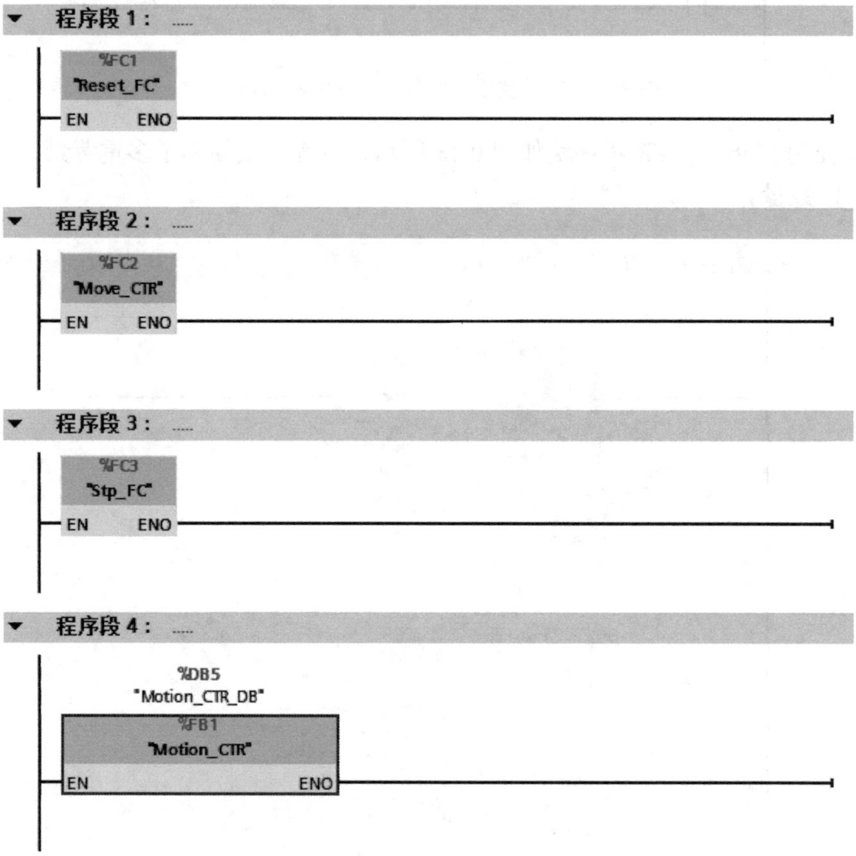

程序段 1：......

%FC1 "Reset_FC" EN ENO

程序段 2：......

%FC2 "Move_CTR" EN ENO

程序段 3：......

%FC3 "Stp_FC" EN ENO

程序段 4：......

%DB5 "Motion_CTR_DB"

%FB1 "Motion_CTR" EN ENO

图 9-16　主程序 OB1（例 9-2）

故障复位和回参考点程序 Reset_FC，如图 9-17 所示。当压下复位按钮，首先对伺服系统的故障复位，延时 0.5s 后，开始对两套伺服系统回参考点，当回参考点完成后，将回参考点的命令“DB”.Home_EX 复位，并将回参考点完成的标志“DB”.Home_X_OK 和“DB”.Home_Y_OK 置位，作为后续自动模式程序运行的必要条件。

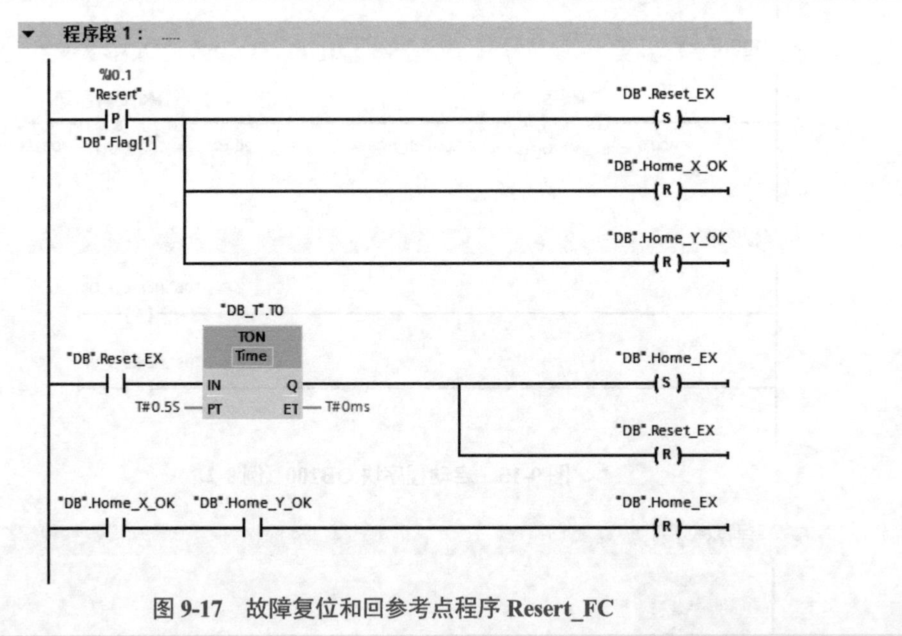

图 9-17　故障复位和回参考点程序 Resert_FC

运动控制 Motion_CTR 程序块如图 9-18 所示，本程序块使用了多重背景，所以减少了数据块的数量。

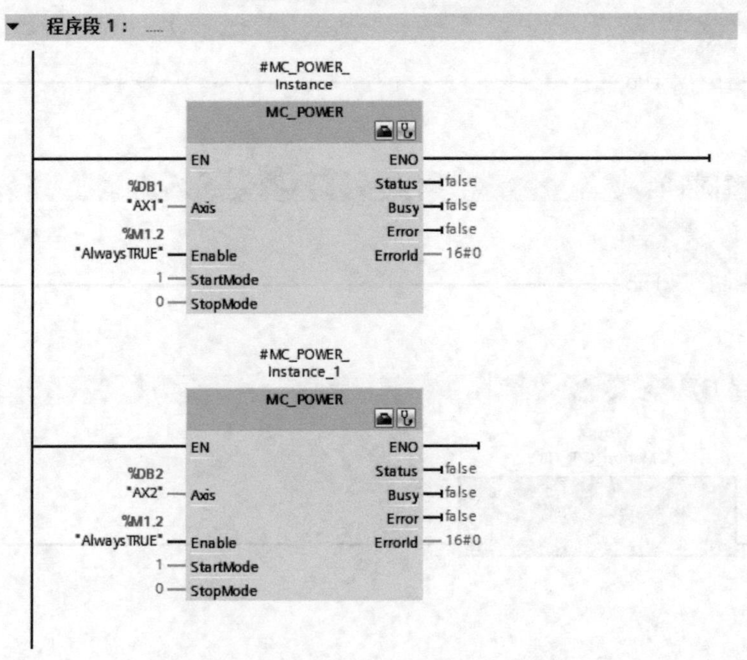

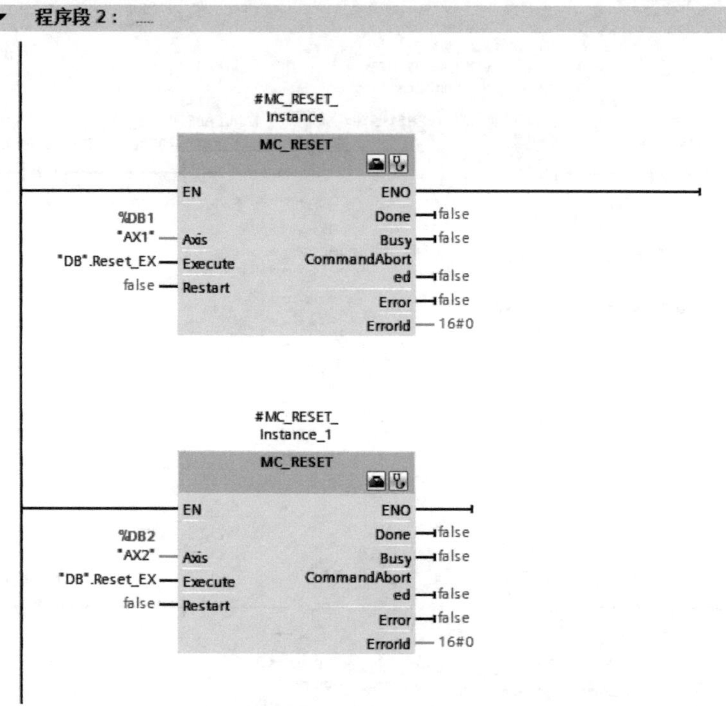
程序段 2： ......
#MC_RESET_
Instance
MC_RESET
EN
ENO
Done
false
Busy
false
%DB1
"AX1"
Axis
"DB".Reset_EX
Execute
CommandAbort
ed
false
false
Restart
Error
false
ErrorId
16#0
#MC_RESET_
Instance_1
MC_RESET
EN
ENO
Done
false
Busy
false
%DB2
"AX2"
Axis
"DB".Reset_EX
Execute
CommandAbort
ed
false
false
Restart
Error
false
ErrorId
16#0

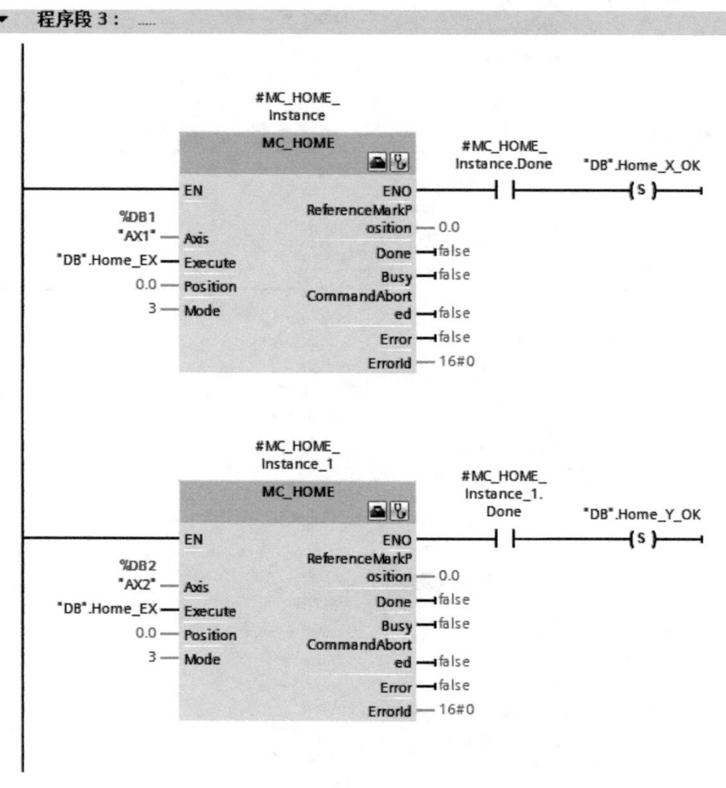
程序段 3： ......
#MC_HOME_
Instance
MC_HOME
#MC_HOME_
Instance.Done
"DB".Home_X_OK
S
EN
ENO
ReferenceMarkP
osition
0.0
%DB1
"AX1"
Axis
Done
false
"DB".Home_EX
Execute
Busy
false
0.0
Position
CommandAbort
3
Mode
ed
false
Error
false
ErrorId
16#0
#MC_HOME_
Instance_1
MC_HOME
#MC_HOME_
Instance_1.
Done
"DB".Home_Y_OK
S
EN
ENO
ReferenceMarkP
osition
0.0
%DB2
"AX2"
Axis
Done
false
"DB".Home_EX
Execute
Busy
false
0.0
Position
CommandAbort
3
Mode
ed
false
Error
false
ErrorId
16#0

图 9-18

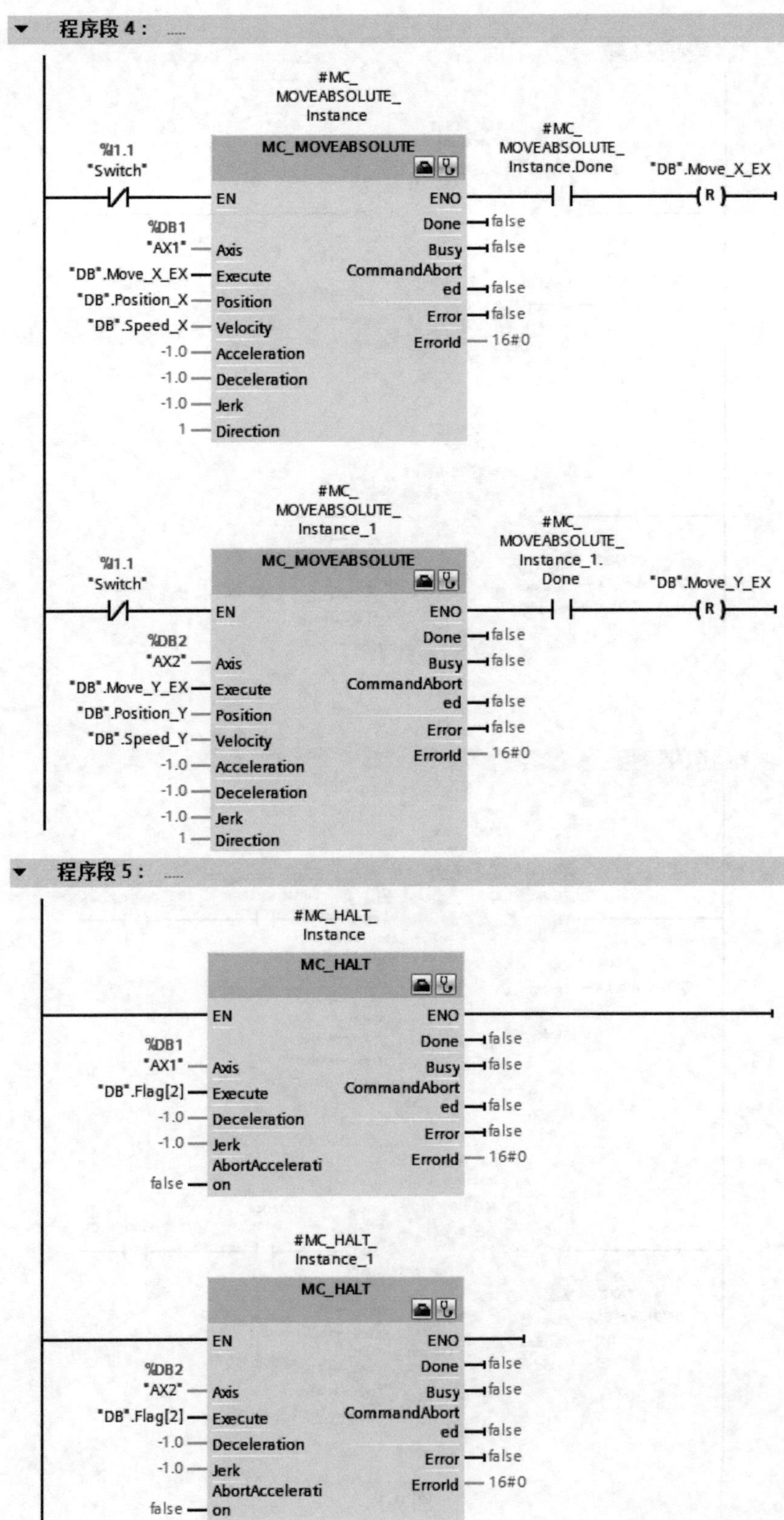
程序段 4：
#MC_MOVEABSOLUTE_Instance
MC_MOVEABSOLUTE
%I1.1 "Switch"
EN
ENO
#MC_MOVEABSOLUTE_Instance.Done
"DB".Move_X_EX
R
%DB1 "AX1"
Axis
"DB".Move_X_EX
Execute
"DB".Position_X
Position
"DB".Speed_X
Velocity
-1.0
Acceleration
-1.0
Deceleration
-1.0
Jerk
1
Direction
Done
Busy
CommandAborted
Error
ErrorId
false
16#0
#MC_MOVEABSOLUTE_Instance_1
MC_MOVEABSOLUTE
#MC_MOVEABSOLUTE_Instance_1.Done
"DB".Move_Y_EX
%DB2 "AX2"
"DB".Move_Y_EX
"DB".Position_Y
"DB".Speed_Y
程序段 5：
#MC_HALT_Instance
MC_HALT
"DB".Flag[2]
AbortAcceleration
#MC_HALT_Instance_1

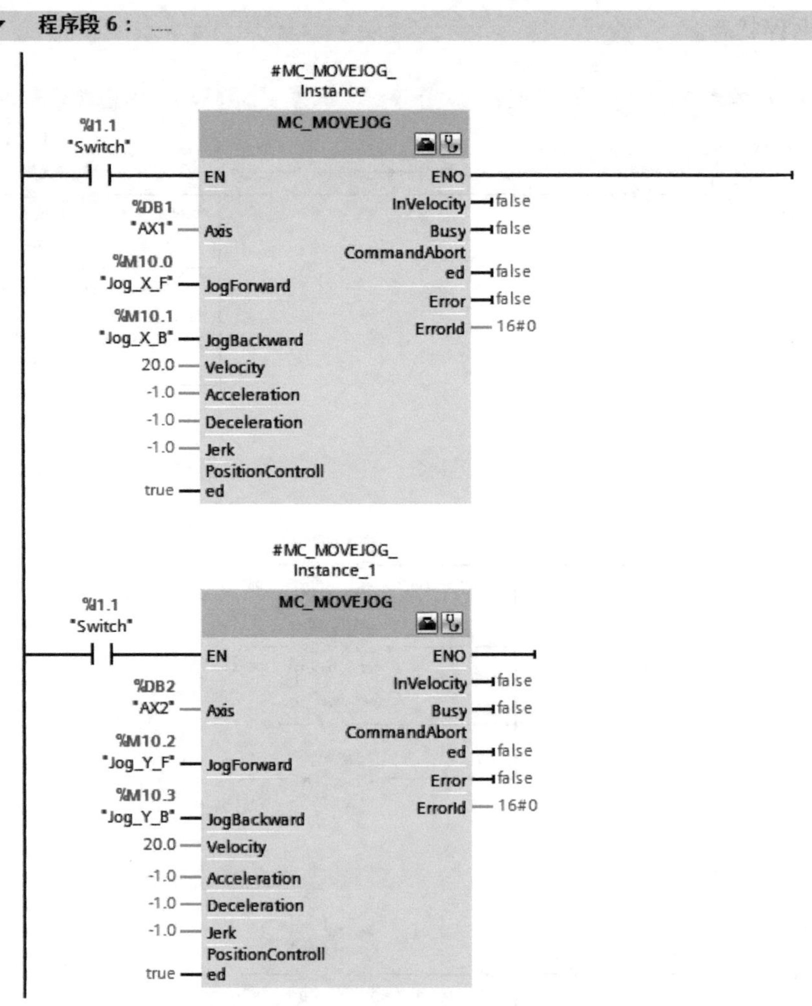

图 9-18　运动控制 Motion_CTR 程序块

停止运行程序块 Stp_FC 如图 9-19 所示。

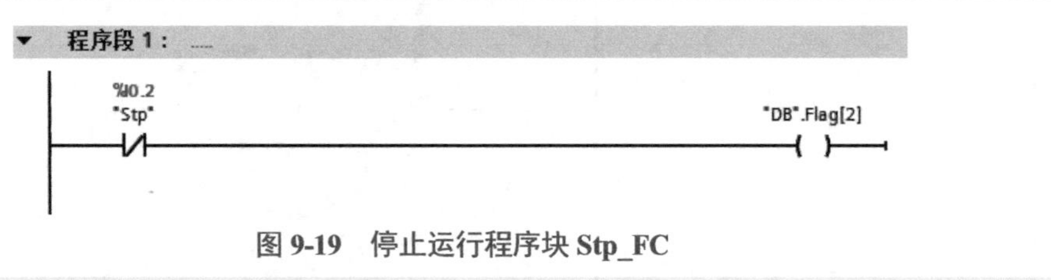

图 9-19　停止运行程序块 Stp_FC

伺服系统逻辑控制运行程序块 Move_CTR 如图 9-20 所示。当压下启动按钮时，“Step”=0，伺服系统向 X 方向运行。“Step”=1，且伺服系统到达 A 点后，伺服系统向 Y 方向运行。“Step”=2，且伺服系统到达 B 点后，伺服系统沿 X 和 Y 方向同时向 C 点运行，X 方向的速度是给定的，而 Y 方向速度是计算出来的，不能随意给定。“Step”=3，且伺服系统到达 C 点后，伺服系统沿 X 和 Y 方向同时向 O 点运行，X 方向的速度是给定的，而 Y 方向速度是计算出来的，不能随意给定。到达 O 点后，系统完成一个工作循环，处于暂停状态。

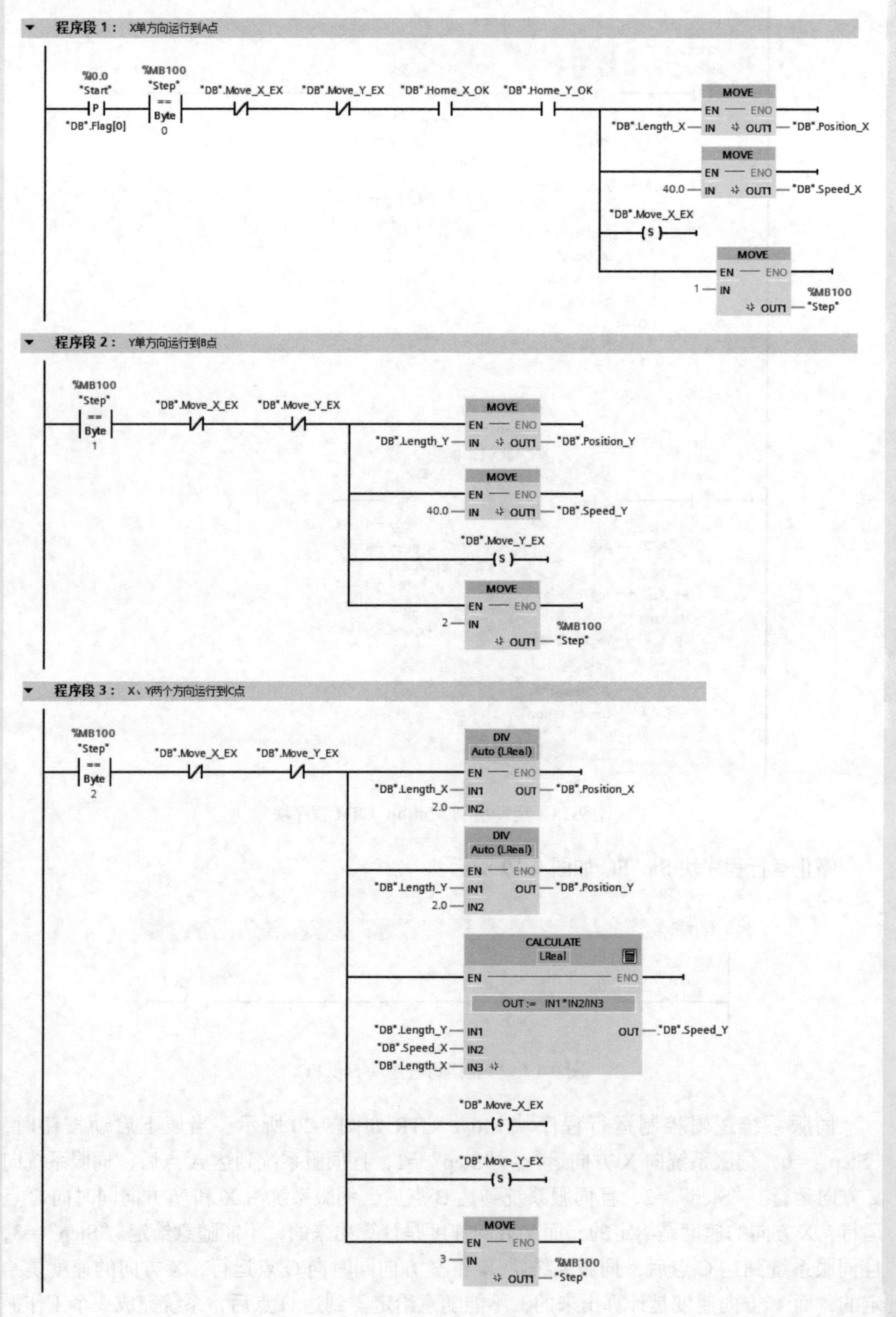

程序段 1： X单方向运行到A点
%I0.0
"Start"
P
"DB".Flag[0]
%MB100
"Step"
==
Byte
0
"DB".Move_X_EX
"DB".Move_Y_EX
"DB".Home_X_OK
"DB".Home_Y_OK
MOVE
EN ENO
"DB".Length_X IN OUT1 "DB".Position_X
MOVE
EN ENO
40.0 IN OUT1 "DB".Speed_X
"DB".Move_X_EX
S
MOVE
EN ENO
1 IN
%MB100
OUT1 "Step"
程序段 2： Y单方向运行到B点
%MB100
"Step"
==
Byte
1
"DB".Move_X_EX
"DB".Move_Y_EX
MOVE
EN ENO
"DB".Length_Y IN OUT1 "DB".Position_Y
MOVE
EN ENO
40.0 IN OUT1 "DB".Speed_Y
"DB".Move_Y_EX
S
MOVE
EN ENO
2 IN
%MB100
OUT1 "Step"
程序段 3： X、Y两个方向运行到C点
%MB100
"Step"
==
Byte
2
"DB".Move_X_EX
"DB".Move_Y_EX
DIV
Auto (LReal)
EN ENO
"DB".Length_X IN1 OUT "DB".Position_X
2.0 IN2
DIV
Auto (LReal)
EN ENO
"DB".Length_Y IN1 OUT "DB".Position_Y
2.0 IN2
CALCULATE
LReal
EN ENO
OUT := IN1*IN2/IN3
"DB".Length_Y IN1 OUT "DB".Speed_Y
"DB".Speed_X IN2
"DB".Length_X IN3
"DB".Move_X_EX
S
"DB".Move_Y_EX
S
MOVE
EN ENO
3 IN
%MB100
OUT1 "Step"

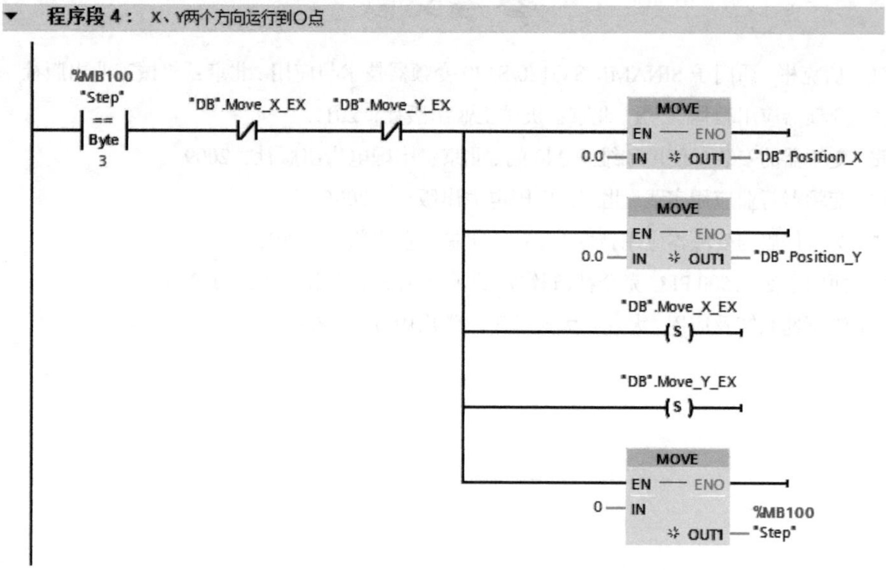

▼ **程序段 4：** X、Y两个方向运行到O点

图 9-20　伺服系统逻辑控制运行程序块 **Move_CTR**

参考文献

[1] 向晓汉，唐克彬 . 西门子 SINAMICS G120/S120 变频器技术与应用 . 北京：机械工业出版社，2020.

[2] 张燕宾 . 变频器应用教程 . 2 版 . 北京：机械工业出版社，2011.

[3] 张燕宾 . 变频器的安装、使用和维护 340 问 . 北京：中国电力出版社，2009.

[4] 李方圆 . 变频器行业应用实践 . 北京：中国电力出版社，2006.

[5] 龚仲华 . 交流伺服与变频器应用技术 . 北京：机械工业出版社，2013.

[6] 向晓汉 . 西门子 S7-1500 PLC 完全精通教程 . 北京 : 化学工业出版社，2018.

[7] 黄麟 . 交流调速系统及应用 . 大连：大连理工大学出版社，2009.